建筑施工现场专业人员技能与实操丛书

土建施工员

周 永 主编

中国计划出版社

图书在版编目（CIP）数据

土建施工员 / 周永主编. -- 北京：中国计划出版社，2016.5
（建筑施工现场专业人员技能与实操丛书）
ISBN 978-7-5182-0393-2

Ⅰ. ①土… Ⅱ. ①周… Ⅲ. ①土木工程－工程施工
Ⅳ. ①TU74

中国版本图书馆CIP数据核字(2016)第062973号

建筑施工现场专业人员技能与实操丛书
土建施工员
周永　主编

中国计划出版社出版
网址：www.jhpress.com
地址：北京市西城区木樨地北里甲 11 号国宏大厦 C 座 3 层
邮政编码：100038　电话：(010) 63906433（发行部）
新华书店北京发行所发行
北京天宇星印刷厂印刷

787mm×1092mm　1/16　26.25 印张　633 千字
2016 年 5 月第 1 版　2016 年 5 月第 1 次印刷
印数 1—3000 册

ISBN 978-7-5182-0393-2
定价：75.00 元

《土建施工员》编委会

主　编：周　永

参　编：牟瑛娜　沈　璐　苏　建　周东旭

　　　　杨　杰　隋红军　马广东　张明慧

　　　　蒋传龙　王　帅　张　进　褚丽丽

　　　　周　默　杨　柳　孙德弟　元心仪

　　　　宋立音　刘美玲　赵子仪　刘凯旋

前　言

　　土建施工员是具备土木建筑专业知识，深入土木施工现场，为施工队提供技术支持，并对工程质量进行复核监督的基层技术组织管理人员。其主要任务是在项目经理领导下，深入施工现场，协助搞好施工监理，与施工队一起复核工程量，提供施工现场所需材料规格、型号和到场日期，做好现场材料的验收签证和管理，及时对隐蔽工程进行验收和工程量签证，协助项目经理做好工程的资料收集、保管和归档，对现场施工的进度和成本负有重要责任。为了提高土建施工员专业技术水平，加强科学施工与工程管理，确保工程质量和安全生产，我们组织编写了这本书。

　　本书根据《建筑与市政工程施工现场专业人员职业标准》JGJ/T 250—2011、《砌体结构工程施工质量验收规范》GB 50203—2011、《混凝土结构工程施工质量验收规范》GB 50204—2015、《混凝土结构工程施工规范》GB 50666—2011、《钢结构工程施工规范》GB 50755—2012、《屋面工程质量验收规范》GB 50207—2012、《屋面工程技术规范》GB 50345—2012、《地下防水工程质量验收规范》GB 50208—2011、《地下工程防水技术规范》GB 50108—2008、《建筑桩基技术规范》JGJ 94—2008等标准编写，主要内容包括基础知识、地基与基础工程、砌体工程、混凝土结构工程、钢结构工程、屋面及防水工程、装饰装修工程以及施工现场项目管理。全书内容丰富、通俗易懂；针对性、实用性强；既可供土建施工人员及相关工程技术和管理人员参考使用，也可作为建筑施工企业土建施工员岗位培训教材。

　　由于作者的学识和经验所限，虽经编者尽心尽力但书中仍难免存在疏漏或未尽之处，敬请有关专家和读者予以批评指正。

编　者

2015 年 7 月

目　　录

1 基础知识

1.1 施工员的工作职责

施工员的工作职责宜符合表 1 – 1 的规定。

表 1 – 1　施工员的工作职责

项次	分类	主要工作职责
1	施工组织策划	1. 参与施工组织管理策划 2. 参与制定管理制度
2	施工技术管理	3. 参与图纸会审、技术核定 4. 负责施工作业班组的技术交底 5. 负责组织测量放线、参与技术复核
3	施工进度成本控制	6. 参与制定并调整施工进度计划、施工资源需求计划,编制施工作业计划 7. 参与做好施工现场组织协调工作,合理调配生产资源;落实施工作业计划 8. 参与现场经济技术签证、成本控制及成本核算 9. 负责施工平面布置的动态管理
4	质量安全环境管理	10. 参与质量、环境与职业健康安全的预控 11. 负责施工作业的质量、环境与职业健康安全过程控制,参与隐蔽、分项、分部和单位工程的质量验收 12. 参与质量、环境与职业健康安全问题的调查,提出整改措施并监督落实
5	施工信息资料管理	13. 负责编写施工日志、施工记录等相关施工资料 14. 负责汇总、整理和移交施工资料

1.2　施工员的专业要求

1)施工员应具备表 1 – 2 规定的专业技能。

表 1-2　施工员应具备的专业技能

项次	分类	专 业 技 能
1	施工组织策划	1. 能够参与编制施工组织设计和专项施工方案
2	施工技术管理	2. 能够识读施工图和其他工程设计、施工等文件 3. 能够编写技术交底文件，并实施技术交底 4. 能够正确使用测量仪器，进行施工测量
3	施工进度成本控制	5. 能够正确划分施工区段，合理确定施工顺序 6. 能够进行资源平衡计算，参与编制施工进度计划及资源需求计划，控制调整计划 7. 能够进行工程量计算及初步的工程计价
4	质量安全环境管理	8. 能够确定施工质量控制点，参与编制质量控制文件、实施质量交底 9. 能够确定施工安全防范重点，参与编制职业健康安全与环境技术文件、实施安全和环境交底 10. 能够识别、分析、处理施工质量和危险源 11. 能够参与施工质量、职业健康安全与环境问题的调查分析
5	施工信息资料管理	12. 能够记录施工情况，编制相关工程技术资料 13. 能够利用专业软件对工程信息资料进行处理

2）施工员应具备表 1-3 规定的专业知识。

表 1-3　施工员应具备的专业知识

项次	分类	专 业 知 识
1	通用知识	1. 熟悉国家工程建设相关法律法规 2. 熟悉工程材料的基本知识 3. 掌握施工图识读、绘制的基本知识 4. 熟悉工程施工工艺和方法 5. 熟悉工程项目管理的基本知识
2	基础知识	6. 熟悉相关专业的力学知识 7. 熟悉建筑构造、建筑结构和建筑设备的基本知识 8. 熟悉工程预算的基本知识 9. 掌握计算机和相关资料信息管理软件的应用知识 10. 熟悉施工测量的基本知识

续表 1 – 3

项次	分类	专 业 知 识
3	岗位知识	11. 熟悉与本岗位相关的标准和管理规定 12. 掌握施工组织设计及专项施工方案的内容和编制方法 13. 掌握施工进度计划的编制方法 14. 熟悉环境与职业健康安全管理的基本知识 15. 熟悉工程质量管理的基本知识 16. 熟悉工程成本管理的基本知识 17. 了解常用施工机械机具的性能

1.3 国家工程建设相关法律法规

1. 现行国家标准

1)《地下工程防水技术规范》GB 50108—2008；

2)《混凝土外加剂应用技术规范》GB 50119—2013；

3)《粉煤灰混凝土应用技术规范》GB/T 50146—2014；

4)《建筑地基基础工程施工质量验收规范》GB 50202—2002；

5)《砌体结构工程施工质量验收规范》GB 50203—2011；

6)《混凝土结构工程施工质量验收规范》GB 50204—2015；

7)《屋面工程质量验收规范》GB 50207—2012；

8)《地下防水工程质量验收规范》GB 50208—2011；

9)《建筑装饰装修工程质量验收规范》GB 50210—2001；

10)《组合钢模板技术规范》GB/T 50214—2013；

11)《建筑工程施工质量验收统一标准》GB 50300—2013；

12)《屋面工程技术规范》GB 50345—2012；

13)《混凝土结构加固设计规范》GB 50367—2013；

14)《混凝土结构工程施工规范》GB 50666—2011；

15)《钢结构工程施工规范》GB 50755—2012；

16)《混凝土结构现场检测技术标准》GB/T 50784—2013；

17)《砌体结构工程施工规范》GB 50924—2014；

18)《建筑地基基础工程施工规范》GB 51004—2015；

19)《吹填土地基处理技术规范》GB/T 51064—2015。

2. 现行行业标准

1)《高层建筑混凝土结构技术规程》JGJ 3—2010；

2)《高层建筑筏形与箱形基础技术规范》JGJ 6—2011；

3)《钢筋焊接及验收规程》JGJ 18—2012；

4）《钢筋焊接接头试验方法标准》JGJ/T 27—2014；

5）《普通混凝土配合比设计规程》JGJ 55—2011；

6）《液压滑动模板施工安全技术规程》JGJ 65—2013；

7）《建筑地基处理技术规范》JGJ 79—2012；

8）《建筑钢结构焊接技术规程》JGJ 81—2002；

9）《建筑桩基技术规范》JGJ 94—2008；

10）《砌筑砂浆配合比设计规程》JGJ/T 98—2010；

11）《建筑基桩检测技术规范》JGJ 106—2014；

12）《钢筋机械连接技术规程》JGJ 107—2010；

13）《钢筋焊接网混凝土结构技术规程》JGJ 114—2014；

14）《外墙饰面砖工程施工及验收规程》JGJ 126—2015；

15）《种植屋面工程技术规程》JGJ 155—2013；

16）《钢筋机械连接用套筒》JG/T 163—2013；

17）《建筑与市政工程施工现场专业人员职业标准》JGJ/T 250—2011；

18）《建筑防水工程现场检测技术规范》JGJ/T 299—2013；

19）《石灰石粉在混凝土中应用技术规程》JGJ/T 318—2014；

20）《建筑幕墙工程检测方法标准》JGJ/T 324—2014；

21）《建筑地基检测技术规范》JGJ 340—2015；

22）《泡沫混凝土应用技术规程》JGJ/T 341—2014；

23）《公共建筑吊顶工程技术规程》JGJ 345—2014。

2 | 地基与基础工程

2.1 土 方 工 程

2.1.1 土方开挖

土方工程的施工过程主要包括：土方开挖、运输、填筑与压实等。应尽量采用机械施工，以加快施工速度。常用的施工机械有：推土机、铲运机、装载机、单斗挖土机等。土方工程施工前通常需完成以下准备工作：施工现场准备，土方工程的测量放线和编制施工组织设计等。有时还需完成以下辅助工作，如基坑、沟槽的边坡保护、土壁的支撑、降低地下水位等。

1. 土方边坡

土方开挖过程中及开挖完毕后，基坑（槽）边坡土体由于自重产生的下滑力在土体中产生剪应力，该剪应力主要靠土体的内摩阻力和内聚力平衡，一旦土体中力的体系失去平衡，边坡就会塌方。

为了避免不同土质的物理性能、开挖深度、土的含水率对边坡土壁的稳定性产生影响而塌方，在土方开挖时将坑、槽挖成上口大、下口小的形状，依靠土的自稳性能保持土壁的相对稳定。

土方边坡用边坡坡度和边坡系数表示，两者互为倒数，工程中常以 $1:m$ 表示放坡。边坡坡度是以土方挖土深度 H 与边坡底宽 B 之比表示，如图 2-1 所示。即：

$$土方边坡坡度 = \frac{H}{B} = \frac{1}{m} \tag{2-1}$$

式中　$m = \dfrac{B}{H}$ 称为边坡系数。

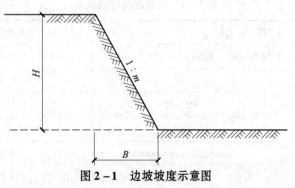

图 2-1　边坡坡度示意图

土方边坡的大小主要与土质、开挖深度、开挖方法、边坡留置时间的长短、坡顶荷载状况、降排水情况及气候条件等有关。根据各层土质及土体所受到的压力，边坡可做成直线形、折线形或阶梯形，以减少土方量。当土质均匀、湿度正常，地下水位低于基坑

（槽）或管沟底面标高，且敞露时间不长时，挖方边坡可做成直立壁不加支撑，但深度不宜超过下列规定：

密实、中密的砂土和碎石类土（充填物为砂土）为 1.0m。

硬塑、可塑的粉土及粉质黏土为 1.25m。

硬塑、可塑的黏土和碎石类土（充填物为黏性土）为 1.5m。

坚硬的黏土为 2m。

挖方深度超过上述规定时，应考虑放坡或做成直立壁加支撑。

当土的湿度、土质及其他地质条件较好且地下水位低于基坑（槽）或管沟底面标高时，挖方深度在 5m 以内可放坡开挖不加支撑的，其边坡的最陡坡度经验值应符合表 2 - 1 规定。

表 2 - 1　挖方深度在 5m 以内不加支撑的边坡的最陡坡度

土 的 类 别	边坡坡度（高∶宽）		
	坡顶无荷载	坡顶有静载	坡顶有动载
中密的砂土	1∶1.00	1∶1.25	1∶1.50
中密的碎石类土（充填物为砂土）	1∶0.75	1∶1.00	1∶1.25
硬塑的粉土	1∶0.67	1∶0.75	1∶1.00
中密的碎石类土（充填物为黏土）	1∶0.50	1∶0.67	1∶0.75
硬塑的粉质黏土、黏土	1∶0.33	1∶0.50	1∶0.67
老黄土	1∶0.1	1∶0.25	1∶0.33
软土（经井点降水后）	1∶1.00	—	—

注：静载指堆土或材料等；动载指机械挖土或汽车运输作业等。静载或动载距挖方边缘的距离应保证边坡和直立壁的稳定；堆土或材料应距挖方边缘 0.8m 以外，高度不超过 1.5m。

永久性挖方边坡应按设计要求放坡。对使用时间较长的临时性挖方边坡坡度，根据现行规范，其边坡的挖方深度及边坡的最陡坡度应符合表 2 - 2 规定。

表 2 - 2　临时性挖方边坡值

土 的 类 别		边坡值（高∶宽）
砂土（不包括细砂、粉砂）		1∶1.25 ~ 1∶1.50
一般性黏土	硬	1∶0.75 ~ 1∶1.00
	硬、塑	1∶1.00 ~ 1∶1.25
	软	1∶1.50 或更缓
碎石类土	充填坚硬、硬塑黏性土	1∶0.50 ~ 1∶1.00
	充填砂土	1∶1.00 ~ 1∶1.50

注：1. 设计有要求时，应符合设计标准。

2. 如采用降水或其他加固措施，可不受本表限制，但应计算复核。

3. 开挖深度，对软土不应超过 4m，对硬土不应超过 8m。

2．土壁支撑

土壁支撑是土方施工中的重要工作。应根据工程特点、地质条件、现有的施工技术水平、施工机械设备等合理选择支护方案，保证施工质量和安全。土壁支撑有较多的方式。

（1）横撑式支撑。当开挖较窄的沟槽时多采用横撑式支撑。即采用横竖楞木、横竖挡土板、工具式横撑等直接进行支撑。可分为水平挡土板和垂直挡土板两种，如图 2 - 2 所示。这种支撑形式施工较为方便，但支撑深度不宜太大。

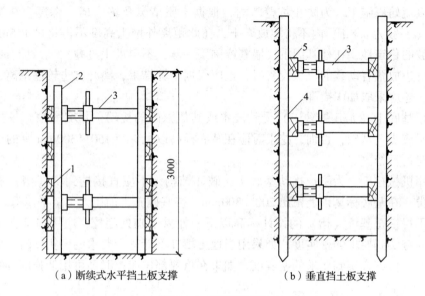

（a）断续式水平挡土板支撑　　　　　　（b）垂直挡土板支撑

图 2 - 2　横撑式支撑

1—水平挡土板；2—竖楞木；3—工具式横撑；4—竖直挡土板；5—横楞木

采用横撑式支撑时，应随挖随撑，支撑牢固。施工中应经常检查，如有松动、变形等现象时，应及时加固或更换。支撑的拆除应按回填顺序依次进行，多层支撑应自下而上逐层拆除，随拆随填。拆除支撑时，应防止附近建筑物和构筑物等产生下沉和破坏，必要时应采取妥善的保护措施。

（2）桩墙式支撑。桩墙式支撑中有许多的支撑方式，如：钢板桩、预制钢筋混凝土板桩等连续式排桩，预制钢筋混凝土桩、人工挖孔灌注桩、钻孔灌注桩、沉管灌注桩、H 型钢桩、工字型钢桩等分离式排桩，地下连续墙、有加劲钢筋的水泥土支护墙等。

（3）重力式支撑。通过加固基坑周边的土形成一定厚度的重力式墙，达到挡土的目的。如：水泥粉喷桩、深层搅拌水泥支护结构、高压旋喷帷幕墙、化学注浆防渗挡土墙等。

（4）土钉、喷锚支护。土钉、喷锚支护是一种利用加固后的原位土体来维护基坑边坡稳定的支护方法。一般由土钉（锚杆）、钢丝网喷射混凝土面板和加固后的原位土体三部分组成。

3．基坑（槽）开挖

基坑（槽）开挖有人工开挖和机械开挖，对于大型基坑应优先考虑选用机械化施工，以减轻繁重的体力劳动，加快施工进度。

开挖基坑（槽）应按规定的尺寸合理确定开挖顺序和分层开挖深度，连续地进行施工，尽快地完成。

1）开挖基坑（槽）时，应符合下列规定：

①由于土方开挖施工要求标高、断面准确，土体应有足够的强度和稳定性，因此在开挖过程中要随时注意检查。

②挖出的土除预留一部分用作回填外，在场地内不得任意堆放，应把多余的土运到弃土地区，以免妨碍施工。为防止坑壁滑坍，根据土质情况及坑（槽）深度，在坑顶两边一定距离（一般为0.8m）内不得堆放弃土，在此距离外堆土高度不得超过1.5m，否则，应验算边坡的稳定性，在柱基周围、墙基或围墙一侧，不得堆土过高。

③在坑边放置有动载的机械设备时，也应根据验算结果，离开坑边较远距离，如地质条件不好，还应采取加固措施。

为防止基底土（尤其是软土）受到浸水或其他原因的扰动，基坑（槽）挖好后，应立即做垫层或浇筑基础，否则，挖土时应在基底标高以上保留150~300mm厚的土层，待基础施工时再行挖去。

④如用机械挖土，为防止扰动基底土，破坏结构，不应直接挖到坑（槽）底，应根据机械种类，在基底标高以上留出200~300mm，待基础施工前用人工铲平修整。

挖土不得挖至基坑（槽）的设计标高以下，如果个别处超挖，应用与基土相同的土料填补，并夯实到要求的密实度。如果用当地土填补不能达到要求的密实度时，应用碎石类土填补，并仔细夯实到要求的密实度。如果在重要部位超挖时，可用低强度等级的混凝土填补。

2）在软土地区开挖基坑（槽）时，尚应符合下列规定：

①施工前必须做好场地排水和降低地下水位的工作，地下水位应降低至开挖面或基底500mm以下后，再开挖。降水工作应持续到设计允许停止或回填完毕。

②软土开挖时，宜选用对道路压强较小的施工机械，当场地土不能满足机械行走要求时，可采用铺设工具式路基箱板等措施。

③开挖边坡坡度不宜大于1:1.5。当遇淤泥和淤泥质土时，边坡坡度应根据实际情况适当减小；对淤泥和淤泥质土层厚度大于1m且有工程桩的土层进行开挖时，应进行土体稳定性验算。

④当淤泥、淤泥质土层厚度大于1m时，宜采用斜面分层开挖，分层厚度不宜大于1m。

⑤当土方暂停开挖时，挖方边坡应及时修整，清除边坡上工程桩的桩间土，施工机械与物资不得靠近边坡停放。

⑥相邻基坑（槽）和管沟开挖时，宜按先深后浅或同时进行的施工顺序，并应及时施工垫层、基础；当基坑（槽）内含有局部深坑时，宜对深坑部分采取加固措施。

⑦土方开挖应遵循先支后挖、均衡分层、对称开挖的原则进行。

⑧在密集群桩上开挖时，应在工程桩完成后，间隔一段时间再进行土方施工，桩顶以上300mm以内应采取人工开挖。在密集群桩附近开挖基坑（槽）时，应采取措施，防止桩基位移。

4．深基坑开挖

深基坑一般采用"分层开挖，先撑后挖"的开挖原则。基坑深度较大时，应分层开挖，以防开挖面的坡度过陡，引起土体位移、坑底面隆起、桩基侧移等异常现象发生。深基坑一般都采用支护结构以减小挖土面积，防止边坡塌方。

深基坑开挖注意事项：

1）在挖土和支撑过程中，对支撑系统的稳定性要有专人检查、观测，并做好记录。发生异常，应立即查清原因，采取针对性技术措施。

2）开挖过程中，对支护墙体出现的水土流失现象应及时进行封堵，同时留出泄水通道，严防地面大量沉陷、支护结构失稳等灾害性事故的发生。

3）严格限制坑顶周围堆土等超载，适当限制与隔离坑顶周围振动荷载作用。

4）开挖过程中，应定时检查井点降水深度。

5）应做好机械上下基坑坡道部位的支护。严禁在挖土过程中，碰撞支护结构体系和工程桩，严禁损坏防渗帷幕。基坑挖土时，将挖土机械、车辆的通道布置、挖土的顺序及周围堆土位置安排等列为对周围环境的影响因素进行综合考虑。

6）深基坑开挖过程中，随着土的挖除，下层土因逐渐卸载而有可能回弹，尤其在基坑挖至设计标高后，如搁置时间过久，回弹更为显著。对深基坑开挖后的土体回弹，应有适当的估计，如在勘察阶段，土样的压缩试验中应补充卸荷弹性试验等。还可以采取结构措施，在基底设置桩基等，或事先对结构下部土质进行深层地基加固。施工中减少基坑弹性隆起的一个有效方法是把土体中有效应力的改变降低到最少。具体方法有加速建造主体结构，或逐步利用基础的重量来代替被挖去土体的重量，或采用逆筑法施工（先施工主体，再施工基础）。

7）基坑（槽）开挖后应及时组织地基验槽，并迅速进行垫层施工，防止暴晒和雨水浸刷，使基坑（槽）的原状结构被破坏。

2．1．2　土方回填

1．土方回填的要求

（1）对回填土料的选择。填料应符合设计要求，不同填料不应混填。设计无要求时，应符合下列规定：

1）不同土类应分别经过击实试验测定填料的最大干密度和最佳含水量，填料含水量与最佳含水量的偏差控制在±2%范围内。

2）草皮土和有机质含量大于8%的土，不应用于有压实要求的回填区域。

3）淤泥和淤泥质土不宜作为填料，在软土或沼泽地区，经过处理且符合压实要求后，可用于回填次要部位或无压实要求的区域。

4）碎石类土或爆破石渣，可用于表层以下回填，可采用碾压法或强夯法施工。采用分层碾压时，厚度应根据压实机具通过试验确定，一般不宜超过500mm，其最大粒径不得超过每层厚度的3/4；采用强夯法施工时，填筑厚度和最大粒径应根据强夯夯击能量大小和施工条件通过试验确定；为了保证填料的均匀性，粒径一般不宜大于1m，大块填料不应集中，且不宜填在分段接头处或回填与山坡连接处。

5）两种透水性不同的填料分层填筑时，上层宜填透水性较小的填料。

6）填料为黏性土时，回填前应检验其含水量是否在控制范围内，当含水量偏高，可采用翻松晾晒或均匀掺入干土或生石灰等措施；当含水量偏低，可采用预先洒水湿润。

（2）对回填基底的处理。回填基底的处理，应符合设计要求。设计无要求时，应符合下列规定：

1）基底上的树墩及主根应拔除，排干水田、水库、鱼塘等的积水，对软土进行处理。

2）设计标高500mm以内的草皮、垃圾及软土应清除。

3）坡度大于1:5时，应将基底挖成台阶，台阶面内倾，台阶高宽比为1:2，台阶高度不大于1m。

4）当坡面有渗水时，应设置盲沟将渗水引出填筑体外。

（3）土方回填施工要求。

1）土方回填前，应根据设计要求和不同质量等级标准来确定施工工艺和方法。土方回填时，应先低处后高处，逐层填筑。

2）土方回填应填筑压实，且压实系数应满足设计要求。当采用分层回填时，应在下层的压实系数经试验合格后，才能进行上层施工。

3）碾压机械压实回填时，一般先静压后振动或先轻后重，并控制行驶速度，平碾和振动碾不宜超过2km/h，羊角碾不宜超过3km/h。

4）每次碾压，机具应从两侧向中央进行，主轮应重叠150mm以上。

5）对有排水沟、电缆沟、涵洞、挡土墙等结构的区域进行回填时，可用小型机具或人工分层夯实。填料宜使用砂土、砂砾石、碎石等，不宜用黏土回填。在挡土墙泄水孔附近应按设计做好滤水层和排水盲沟。

6）施工中应防止出现翻浆或弹簧土现象，特别是雨期施工时，应集中力量分段回填碾压，还应加强临时排水设施，回填面应保持一定的流水坡度，避免积水。对于局部翻浆或弹簧土可以采取换填或翻松晾晒等方法处理。在地下水位较高的区域施工时，应设置盲沟疏干地下水。

2. 填土压实的方法

填土压实方法有碾压、夯实和振动压实三种。

（1）碾压法。是靠机械的滚轮在土表面反复滚压，靠机械自重将土压实。

碾压机械有光面碾（压路机）、羊足碾和气胎碾。还可利用运土机械进行碾压。

碾压机械压实填方时，行驶速度不宜过快，一般平碾控制在2km/h，羊足碾控制在3km/h。否则会影响压实效果。

用碾压法压实填土时，铺土应均匀一致，碾压遍数要一样，碾压方向以从填土区的两边逐渐压向中心，每次碾压应有150~200mm的重叠。

（2）夯实法。是利用夯锤的冲击来达到使基土密实的目的。

夯实法分人工夯实和机械夯实两种。夯实机械有夯锤、内燃夯土机和蛙式打夯机。人工夯土用的工具有木夯、石夯等。

夯实法的优点是，可以夯实较厚的土层。采用重型夯土机（如1t以上的重锤）时，其夯实厚度可达 1～1.5m。但对木夯、石夯或蛙式打夯机等夯土工具，其夯实厚度则较小，一般均在 200mm 以内。

（3）振动压实法。振动压实法是将重锤放在土层的表面或内部，借助于振动设备使重锤振动，土壤颗粒即发生相对位移达到紧密状态。此法用于振实非黏性土效果较好。

3. 填土压实的影响因素

填土压实的影响因素较多，主要有压实功、土的含水量以及每层铺土厚度。

（1）压实功的影响。填土压实后的密度与压实机械在其上所施加的功有一定的关系。土的密度与所耗的功的关系如图 2-3 所示。当土的含水量一定，在开始压实时，土的密度急剧增加，待到接近土的最大密度时，压实功虽然增加许多，而土的密度则变化甚小。实际施工中，对不同的土应根据选择的压实机械和密实度要求选择合理的压实遍数，如：对于砂土只需碾压或夯击 2～3 遍，对于粉土只需 3～4 遍，对于粉质黏土或黏土只需 5～6 遍。此外，松土不宜用重型碾压机械直接滚压，否则土层有强烈起伏现象，效率不高。如果先用轻碾压实，再用重碾压实就会取得较好效果。

（2）含水量的影响。在同一压实功条件下，填土的含水量对压实质量有直接影响。较为干燥的土，由于土颗粒之间的摩阻力较大，因而不易压实。当含水量超过一定限度时，土颗粒之间孔隙由水填充而呈饱和状态，也不能压实。当土的含水量适当时，水起了润滑作用，土颗粒之间的摩阻力减少，压实效果最好。各种土壤都有其最佳含水量。土在这种含水量的条件下，使用同样的压实功进行压实，所得到的密度最大（图 2-4），各种土的最佳含水量和最大干密度可参考表 2-3。

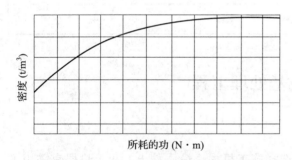
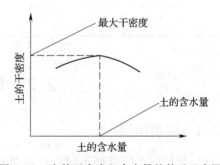

图 2-3　土的密度与压实功的关系示意图　　　图 2-4　土的干密度与含水量的关系示意图

表 2-3　土的最佳含水量和最大干密度参考表

土 的 种 类	变 动 范 围	
	最佳含水量（重量比,%）	最大干密度（g/cm³）
砂土	8～12	1.80～1.88
黏土	19～23	1.58～1.70
粉质黏土	12～15	1.85～1.95
粉土	16～22	1.61～1.80

注：1. 表中土的最大密度应根据现场实际达到的数字为准。
　　2. 一般性的回填可不作此项测定。

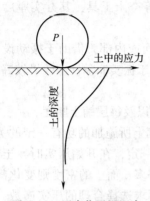

图 2-5 压实作用沿深度
的变化示意图

工地简单检验黏性土含水量的方法一般是以手握成团落地开花为适宜。为了保证填土在压实过程中处于最佳含水量状态，当土过湿时应予翻松晾干，也可掺入同类干土或吸水性土料，过干时，则应预先洒水润湿。

（3）铺土厚度的影响。土在压实功的作用下，土壤内的应力随深度增加而逐渐减小（图 2-5），其影响深度与压实机械、土的性质和含水量等有关。铺土厚度应小于压实机械压土时的作用深度。最优的铺土厚度应能使土方压实而机械的功耗费最少，可按照表 2-4 选用。在表中规定的压实遍数范围内，轻型压实机械取大值，重型的则取小值。

表 2-4 填方每层的铺土厚度和压实遍数参考表

压实机具	分层厚度（mm）	每层压实遍数
平碾	250~300	6~8
振动压实机	250~350	3~4
柴油打夯机	200~250	3~4
人工打夯	<200	3~4

2.2 地基处理工程

2.2.1 换填垫层

1）垫层施工应根据不同的换填材料选择施工机械。粉质黏土、灰土垫层宜采用平碾、振动碾或羊足碾，以及蛙式夯、柴油夯。砂石垫层等宜用振动碾。粉煤灰垫层宜采用平碾、振动碾、平板振动器、蛙式夯。矿渣垫层宜采用平板振动器或平碾，也可采用振动碾。

2）垫层的施工方法、分层铺填厚度、每层压实遍数等宜通过现场试验确定。除接触下卧软土层的垫层底部应根据施工机械设备及下卧层土质条件确定厚度外，其他垫层的分层铺填厚度宜为 200~300mm。为保证分层压实质量，应控制机械碾压速度。

3）粉质黏土和灰土垫层土料的施工含水量宜控制在 $\omega_{op} \pm 2\%$ 的范围内，粉煤灰垫层的施工含水量宜控制在 $\omega_{op} \pm 4\%$ 的范围内。最优含水量 ω_{op} 可通过击实试验确定，也可按当地经验选取。

4）当垫层底部存在古井、古墓、洞穴、旧基础、暗塘时，应根据建筑物对不均匀沉降的控制要求予以处理，并经检验合格后，方可铺填垫层。

5）基坑开挖时应避免坑底土层受扰动，可保留 180～220mm 厚的土层暂不挖去，待铺填垫层前再由人工挖至设计标高。严禁扰动垫层下的软弱土层，应防止软弱垫层被践踏、受冻或受水浸泡。在碎石或卵石垫层底部宜设置厚度为 150～300mm 的砂垫层或铺一层土工织物，并应防止基坑边坡塌土混入垫层中。

6）换填垫层施工时，应采取基坑排水措施。除砂垫层宜采用水撼法施工外，其余垫层施工均不得在浸水条件下进行。工程需要时应采取降低地下水位的措施。

7）垫层底面宜设在同一标高上，如深度不同，坑底土层应挖成阶梯或斜坡搭接，并按先深后浅的顺序进行垫层施工，搭接处应夯压密实。

8）粉质黏土、灰土垫层及粉煤灰垫层施工，应符合下列规定：

①粉质黏土及灰土垫层分段施工时，不得在柱基、墙角及承重窗间墙下接缝。

②垫层上下两层的缝距不得小于 500mm，且接缝处应夯压密实。

③灰土拌和均匀后，应当日铺填夯压；灰土夯压密实后，3d 内不得受水浸泡。

④粉煤灰垫层铺填后，宜当日压实，每层验收后应及时铺填上层或封层，并应禁止车辆碾压通行。

⑤垫层施工竣工验收合格后，应及时进行基础施工与基坑回填。

9）土工合成材料施工，应符合下列要求：

①下铺地基土层顶面应平整。

②土工合成材料铺设顺序应先纵向后横向，且应把土工合成材料张拉平整、绷紧，严禁有皱折。

③土工合成材料的连接宜采用搭接法、缝接法或胶接法，接缝强度不应低于原材料抗拉强度，端部应采用有效方法固定，防止筋材拉出。

④应避免土工合成材料暴晒或裸露，阳光暴晒时间不应大于 8h。

2.2.2 预压地基

1. 堆载预压

1）塑料排水带的性能指标应符合设计要求，并应在现场妥善保护，防止阳光照射、破损或污染。破损或污染的塑料排水带不得在工程工使用。

2）砂井的灌砂量，应按井孔的体积和砂在中密状态时的干密度计算，实际灌砂量不得小于计算值的 95%。

3）灌入砂袋中的砂宜用干砂，并应灌制密实。

4）塑料排水带和袋装砂井施工时，宜配置深度检测设备。

5）塑料排水带需接长时，应采用滤膜内芯带平搭接的连接方法，搭接长度宜大于200mm。

6）塑料排水带施工所用套管应保证插入地基中的带子不扭曲。袋装砂井施工所用套管内径应大于砂井直径。

7）塑料排水带和袋装砂井施工时，平面井距偏差不应大于井径，垂直度允许偏差应为 ±1.5%，深度应满足设计要求。

8）塑料排水带和袋装砂井砂袋埋入砂垫层中的长度不应小于 500mm。

9）堆载预压加载过程中，应满足地基承载力和稳定控制要求，并应进行竖向变形、水平位移及孔隙水压力的监测，堆载预压加载速率应满足下列要求：

①竖井地基最大竖向变形量不应超过 15mm/d。

②天然地基最大竖向变形量不应超过 10mm/d。

③堆载预压边缘处水平位移不应超过 5mm/d。

④根据上述观测资料综合分析、判断地基的承载力和稳定性。

2. 真空预压

1）真空预压的抽气设备宜采用射流真空泵，真空泵空抽吸力不应低于 95kPa。真空泵的设置应根据地基预压面积、形状、真空泵效率和工程经验确定，每块预压区设置的真空泵不应少于两台。

2）真空管路设置应符合下列规定：

①真空管路的连接应密封，真空管路中应设置止回阀和截门。

②水平向分布滤水管可采用条状、梳齿状及羽毛状等形式，滤水管布置宜形成回路。

③滤水管应设在砂垫层中，上覆砂层厚度宜为 100～200mm。

④滤水管可采用钢管或塑料管，应外包尼龙纱或土工织物等滤水材料。

3）密封膜应符合下列规定：

①密封膜应采用抗老化性能好、韧性好、抗穿刺性能强的不透气材料。

②密封膜热合时，宜采用双热合缝的平搭接，搭接宽度应大于 15mm。

③密封膜宜铺设三层，膜周边可采用挖沟填膜，平铺并用黏土覆盖压边、围埝沟内及膜上覆水等方法进行密封。

4）地基土渗透性强时，应设置黏土密封墙。黏土密封墙宜采用双排搅拌桩，搅拌桩直径不宜小于 700mm；当搅拌桩深度小于 15m 时，搭接宽度不宜小于 200mm；当搅拌桩深度大于 15m 时，搭接宽度不宜小于 300mm；搅拌桩成桩搅拌应均匀，黏土密封墙的渗透系数应满足设计要求。

3. 真空和堆载联合预压

1）采用真空和堆载联合预压时，应先抽真空，当真空压力达到设计要求并稳定后，再进行堆载，并继续抽真空。

2）堆载前，应在膜上铺设编织布或无纺布等土工编织布保护层。保护层上铺设 100～300mm 厚砂垫层。

3）堆载施工时可采用轻型运输工具，不得损坏密封膜。

4）上部堆载施工时，应监测膜下真空度的变化，发现漏气应及时处理。

5）堆载加载过程中，应满足地基稳定性设计要求，对竖向变形、边缘水平位移及孔隙水压力的监测应满足下列要求：

①地基向加固区外的侧移速率不应大于 5mm/d。

②地基竖向变形速率不应大于 10mm/d。

③根据上述观察资料综合分析、判断地基的稳定性。

6）真空和堆载联合预压除满足 1）～5）规定外，尚应符合 1. 和 2. 的规定。

2.2.3　压实地基和夯实地基

1. 压实地基

1）应根据使用要求、邻近结构类型和地质条件确定允许加载量和范围，并按设计要求均衡分步施加，避免大量快速集中填土。

2）填料前，应清除填土层底面以下的耕土、植被或软弱土层等。

3）压实填土施工过程中，应采取防雨、防冻措施，防止填料（粉质黏土、粉土）受雨水淋湿或冻结。

4）基槽内压实时，应先压实基槽两边，再压实中间。

5）冲击碾压法施工的冲击碾压宽度不宜小于6m，工作面较窄时，需设置转弯车道，冲压最短直线距离不宜少于100m，冲压边角及转弯区域应采用其他措施压实；施工时，地下水位应降低到碾压面以下1.5m。

6）性质不同的填料，应采取水平分层、分段填筑，并分层压实；同一水平层，应采用同一填料，不得混合填筑；填方分段施工时，接头部位如不能交替填筑，应按1:1坡度分层留台阶；如能交替填筑，则应分层相互交替搭接，搭接长度不小于2m；压实填土的施工缝，各层应错开搭接，在施工缝的搭接处，应适当增加压实遍数；边角及转弯区域应采取其他措施压实，以达到设计标准。

7）压实地基施工场地附近有对振动和噪声环境控制要求时，应合理安排施工工序和时间，减少噪声与振动对环境的影响，或采取挖减振沟等减振和隔振措施，并进行振动和噪声监测。

8）施工过程中，应避免扰动填土下卧的淤泥或淤泥质土层。压实填土施工结束检验合格后，应及时进行基础施工。

2. 夯实地基

1）强夯处理地基的施工，应符合下列规定：

①强夯夯锤质量宜为10~60t，其底面形式宜采用圆形，锤底面积宜按土的性质确定，锤底静接地压力值宜为25~80kPa，单击夯击能高时，取高值，单击夯击能低时，取低值，对于细颗粒土宜取低值。锤的底面宜对称设置若干个上下贯通的排气孔，孔径宜为300~400mm。

②强夯法施工，应按下列步骤进行：

a. 清理并平整施工场地。

b. 标出第一遍夯点位置，并测量场地高程。

c. 起重机就位，夯锤置于夯点位置。

d. 测量夯前锤顶高程。

e. 将夯锤起吊到预定高度，开启脱钩装置，夯锤脱钩自由下落，放下吊钩，测量锤顶高程；若发现因坑底倾斜而造成夯锤歪斜时，应及时将坑底整平。

f. 重复步骤e，按设计规定的夯击次数及控制标准，完成一个夯点的夯击；当夯坑过深，出现提锤困难，但无明显隆起，而尚未达到控制标准时，宜将夯坑回填至与坑顶齐平后，继续夯击。

g. 换夯点，重复步骤 c 至 f，完成第一遍全部夯点的夯击。

h. 用推土机将夯坑填平，并测量场地高程。

i. 在规定的间隔时间后，按上述步骤逐次完成全部夯击遍数；最后，采用低能量满夯，将场地表层松土夯实，并测量夯后场地高程。

2）强夯置换处理地基的施工应符合下列规定：

①强夯置换夯锤底面宜采用圆柱形，夯锤底静接地压力值宜大于 80kPa。

②强夯置换施工应按下列步骤进行：

a. 清理并平整施工场地，当表层土松软时，可铺设 1.0～2.0m 厚的砂石垫层。

b. 标出夯点位置，并测量场地高程。

c. 起重机就位，夯锤置于夯点位置。

d. 测量夯前锤顶高程。

e. 夯击并逐击记录夯坑深度；当夯坑过深，起锤困难时，应停夯，向夯坑内填料直至与坑顶齐平，记录填料数量；工序重复，直至满足设计的夯击次数及质量控制标准，完成一个墩体的夯击；当夯点周围软土挤出，影响施工时，应随时清理，并宜在夯点周围铺垫碎石后，继续施工。

f. 按照"由内而外、隔行跳打"的原则，完成全部夯点的施工。

g. 推平场地，采用低能量满夯，将场地表层松土夯实，并测量夯后场地高程。

h. 铺设垫层，分层碾压密实。

3）夯实地基宜采用带有自动脱钩装置的履带式起重机，夯锤的质量不应超过起重机械额定起重质量。履带式起重机应在臂杆端部设置辅助门架或采取其他安全措施，防止起落锤时，机架倾覆。

4）当场地表层土软弱或地下水位较高，宜采用人工降低地下水位或铺填一定厚度的砂石材料的施工措施。施工前，宜将地下水位降低至坑底面以下 2m。施工时，坑内或场地积水应及时排除，对细颗粒土，尚应采取晾晒等措施降低含水量。当地基土的含水量低，影响处理效果时，宜采取增湿措施。

5）施工前，应查明施工影响范围内地下构筑物和地下管线的位置，并采取必要的保护措施。

6）当强夯施工所引起的振动和侧向挤压对邻近建构筑物产生不利影响时，应设置监测点，并采取挖隔振沟等隔振或防振措施。

7）施工过程中的监测应符合下列规定：

①开夯前，应检查夯锤质量和落距，以确保单击夯击能量符合设计要求。

②在每一遍夯击前，应对夯点放线进行复核，夯完后检查夯坑位置，发现偏差或漏夯应及时纠正。

③按设计要求，检查每个夯点的夯击次数、每击的夯沉量、最后两击的平均夯沉量和总夯沉量、夯点施工起止时间。对强夯置换施工，尚应检查置换深度。

④施工过程中，应对各项施工参数及施工情况进行详细记录。

8）夯实地基施工结束后，应根据地基土的性质及所采用的施工工艺，待土层休止期结束后，方可进行基础施工。

2.2.4　复合地基

1．振冲碎石桩

1）振冲施工可根据设计荷载的大小、原土强度的高低、设计桩长等条件选用不同功率的振冲器。施工前应在现场进行试验，以确定水压、振密电流和留振时间等各自施工参数。

2）升降振冲器的机械可用起重机、自行井架式施工平车或其他合适的设备。施工设备应配有电流、电压和留振时间自动信号仪表。

3）振冲施工可按下列步骤进行：

①清理平整施工场地，布置桩位。

②施工机具就位，使振冲器对准桩位。

③启动供水泵和振冲器，水压宜为 200~600kPa，水量宜为 200~400L/min，将振冲器徐徐沉入土中，造孔速度宜为 0.5~2.0m/min，直至达到设计深度；记录振冲器经各深度的水压、电流和留振时间。

④造孔后边提升振冲器，边冲水直至孔口，再放至孔底，重复 2~3 次扩大孔径并使孔内泥浆变稀，开始填料制桩。

⑤大功率振冲器投料可不提出孔口，小功率振冲器下料困难时，可将振冲器提出孔口填料，每次填料厚度不宜大于 500mm；将振冲器沉入填料中进行振密制桩，当电流达到规定的密实电流值和规定的留振时间后，将振冲器提升 300~500mm。

⑥重复以上步骤，自下而上逐段制作桩体直至孔口，记录各段深度的填料量、最终电流值和留振时间。

⑦关闭振冲器和水泵。

4）施工现场应事先开设泥水排放系统，或组织好运浆车辆将泥浆运至预先安排的存放地点，应设置沉淀池，重复使用上部清水。

5）桩体施工完毕后，应将顶部预留的松散桩体挖除，铺设垫层并压实。

6）不加填料振冲加密宜采用大功率振冲器，造孔速度宜为 8~10m/min，到达设计深度后，宜将射水量减至最小，留振至密实电流达到规定时，上提 0.5m，逐段振密直至孔口，每米振密时间约 1min。在粗砂中施工，如遇下沉困难，可在振冲器两侧增焊辅助水管，加大造孔水量，降低造孔水压。

7）振密孔施工顺序，宜沿直线逐点逐行进行。

2．沉管砂石桩

1）砂石桩施工可采用振动沉管、锤击沉管或冲击成孔等成桩法。当用于消除粉细砂及粉土液化时，宜用振动沉管成桩法。

2）施工前应进行成桩工艺和成桩挤密试验。当成桩质量不能满足设计要求时，应调整施工参数后，重新进行试验或设计。

3）振动沉管成桩法施工，应根据沉管和挤密情况，控制填砂石量、提升高度和速度、挤压次数和时间、电动机的工作电流等。

4）施工中应选用能顺利出料和有效挤压桩孔内砂石料的桩尖结构。当采用活瓣桩靴时，对砂土和粉土地基宜选用尖锥形；一次性桩尖可采用混凝土锥形桩尖。

5）锤击沉管成桩法施工可采用单管法或双管法。锤击法挤密应根据锤击能量，控制分段的填砂石量和成桩的长度。

6）砂石桩桩孔内材料填料量，应通过现场试验确定，估算时，可按设计桩孔体积乘以充盈系数确定，充盈系数可取 1.2～1.4。

7）砂石桩的施工顺序：对砂土地基宜从外围或两侧向中间进行。

8）施工时桩位偏差不应大于套管外径的 30%，套管垂直度允许偏差应为 ±1%。

9）砂石桩施工后，应将表层的松散层挖除或夯压密实，随后铺设并压实砂石垫层。

3. 水泥土搅拌桩

1）水泥土搅拌桩施工现场施工前应予以平整，清除地上和地下障碍物。

2）水泥土搅拌桩施工前，应根据设计进行工艺性试桩，数量不得少于 3 根，多轴搅拌施工不得少于 3 组。应对工艺试桩的质量进行检验，确定施工参数。

3）搅拌头翼片的枚数、宽度、与搅拌轴的垂直夹角、搅拌头的回转数、提升速度应相互匹配，干法搅拌时钻头每转一圈的提升（或下沉）量宜为 10～15mm，确保加固深度范围内土体的任何一点均能经过 20 次以上的搅拌。

4）搅拌桩施工时，停浆（灰）面应高于桩顶设计标高 500mm。在开挖基坑时，应将桩顶以上土层及桩顶施工质量较差的桩段，采用人工挖除。

5）施工中，应保持搅拌桩机底盘的水平和导向架的竖直，搅拌桩的垂直度允许偏差和桩位偏差应满足《建筑地基处理技术规范》JGJ 79—2012 第 7.1.4 条的规定；成桩直径和桩长不得小于设计值。

6）水泥土搅拌桩施工应包括下列主要步骤：

①搅拌机械就位、调平。

②预搅下沉至设计加固深度。

③边喷浆（或粉），边搅拌提升直至预定的停浆（或灰）面。

④重复搅拌下沉至设计加固深度。

⑤根据设计要求，喷浆（或粉）或仅搅拌提升直至预定的停浆（或灰）面。

⑥关闭搅拌机械。

在预（复）搅下沉时，也可采用喷浆（粉）的施工工艺，确保全桩长上下至少再重复搅拌一次。

对地基土进行干法咬合加固时，如复搅困难，可采用慢速搅拌，保证搅拌的均匀性。

7）水泥土搅拌湿法施工应符合下列规定：

①施工前，应确定灰浆泵输浆量、灰浆经输浆管到达搅拌机喷浆口的时间和起吊设备提升速度等施工参数，并应根据设计要求，通过工艺性成桩试验确定施工工艺。

②施工中所使用的水泥应过筛，制备好的浆液不得离析，泵送浆应连续进行。拌制水泥浆液的罐数、水泥和外掺剂用量以及泵送浆液的时间应记录；喷浆量及搅拌深度应采用经国家计量部门认证的监测仪器进行自动记录。

③搅拌机喷浆提升的速度和次数应符合施工工艺要求，并设专人进行记录。

④当水泥浆液到达出浆口后，应喷浆搅拌 30s，在水泥浆与桩端土充分搅拌后，再开

始提升搅拌头。

⑤搅拌机预搅下沉时，不宜冲水，当遇到硬土层下沉太慢时，可适量冲水。

⑥施工过程中，如因故停浆，应将搅拌头下沉至停浆点以下 0.5m 处，待恢复供浆时，再喷浆搅拌提升；若停机超过 3h，宜先拆卸输浆管路，并妥加清洗。

⑦壁状加固时，相邻桩的施工时间间隔不宜超过 12h。

8）水泥土搅拌干法施工应符合下列规定：

①喷粉施工前，应检查搅拌机械、供粉泵、送气（粉）管路、接头和阀门的密封性、可靠性，送气（粉）管路的长度不宜大于 60m。

②搅拌头每旋转一周，提升高度不得超过 15mm。

③搅拌头的直径应定期复核检查，其磨耗量不得大于 10mm。

④当搅拌头到达设计桩底以上 1.5m 时，应开启喷粉机提前进行喷粉作业；当搅拌头提升至地面下 500mm 时，喷粉机应停止喷粉。

⑤成桩过程中，因故停止喷粉，应将搅拌头下沉至停灰面以下 1m 处，待恢复喷粉时，再喷粉搅拌提升。

4. 旋喷桩

1）施工前，应根据现场环境和地下埋设物的位置等情况，复核旋喷桩的设计孔位。

2）旋喷桩的施工工艺及参数应根据土质条件、加固要求，通过试验或根据工程经验确定。单管法、双管法高压水泥浆和三管法高压水的压力应大于 20MPa，流量应大于 30L/min，气流压力宜大于 0.7MPa，提升速度宜为 0.1 ~ 0.2m/min。

3）旋喷注浆，宜采用强度等级为 42.5 级的普通硅酸盐水泥，可根据需要加入适量的外加剂及掺合料。外加剂和掺合料的用量，应通过试验确定。

4）水泥浆液的水灰比宜为 0.8 ~ 1.2。

5）旋喷桩的施工工序为：机具就位、贯入喷射管、喷射注浆、拔管和冲洗等。

6）喷射孔与高压注浆泵的距离不宜大于 50m。钻孔位置的允许偏差应为 ±50mm。垂直度允许偏差应为 ±1%。

7）当喷射注浆管贯入土中，喷嘴达到设计标高时，即可喷射注浆。在喷射注浆参数达到规定值后，随即按旋喷的工艺要求，提升喷射管，由下而上旋转喷射注浆。喷射管分段提升的搭接长度不得小于 100mm。

8）对需要局部扩大加固范围或提高强度的部位，可采用复喷措施。

9）在旋喷注浆过程中出现压力骤然下降、上升或冒浆异常时，应查明原因并及时采取措施。

10）旋喷注浆完毕，应迅速拔出喷射管。为防止浆液凝固收缩影响桩顶高程，可在原孔位采用冒浆回灌或第二次注浆等措施。

11）施工中应做好废泥浆处理，及时将废泥浆运出或在现场短期堆放后作土方运出。

12）施工中应严格按照施工参数和材料用量施工，用浆量和提升速度应采用自动记录装置，并做好各项施工记录。

5. 灰土挤密桩、土挤密桩

1）成孔应按设计要求、成孔设备、现场土质和周围环境等情况，选用振动沉管、锤击沉管、冲击或钻孔等方法。

2）桩顶设计标高以上的预留覆盖土层厚度，宜符合下列规定：

①沉管成孔不宜小于 0.5m。

②冲击成孔或钻孔夯扩法成孔不宜小于 1.2m。

3）成孔时，地基土宜接近最优（或塑限）含水量，当土的含水量低于 12% 时，宜对拟处理范围内的土层进行增湿，应在地基处理前 4~6d，将需增湿的水通过一定数量和一定深度的渗水孔，均匀地浸入拟处理范围内的土层中，增湿土的加水量可按下式估算：

$$Q = v \bar{\rho}_d (\omega_{op} - \bar{\omega}) k \qquad (2-2)$$

式中：Q——计算加水量（t）；

v——拟加固土的总体积（m^3）；

$\bar{\rho}_d$——地基处理前土的平均干密度（t/m^3）；

ω_{op}——土的最优含水量（%），通过室内击实试验求得；

$\bar{\omega}$——地基处理前土的平均含水量（%）；

k——损耗系数，可取 1.05~1.10。

4）土料有机质含量不应大于 5%，且不得含有冻土和膨胀土，使用时应过 10~20mm 筛，混合料含水量应满足最优含水量要求，允许偏差应为 ±2%，土料和水泥应拌和均匀。

5）成孔和孔内回填夯实应符合下列规定：

①成孔和孔内回填夯实的施工顺序，当整片处理地基时，宜从里（或中间）向外间隔 1~2 孔依次进行，对大型工程，可采取分段施工；当局部处理地基时，宜从外向里间隔 1~2 孔依次进行。

②向孔内填料前，孔底应夯实，并应检查桩孔的直径、深度和垂直度。

③桩孔的垂直度允许偏差应为 ±1%。

④孔中心距允许偏差应为桩距的 ±5%。

⑤经检验合格后，应按设计要求，向孔内分层填入筛好的素土、灰土或其他填料，并应分层夯实至设计标高。

6）铺设灰土垫层前，应按设计要求将桩顶标高以上的预留松动土层挖除或夯（压）密实。

7）施工过程中，应有专人监督成孔及回填夯实的质量，并应做好施工记录；如发现地基土质与勘察资料不符，应立即停止施工，待查明情况或采取有效措施处理后，方可继续施工。

8）雨期或冬期施工，应采取防雨或防冻措施，防止填料受雨水淋湿或冻结。

6. 夯实水泥土桩

1）成孔应根据设计要求、成孔设备、现场土质和周围环境等，选用钻孔、洛阳铲成孔等方法。当采用人工洛阳铲成孔工艺时，处理深度不宜大于 6.0m。

2）桩顶设计标高以上的预留覆盖土层厚度不宜小于 0.3m。

3）成孔和孔内回填夯实应符合下列规定：

①宜选用机械成孔和夯实。

②向孔内填料前，孔底应夯实；分层夯填时，夯锤落距和填料厚度应满足夯填密实度的要求。

③土料有机质含量不应大于5%，且不得含有冻土和膨胀土，混合料含水量应满足最优含水量要求，允许偏差应为±2%，土料和水泥应拌和均匀。

④成孔经检验合格后，按设计要求，向孔内分层填入拌和好的水泥土，并应分层夯实至设计标高。

4）铺设垫层前，应按设计要求将桩顶标高以上的预留土层挖除。垫层施工应避免扰动基底土层。

5）施工过程中，应有专人监理成孔及回填夯实的质量，并应做好施工记录。如发现地基土质与勘察资料不符，应立即停止施工，待查明情况或采取有效措施处理后，方可继续施工。

6）雨期或冬期施工，应采取防雨或防冻措施，防止填料受雨水淋湿或冻结。

7. 水泥粉煤灰碎石桩

1）可选用下列施工工艺：

①长螺旋钻孔灌注成桩：适用于地下水位以上的黏性土、粉土、素填土、中等密实以上的砂土地基。

②长螺旋钻中心压灌成桩：适用于黏性土、粉土、砂土和素填土地基，对噪声或泥浆污染要求严格的场地可优先选用；穿越卵石夹层时应通过试验确定适用性。

③振动沉管灌注成桩：适用于粉土、黏性土及素填土地基；挤土造成地面隆起量大时，应采用较大桩距施工。

④泥浆护壁成孔灌注成桩，适用于地下水位以下的黏性土、粉土、砂土、填土、碎石土及风化岩等地基；桩长范围和桩端有承压水的土层应通过试验确定其适应性。

2）长螺旋钻中心压灌成桩和振动沉管灌注成桩施工应符合下列规定：

①施工前，应按设计要求在试验室进行配合比试验；施工时，按配合比配制混合料；长螺旋钻中心压灌成桩施工的坍落度宜为160~200mm，振动沉管灌注成桩施工的坍落度宜为30~50mm；振动沉管灌注成桩后桩顶浮浆厚度不宜超过200mm。

②长螺旋钻中心压灌成桩施工钻至设计深度后，应控制提拔钻杆时间，混合料泵送量应与拔管速度相配合，不得在饱和砂土或饱和粉土层内停泵待料；沉管灌注成桩施工拔管速度宜为1.2~1.5m/min，如遇淤泥质土，拔管速度应适当减慢；当遇有松散饱和粉土、粉细砂或淤泥质土，当桩距较小时，宜采取隔桩跳打措施。

③施工桩顶标高宜高出设计桩顶标高不少于0.5m；当施工作业面高出桩顶设计标高较大时，宜增加混凝土灌注量。

④成桩过程中，应抽样做混合料试块，每台机械每台班不应少于一组。

3）冬期施工时，混合料入孔温度不得低于5℃，对桩头和桩间土应采取保温措施。

4）清土和截桩时，应采用小型机械或人工剔除等措施，不得造成桩顶标高以下桩身断裂或桩间土扰动。

5）褥垫层铺设宜采用静力压实法，当基础底面下桩间土的含水量较低时，也可采用动力夯实法，夯填度不应大于0.9。

6）泥浆护壁成孔灌注成桩和锤击、静压预制桩施工，应符合现行行业标准《建筑桩基技术规范》JGJ 94—2008 的规定。

8．柱锤冲扩桩

1）宜采用直径 300～500mm、长度 2～6m、质量 2～10t 的柱状锤进行施工。

2）起重机具可用起重机、多功能冲扩桩机或其他专用机具设备。

3）柱锤冲扩桩复合地基施工可按下列步骤进行：

①清理平整施工场地，布置桩位。

②施工机具就位，使柱锤对准桩位。

③柱锤冲孔：根据土质及地下水情况可分别采用下列三种成孔方式：

a．冲击成孔：将柱锤提升一定高度，自由下落冲击土层，如此反复冲击，接近设计成孔深度时，可在孔内填少量粗骨料继续冲击，直到孔底被夯密实。

b．填料冲击成孔：成孔时出现缩颈或塌孔时，可分次填入碎砖和生石灰块，边冲击边将填料挤入孔壁及孔底，当孔底接近设计成孔深度时，夯入部分碎砖挤密桩端土。

c．复打成孔：当塌孔严重难以成孔时，可提锤反复冲击至设计孔深，然后分次填入碎砖和生石灰块，待孔内生石灰吸水膨胀、桩间土性质有所改善后，再进行二次冲击复打成孔。

当采用上述方法仍难以成孔时，也可以采用套管成孔，即用柱锤边冲孔边将套管压入土中，直至桩底设计标高。

④成桩：用料斗或运料车将拌和好的填料分层填入桩孔夯实。当采用套管成孔时，边分层填料夯实，边将套管拔出。锤的质量、锤长、落距、分层填料量、分层夯填度、夯击次数和总填料量等，应根据试验或按当地经验确定。每个桩孔应夯填至桩顶设计标高以上至少 0.5m，其上部桩孔宜用原地基土夯封。

⑤施工机具移位，重复上述步骤进行下一根桩施工。

4）成孔和填料夯实的施工顺序，宜间隔跳打。

9．多桩型复合地基

1）对处理可液化土层的多桩型复合地基，应先施工处理液化的增强体。

2）对消除或部分消除湿陷性黄土地基，应先施工处理湿陷性的增强体。

3）应降低或减小后施工增强体对已施工增强体的质量和承载力的影响。

2.2.5　注浆加固

1．水泥为主剂的注浆

1）施工场地应预先平整，并沿钻孔位置开挖沟槽和集水坑。

2）注浆施工时，宜采用自动流量和压力记录仪，并应及时进行数据整理分析。

3）注浆孔的孔径宜为 70～110mm，垂直度允许偏差应为 ±1%。

4）花管注浆法施工可按下列步骤进行：

①钻机与注浆设备就位。

②钻孔或采用振动法将花管置入土层。

③当采用钻孔法时，应从钻杆内注入封闭泥浆，然后插入孔径为 50mm 的金属花管。

④待封闭泥浆凝固后，移动花管自下而上或自上而下进行注浆。

5）压密注浆施工可按下列步骤进行：

①钻机与注浆设备就位。

②钻机或采用振动法将金属注浆管压入土层。

③当采用钻孔法时，应从钻杆内注入封闭泥浆，然后插入孔径为50mm的金属注浆管。

④待封闭泥浆凝固后，捅去注浆管的活络堵头，提升注浆管自下而上或自上而下进行注浆。

6）浆液黏度应为80~90s，封闭泥浆7d后70.7mm×70.7mm×70.7mm立方体试块的抗压强度应为0.3~0.5MPa。

7）浆液宜用普通硅酸盐水泥。注浆时可部分掺用粉煤灰，掺入量可为水泥重量的20%~50%。根据工程需要，可在浆液拌制时加入速凝剂、减水剂和防析水剂。

8）注浆用水pH值不得小于4。

9）水泥浆的水灰比可取0.6~2.0，常用的水灰比为1.0。

10）注浆的流量可取7~10L/min，对充填型注浆，流量不宜大于20L/min。

11）当用花管注浆和带有活堵头的金属管注浆时，每次上拔或下钻高度宜为0.5m。

12）浆体应经过搅拌机充分搅拌均匀后，方可压注，注浆过程中应不停缓慢搅拌，搅拌时间应小于浆液初凝时间。浆液在泵送前应经过筛网过滤。

13）水温不得超过30℃~35℃；盛浆桶和注浆管路在注浆体静止状态不得暴露于阳光下，防止浆液凝固；当日平均温度低于5℃或最低温度低于-3℃的条件下注浆时，应采取措施防止浆液冻结。

14）应采用跳孔间隔注浆，且先外围后中间的注浆顺序。当地下水流速较大时，应从水头高的一端开始注浆。

15）对渗透系数相同的土层，应先注浆封顶，后由下而上进行注浆，防止浆液上冒。如土层的渗透系数随深度而增大，则应自下而上注浆。对互层地层，应先对渗透性或孔隙率大的地层进行注浆。

16）当既有建筑地基进行注浆加固时，应对既有建筑及其邻近建筑、地下管线和地面的沉降、倾斜、位移和裂缝进行监测。并应采用多孔间隔注浆和缩短浆液凝固时间等措施，减少既有建筑基础因注浆而产生的附加沉降。

2．硅化浆液注浆

1）压力灌浆溶液的施工步骤应符合下列规定：

①向土中打入灌注管和灌注溶液，应自基础底面标高起向下分层进行，达到设计深度后，应将管拔出，清洗干净方可继续使用。

②加固既有建筑物地基时，应先采用沿基础侧向先外排、后内排的施工顺序。

③灌注溶液的压力值由小逐渐增大，最大压力不宜超过200kPa。

2）溶液自渗的施工步骤，应符合下列规定：

①在基础侧向，将设计布置的灌注孔分批或全部打入或钻至设计深度。

②将配好的硅酸钠溶液满注灌注孔，溶液面宜高出基础底面标高0.50m，使溶液自行

渗入土中。

③在溶液自渗过程中，每隔2~3h，向孔内添加一次溶液，防止孔内溶液渗干。

3）待溶液量全部注入土中后，注浆孔宜用体积比为2:8灰土分层回填夯实。

3. 碱液注浆

1）灌注孔可用洛阳铲、螺旋钻成孔或用带有尖端的钢管打入土中成孔，孔径宜为60~100mm，孔中应填入粒径为20~40mm的石子到注液管下端标高处，再将内径20mm的注液管插入孔中，管底以上300mm高度内应填入粒径为2~5mm的石子，上部宜用体积比为2:8灰土填入夯实。

2）碱液可用固体烧碱或液体烧碱配制，每加固1m³黄土宜用氢氧化钠溶液35~45kg。碱液浓度不应低于90g/L；双液加固时，氯化钙溶液的浓度为50~80g/L。

3）配溶液时，应先放水，而后徐徐放入碱块或浓碱液。溶液加碱量可按下列公式计算：

①采用固体烧碱配制每1m³浓度为M的碱液时，每1m³水中的加碱量应符合下式规定：

$$G_s = \frac{1000M}{P} \tag{2-3}$$

式中：G_s——每1m³碱液中投入的固体烧碱量（g）；

M——配制碱液的浓度（g/L）；

P——固体烧碱中，NaOH含量的百分数（%）。

②采用液体烧碱配制每1m³浓度为M的碱液时，投入的液体烧碱量体积V_1和加水量V_2应符合下列公式规定：

$$V_1 = 1000\frac{M}{d_N N} \tag{2-4}$$

$$V_2 = 1000\left(1 - \frac{M}{d_N N}\right) \tag{2-5}$$

式中：V_1——液体烧碱体积（L）；

V_2——加水的体积（L）；

d_N——液体烧碱的相对密度；

N——液体烧碱的质量分数。

4）应将桶内碱液加热到90℃以上方能进行灌注，灌注过程中，桶内溶液温度不应低于80℃。

5）灌注碱液的速度，宜为2~5L/min。

6）碱液加固施工，应合理安排灌注顺序和控制灌注速率。宜采用隔1~2孔灌注，分段施工，相邻两孔灌注的间隔时间不宜少于3d。同时灌注的两孔间距不应小于3m。

7）当采用双液加固时，应先灌注氢氧化钠溶液，待间隔8~12h后，再灌注氯化钙溶液，氯化钙溶液用量宜为氢氧化钠溶液用量的1/2~1/4。

2.3 桩 基 工 程

2.3.1 灌注桩施工

1. 泥浆护壁成孔灌注桩

（1）泥浆的制备和处理。

1）除能自行造浆的黏性土层外，均应制备泥浆。泥浆制备应选用高塑性黏土或膨润土。泥浆应根据施工机械、工艺及穿越土层情况进行配合比设计。

2）泥浆护壁应符合下列规定：

①施工期间护筒内的泥浆面应高出地下水位 1.0m 以上，在受水位涨落影响时，泥浆面应高出最高水位 1.5m 以上。

②在清孔过程中，应不断置换泥浆，直至灌注水下混凝土。

③灌注混凝土前，孔底 500mm 以内的泥浆相对密度应小于 1.25；含砂率不得大于 8%；黏度不得大于 28s。

④在容易产生泥浆渗漏的土层中应采取维持孔壁稳定的措施。

3）废弃的浆、渣应进行处理，不得污染环境。

（2）正、反循环钻孔灌注桩的施工。

1）对孔深较大的端承型桩和粗粒土层中的摩擦型桩，宜采用反循环工艺成孔或清孔，也可根据土层情况采用正循环钻进，反循环清孔。

2）泥浆护壁成孔时，宜采用孔口护筒，护筒设置应符合下列规定：

①护筒埋设应准确、稳定，护筒中心与桩位中心的偏差不得大于 50mm。

②护筒可用 4～8mm 厚钢板制作，其内径应大于钻头直径 100mm，上部宜开设 1～2 个溢浆孔。

③护筒的埋设深度：在黏性土中不宜小于 1.0m；砂土中不宜小于 1.5m。护筒下端外侧应采用黏土填实；其高度尚应满足孔内泥浆面高度的要求。

④受水位涨落影响或水下施工的钻孔灌注桩，护筒应加高加深，必要时应打入不透水层。

3）当在软土层中钻进时，应根据泥浆补给情况控制钻进速度；在硬层或岩层中的钻进速度应以钻机不发生跳动为准。

4）钻机设置的导向装置应符合下列规定：

①潜水钻的钻头上应有不小于 $3d$ 长度的导向装置。

②利用钻杆加压的正循环回转钻机，在钻具中应加设扶正器。

5）如在钻进过程中发生斜孔、塌孔和护筒周围冒浆、失稳等现象时，应停钻，待采取相应措施后再进行钻进。

6）钻孔达到设计深度，灌注混凝土之前，孔底沉渣厚度指标应符合下列规定：

①对端承型桩，不应大于 50mm。

②对摩擦型桩，不应大于 100mm。

③对抗拔、抗水平力桩，不应大于200mm。

（3）冲击成孔灌注桩的施工。

1）在钻头锥顶和提升钢丝绳之间应设置保证钻头自动转向的装置。

2）冲孔桩孔口护筒，其内径应大于钻头直径200mm，护筒应按（2）中2）设置。

3）泥浆的制备、使用和处理应符合（1）的规定。

4）冲击成孔质量控制应符合下列规定：

①开孔时，应低锤密击，当表土为淤泥、细砂等软弱土层时，可加黏土块夹小片石反复冲击造壁，孔内泥浆面应保持稳定。

②在各种不同的土层、岩层中成孔时，可按照表2-5的操作要点进行。

表2-5　冲击成孔操作要点

项　　目	操 作 要 点
在护筒刃脚以下2m范围内	小冲程1m左右，泥浆相对密度1.2~1.5，软弱土层投入黏土块夹小片石
黏性土层	中、小冲程1~2m，泵入清水或稀泥浆，经常清除钻头上的泥块
粉砂或中粗砂层	中冲程2~3m，泥浆相对密度1.2~1.5，投入黏土泥饭碗，勤冲、勤掏渣
砂卵石层	中、高冲程3~4m，泥浆相对密度1.3左右，勤掏渣
软弱土层或塌孔回填重钻	小冲程反复冲击，加黏土块夹小片石，泥浆相对密度1.3~1.5

注：1. 土层不好时提高泥浆相对密度或加黏土块。
　　2. 防黏钻可投入碎砖石。

③进入基岩后，应采用大冲程、低频率冲击，当发现成孔偏移时，应回填片石至偏孔上方300~500mm处，然后重新冲孔。

④当遇到孤石时，可预爆或采用高低冲程交替冲击，将大孤石击碎或挤入孔壁。

⑤应采取有效的技术措施防止扰动孔壁、塌孔、扩孔、卡钻和掉钻及泥浆流失等事故。

⑥每钻进4~5m应验孔一次，在更换钻头前或容易缩孔处，均应验孔。

⑦进入基岩后，非桩端持力层每钻进300~500mm和桩端持力层每钻进100~300m时，应清孔取样一次，并应做记录。

5）排渣可采用泥浆循环或抽渣筒等方法，当采用抽渣筒排渣时，应及时补给泥浆。

6）冲孔中遇到斜孔、弯孔、梅花孔、塌孔及护筒周围冒浆、失稳等情况时，应停止施工，采取措施后方可继续施工。

7）大直径桩孔可分级成孔，第一级成孔直径应为设计桩径的0.6~0.8倍。

8）清孔宜按下列规定进行：

①不易塌孔的桩孔，可采用空气吸泥清孔。

②稳定性差的孔壁应采用泥浆循环或抽渣筒排渣，清孔后灌注混凝土之前的泥浆指标应按（1）中1）执行。

③清孔时，孔内泥浆而应符合（1）中2）的规定。

④灌注混凝土前，孔底沉渣允许厚度应符合（2）中6）的规定。

（4）旋挖成孔灌注桩的施工。

1）旋挖钻成孔灌注桩应根据不同的地层情况及地下水位埋深，采用干作业成孔和泥浆护壁成孔工艺。干作业成孔工艺可按4.执行。

2）泥浆护壁旋挖钻机成孔应配备成孔和清孔用泥浆及泥浆池（箱），在容易产生泥浆渗漏的土层中可采取提高泥浆相对密度，掺入锯末、增黏剂提高泥浆黏度等维持孔壁稳定的措施。

3）泥浆制备的能力应大于钻孔时的泥浆需求量，每台套钻机的泥浆储备量小应少于单桩体积。

4）旋挖钻机施工时，应保证机械稳定、安全作业，必要时可在场地铺设能保证其安全行走和操作的钢板或垫层（路基板）。

5）每根桩均应安设钢护筒，护筒应满足（2）中2）的规定。

6）成孔前和每次提出钻斗时，应检查钻斗和钻杆连接销子、钻斗门连接销子以及钢丝绳的状况，并应清除钻斗上的渣土。

7）旋挖钻机成孔应采用跳挖方式，钻斗倒出的土距桩孔口的最小距离应大于6m，并应及时清除。应根据钻进速度同步补充泥浆，保持所需的泥浆面高度不变。

8）钻孔达到设计深度时，应采用清孔钻头进行清孔，并应满足（1）中2）和3）的要求。孔底沉渣厚度控制指标应符合（2）中6）的规定。

（5）水下混凝土的灌注。

1）钢筋笼吊装完毕后，应安置导管或气泵管二次清孔，并应进行孔位、孔径、垂直度、孔深、沉渣厚度等检验，合格后应立即灌注混凝土。

2）水下灌注的混凝土应符合下列规定：

①水下灌注混凝土必须具备良好的和易性，配合比应通过试验确定；坍落度宜为180~220mm；水泥用量不应少于360kg/m³（当掺入粉煤灰时水泥用量可不受此限）。

②水下灌注混凝土的含砂率宜为40%~50%，并宜选用中粗砂；粗骨料的最大粒径应小于40mm；并应满足《建筑桩基技术规范》JGJ 94—2008第6.2.6条的要求。

③水下灌注混凝土宜掺外加剂。

3）导管的构造和使用应符合下列规定：

①导管壁厚不宜小于3mm，直径宜为200~250mm；直径制作偏差不应超过2mm，导管的分节长度可视工艺要求确定，底管长度不宜小于4m，接头宜采用双螺纹方扣快速接头。

②导管使用前应试拼装、试压，试水压力可取为0.6~1.0MPa。

③每次灌注后应对导管内外进行清洗。

4）使用的隔水栓应有良好的隔水性能，并应保证顺利排出；隔水栓宜采用球胆或与桩身混凝土强度等级相同的细石混凝土制作。

5）灌注水下混凝土的质量控制应满足下列要求：

①开始灌注混凝土时，导管底部至孔底的距离宜为300~500mm。

②应有足够的混凝土储备量,导管一次埋入混凝土灌注面以下不应少于0.8m。

③导管埋入混凝土深度宜为2~6m。严禁将导管提出混凝土灌注面,并应控制提拔导管速度,应有专人测量导管埋深及管内外混凝土灌注面的高差,填写水下混凝土灌注记录。

④灌注水下混凝土必须连续施工,每根桩的灌注时间应按初盘混凝土的初凝时间控制,对灌注过程中的故障应记录备案。

⑤应控制最后一次灌注量,超灌高度宜为0.8~1.0m。凿除泛浆后必须保证暴露的桩顶混凝土强度达到设计等级。

2. 长螺旋钻孔压灌桩

1)当需要穿越老黏土、厚层砂土、碎石土以及塑性指数大于25的黏土时,应进行试钻。

2)钻机定位后,应进行复检,钻头与桩位点偏差不得大于20mm,开孔时下钻速度应缓慢;钻进过程中,不宜反转或提升钻杆。

3)钻进过程中,当遇到卡钻、钻机摇晃、偏斜或发生异常声响时,应立即停钻,查明原因,采取相应措施后方可继续作业。

4)根据桩身混凝土的设计强度等级,应通过试验确定混凝土配合比;混凝土坍落度宜为180~220mm;粗骨料可采用卵石或碎石,最大粒径不宜大于30mm;可掺加粉煤灰或外加剂。

5)混凝土泵型号应根据桩径选择,混凝土输送泵管布置宜减少弯道,混凝土泵与钻机的距离不宜超过60m。

6)桩身混凝土的泵送压灌应连续进行,当钻机移位时,混凝土泵料斗内的混凝土应连续搅拌,泵送混凝土时,料斗内混凝土的高度不得低于100mm。

7)混凝土输送泵管宜保持水平,当长距离泵送时,泵管下面应垫实。

8)当气温高于30℃时,宜在输送泵管上覆盖隔热材料,每隔一段时间应洒水降温。

9)钻至设计标高后,应先泵入混凝土并停顿10~20s,再缓慢提升钻杆。提钻速度应根据土层情况确定,且应与混凝土泵送量相匹配,保证管内有一定高度的混凝土。

10)在地下水位以下的砂土层中钻进时,钻杆底部活门应有防止进水的措施,压灌混凝土应连续进行。

11)压灌桩的充盈系数宜为1.0~1.2。桩顶混凝土超灌高度不宜小于0.3~0.5m。

12)成桩后,应及时清除钻杆及泵管内残留混凝土。长时间停置时,应采用清水将钻杆、泵管、混凝土泵清洗干净。

13)混凝土压灌结束后,应立即将钢筋笼插至设计深度。钢筋笼插设宜采用专用插筋器。

3. 沉管灌注桩和内夯沉管灌注桩

(1)锤击沉管灌注桩施工。

1)锤击沉管灌注桩施工应根据土质情况和荷载要求,分别选用单打法、复打法或反插法。

2)锤击沉管灌注桩施工应符合下列规定:

①群桩基础的基桩施工，应根据土质、布桩情况，采取消减负面挤土效应的技术措施，确保成桩质量。

②桩管、混凝土预制桩尖或钢桩尖的加工质量和埋设位置应与设计相符，桩管与桩尖的接触应有良好的密封性。

3）灌注混凝土和拔管的操作控制应符合下列规定：

①沉管至设计标高后，应立即检查和处理桩管内的进泥、进水和吞桩尖等情况，并立即灌注混凝土。

②当桩身配置局部长度钢筋笼时，第一次灌注混凝土应先灌至笼底标高，然后放置钢筋笼，再灌至桩顶标高。第一次拔管高度应以能容纳第二次灌入的混凝土量为限。在拔管过程中应采用测锤或浮标检测混凝土面的下降情况。

③拔管速度应保持均匀，对一般土层拔管速度宜为 1m/min，在软弱土层和软硬土层交界处拔管速度宜控制在 0.3~0.8m/min。

④采用倒打拔管的打击次数，单动汽锤不得少于 50 次/min，自由落锤小落距轻击不得少于 40 次/min；在管底未拔至桩顶设计标高之前，倒打和轻击不得中断。

4）混凝土的充盈系数不得小于 1.0；对于充盈系数小于 1.0 的桩，应全长复打，对可能断桩和缩颈桩，应进行局部复打。成桩后的桩身混凝土顶面应高于桩顶设计标高 500mm 以内。全长复打时，桩管入土深度宜接近原桩长，局部复打应超过断桩或缩颈区 1m 以上。

5）全长复打桩施工时应符合下列规定：

①第一次灌注混凝土应达到自然地面。

②拔管过程中应及时清除粘在管壁上和散落在地面上的混凝土。

③初打与复打的桩轴线应重合。

④复打施工必须在第一次灌注的混凝土初凝之前完成。

6）混凝土的坍落度宜为 80~100mm。

（2）振动、振动冲击沉管灌注桩施工。

1）振动、振动冲击沉管灌注桩应根据土质情况和荷载要求，分别选用单打法、复打法、反插法等。单打法可用于含水量较小的土层，且宜采用预制桩尖；反插法及复打法可用于饱和土层。

2）振动、振动冲击沉管灌注桩单打法施工的质量控制应符合下列规定：

①必须严格控制最后 30s 的电流、电压值，其值按设计要求或根据试桩和当地经验确定。

②桩管内灌满混凝土后，应先振动 5~10s，再开始拔管，应边振边拔，每拔出 0.5~1.0m，停拔，振动 5~10s；如此反复，直至桩管全部拔出。

③在一般土层内，拔管速度宜为 1.2~1.5m/min，用活瓣桩尖时宜慢，用预制桩尖时可适当加快；在软弱土层中宜控制在 0.6~0.8m/min。

3）振动、振动冲击沉管灌注桩反插法施工的质量控制应符合下列规定：

①桩管灌满混凝土后，先振动再拔管，每次拔管高度为 0.5~1.0m，反插深度为 0.3~0.5m；在拔管过程中，应分段添加混凝土，保持管内混凝土面始终不低于地表面或

高于地下水位 1.0~1.5m 以上，拔管速度应小于 0.5m/min。

②在距桩尖处 1.5m 范围内，宜多次反插以扩大桩端部断面。

③穿过淤泥夹层时，应减慢拔管速度，并减少拔管高度和反插深度，在流动性淤泥中不宜使用反插法。

4）振动、振动冲击沉管灌注桩复打法的施工要求可按（1）中 4）和 5）执行。

（3）内夯沉管灌注桩施工。

1）当采用外管与内夯管结合锤击沉管进行夯压、扩底、扩径时，内夯管应比外管短 100mm，内夯管底端可采用闭口平底或闭口锥底（见图 2-6）。

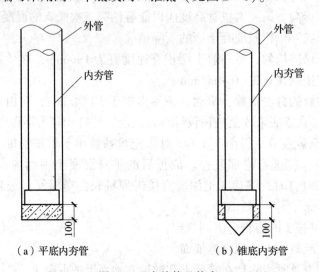

（a）平底内夯管　　　　　　（b）锥底内夯管

图 2-6　内外管及管塞

2）外管封底可采用干硬性混凝土、无水混凝土配料，经夯击形成阻水、阻泥管塞，其高度可为 100mm。当内、外管间不会发生间隙涌水、涌泥时，亦可不采用上述封底措施。

3）桩端夯扩头平均直径可按下列公式估算：

一次夯扩 $$D_1 = d_0 \sqrt{\dfrac{H_1 + h_1 - C_1}{h_1}} \qquad (2-6)$$

二次夯扩 $$D_2 = d_0 \sqrt{\dfrac{H_1 + H_2 + h_2 - C_1 - C_2}{h_2}} \qquad (2-7)$$

式中：D_1、D_2——第一次、第二次夯扩扩头平均直径（m）；

d_0——外管直径（m）；

H_1、H_2——第一次、第二次夯扩工序中，外管内灌注混凝土面从桩底算起的高度（m）；

h_1、h_2——第一次、第二次夯扩工序中，外管从桩底算起的上拔高度（m），分别可取 $H_1/2$，$H_2/2$；

C_1、C_2——第一次、第二次夯扩工序中，内外管同步下沉到离桩底的距离，均可取为 0.2m（见图 2-7）。

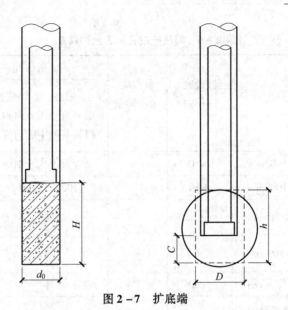

图 2-7 扩底端

4）桩身混凝土宜分段灌注；拔管时内夯管和桩锤应施压于外管中的混凝土顶面，边压边拔。

5）施工前宜进行试成桩，并应详细记录混凝土的分次灌注量、外管上拔高度、内管夯击次数、双管同步沉入深度，并应检查外管的封底情况，有无进水、涌泥等，经核定后可作为施工控制依据。

4. 干作业成孔灌注桩

（1）钻孔（扩底）灌注桩施工。

1）钻孔时应符合下列规定：

①钻杆应保持垂直稳固，位置准确，防止因钻杆晃动引起扩大孔径。

②钻进速度应根据电流值变化，及时调整。

③钻进过程中，应随时清理孔口积土，遇到地下水、塌孔、缩孔等异常情况时，应及时处理。

2）钻孔扩底桩施工，直孔部分应按1）、3）、4）规定执行，扩底部位尚应符合下列规定：

①应根据电流值或油压值，调节扩孔刀片削土量，防止出现超负荷现象。

②扩底直径和孔底的虚土厚度应符合设计要求。

3）成孔达到设计深度后，孔口应予保护，应按表2-6规定验收，并应做好记录。

4）灌注混凝土前，应在孔口安放护孔漏斗，然后放置钢筋笼，并应再次测量孔内虚土厚度。扩底桩灌注混凝土时，第一次应灌到扩底部位的顶面，随即振捣密实；浇筑桩顶以下5m范围内混凝土时，应随浇筑随振捣，每次浇筑高度不得大于1.5m。

（2）人工挖孔灌注桩施工。

1）人工挖孔桩的孔径（不含护壁）不得小于0.8m，且不宜大于2.5m；孔深不宜大于30m。当桩净距小于2.5m时，应采用间隔开挖。相邻排桩跳挖的最小施工净距不得小于4.5m。

表 2 - 6　灌注桩成孔施工允许偏差

成 孔 方 法		桩径允许偏差（mm）	垂直度允许偏差（%）	桩位允许偏差（mm）	
				1~3 根桩、条形桩基沿垂直轴线方向和群桩基础中的边桩	条形桩基沿轴线方向和群桩基础的中间桩
泥浆护壁钻、挖、冲孔桩	$d \leq 1000mm$	±50	1	$d/6$ 且不大于 100	$d/4$ 且不大于 150
	$d > 1000mm$	±50		$100 + 0.01H$	$150 + 0.01H$
锤击（振动）沉管振动冲击沉管成桩	$d \leq 500mm$	-20	1	70	150
	$d > 500mm$			100	150
螺旋钻、机动洛阳铲干作业成孔		-20	1	70	150
人工挖孔桩	现浇混凝土护壁	±50	0.5	50	150
	长钢套管护壁	±50	1	100	200

注：1. 桩径允许偏差的负值是指个别断面。

　　2. H 为施工现场地面标高与桩顶设计标高的距离；d 为设计桩径。

2）人工挖孔桩混凝土护壁的厚度不应小于 100mm，混凝土强度等级不应低于桩身混凝土强度等级，并应振捣密实；护壁应配置直径不小于 8mm 的构造钢筋，竖向筋应上下搭接或拉接。

3）人工挖孔桩施工应采取下列安全措施：

①孔内必须设置应急软爬梯供人员上下；使用的电葫芦、吊笼等应安全可靠，并配有自动卡紧保险装置，不得使用麻绳和尼龙绳吊挂或脚踏井壁凸缘上下；电葫芦宜用按钮式开关，使用前必须检验其安全起吊能力。

②每日开工前必须检测井下的有毒、有害气体，并应有相应的安全防范措施；当桩孔开挖深度超过 10m 时，应有专门向井下送风的设备，风量不宜少于 25L/s。

③孔口四周必须设置护栏，护栏高度宜为 0.8m。

④挖出的土石方应及时运离孔口，不得堆放在孔口周边 1m 范围内，机动车辆的通行不得对井壁的安全造成影响。

⑤施工现场的一切电源、电路的安装和拆除必须遵守现行行业标准《施工现场临时用电安全技术规范》JGJ 46—2005 的规定。

4）开孔前，桩位应准确定位放样，在桩位外设置定位基准桩，安装护壁模板必须用桩中心点校正模板位置，并应由专人负责。

5）第一节井圈护壁应符合下列规定：

①井圈中心线与设计轴线的偏差不得大于 20mm。

②井圈顶面应比场地高出 100~150mm，壁厚应比下面井壁厚度增加 100~150mm。

6）修筑井圈护壁应符合下列规定：

①护壁的厚度、拉接钢筋、配筋、混凝土强度等级均应符合设计要求。

②上下节护壁的搭接长度不得小于50mm。

③每节护壁均应在当日连续施工完毕。

④护壁混凝土必须保证振捣密实，应根据土层渗水情况使用速凝剂。

⑤护壁模板的拆除应在灌注混凝土24h之后。

⑥发现护壁有蜂窝、漏水现象时，应及时补强。

⑦同一水平面上的井圈任意直径的极差不得大于50mm。

7）当遇有局部或厚度不大于1.5m的流动性淤泥和可能出现涌土涌砂时，护壁施工可按下列办法处理：

①将每节护壁的高度减小到300～500mm，并随挖、随验、随灌注混凝土。

②采用钢护筒或有效的降水措施。

8）挖至设计标高后，应清除护壁上的泥土和孔底残渣、积水，并应进行隐蔽工程验收。验收合格后，应立即封底和灌注桩身混凝土。

9）灌注桩身混凝土时，混凝土必须通过溜槽；当落距超过3m时，应采用串筒，串筒末端距孔底高度不宜大于2m；也可采用导管泵送；混凝土宜采用插入式振捣器振实。

10）当渗水量过大时，应采取场地截水、降水或水下灌注混凝土等有效措施。严禁在桩孔中边抽水边外挖，同时不得灌注相邻桩。

5. 灌注桩后注浆

1）灌注桩后注浆工法可用于各类钻、挖、冲孔灌注桩及地下连续墙的沉渣（虚土）、泥皮和桩底、桩侧一定范围土体的加固。

2）后注浆装置的设置应符合下列规定：

①后注浆导管应采用钢管，且应与钢筋笼加劲筋绑扎固定或焊接。

②桩端后注浆导管及注浆阀数量宜根据桩径大小设置：对于直径不大于1200mm的桩，宜沿钢筋笼圆周对称设置2根；对于直径大于1200mm而不大于2500mm的桩，宜对称设置3根。

③对于桩长超过15m且承载力增幅要求较高者，宜采用桩端桩侧复式注浆；桩侧后注浆管阀设置数量应综合地层情况、桩长和承载力增幅要求等因素确定，可在离桩底5～15m以上、桩顶8m以下，每隔6～12m设置一道桩侧注浆阀；当有粗粒土时，宜将注浆阀设置于粗粒土层下部，对于干作业成孔灌注桩宜设于粗粒土层中部。

④对于非通长配筋桩，下部应有不少于2根与注浆管等长的主筋组成的钢筋笼通底。

⑤钢筋笼应沉放到底，不得悬吊，下笼受阻时不得撞笼、墩笼、扭笼。

3）后注浆阀应具备下列性能：

①注浆阀应能承受1MPa以上静水压力；注浆阀外部保护层应能抵抗砂石等硬质物体的剐撞而不致使注浆阀受损。

②注浆阀应具备逆止功能。

4）浆液配比、终止注浆压力、流量、注浆量等参数设计应符合下列规定：

①浆液的水灰比应根据土的饱和度、渗透性确定，对于饱和土，水灰比宜为 0.15 ~ 0.65；对于非饱和土，水灰比宜为 0.7 ~ 0.9（松散碎石土、砂砾宜为 0.5 ~ 0.6）；低水灰比浆液宜掺入减水剂。

②桩端注浆终止注浆压力应根据土层性质及注浆点深度确定，对于风化岩、非饱和黏性土及粉土，注浆压力宜为 3 ~ 10MPa；对于饱和土层注浆压力宜为 1.2 ~ 4MPa，软土宜取低值，密实黏性土宜取高值。

③注浆流量不宜超过 75L/min。

④单桩注浆量的设计应根据桩径、桩长、桩端、桩侧土层性质、单桩承载力增幅及是否复式注浆等因素确定，可按下式估算：

$$G_c = \alpha_p d + \alpha_s n d \qquad (2-8)$$

式中：α_p、α_s——分别为桩端、桩侧注浆量经验系数，$\alpha_p = 1.5 ~ 1.8$，$\alpha_s = 0.5 ~ 0.7$；对于卵、砾石、中粗砂取较高值；

　　　　n——桩侧注浆断面数；

　　　　d——基桩设计直径（m）；

　　　　G_c——注浆量，以水泥质量计（t）。

对独立单桩、桩距大于 6d 的群桩和群桩初始注浆的数根基桩的注浆量应按上述估算值乘以 1.2 的系数。

⑤后注浆作业开始前，宜进行注浆试验，优化并最终确定注浆参数。

5）后注浆作业起始时间、顺序和速率应符合下列规定：

①注浆作业宜于成桩 2d 后开始；不宜迟于成桩 30d 后。

②注浆作业与成孔作业点的距离不宜小于 8 ~ 10m。

③对于饱和土中的复式注浆顺序宜先桩侧后桩端；对于非饱和土宜先桩端后桩侧；多断面桩侧注浆应先上后下；桩侧桩端注浆间隔时间不宜少于 2h。

④桩端注浆应对同一根桩的各注浆导管依次实施等量注浆。

⑤对于桩群注浆宜先外围、后内部。

6）当满足下列条件之一时可终止注浆：

①注浆总量和注浆压力均达到设计要求。

②注浆总量已达到设计值的 75%，且注浆压力超过设计值。

7）当注浆压力长时间低于正常值或地面出现冒浆或周围桩孔串浆，应改为间歇注浆，间歇时间宜为 30 ~ 60min，或调低浆液水灰比。

8）后注浆施工过程中，应经常对后注浆的各项工艺参数进行检查，发现异常应采取相应处理措施。当注浆量等主要参数达不到设计值时，应根据工程具体情况采取相应措施。

9）后注浆桩基工程质量检查和验收应符合下列要求：

①后注浆施工完成后应提供水泥材质检验报告、压力表检定证书、试注浆记录、设计工艺参数、后注浆作业记录、特殊情况处理记录等资料。

②在桩身混凝土强度达到设计要求的条件下，承载力检验应在注浆完成 20d 后进行，浆液中掺入早强剂时可于注浆完成 15d 后进行。

2.3.2 混凝土预制桩与钢桩施工

1. 混凝土预制桩的制作

1）混凝土预制桩可在施工现场预制，预制场地必须平整、坚实。

2）制桩模板宜采用钢模板，模板应具有足够刚度，并应平整，尺寸应准确。

3）钢筋骨架的主筋连接宜采用对焊和电弧焊，当钢筋直径不小于 20mm 时，宜采用机械接头连接。主筋接头配置在同一截面内的数量，应符合下列规定：

①当采用对焊或电弧焊时，对于受拉钢筋，不得超过 50%。

②相邻两根主筋接头截面的距离应大于 $35d_g$（d_g 为主筋直径），并不应小于 500mm。

③必须符合现行行业标准《钢筋焊接及验收规程》JGJ 18—2012 和《钢筋机械连接技术规程》JGJ 107—2010 的规定。

4）预制桩钢筋骨架的允许偏差应符合表 2 - 7 的规定。

表 2 - 7 预制桩钢筋骨架的允许偏差（mm）

项次	项　　目	允　许　偏　差
1	主筋间距	±5
2	桩尖中心线	10
3	箍筋间距或螺旋筋的螺距	±20
4	吊环沿纵轴线方向	±20
5	吊环沿垂直于纵轴线方向	±20
6	吊环露出桩表面的高度	±10
7	主筋距桩顶距离	±5
8	桩顶钢筋网片位置	±10
9	多节桩桩顶预埋件位置	±3

5）确定桩的单节长度时应符合下列规定：

①满足桩架的有效高度、制作场地条件、运输与装卸能力。

②避免在桩尖接近或处于硬持力层中时接桩。

6）浇注混凝土预制桩时，宜从桩顶开始灌筑，并应防止另一端的砂浆积聚过多。

7）锤击预制桩的骨料粒径宜为 5～40mm。

8）锤击预制桩，应在强度与龄期均达到要求后，方可锤击。

9）重叠法制作预制桩时，应符合下列规定：

①桩与邻桩及底模之间的接触面不得粘连。

②上层桩或邻桩的浇筑，必须在下层桩或邻桩的混凝土达到设计强度的 30% 以上时，方可进行。

③桩的重叠层数不应超过 4 层。

10）混凝土预制桩的表面应平整、密实，制作允许偏差应符合表 2 - 8 的规定。

表 2 - 8　混凝土预制桩制作允许偏差（mm）

桩　型	项　目	允　许　偏　差
钢筋混凝土实心桩	横截面边长	±5
	桩顶对角线之差	≤5
	保护层厚度	±5
	桩身弯曲矢高	不大于1‰桩长且不大于20
	桩尖偏心	≤10
	桩端面倾斜	≤0.005
	桩节长度	±20
钢筋混凝土管桩	直径	±5
	长度	±0.5% 桩长
	管壁厚度	-5
	保护层厚度	+10，-5
	桩身弯曲（度）矢高	1‰桩长
	桩尖偏心	≤10
	桩头板平整度	≤2
	桩头板偏心	≤2

11）《建筑桩基技术规范》JGJ 94—2008 未作规定的预应力混凝土桩的其他要求及离心混凝土强度等级评定方法，应符合国家现行标准《先张法预应力混凝土管桩》GB 13476—2009 和《预应力混凝土空心方桩》JG 197—2006 的规定。

2. 混凝土预制桩的起吊、运输和堆放

1）混凝土实心桩的吊运应符合下列规定：

①混凝土设计强度达到70% 及以上方可起吊，达到100% 方可运输。

②桩起吊时应采取相应措施，保证安全平稳，保护桩身质量。

③水平运输时，应做到桩身平稳放置，严禁在场地上直接拖拉桩体。

2）预应力混凝土空心桩的吊运应符合下列规定：

①出厂前应作出厂检查，其规格、批号、制作日期应符合所属的验收批号内容。

②在吊运过程中应轻吊轻放，避免剧烈碰撞。

③单节桩可采用专用吊钩勾住桩两端内壁直接进行水平起吊。

④运至施工现场时应进行检查验收，严禁使用质量不合格及在吊运过程中产生裂缝的桩。

3）预应力混凝土空心桩的堆放应符合下列规定：

①堆放场地应平整坚实，最下层与地面接触的垫木应有足够的宽度和高度。堆放时桩应稳固，不得滚动。

②应按不同规格、长度及施工流水顺序分别堆放。

③当场地条件许可时，宜单层堆放；当叠层堆放时，外径为 500~600mm 的桩不宜超过 4 层，外径为 300~400mm 的桩不宜超过 5 层。

④叠层堆放桩时，应在垂直于桩长度方向的地面上设置 2 道垫木，垫木应分别位于距桩端 1/5 桩长处；底层最外缘的桩应在垫木处用木楔塞紧。

⑤垫木宜选用耐压的长木枋或枕木，不得使用有棱角的金属构件。

4）取桩应符合下列规定：

①当桩叠层堆放超过 2 层时，应采用吊机取桩，严禁拖拉取桩。

②三点支撑自行式打桩机不应拖拉取桩。

3. 混凝土预制桩的接桩

1）桩的连接可采用焊接、法兰连接或机械快速连接（螺纹式、啮合式）。

2）接桩材料应符合下列规定：

①焊接接桩：钢板宜采用低碳钢，焊条宜采用 E43；并应符合现行行业标准《建筑钢结构焊接技术规程》JGJ 81—2002 要求。

②法兰接桩：钢板和螺栓宜采用低碳钢。

3）采用焊接接桩除应符合现行行业标准《建筑钢结构焊接技术规程》JGJ 81—2002 的有关规定外，尚应符合下列规定：

①下节桩段的桩头宜高出地面 0.5m。

②下节桩的桩头处宜设导向箍；接桩时上下节桩段应保持顺直，错位偏差不宜大于 2mm；接桩就位纠偏时，不得采用大锤横向敲打。

③桩对接前，上下端钣表面应采用铁刷子清刷干净，坡口处应刷至露出金属光泽。

④焊接宜在桩四周对称地进行，待上下桩节固定后拆除导向箍再分层施焊；焊接层数不得少于 2 层，第一层焊完后必须把焊渣清理干净，方可进行第二层（的）施焊，焊缝应连续、饱满。

⑤焊好后的桩接头应自然冷却后方可继续锤击，自然冷却时间不宜少于 8min；严禁采用水冷却或焊好即施打。

⑥雨天焊接时，应采取可靠的防雨措施。

⑦焊接接头的质量检查宜采用探伤检测，同一工程探伤抽样检验不得少于 3 个接头。

4）采用机械快速螺纹接桩的操作与质量应符合下列规定：

①接桩前应检查桩两端制作的尺寸偏差及连接件，无受损后方可起吊施工，其下节桩端宜高出地面 0.8m。

②接桩时，卸下上下节桩两端的保护装置后，应清理接头残物，涂上润滑脂。

③应采用专用接头锥度对中，对准上下节桩进行旋紧连接。

④可采用专用链条式扳手进行旋紧（臂长 1m，卡紧后人工旋紧再用铁锤敲击板臂，）锁紧后两端板尚应有 1~2mm 的间隙。

5）采用机械啮合接头接桩的操作与质量应符合下列规定：

①将上下接头钣清理干净，用扳手将已涂抹沥青涂料的连接销逐根旋入上节桩 I 型端头板的螺栓孔内，并用钢模板调整好连接销的方位。

②剔除下节桩Ⅱ型端头板连接槽内泡沫塑料保护块，在连接槽内注入沥青涂料，并在端头板面周边抹上宽度20mm、厚度3mm的沥青涂料；当地基土、地下水含中等以上腐蚀介质时，桩端板板面应满涂沥青涂料。

③将上节桩吊起，使连接销与Ⅱ型端头板上各连接口对准，随即将连接销插入连接槽内。

④加压使上下节桩的桩头板接触，完成接桩。

4. 锤击沉桩

1）沉桩前必须处理空中和地下障碍物，场地应平整，排水应畅通，并应满足打桩所需的地面承载力。

2）桩锤的选用应根据地质条件、桩型、桩的密集程度、单桩竖向承载力及现有施工条件等因素确定，也可按表2-9选用。

表2-9 锤重选择表

锤 型			柴油锤 （t）						
			D25	D35	D45	D60	D72	D80	D100
锤的动力性能	冲击部分质量（t）		2.5	3.5	4.5	6.0	7.2	8.0	10.0
	总质量（t）		6.5	7.2	9.6	15.0	18.0	17.0	20.0
	冲击力（kN）		2000~2500	2500~4000	4000~5000	5000~7000	7000~10000	>10000	>12000
	常用冲程（m）		1.8~2.3						
桩的截面尺寸	预制方桩、预应力管桩的边长或直径（mm）		350~400	400~450	450~500	500~550	550~600	600以上	600以上
	钢管桩直径（cm）		400		600	900	900~1000	900以上	900以上
持力层	黏性土粉土	一般进入深度（m）	1.5~2.5	2.0~3.0	2.5~3.5	3.0~4.0	3.0~5.0	—	—
		静力触探比贯入阻力 P_s 平均值（MPa）	4	5	>5	>5	>5	—	—
	砂土	一般进入深度（m）	0.5~1.5	1.0~2.0	1.5~2.5	2.0~3.0	2.5~3.5	4.0~5.0	5.0~6.0
		标准贯入击数 $N_{63.5}$（未修正）	20~30	30~40	40~45	45~50	50	>50	>50

续表 2 – 9

锤　型	柴油锤（t）						
	D25	D35	D45	D60	D72	D80	D100
锤的常用控制贯入度 （cm/10 击）	2 ~ 3		3 ~ 5	4 ~ 8		5 ~ 10	7 ~ 12
设计单桩极限承载力（kN）	800 ~ 1600	2500 ~ 4000	3000 ~ 5000	5000 ~ 7000	7000 ~ 10000	>10000	>10000

注：1. 本表仅供选锤用。

　　2. 本表适用于桩端进入硬土层一定深度的长度为 20 ~ 60m 的钢筋混凝土预制桩及长度为 40 ~ 60m 的钢管桩。

3）桩打入时应符合下列规定：

①桩帽或送桩帽与桩周围的间隙应为 5 ~ 10mm。

②锤与桩帽、桩帽与桩之间应加设硬木、麻袋、草垫等弹性衬垫。

③桩锤、桩帽或送桩帽应和桩身在同一中心线上。

④桩插入时的垂直度偏差不得超过 0.5%。

4）打桩顺序要求应符合下列规定：

①对于密集桩群，自中间向两个方向或四周对称施打。

②当一侧毗邻建筑物时，由毗邻建筑物处向另一方向施打。

③根据基础的设计标高，宜先深后浅。

④根据桩的规格，宜先大后小，先长后短。

5）打入桩（预制混凝土方桩、预应力混凝土空心桩、钢桩）的桩位偏差，应符合表 2 – 10 的规定。斜桩倾斜度的偏差不得大于倾斜角正切值的 15%（倾斜角系桩的纵向中心线与铅垂线间夹角）。

表 2 – 10　打入桩桩位的允许偏差（mm）

项　目	允　许　偏　差
带有基础梁的桩：（1）垂直基础梁的中心线 　　　　　　　　　（2）沿基础梁的中心线	$100 + 0.01H$ $150 + 0.01H$
桩数为 1 ~ 3 根桩基中的桩	100
桩数为 4 ~ 16 根桩基中的桩	1/2 桩径或边长
桩数大于 16 根桩基中的桩：（1）最外边的桩 　　　　　　　　　　　（2）中间桩	1/3 桩径或边长 1/2 桩径或边长

6）桩终止锤击的控制应符合下列规定：

①当桩端位于一般土层时，应以控制桩端设计标高为主，贯入度为辅。

②桩端达到坚硬、硬塑的黏性土、中密以上粉土、砂土、碎石类土及风化岩时，应以贯入度控制为主，桩端标高为辅。

③贯入度已达到设计要求而桩端标高未达到时，应继续锤击 3 阵，并按每阵 10 击的贯入度不应大于设计规定的数值确认，必要时，施工控制贯入度应通过试验确定。

7）当遇到贯入度剧变，桩身突然发生倾斜、位移或有严重回弹、桩顶或桩身出现严重裂缝、破碎等情况时，应暂停打桩，并分析原因，采取相应措施。

8）当采用射水法沉桩时，应符合下列规定：

①射水法沉桩宜用于砂土和碎石土。

②沉桩至最后 1～2m 时，应停止射水，并采用锤击至规定标高，终锤控制标准可按 6）有关规定执行。

9）施打大面积密集桩群时，应采取下列辅助措施：

①对预钻孔沉桩，预钻孔孔径可比桩径（或方桩对角线）小 50～100mm，深度可根据桩距和土的密实度、渗透性确定，宜为桩长的 1/3～1/2；施工时应随钻随打；桩架宜具备钻孔锤击双重性能。

②对饱和黏性土地基，应设置袋装砂井或塑料排水板；袋装砂井直径宜为 70～80mm，间距宜为 1.0～1.5m，深度宜为 10～12m；塑料排水板的深度、间距与袋装砂井相同。

③应设置隔离板桩或地下连续墙。

④可开挖地面防震沟，并可与其他措施结合使用，防震沟沟宽可取 0.5～0.8m，深度按土质情况决定。

⑤应控制打桩速率和日打桩量，24 小时内休止时间不应少于 8h。

⑥沉桩结束后，宜普遍实施一次复打。

⑦应对不少于总桩数 10% 的桩顶上涌和水平位移进行监测。

⑧沉桩过程中应加强邻近建筑物、地下管线等的观测、监护。

10）预应力混凝土管桩的总锤击数及最后 1.0m 沉桩锤击数应根据桩身强度和当地工程经验确定。

11）锤击沉桩送桩应符合下列规定：

①送桩深度不宜大于 2.0m。

②当桩顶打至接近地面需要送桩时，应测出桩的垂直度并检查桩顶质量，合格后应及时送桩。

③送桩的最后贯入度应参考相同条件下不送桩时的最后贯入度并修正。

④送桩后遗留的桩孔应立即回填或覆盖。

⑤当送桩深度超过 2.0m 且不大于 6.0m 时，打桩机应使用三点支撑履带自行式或步履式柴油打桩机；桩帽和桩锤之间应用竖纹硬木或盘圆层叠的钢丝绳作"锤垫"，其厚度宜取 150～200mm。

12）送桩器及衬垫设置应符合下列规定：

①送桩器宜做成圆筒形，并应有足够的强度、刚度和耐打性。送桩器长度应满足送桩深度的要求，弯曲度不得大于 1/1000。

②送桩器上下两端面应平整，且与送桩器中心轴线相垂直。

③送桩器下端面应开孔，使空心桩内腔与外界连通。

④送桩器应与桩匹配：套筒式送桩器下端的套筒深度宜取 250 ~ 350mm，套管内径应比桩外径大 20 ~ 30mm；插销式送桩器下端的插销长度宜取 200 ~ 300mm，杆销外径应比（管）桩内径小 20 ~ 30mm，对于腔内存有余浆的管桩，不宜采用插销式送桩器。

⑤送桩作业时，送桩器与桩头之间应设置 1 ~ 2 层麻袋或硬纸板等衬垫。内填弹性衬垫压实后的厚度不宜小于 60mm。

13）施工现场应配备桩身垂直度观测仪器（长条水准尺或经纬仪）和观测人员，随时量测桩身的垂直度。

5. 静压沉桩

1）采用静压沉桩时，场地地基承载力不应小于压桩机接地压强的 1.2 倍，且场地应平整。

2）静力压桩宜选择液压式和绳索式压桩工艺；宜根据单节桩的长度选用顶压式液压压桩机和抱压式液压压桩机。

3）选择压桩机的参数应包括下列内容：

①压桩机型号、桩机质量（不含配承）、最大压桩力等。

②压桩机的外型尺寸及拖运尺寸。

③压桩机的最小边桩距及最大压桩力。

④长、短船型履靴的接地压强。

⑤夹持机构的型式。

⑥液压油缸的数量、直径，率定后的压力表读数与压桩力的对应关系。

⑦吊桩机构的性能及吊桩能力。

4）压桩机的每件配重必须用量具核实，并将其质量标记在该件配重的外露表面；液压式压桩机的最大压桩力应取压桩机的机架重量和配重之和乘以 0.9。

5）当边桩空位不能满足中置式压桩机施压条件时，宜利用压边桩机构或选用前置式液压压桩机进行压桩，但此时应估计最大压桩能力减少造成的影响。

6）当设计要求或施工需要采用引孔法压桩时，应配备螺旋钻孔机，或在压桩机上配备专用的螺旋钻。当桩端需进入较坚硬的岩层时，应配备可入岩的钻孔桩机或冲孔桩机。

7）最大压桩力不宜小于设计的单桩竖向极限承载力标准值，必要时可由现场试验确定。

8）静力压桩施工的质量控制应符合下列规定：

①第一节桩下压时垂直度偏差不应大于 0.5%。

②宜将每根桩一次性连续压到底，且最后一节有效桩长不宜小于 5m。

③抱压力不应大于桩身允许侧向压力的 1.1 倍。

④对于大面积桩群，应控制日压桩量。

9）终压条件应符合下列规定：

①应根据现场试压桩的试验结果确定终压标准。

②终压连续复压次数应根据桩长及地质条件等因素确定。对于入土深度大于或等于

8m 的桩，复压次数可为 2~3 次；对于入土深度小于 8m 的桩，复压次数可为 3~5 次。

③稳压压桩力不得小于终压力，稳定压桩的时间宜为 5~10s。

10）压桩顺序宜根据场地工程地质条件确定，并应符合下列规定：

①对于场地地层中局部含砂、碎石、卵石时，宜先对该区域进行压桩。

②当持力层埋深或桩的入土深度差别较大时，宜先施压长桩后施压短桩。

11）压桩过程中应测量桩身的垂直度。当桩身垂直度偏差大于 1% 时，应找出原因并设法纠正；当桩尖进入较硬土层后，严禁用移动机架等方法强行纠偏。

12）出现下列情况之一时，应暂停压桩作业，并分析原因，采用相应措施：

①压力表读数显示情况与勘察报告中的土层性质明显不符。

②桩难以穿越硬夹层。

③实际桩长与设计桩长相差较大。

④出现异常响声；压桩机械工作状态出现异常。

⑤桩身出现纵向裂缝和桩头混凝土出现剥落等异常现象。

⑥夹持机构打滑。

⑦压桩机下陷。

13）静压送桩的质量控制应符合下列规定：

①测量桩的垂直度并检查桩头质量，合格后方可送桩，压桩、送桩作业应连续进行。

②送桩应采用专制钢质送桩器，不得将工程桩用作送桩器。

③当场地上多数桩的有效桩长小于或等于 15m 或桩端持力层为风化软质岩，需要复压时，送桩深度不宜超过 1.5m。

④除满足③规定外，当桩的垂直度偏差小于 1%，且桩的有效桩长大于 15m 时，静压桩送桩深度不宜超过 8m。

⑤送桩的最大压桩力不宜超过桩身允许抱压压桩力的 1.1 倍。

14）引孔压桩法质量控制应符合下列规定：

①引孔宜采用螺旋钻干作业法；引孔的垂直度偏差不宜大于 0.5%。

②引孔作业和压桩作业应连续进行，间隔时间不宜大于 12h；在软土地基中不宜大于 3h。

③引孔中有积水时，宜采用开口型桩尖。

15）当桩较密集，或地基为饱和淤泥、淤泥质土及黏性土时，应设置塑料排水板、袋装砂井消减超孔压或采取引孔等措施，并可按 4. 中9）执行。在压桩施工过程中应对总桩数 10% 的桩设置上涌和水平偏位观测点，定时检测桩的上浮量及桩顶水平偏位值，若上涌和偏位值较大，应采取复压等措施。

16）对预制混凝土方桩、预应力混凝土空心桩、钢桩等压入桩的桩位偏差，应符合表 2-10 的规定。

6. 钢桩（钢管桩、H 型桩及其他异型钢桩）施工

（1）钢桩的制作。

1）制作钢桩的材料应符合设计要求，并应有出厂合格证和试验报告。

2）现场制作钢桩应有平整的场地及挡风防雨措施。

3）钢桩制作的允许偏差应符合表 2 – 11 的规定，钢桩的分段长度应满足 1. 中 5）的规定，且不宜大于 15m。

表 2 – 11　钢桩制作的允许偏差（mm）

项　　目		允　许　偏　差
外径或断面尺寸	桩端部	± 0.5% 外径或边长
	桩身	± 0.1% 外径或边长
长度		> 0
矢高		≤ 1‰ 桩长
端部平整度		≤ 2（H 型桩 ≤ 1）
端部平面与桩身中心线的倾斜值		≤ 2

4）用于地下水有侵蚀性的地区或腐蚀性土层的钢桩，应按设计要求作防腐处理。

（2）钢桩的焊接。

1）钢桩的焊接应符合下列规定：

①必须清除桩端部的浮锈、油污等脏物，保持干燥；下节桩顶经锤击后变形的部分应割除。

②上下节桩焊接时应校正垂直度，对口的间隙宜为 2 ~ 3mm。

③焊丝（自动焊）或焊条应烘干。

④焊接应对称进行。

⑤应采用多层焊，钢管桩各层焊缝的接头应错开，焊渣应清除。

⑥当气温低于 0℃ 或雨雪天及无可靠措施确保焊接质量时，不得焊接。

⑦每个接头焊接完毕，应冷却 1min 后方可锤击。

⑧焊接质量应符合国家现行标准《钢结构工程施工质量验收规范》GB 50205—2001 的规定，每个接头除应按表 2 – 12 规定进行外观检查外，还应按接头总数的 5% 进行超声或 2% 进行 X 射线拍片检查，对于同一工程，探伤抽样检验不得少于 3 个接头。

表 2 – 12　接桩焊缝外观允许偏差（mm）

项　　目		允　许　偏　差
上下节桩错口	a. 钢管桩外径 ≥ 700mm	3
	b. 钢管桩外径 < 700mm	2
H 型钢桩		1
咬边深度（焊缝）		0.5
加强层高度（焊缝）		2
加强层宽度（焊缝）		3

2）H 型钢桩或其他异型薄壁钢桩，接头处应加连接板，可按等强度设置。

（3）钢桩的运输和堆放　钢桩的运输与堆放应符合下列规定：

1）堆放场地应平整、坚实、排水通畅。

2）桩的两端应有适当保护措施，钢管桩应设保护圈。

3）搬运时应防止桩体撞击而造成桩端、桩体损坏或弯曲。

4）钢桩应按规格、材质分别堆放，堆放层数：ϕ900mm 的钢桩，不宜大于 3 层；ϕ600mm 的钢桩，不宜大于 4 层；ϕ400mm 的钢桩，不宜大于 5 层；H 型钢桩不宜大于 6 层。支点设置应合理，钢桩的两侧应采用木楔塞住。

（4）钢桩的沉桩。

1）当钢桩采用锤击沉桩时，可按 4. 有关条文实施；当采用静压沉桩时，可按 5. 有关条文实施。

2）对敞口钢管桩，当锤击沉桩有困难时，可在管内取土助沉。

3）锤击 H 型钢桩时，锤重不宜大于 4.5t 级（柴油锤），且在锤击过程中桩架前应有横向约束装置。

4）当持力层较硬时，H 型钢桩不宜送桩。

5）当地表层遇有大块石、混凝土块等回填物时，应在插入 H 型钢桩前进行触探，并应清除桩位上的障碍物。

2.3.3　承台施工

1．基坑开挖和回填

1）桩基承台施工顺序宜先深后浅。

2）当承台埋置较深时，应对邻近建筑物及市政设施采取必要的保护措施，在施工期间应进行监测。

3）基坑开挖前应对边坡支护形式、降水措施、挖土方案、运土路线及堆土位置编制施工方案，若桩基施工引起超孔隙水压力，宜待超孔隙水压力大部分消散后开挖。

4）当地下水位较高需降水时，可根据周围环境情况采用内降水或外降水措施。

5）挖土应均衡分层进行，对流塑状软土的基坑开挖，高差不应超过 1m。

6）挖出的土方不得堆置在基坑附近。

7）机械挖土时必须确保基坑内的桩体不受损坏。

8）基坑开挖结束后，应在基坑底做出排水盲沟及集水井，如有降水设施仍应维持运转。

9）在承台和地下室外墙与基坑侧壁间隙回填土前，应排除积水，清除虚土和建筑垃圾，填土应按设计要求选料，分层夯实，对称进行。

2．钢筋和混凝土施工

1）绑扎钢筋前应将灌注桩桩头浮浆部分和预制桩桩顶锤击面破碎部分去除，桩体及其主筋埋入承台的长度应符合设计要求；钢管桩尚应加焊桩顶连接件；并应按设计施作桩头和垫层防水。

2）承台混凝土应一次浇筑完成，混凝土入槽宜采用平铺法。对大体积混凝土施工，应采取有效措施防止温度应力引起裂缝。

2.4 基础工程

2.4.1 独立基础

独立基础是柱下基础的基本形式。钢筋混凝土独立基础（见图 2 - 8）按其构造形式，可分为现浇柱锥形基础、现浇柱阶梯形基础和预制柱杯形基础。杯形基础又可分为单肢柱和双肢柱杯形基础，低杯口基础和高杯口基础，如图 2 - 9 所示。

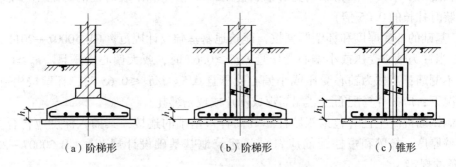

（a）阶梯形   （b）阶梯形   （c）锥形

图 2 - 8　柱下钢筋混凝土独立基础

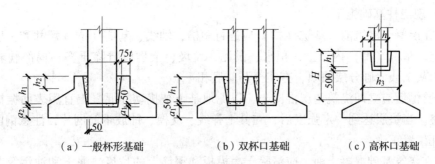

（a）一般杯形基础   （b）双杯口基础   （c）高杯口基础

图 2 - 9　杯形基础形式、构造示意

1. 构造要求

（1）现浇柱锥形基础。锥形基础下面常设有低强度等级素混凝土垫层，厚度不宜小于 70mm，一般为 100mm，混凝土强度等级为 C10，基础边缘高度 h 不宜小于 200mm。基础混凝土强度等级不应低于 C20。底板受力钢筋的最小直径不宜小于 10mm，间距不宜大于 200mm，也不宜小于 100mm。当有垫层时，钢筋保护层的厚度不小于 40mm，无垫层时不小于 70mm。

锥形基础插筋的数目、直径及钢筋种类应与柱内纵向受力钢筋相同。插筋的锚固长度及与柱的纵向受力钢筋的连接方法，按《混凝土结构设计规范》GB 50010—2010 的规定执行。插筋应伸至基础底部的钢筋网内，并在端部做成直弯钩。当柱为轴心受压或小偏心受压，基础高度大于或等于 1200mm 或柱为大偏心受压，基础高度大于或等于 1400mm 时，可仅将柱子四角的插筋伸至基础底部，其余的插筋只需伸入基础达到锚固长度即可。插筋长度范围内均应设置箍筋。基础顶面每边从柱子边缘放出不小于 50mm，以便于柱子支模。

（2）现浇柱阶梯形基础。阶梯形基础的每阶高度宜为 300～500mm。当基础高度 $h \leqslant$ 350mm 时，一般用一阶；当 350mm $< h \leqslant$ 900mm 时，用二阶；当 $h >$ 900mm 时，用三阶。阶梯尺寸宜采用整数，一般在水平及垂直方向均采用 50mm 的倍数。其他构造要求与锥形基础相同。

（3）预制柱杯形基础。预制钢筋混凝土柱与杯形基础的连接，应符合下列要求：

1）柱的插入深度 h_1，按《建筑地基基础设计规范》GB 50007—2011 选用，并应满足锚固长度的要求（一般为纵向受力钢筋直径的 20 倍）和吊装时柱的稳定性的要求（不小于吊装时柱长的 0.05 倍）。

2）基础的杯底厚度和杯壁厚度按《建筑地基基础设计规范》GB 50007—2011 采用。

3）当柱为轴心受压或小偏心受压且 $t/h_2 \geqslant 0.65$ 时，或大偏心受压且 $t/h_2 \geqslant 0.75$ 时，杯壁可不配筋；当柱为轴心受压或小偏心受压且 $0.5 \leqslant t/h_2 \leqslant 0.65$ 时，杯壁按构造配筋；其他情况下，应按计算配筋，其配筋焊成网片或现场绑扎。

预制钢筋混凝土柱（包括双肢柱）和高杯口基础的连接，其插入深度应符合上述规定。杯壁厚度、杯壁和短柱配筋应符合《建筑地基基础设计规范》GB 50007—2011 第 8.2.5 条的规定。

2．施工要点

（1）现浇柱基础施工。

1）在混凝土浇筑前，基坑（槽）应进行验槽，轴线、基坑（槽）尺寸和土质应符合设计规定。基坑（槽）内浮土、积水、淤泥、垃圾、杂物应清除干净。局部软弱土层应挖去，用灰土或砂砾分层回填，夯实至与基底相平。

2）验槽后应立即浇筑垫层混凝土，以免地基土被扰动。混凝土宜用表面振捣，要求表面平整。当垫层达到一定强度后，在其上弹线、支模、铺放钢筋网片，注意钢筋保证厚度，保证位置正确。

3）在浇筑基础混凝土前，应清除干净模板和钢筋上的垃圾、泥土和油污等杂物，并浇水湿润模板，对模板和钢筋按规范规定进行检查验收。

4）基础混凝土宜分层连续浇筑完成。阶梯形基础的每一台阶高度内应整段分层浇捣，每浇筑完一台阶应稍停 0.5～1.0h，待其初步沉实后，再浇筑上层，以防下台阶混凝土溢出，在上台阶根部出现烂脖子，台阶表面应基本抹平。

5）锥形基础的锥体斜面坡度应正确，斜面部分的模板应随混凝土浇捣分段支设并顶压紧，以防模板上浮变形，边角处的混凝土必须捣实。严禁斜面部分不支模，用铁锹拍实。

6）基础上有插筋时，要加以固定，保证插筋位置的正确，防止浇捣混凝土时插筋发生移位。

7）混凝土浇筑完毕，外露表面应覆盖浇水养护。

（2）预制柱杯形基础施工。预制柱杯形基础的施工，除参照上述施工要求外，还应注意以下几点。

1）混凝土应按台阶分层浇筑，对高杯口基础的高台阶部分按整段分层浇筑。

2）杯口模板可采用木模板或钢定型模板，可做成整体的，也可做成两半式的，中间各加一块楔形板。拆模时，先取出楔形板，然后分别将两个半杯口模板取出。为便于周转使用，模板宜做成工具式的，支模时杯口模板要固定牢固并压紧。

3）浇筑杯口混凝土时，四周要对称均匀进行浇筑，避免将杯口模板挤向一侧。

4）施工时，应先浇筑杯底混凝土并振实，注意在杯底一般有50mm厚的细石混凝土找平层，应仔细留出。待杯底混凝土沉实后，再浇筑杯口四周混凝土。基础浇捣完毕，在混凝土初凝后终凝前将杯口模板取出，并将杯口内侧表面混凝土凿毛。

5）施工高杯口基础时，可采用后安装杯口模板的方法施工，即当混凝土浇捣接近杯口底时，再安装固定杯口模板，而后继续浇筑杯口四周混凝土。

2.4.2　条形基础

条形基础有墙下条形基础和柱下条形基础之分。

1. 构造要求

（1）墙下条形基础。墙下钢筋混凝土条形基础（见图2-10）同钢筋混凝土独立基础一样，具有良好的抗弯和抗剪性能，可在竖向荷载较大、地基承载力不高及承受水平力和力矩荷载等情况下使用。因高度不受台阶宽高比的限制，故适用于需要"宽基浅埋"的情况。

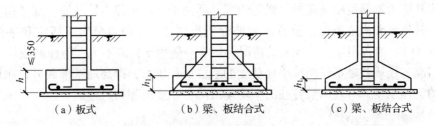

（a）板式　　　（b）梁、板结合式　　　（c）梁、板结合式

图2-10　墙下钢筋混凝土条形基础

墙下钢筋混凝土条形基础和钢筋混凝土独立基础都是扩展基础，构造要求基本相同。基础底板受力钢筋按计算确定，并顺宽度方向布置，间距应不大于200mm，但也不宜小于100mm。条形基础一般不配弯筋。纵向分布钢筋直径不小于8mm，间距不大于300mm，置于受力钢筋之上。每延米分布钢筋的面积不小于受力钢筋面积的1/10。为增加基础抵抗不均匀沉降的能力，沿纵向可加设肋梁，并按构造配筋。

（2）柱下条形基础。柱下条形基础截面一般为倒T形，底板伸出部分称为翼板，中间部分称为肋梁。其构造除应满足扩展基础一般要求外，还应符合下列规定：

翼板厚度不应小于200mm，当厚度不大于250mm时，翼板可做成等厚板；当厚度大于250mm时，可做成坡度小于或等于1:3的变厚度板。肋梁高度按计算确定，一般可取柱距的1/8~1/4。翼板的宽度按地基承载力计算确定，肋梁宽度应比该方向柱截面尺寸长至少50mm。为调整底面形心位置以减少端部基底压力，条形基础的端部宜向外伸出，伸出长度宜为第一跨距的0.25倍。

基础梁的纵向受力钢筋按内力计算确定，一般上下双层配置，钢筋直径不小于10mm，配筋率不宜小于0.15%。顶部钢筋按计算配筋全部贯通，底部纵向受拉钢筋通常配置 2~4 根，通长钢筋不应少于底部受力钢筋的 1/3，弯起筋及箍筋接剪力及弯矩图配置。箍筋直径一般为 6~8mm，在距支座轴线 0.25~0.3 倍柱距范围内，箍筋应加密布置。

2. 施工要求

1）在混凝土浇筑前，基坑（槽）应进行验槽，局部软弱土层应挖去，用灰土或砂砾分层回填夯实至与基底相平。基坑（槽）内浮土、积水、淤泥、垃圾、杂物应清除干净。

2）验槽后应立即浇筑垫层混凝土，以保护地基。当垫层素混凝土达到一定强度后，在其上弹线、支模、铺放钢筋。

3）在浇筑混凝土前，应清除模板内和钢筋上的垃圾、泥土、油污等杂物，模板应浇水加以湿润。

4）混凝土自高处倾落时，其自由倾落高度不宜超过 2m。如超过，应设料斗、漏斗、溜槽、串筒，以防混凝土产生分层离析。

5）混凝土宜分段分层浇筑。各段各层间应互相衔接，逐段逐层呈阶梯形推进，并注意先使混凝土充满模板边角，然后再浇筑中间部分。

6）混凝土应连续浇筑，以保证结构良好的整体性。

7）混凝土浇筑完毕，外露表面应覆盖浇水养护。

2.4.3　筏式基础

筏式基础由钢筋混凝土底板、梁等组成，适用于地基承载力较低而上部结构荷载较大的情况。其外形和构造类似于倒置的钢筋混凝土楼盖，一般可分为梁板式和平板式两类（见图 2-11）。前者用于荷载较大的情况，后者一般用于荷载不大，但柱网较均匀且间距较小的情况。筏式基础不仅能减小地基土的单位面积压力，提高地基承载力，而且还能增强基础的整体刚度，有效调整各柱的不均匀沉降，在多层和高层建筑中被广泛采用。

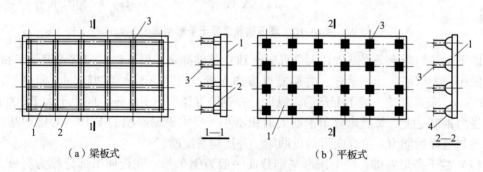

（a）梁板式　　　　　　　　　　　　（b）平板式

图 2-11　筏式基础

1—底板；2—梁；3—柱；4—支架

1. 构造要求

1）混凝土强度等级不应低于 C30，当有防水要求时，防水混凝土的抗渗等级不应小于 0.6MPa。必要时宜设架空排水层。钢筋无特殊要求，钢筋保护层厚度不小于 40mm。

2）基础平面布置应尽量对称，以减小基础荷载的偏心距。底板厚度不宜小于 200mm，梁截面和板厚按计算确定，梁顶高出底板顶面不小于 300mm，梁宽不小于 250mm。

3）底板下一般宜设厚度为 100mm 的 C10 混凝土垫层，每边伸出基础底板不小于 100mm。

4）筏式基础配筋应由计算确定，按双向配筋。

2．施工要求

1）施工前，如地下水位较高，可采用人工降低地下水位的方法使地下水位降至基坑底以下不小于 500mm 处，以保证在无水情况下进行基坑开挖和基础施工。

2）筏式基础浇筑前，应清扫基坑、支设模板、铺设钢筋。

3）混凝土应顺次梁方向浇筑，对于平板式筏式基础则应平行于基础短边方向浇筑。

4）施工时，可先在垫层上绑扎底板、梁的钢筋和柱子锚固插筋，然后浇筑底板混凝土，待其达到 25% 设计强度后，再在底板上支梁模板，继续浇筑梁混凝土；也可将底板和梁模板一次同时支好，混凝土一次连续浇筑完成，梁侧模板采用支架支承并固定牢固。

5）混凝土浇筑应一次完成，一般不留施工缝，必须留设时，应按施工缝留设要求进行留置和处理，并应设置止水带。

6）基础浇筑完毕，表面应覆盖和洒水养护不少于 7d，并防止地基被水浸泡。

7）当混凝土强度达到设计强度的 30% 时，应进行基坑回填。

2.4.4　箱形基础

箱形基础是由钢筋混凝土底板、顶板、外墙及一定数量的内隔墙构成的封闭箱体（见图 2 - 12）。可在基础中部内隔墙上开门洞作地下室。该基础整体性好，刚度大，调整不均匀沉降能力及抗震能力强，并可降低因地基变形而使建筑物开裂的可能性，减少基底处原有地基自重应力，降低总沉降量等特点。适用于作为软弱地基上的面积较小、平面形状简单、上部结构荷载大且分布不均匀的高层建筑物的基础和对沉降有严格要求的设备基础或特种构筑物基础。

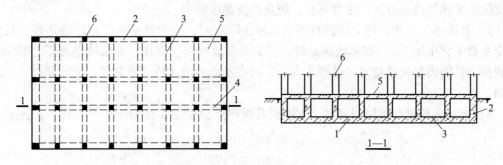

图 2 - 12　箱形基础

1—底板；2—外墙；3—内横隔墙；4—内纵隔墙；5—顶板；6—柱

1．构造要求

1）箱形基础的底面形心应尽可能与上部结构竖向静荷载重心相重合，即在平面布置上尽可能对称，以减少荷载的偏心距，防止基础过度倾斜。

2）混凝土强度等级不应低于 C30。

3）基础高度一般取建筑物高度的 1/12 ～ 1/8，不宜小于箱形基础长度的 1/8，且不小于 3m。

4）箱形基础的外墙沿建筑物四周布置，内墙一般沿上部结构柱网和剪力墙纵横均匀布置。墙体厚度应根据实际受力情况确定，内墙厚度不宜小于 200mm，一般为 200～300mm；外墙厚度不应小于 250mm，一般为 250～400mm。

5）箱形基础底板、顶板的厚度应满足柱或墙冲切验算要求，并根据实际受力情况通过计算确定。底板厚度一般取隔墙间距的 1/10～1/8，为 300～1000mm；顶板厚度为 200～400mm。

6）为保证箱形基础的整体刚度，平均每平方米基础面积上的墙体长度不应小于 400mm，或墙体水平截面积不得小于基础面积的 1/10，其中纵墙配置量不得小于墙体总配置量的 3/5。

7）底板、顶板及内外墙的钢筋按计算确定。

2. 施工要求

1）基坑开挖时，如地下水位较高，应采取措施降低地下水位至基坑底以下至少 500mm，并尽量减少对基坑底土的扰动。当采用机械开挖基坑时，在基坑底面以上 200～400mm 厚的土层，应用人工挖除并清理。基坑不得长期暴露，更不得积水。基坑验槽后，应立即进行基础施工。

2）施工时，基础底板、内外墙和顶板的支模、钢筋绑扎和混凝土浇筑，可采取内外墙和顶板分次支模浇筑方法施工，其施工缝的留设位置和外墙应符合《混凝土结构工程施工质量验收规范》GB 50204—2015 有关要求，外墙接缝应设止水带。

3）基础的底板、内外墙和顶板宜连续浇筑完毕。为防止出现温度收缩裂缝，一般应设置贯通后浇带，带宽不宜小于 800mm，后浇带处钢筋应贯通。顶板浇筑后，相隔 2～4 周，使用比设计强度高一级的细石混凝土将后浇带填灌密实，并注意加强养护。

4）箱形基础底板厚度一般都超过 1.0m，其混凝土浇筑属于大体积混凝土浇筑。应根据实际情况选择浇筑方案，注意养护，防止产生温度裂缝。

5）基础施工完毕，应立即进行回填。停止降水时，应验算基础的抗浮稳定性，抗浮稳定系数不宜小于 1.2，如不能满足时，应采取有效措施，例如，继续抽水直至上部结构荷载加上后能满足抗浮稳定系数要求为止，或在基础内灌水或加重物等，防止基础上浮或倾斜。

6）高层建筑进行沉降观测时，水准点及观测点应根据设计要求即时埋设，并注意保护。

3 砌 体 工 程

3.1 砌筑脚手架

3.1.1 外脚手架

在外墙外面搭设的脚手架称为外脚手架。图3－1～图3－3所示为几种常用的外脚手架。

图3－1为钢管扣件式外脚手架。此种脚手架可沿外墙双排或单排搭设，钢管之间靠"扣件"连接。"扣件"有直交的、任意角度的和特殊型的三种。钢管一般用 $\phi57$ 厚3.5mm 的无缝钢管。搭设时每隔30m 左右应加斜撑一道。

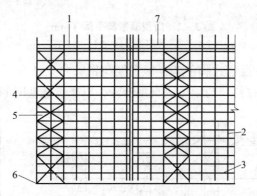

图3－1 钢管扣件式外脚手架
1—脚手板；2—立杆；3—大横杆；4—小横杆；5—十字撑；6—底座；7—栏杆

图3－2所示为门型框架脚手架，其宽度有1.2m、1.5m、1.6m 和高度1.3m、1.7m、1.8m、2.0m 等数种。框架立柱材料均采用 $\phi38\sim\phi40$、厚3mm 的钢管焊接而成。安装时要特别注意纵横支撑、剪刀撑的布置及其与墙面的拉结，如图3－2（b）、（d）所示，以确保脚手架的稳定。

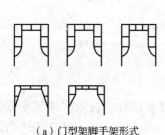

（a）门型架脚手架形式

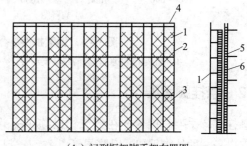

（b）门型框架脚手架布置图

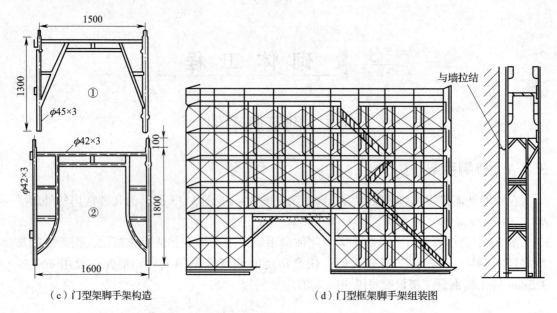

（c）门型架脚手架构造　　　　　　　　　（d）门型框架脚手架组装图

图 3 - 2　门型框架脚手架（mm）

1—框架；2—斜撑；3—水平撑；4—栏杆；5—连墙杆；6—砖墙

　　图 3 - 3 所示为一种混合式脚手架，即桁架与钢管井架结合。这样，可以减少立柱数量，并可利用井架输送材料。桁架可以自由升降，以减少翻架时间。

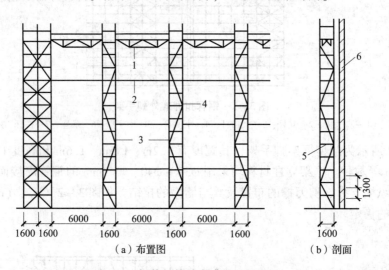

（a）布置图　　　　　　　　　　　　（b）剖面

图 3 - 3　钢管扣件混合式脚手架（mm）

1—桁架；2—水平拉杆；3—支承架；4—单向斜撑；5—连墙杆；6—砖墙

3.1.2　悬挂脚手架

　　悬挂式脚手架直接悬挂在建筑物已施工完并具有一定强度的柱、板或屋顶等承重结构上。它也是一种外脚手架，升降灵活，省工省料，既可用于外墙装修，也可用于墙体砌筑。

　　图 3 - 4 为一种桥式悬挂脚手架，主要用于 6m 柱距的框架结构房屋的砌墙工程中。

铺有脚手板的轻型桁架,借助三角挂架支承于框架柱上。三角挂架一般用L 50×5组成,宽度为1.3m左右,通过卡箍与框架柱联结。脚手架的提升则依靠塔式起重机或其他起重设备进行。

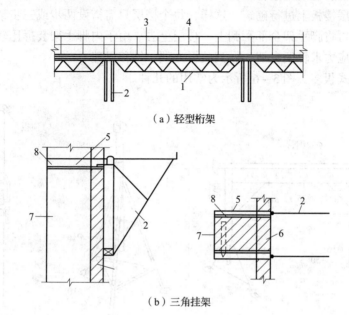

（a）轻型桁架

（b）三角挂架

图3-4　桥式悬挂脚手架

1—轻型桁架；2—三角挂架；3—脚手板；4—栏杆；5—卡箍；6—砖墙；7—钢筋混凝土柱；8—螺栓

图3-5为一种能自行提升的悬挂式脚手架。它由悬挑部件、操作台、吊架、升降设备等组成,适用于小跨度框架结构房屋或单层工业厂房的外墙砌筑和装饰工程。升降设备通常可采用手扳葫芦,操纵灵活,能随时升降,升降时应尽量保持提升速度一致。吊架也可用吊篮代替。悬挑部件的安装务须牢固可靠,防止出现倾翻事故。

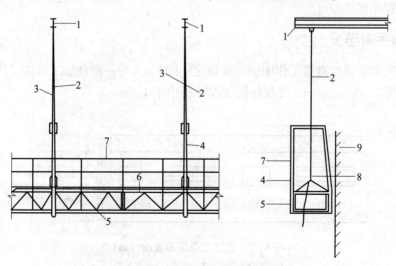

图3-5　提升式吊架

1—悬臂横杆；2—吊架绳；3—安全绳；4—吊架；5—操作台；6—脚手板；7—栏杆；8—手扳葫芦；9—砖墙

3.1.3　内脚手架

目前，砖、钢筋混凝土混合结构居住房屋的砌墙工程中，一般均采用内脚手架，即将脚手架搭设在各层楼板上进行砌筑。这样，每个楼层只需搭设两步或三步架，待砌完一个楼层的墙体后，再将脚手架全部翻到上一楼层上去。由于内脚手架装拆比较频繁，因此其结构形式的尺寸应力求轻便灵活，做到装拆方便，转移迅速。

内脚手架形式很多，图 3-6 所示为常用的几种。

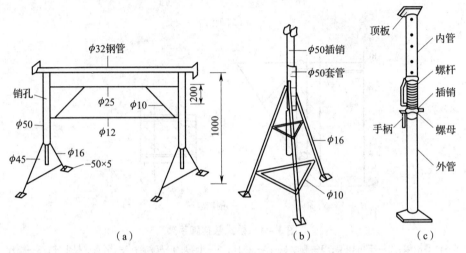

图 3-6　内脚手架形式示例（mm）

图 3-6（c）中支柱式脚手架通过内管上的孔与外管上螺杆，可任意调节高度。螺杆上对称开槽，槽口长度与螺杆等长。

安装时，按需要的高度调节内外管的位置，再将螺母旋转到内管孔洞处，用插销通过螺杆槽与内管孔连接即可。

3.1.4　脚手架搭设

脚手架的宽度需按砌筑工作面的布置确定。图 3-7 为一般砌筑工程的工作面布置图。其宽度一般为 2.05~2.60m，并在任何情况下不小于 1.5m。

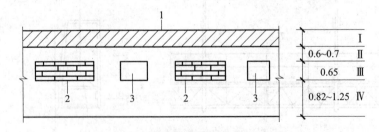

图 3-7　砌砖工作面布置图（m）

1—待砌墙体区；2—砖堆；3—灰浆槽

Ⅰ—待砌墙体区；Ⅱ—操作区；Ⅲ—材料区；Ⅳ—运输区

当采用内脚手架砌筑墙体时，为配合塔式起重机运输，还可设置组合式操作平台作为集中卸料地点。图 3－8 为组合式操作平台的型式之一。它由立柱架、横向桁架、三角挂架、脚手板及连系桁架等组成。

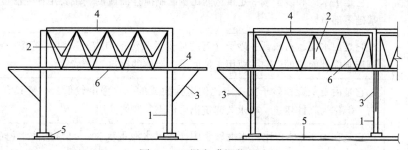

图 3－8 组合式操作平台

1—立柱架；2—横向桁架；3—三角挂架；4—脚手板；5—垫板；6—连系桁架

脚手架的搭设必须充分保证安全。为此，脚手架应具备足够的强度、刚度和稳定性。一般情况下，对于外脚手架，其外加荷载规定为：均布荷载不超过 270kg/m²。如果需超载，则应采取相应的措施，并经验算后方可使用。过高的外脚手架必须注意防雷，钢脚手架的防雷措施是用接地装置与脚手架连接，一般每隔 50m 设置一处。最远点到接地装置脚手架上的过渡电阻应不超过 10Ω。

使用内脚手架，必须沿外墙设置安全网，以防高空操作人员坠落。安全网一般多用 φ9 的麻、棕绳或尼龙绳编织，其宽度不应小于 1.5m。安全网的承载能力应不小于 160kg/m²。图 3－9 为安全网的一种搭设方式。

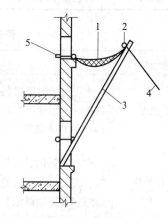

图 3－9 安全网搭设方式之一

1—安全网；2—大横杆；
3—斜杆；4—麻绳；5—栏墙杆

3.2 砌 筑 砂 浆

3.2.1 砌筑砂浆的技术条件

砂浆是砖混结构墙体材料中块体的胶结材料。墙体是砖块、石块、砌块通过砂浆的粘结形成为一个整体的。它起到填充块体之间的缝隙，防风、防雨渗透到室内；同时又起到块体之间的铺垫，把上部传下来的荷载均匀地传到下面去的作用；还可以阻止块体的滑动。砂浆应具备一定的强度、粘结力和流动性、稠度。

1. 砂浆的种类

砂浆用在墙体砌筑中，按所用配合材料不同而分为：水泥砂浆、混合砂浆、石灰砂浆、防水砂浆、勾缝砂浆等。砂浆的种类见表 3－1。

2. 砂浆的组成材料及要求

砂浆的材料组成和材料要求见表 3－2。

表 3 – 1　砂浆的种类

种类	内　　容
水泥砂浆	它是由水泥和砂子按一定重量的比例配制搅拌而成的。主要用在受湿度大的墙体、基础等部位
混合砂浆	它是由水泥、石灰膏、砂子（有的加少量微沫剂节省石灰膏）等按一定的重量比例配制搅拌而成的。它主要用于地面以上墙体的砌筑
石灰砂浆	它是由石灰膏和砂子按一定比例搅拌而成的。它强度较低，一般只有 0.5MPa 左右。但作为临性建筑，半永久建筑仍可作砌筑墙体使用
防水砂浆	它是在 1:3（体积比）水泥砂浆中，掺入水泥重量 3% ~ 5% 的防水粉或防水剂搅拌而成的。它在房屋上主要用于防潮层，化粪池内外抹灰等
勾缝砂浆	它是水泥和细砂以 1:1（体积比）拌制而成的。主要用在清水墙面的勾缝

表 3 – 2　砂浆的材料组成与材料要求

使用材料	材　料　要　求
水泥	水泥进场时应对其品种、等级、包装或散装仓号、出厂日期等进行检查，并应对其强度、安定性进行复验，其质量必须符合现行国家标准《通用硅酸盐水泥》GB 175—2007 的有关规定。不同品种的水泥不得混合使用
石灰膏	生石灰熟化成石灰膏时，应用孔径不大于 3mm × 3mm 的网过滤，熟化时间不得少于 7d；磨细生石灰粉的熟化时间不得少于 2d。沉淀池中储存的石灰膏，应采取防止干燥、冻结和污染的措施。严禁使用脱水硬化的石灰膏
砂	砂浆用砂宜采用过筛中砂，并应满足下列要求： 1）不应混有草根、树叶、树枝、塑料、煤块、炉渣等杂物 2）砂中含泥量、泥块含量、石粉含量、云母、轻物质、有机物、硫化物、硫酸盐及氯盐含量（配筋砌体砌筑用砂）等应符合现行行业标准《普通混凝土用砂、石质量及检验方法标准》JGJ 52—2006 的有关规定 3）人工砂、山砂及特细砂，应经试配能满足砌筑砂浆技术条件要求
水	拌制砂浆用水的水质应符合现行行业标准《混凝土用水标准》JGJ 63—2006 的有关规定
外加剂	外加剂应符合国家现行有关标准的规定，引气型外加剂还应有完整的型式检验报告

3. 砂浆强度等级

水泥砂浆及预拌砌筑砂浆的强度等级可分为 M5、M7.5、M10、M15、M20、M25、M30；水泥混合砂浆的强度等级可分为 M5、M7.5、M10、M15。

4. 砂浆的技术要求

1）作为砌体的胶结材料除了强度要求外，为了达到黏结度好，砌体密实还有一些技术上的要求，应做到的技术要求见表 3 – 3。

表 3 – 3　砂浆的技术要求

控制项目	技 术 要 求
流动性（也称为稠度）	足够的流动性是指砂浆的稀稠程度。试验室中用稠度计来测定，目的为便于操作。流动性与砂浆的加水量、水泥用量、石灰膏掺量、砂子的粒径、形状、孔隙率和砂浆的搅拌时间有关。对砂浆流动度的要求，可以因砌体种类、施工时大气的温度、湿度等的不同而变化。具体参照表 3 – 4 选用
保水性	具有保水性，砂浆的保水性是指砂浆从搅拌机出料后到使用时这段时间内，砂浆中的水和胶结料、集料之间分离的快慢程度。分离快的使水浮到上面则保水性差，分离慢的砂浆仍很黏糊，则保水性较好。保水性与砂浆的组分配合、砂子的颗粒粗细程度、密实度等有关。一般说来，石灰砂浆保水性较好，混合砂浆次之，水泥砂浆较差些。此外，远距离运输也容易引起砂浆的离析
搅拌时间	搅拌时间要充分，砂浆应采用机械拌和，拌和时间应自投料完算起，不得少于 2min。搅拌前必须进行计量。在搅拌机棚中应悬挂配合比牌
搅拌完至砌筑时间	现场拌制的砂浆应随拌随用，拌制的砂浆应在 3h 内使用完毕；当施工期间最高气温超过 30℃ 时，应在 2h 内使用完毕。一定要做到随拌随用，在规定时间内用完，使砂浆的实际强度不受影响
试块的制作	砂浆试块的制作，在砌筑施工中，根据规范要求，每一楼层或 $250m^3$ 砌体中的各种强度的砂浆，每台搅拌机应至少检查一次，每次至少应制作一组（6 块）试块。如砂浆强度或配合比变更时，还应制作试块。并送标准养护室进行龄期为 28d 的标准养护。后经试压的结果是作为检验砌体砂浆强度的依据
其他	施工中不得任意用同强度的水泥砂浆去代替水泥混合砂浆砌筑墙体。如由于某些原因需要替代时，应经设计部门的结构工程师同意签字

表 3 – 4　砌筑砂浆的稠度（mm）

砌 体 种 类	砂浆稠度
烧结普通砖砌体 蒸压粉煤灰砖砌体	70 ~ 90
混凝土实心砖、混凝土多孔砖砌体 普通混凝土小型空心砌块砌体 蒸压灰砂砖砌体	50 ~ 70
烧结多孔砖、空心砖砌体 轻骨料小型空心砌块砌体 蒸压加气混凝土砌块砌体	60 ~ 80
石砌体	30 ~ 50

2）水泥砂浆拌合物的密度不宜小于1900kg/m³；水泥混合砂浆拌和物和预拌砌筑砂浆拌和物的密度不宜小于1800kg/m³。

3）砌筑砂浆的分层度不得大于30mm。

4）具有冻融循环次数要求的砌筑砂浆，经冻融试验后，质量损失率不得大于5%，抗压强度损失率不得大于25%。

3.2.2　砌筑砂浆试配要求

1. 水泥混合砂浆试配要求

水泥混合砂浆配合比的确定，应按下列步骤进行：

1）砂浆的试配强度应按下式计算：

$$f_{m,0} = kf_2 \qquad (3-1)$$

式中：$f_{m,0}$——砂浆的试配强度（MPa），应精确至0.1MPa；

f_2——砂浆强度等级值（MPa），应精确至0.1MPa；

k——系数，按表3-5取值。

表3-5　砂浆强度标准差 σ 及 k 值

强度等级　施工水平	强度标准差 σ（MPa）							k
	M5	M7.5	M10	M15	M20	M25	M30	
优良	1.00	1.50	2.00	3.00	4.00	5.00	6.00	1.15
一般	1.25	1.88	2.50	3.75	5.00	6.25	7.50	1.20
较差	1.50	2.25	3.00	4.50	6.00	7.50	9.00	1.25

2）砂浆强度标准差的确定应符合下列规定：

①当有统计资料时，砂浆强度标准差应按下式计算：

$$\sigma = \sqrt{\frac{\sum_{i=1}^{n} f_{m,i}^2 - n\mu_{fm}^2}{n-1}} \qquad (3-2)$$

式中：$f_{m,i}$——统计周期内同一品种砂浆第 i 组试件的强度（MPa）；

μ_{fm}——统计周期内同一品种砂浆 n 组试件强度的平均值（MPa）；

n——统计周期内同一品种砂浆试件的总组数，$n \geq 25$。

②当无统计资料时，砂浆强度标准差可按表3-5取值。

3）水泥用量的计算应符合下列规定：

①每立方米砂浆中的水泥用量，应按下式计算：

$$Q_c = 1000\ (f_{m,0} - \beta)\ /\ (\alpha \cdot f_{ce}) \qquad (3-3)$$

式中：Q_c——每立方米砂浆的水泥用量（kg），应精确至1kg；

f_{ce}——水泥的实测强度（MPa），应精确至0.1MPa；

α、β——砂浆的特征系数，其中 α 取 3.03，β 取 −15.09。

注：各地区也可用本地区试验资料确定 α、β 值，统计用的试验组数不得少于 30 组。

②在无法取得水泥的实测强度值时，可按下式计算：

$$f_{ce} = \gamma_c \cdot f_{ce,k} \qquad (3-4)$$

式中：$f_{ce,k}$——水泥强度等级值（MPa）；

γ_c——水泥强度等级值的富余系数，宜按实际统计资料确定；无统计资料时可取 1.0。

4）石灰膏用量应按下式计算：

$$Q_D = Q_A - Q_c \qquad (3-5)$$

式中：Q_D——每立方米砂浆的石膏用量（kg），应精确至 1kg；石灰膏使用时的稠度为 120 ± 5mm；

Q_c——每立方米砂浆的水泥用量（kg），应精确至 1kg；

Q_A——每立方米砂浆中水泥和石灰膏总量，应精确至 1kg，可为 350kg。

5）每立方米砂浆中的砂用量，应按干燥状态（含水率小于 0.5%）的堆积密度值作为计算值（kg）。

6）每立方米砂浆中的用水量，可根据砂浆稠度等要求选用 210~310kg。

注：1. 混合砂浆中的用水量，不包括石灰膏中的水。

2. 当采用细砂或粗砂时，用水量分别取上限或下限。

3. 稠度小于 70mm 时，用水量可小于下限。

4. 施工现场气候炎热或干燥季节，可酌量增加用水量。

2. 水泥砂浆试配要求

1）水泥砂浆的材料用量可按表 3-6 选用。

表 3-6 每立方米水泥砂浆材料用量（kg/m³）

强度等级	水泥	砂	用水量
M5	200~230		
M7.5	230~260		
M10	260~290		
M15	290~330	砂的堆积密度值	270~330
M20	340~400		
M25	360~410		
M30	430~480		

注：1. M15 及 M15 以下强度等级水泥砂浆，水泥强度等级为 32.5 级；M15 以上强度等级水泥砂浆，水泥强度等级为 42.5 级。

2. 当采用细砂或粗砂时，用水量分别取上限或下限。

3. 稠度小于 70mm 时，用水量可小于下限。

4. 施工现场气候炎热或干燥季节，可酌量增加用水量。

5. 试配强度应按公式（3-1）计算。

2）水泥粉煤灰砂浆材料用量可按表 3－7 选用。

表 3－7　每立方米水泥粉煤灰砂浆材料用量（kg/m³）

强度等级	水泥和粉煤灰总量	粉煤灰	砂	用水量
M5	210～240	粉煤灰掺量可占胶凝材料总量的 15%～25%	砂的堆积密度值	270～330
M7.5	240～270			
M10	270～300			
M15	300～330			

注：1. 表中水泥强度等级为 32.5 级。

　　2. 当采用细砂或粗砂时，用水量分别取上限或下限。

　　3. 稠度小于 70mm 时，用水量可小于下限。

　　4. 施工现场气候炎热或干燥季节，可酌量增加用水量。

　　5. 试配强度应按公式（3－1）计算。

3.2.3　砂浆的配制与使用

1. 砂浆配料要求

1）水泥、有机塑化剂和冬期施工中掺用的氯盐等的配料准确度应控制在 ±2% 以内；砂、水及石灰膏、电石膏、黏土膏、粉煤灰、磨细生石灰粉等的配料准确度应控制在 ±5% 以内。

2）砂浆所用细骨料主要为天然砂，它应符合混凝土用砂的技术要求。由于砂浆层较薄，对砂子最大料径应有限制。用于毛石砌体砂浆，砂子最大料径应小于砂浆层厚度的 1/5～1/4；用于砖砌体的砂浆，宜用中砂，其最大粒径不大于 2.5mm；光滑表面的抹灰及勾缝砂浆，宜选用细砂，其最大料径不宜大于 1.2mm。当砂浆强度等级大于或等于 M5 时，砂的含泥量不应超过 5%；强度等级为 M5 以下的砂浆，砂的含泥量不应超过 10%。若用煤渣做骨料，应选用燃烧完全且有害杂质含量少的煤渣，以免影响砂浆质量。

3）石灰膏、黏土膏和电石膏的用量，宜按稠度为（120±5）mm 计量。现场施工当石灰膏稠度与试配时不一致时，可按表 3－8 换算。

表 3－8　石灰膏不同稠度时的换算系数

石灰膏稠度（mm）	120	110	100	90	80	70	60	50	40	30
换算系数	1.00	0.99	0.97	0.95	0.93	0.92	0.90	0.88	0.87	0.86

4）为使砂浆具有良好的保水性，应掺入无机或有机塑化剂，不应采取增加水泥用量的方法。

5）水泥混合砂浆中掺入有机塑化剂时，无机掺加料的用量最多可减少一半。

6）水泥砂浆中掺入有机塑化剂时，应考虑砌体抗压强度较水泥混合砂浆砌体降低 10% 的不利影响。

7）水泥黏土砂浆中，不得掺入有机塑化剂。

8）在冬季砌筑工程中使用氯化钠、氯化钙时，应先将氯化钠、氯化钙溶解于水中后投入搅拌。

2．砂浆拌制及使用

1）砌筑砂浆应采用机械搅拌，搅拌时间自投料完起算应符合下列规定：

①水泥砂浆和水泥混合砂浆不得少于120s。

②水泥粉煤灰砂浆和掺用外加剂的砂浆不得少于180s。

③掺增塑剂的砂浆，其搅拌方式、搅拌时间应符合现行行业标准《砌筑砂浆增塑剂》JG/T 164—2004 的有关规定。

④干混砂浆及加气混凝土砌块专用砂浆宜按掺用外加剂的砂浆确定搅拌时间或按产品说明书采用。

2）配制砌筑砂浆时，各组分材料应采用质量计量，水泥及各种外加剂配料的允许偏差为 ±2%；砂、粉煤灰、石灰膏等配料的允许偏差为 ±5%。

3）拌制水泥砂浆，应先将砂与水泥干拌均匀，再加水拌和均匀。

4）拌制水泥混合砂浆，应先将砂与水泥干拌均匀，再加掺加料（石灰膏、黏土膏）和水拌和均匀。

5）拌制水泥粉煤灰砂浆，应先将水泥、粉煤灰、砂干拌均匀，再加水拌和均匀。

6）掺用外加剂时，应先将外加剂按规定浓度溶于水中，在拌和水投入时投入外加剂溶液，外加剂不得直接投入拌制的砂浆中。

7）砂浆拌成后和使用时，均应盛入贮灰器中。如砂浆出现泌水现象，应在砌筑前再次拌和。

8）现场拌制的砂浆应随拌随用，拌制的砂浆应在 3h 内使用完毕；当施工期间最高气温超过 30℃ 时，应在 2h 内使用完毕。预拌砂浆及蒸压加气混凝土砌块专用砂浆的使用时间应按照厂方提供的说明书确定。

3.3 砖砌体工程

3.3.1 施工准备工作

1）施工需用材料及施工工具，如淋石灰膏、淋黏土膏、筛砂、木砖或锚固件，支过梁模板、油毛毡、钢筋砖过梁及直槎所需的拉结钢筋等材料；运砖车、运灰车、大小灰槽、水桶、靠尺、水平尺、百格网、线坠、小白线等工具应在砌筑前准备好。

2）砖要按规定及时进场，按砖的外观、几何尺寸、强度等级进行验收，并应检查出厂合格证。在常温情况下，黏土砖应在砌筑前 1~2d 浇水湿润，以免在砌筑时由于砖吸收砂浆中的大量水分，降低砂浆流动性，砌筑困难，使砂浆的黏结强度受到影响。但也要注意不能将砖浇得过湿，以水浸入砖内深度 10~15mm 为宜。过湿或者过干都会影响施工速度和施工质量。如果由于天气酷热，砖面水分蒸发过快，操作时揉压困难，也可在脚手架上进行二次浇水。

3）砌筑房屋墙体时，应事先准备好皮数杆。皮数杆上应划出主要部位的标高，如：防潮层、窗台、门口过梁、凹凸线脚、挑檐、梁垫、楼板位置和预埋件以及砖的行数。砖的行数应按砖的实际厚度和水平灰缝的允许厚度来确定。水平灰缝和立缝一般为 10mm，不应小于 8mm，也不应大于 12mm。

4）墙体砌筑前将基础顶面的泥土、灰砂、杂物等清扫干净后，在皮数杆上拉线检查基础顶面标高。如基础顶面高低不平，高低差小于 5cm 时应打片砖铺 M10 水泥砂浆找平；高低差大于 5cm 时，应用强度等级在 C10 以上的细石混凝土找平。然后按龙门板上给定的轴线及图纸上标注的墙体尺寸，在基础顶面上用墨线弹出墙的宽度线和轴线。

5）砌筑前，必须按施工组织设计所确定的垂直和水平运输方案，组织机械进场和做好机械的架设工作。与此同时，还要准备好脚手工具，搭设好搅拌棚，安设好搅拌机等。

3.3.2 砌砖的技术要求

1. 砖基础

砖基础砌筑前，应先检查垫层施工是否符合质量要求，然后将垫层表面的浮土及垃圾清除干净。砌基础时可依皮数杆先砌几皮转角及交接处部分的砖，然后在其间拉准线砌中间部分。如果砖基础不在同一深度，则应先由底往上砌筑。在砖基础高低台阶接头处，下台面台阶要砌一定长度（一般不小于 500mm）实砌体，砌到上面后和上面的砖一起退台，如图 3 - 10 所示。基础墙的防潮层，如果设计无具体要求，宜用 1:2.5 的水泥砂浆加适量的防水剂铺设，其厚度一般为 20mm。抗震设防地区的建筑物，不用油毡做基础墙的水平防潮层。

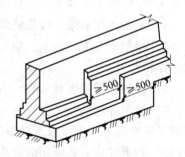

图 3 - 10 砖基础高低接头处砌法

2. 砖墙

1）全墙砌砖应平行砌起，砖层必须水平，砖层正确位置除用皮数杆控制外，每楼层砌完后必须校对一次水平、轴线和标高，在允许偏差范围内，其偏差值应在基础或楼板顶面调整。

2）砖墙的水平灰缝应平直，灰缝厚度一般为 10mm，不宜小于 8mm，也不宜大于 12mm。竖向灰缝应垂直对齐，对不齐而错位，称为游丁走缝，影响墙体外观质量。为保证砖块均匀受力和使块体紧密结合，要求水平灰缝砂浆饱满，厚薄均匀。砂浆的饱满程度以砂浆饱满度表示，用百格网检查，要求饱满度达到 80% 以上。竖向灰缝应饱满，可避免透风漏雨，改善保温性能。

3）砖砌体的转角处和交接处应同时砌筑，严禁无可靠措施的内外墙分砌施工。在抗震设防烈度为 8 度及 8 度以上地区，对不能同时砌筑而又必须留置的临时间断处应砌成斜槎，普通砖砌体斜槎水平投影长度不应小于高度的 2/3（图 3 - 11），多孔砖砌体的斜槎长高比不应小于 1/2。斜槎高度不得超过一步脚手架的高度。

非抗震设防及抗震设防烈度为 6 度、7 度地区的临时间断处，当不能留斜槎时，除转角处外，可留直槎，但直槎必须做成凸槎，且应加设拉结钢筋，拉结钢筋应符合下列规定：

①每120mm墙厚放置1ϕ6拉结钢筋（120mm厚墙应放置2ϕ6拉结钢筋）。

②间距沿墙高不应超过500mm，且竖向间距偏差不应超过100mm。

③埋入长度从留槎处算起每边均不应小于500mm，对抗震设防烈度6度、7度的地区，不应小于1000mm。

④末端应有90°弯钩（图3-12）。

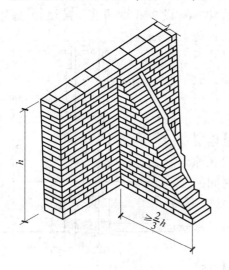

图3-11　斜槎图　　　　　　　　　　图3-12　直槎

隔墙与墙或柱如不同时砌筑而又不留成斜槎时，可于墙或柱中引出阳槎，并于墙或柱的灰缝中预埋拉结筋（其构造与上述相同，但每道不得少于2根）。抗震设防地区建筑物的隔墙，除应留阳槎外，沿墙高每500mm配置2ϕ6钢筋与承重墙或柱拉结，伸入每边墙内的长度不应小于500mm。

砖砌体接槎时，必须将接槎处的表面清理干净，浇水湿润，并应填实砂浆，保持灰缝平直。

4）宽度小于1m的窗间墙，应选用整砖砌筑，半砖和破损的砖，应分散使用于墙心或受力较小部位。

5）不得在下列墙体或部位设置脚手眼：

①120mm厚墙、清水墙、料石墙、独立柱和附墙柱。

②过梁上与过梁成60°角的三角形范围及过梁净跨度1/2的高度范围内。

③宽度小于1m的窗间墙。

④门窗洞口两侧石砌体300mm，其他砌体200mm范围内；转角处石砌体600mm，其他砌体450mm范围内。

⑤梁或梁垫下及其左右各500mm的范围内。

⑥设计不允许设置脚手眼的部位。

⑦轻质墙体。

⑧夹心复合墙外叶墙。

6）在墙上留置临时施工洞口，其侧边离交接处墙面不应小于500mm，洞口净宽度不应超过1m。抗震设防烈度为9度的地区建筑物的临时施工洞口位置，应会同设计单位确定。临时施工洞口应做好补砌。

7）240mm厚承重墙的每层墙的最上一皮砖，砖砌体的阶台水平面上及挑出层，应整砖丁砌；隔墙与填充墙的顶面与上层结构的接触处，宜用侧砖或立砖斜砌挤紧。

8）设有钢筋混凝土构造柱的抗震多层砖混结构房屋，应先绑扎构造柱钢筋，然后砌砖墙，最后浇筑混凝土。墙与柱应沿高度方向每500mm设2φ6钢筋（一砖墙），每边伸入墙内的长度不应小于1m；构造柱应与圈梁连接；砖墙应砌成马牙槎，每一个马牙槎沿高度方向的尺寸不超过300mm或五皮砖高，马牙槎从每层柱脚开始，应先退后进，进退相差1/4砖，如图3－13所示。该层构造柱混凝土浇完之后，才能进行上一层的施工。

9）砖砌体相邻工作段的高度差，不得超过楼层的高度，也不宜大于4m。工作段的分段位置宜设在伸缩缝、沉降缝、防震缝或门窗洞口处。砌体临时间断处的高度差不得超过一步脚手架的高度。

10）砖墙每天砌筑高度以不超过1.8m为宜，雨天施工时，每天砌筑高度不宜超过1.2m。

11）尚未施工楼面或屋面的墙或柱，其抗风允许自由高度不得超过表3－9的规定。如超过表中限值时，必须采用临时支撑等有效措施。

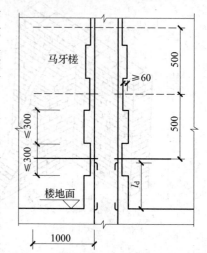

图3－13　构造柱拉结钢筋布置及马牙槎示意图

表3－9　墙、柱的允许自由高度（m）

墙（柱）厚（mm）	砌体密度 >1600kg/m³			砌体密度 1300~1600kg/m³		
	风载（kN/m²）			风载（kN/m²）		
	0.3（约7级风）	0.4（约8级风）	0.5（约9级风）	0.3（约7级风）	0.4（约8级风）	0.5（约9级风）
190	—	—	—	1.4	1.1	0.7
240	2.8	2.1	1.4	2.2	1.7	1.1
370	5.2	3.9	2.6	4.2	3.2	2.1
490	8.6	6.5	4.3	7.0	5.2	3.5
620	14.0	10.5	7.0	11.4	8.6	5.7

注：1. 本表适用于施工处相对标高 H 在10m范围内的情况。如10m < H ≤15m，15m < H ≤20m时，表中的允许自由高度应分别乘以0.9、0.8的系数；如 H >20m时，应通过抗倾覆验算确定其允许自由高度。

　　2. 当所砌筑的墙有横墙或其他结构与其连接，而且间距小于表中相应墙、柱的允许自由高度的2倍时，砌筑高度可不受本表的限制。

　　3. 当砌体密度小于1300kg/m³时，墙和柱的允许自由高度应另行验算确定。

3. 空心砖墙

空心砖墙砌筑前应试摆，在不够整砖处，如无半砖规格，可用普通黏土砖补砌。承重空心砖的孔洞应呈垂直方向砌筑，且长圆孔应顺墙方向。非承重空心砖的孔洞应呈水平方向砌筑。非承重空心砖墙，其底部应至少砌三皮实心砖，在门口两侧一砖长范围内，也应用实心砖砌筑。半砖厚的空心砖隔墙，如墙较高，应在墙的水平灰缝中加设 $2\phi8$ 钢筋或每隔一定高度砌几皮实心砖带。

4. 砖过梁

砖平拱应用不低于 MU7.5 的砖与不低于 M5.0 的砂浆砌筑。砌筑时，在过梁底部支设模板，模板中部应有 1% 的起拱。过梁底模板应待砂浆强度达到设计强度 50% 以上，方可拆除。砌筑时，应从两边对称向中间砌筑。

钢筋砖过梁其底部配置 $3\phi6\sim\phi8$ 钢筋，两端伸入墙内不应少于 240mm，并有 90° 弯钩埋入墙的竖缝内。在过梁的作用范围内（不少于六皮砖高度或过梁跨度的 1/4 高度范围内），应用 M5.0 砂浆砌筑。砌筑前，先在模板上铺设 30mm 厚 1:3 水泥砂浆层，将钢筋置于砂浆层中，均匀摆开，接着逐层平砌砖层，最下一皮应丁砌，如图 3-14 所示。

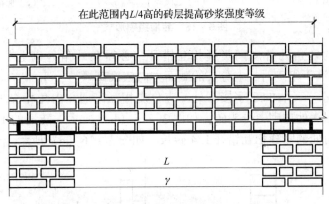

图 3-14　钢筋砖过梁

3.3.3　砖砌体的组砌形式

砖砌体的组砌要求：上下错缝，内外搭接，以保证砌体的整体性；同时组砌要有规律，少砍砖，以提高砌筑效率，节约材料。

1. 砖墙的组砌形式

（1）满顺满丁。满顺满丁砌法，是一皮中全部顺砖与一皮中全部丁砖间隔砌成，上下皮间的竖缝相互错开 1/4 砖，如图 3-15（a）所示。这种砌体中无任何通缝，而且丁砖数量较多，能增强横向拉结力且砌筑效率高，多用于一砖厚墙体的砌筑。但当砖的规格参差不齐时，砖的竖缝就难以整齐。

（2）三顺一丁。三顺一丁砌法是三皮中全部顺砖与一皮中全部丁砖间隔砌成。上下皮顺砖间竖缝错开 1/2 砖长，上下皮顺砖与丁砖间竖缝错开 1/4 砖长，如图 3-15（b）所示。这种砌筑方法由于顺砖较多，砌筑效率较高，便于高级工带低级工和充分将好砖用于外皮，该组砌法适用于砌一砖和一砖以上的墙体。

（3）顺砌法。各皮砖全部用顺砖砌筑，上下两皮间竖缝搭接为 1/2 砖长。此种方法仅用于半砖隔断墙。

（4）丁砌法。各皮砖全部用丁砖砌筑，上下皮竖缝相互错开 1/4 砖长。这种砌法一般多用于砌筑圆形水塔、圆仓、烟囱等。

（5）梅花丁。梅花丁又称砂包式、十字式。梅花丁砌法是每皮中丁砖与顺砖相隔，上皮丁砖中坐于下皮顺砖，上下皮间竖缝相互错开 1/4 砖长，如图 3-15（c）所示。这种砌法内外竖缝每皮都能错开，故整体性较好，灰缝整齐，而且墙面比较美观，但砌筑效率较低，宜用于砌筑清水墙，或当砖规格不一致时，采用这种砌法较好。

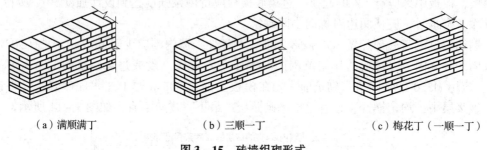

（a）满顺满丁 　　　　　　（b）三顺一丁 　　　　　　（c）梅花丁（一顺一丁）

图 3-15　砖墙组砌形式

为了使砖墙的转角处各皮间竖缝相互错开，必须在外角处砌七分头砖（即 3/4 砖长）。当采用满顺满丁组砌时，七分头的顺面方向依次砌顺砖，丁面方向依次砌丁砖，如图 3-16（a）所示。砖墙的丁字接头处，应分皮相互砌通，内角相交处竖缝应错开 1/4 砖长，并在横墙端头处加砌七分头砖，如图 3-16（b）所示。砖墙的十字接头处，应分皮相互砌通，交角处的竖缝相互错开 1/4 砖长，如图 3-16（c）所示。

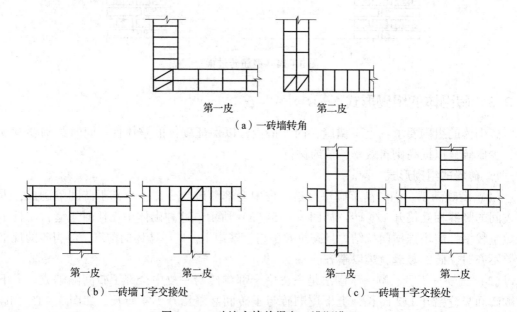

第一皮 　　　　　　　第二皮

（a）一砖墙转角

第一皮 　　　　第二皮 　　　　　　　第一皮 　　　　第二皮

（b）一砖墙丁字交接处 　　　　　　　　（c）一砖墙十字交接处

图 3-16　砖墙交接处组砌（满顺满丁）

2. 砖基础组砌

砖基础有条形基础和独立基础，基础下部扩大部分称为大放脚。大放脚有等高式和不等高式两种，如图 3-17 所示。等高式大放脚是每两皮一收，每边各收进 1/4 砖长；不等高式大放脚是两皮一收与一皮一收相间隔，每边各收进 1/4 砖长。大放脚的底宽应根据计算而定，各层大放脚的宽度应为半砖宽的整数倍。大放脚一般采用满顺满丁砌法。竖缝要错开，要注意十字及丁字接头处砖块的搭接，在这些交接处，纵横墙要隔皮砌通。大放脚的最下一皮及每层的最上面一皮应以丁砌为主。

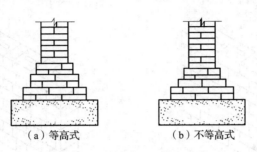

（a）等高式　　　　（b）不等高式

图 3 – 17　基础大放脚形式

3. 砖柱组砌

砖柱组砌，应使柱面上下皮的竖缝相互错开 1/2 砖长或 1/4 砖长，在柱心无通天缝，少砍砖，并尽量利用二分头砖（即 1/4 砖）。柱子每天砌筑高度不能超过 2.4m，太高了会由于砂浆受压缩后产生变形，可能使柱发生偏斜。严禁采用包心砌法，即先砌四周后填心的砌法，如图 3 – 18 所示。

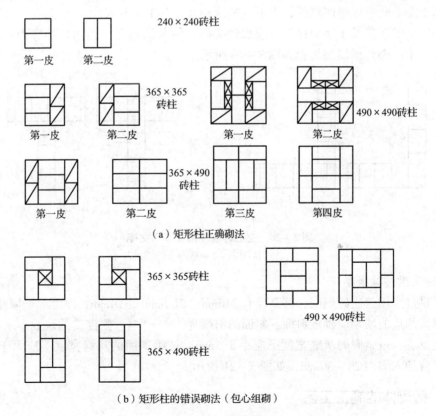

图 3 – 18　砖柱组砌

4. 空心砖墙组砌

规格为 190mm × 190mm × 90mm 的承重空心砖（即烧结多孔砖）一般是整砖顺砌，其砖孔平行于墙面，上下皮竖缝相互错开 1/2 砖长（100mm）。如有半砖规格的，也可采用每皮中整砖与半砖相隔的梅花丁砌筑形式，如图 3 – 19 所示。

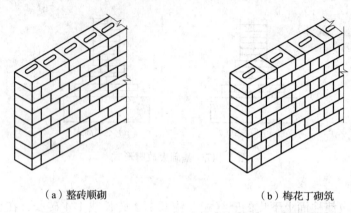

（a）整砖顺砌　　　　　　　　　　（b）梅花丁砌筑

图 3 – 19　190mm × 190mm × 190mm 空心砖砌筑形式

规格为 240mm × 115mm × 90mm 的承重空心砖一般采用满顺满丁或梅花丁砌筑形式。

非承重空心砖一般是侧砌的，上下皮竖缝相互错开 1/2 砖长。

空心砖墙的转角及丁字交接处，应加砌半砖，使灰缝错开。转角处半砖砌在外角上，丁字交接处半砖砌在横墙端头，如图 3 – 20 所示。

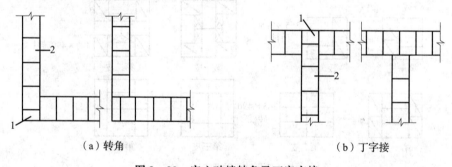

（a）转角　　　　　　　　　　　　（b）丁字接

图 3 – 20　空心砖墙转角及丁字交接

1—半砖；2—整砖

5. 砖平拱过梁组砌

砖平拱过梁用普通砖侧砌，其高度有 240mm、300mm、370mm，厚度等于墙厚。砌筑时，在拱脚两边的墙端应砌成斜面，斜面的斜度为 1/6 ~ 1/4。侧砌砖的块数要求为单数。灰缝为楔形缝，过梁底的灰缝宽度不应小于 5mm，过梁顶面的灰缝宽度不应大于 15mm，拱脚下面应伸入墙内 20 ~ 30mm，如图 3 – 21 所示。

3.3.4　砖砌体的施工工艺

砖砌体的施工过程有：抄平、放线、摆砖、立皮数杆和砌砖、清理等工序。

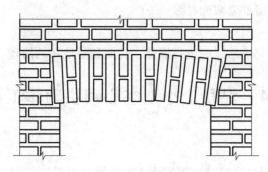

图 3-21　平拱式过梁

1. 抄平

砌墙前，应在基础防潮层或楼面上定出各层标高，并用水泥砂浆或细石混凝土找平，使各段砖墙底部标高符合设计要求。找平时，需使上下两层外墙之间不致出现明显的接缝。

2. 放线

根据龙门板上给定的轴线及图纸上标注的墙体尺寸，在基础顶面上用墨线弹出墙的轴线和墙的宽度线，并分出门洞口位置线。

3. 摆砖

摆砖是指在放线的基面上按选定的组砌方式用干砖试摆，又称摆底。一般在房屋外纵墙方向摆顺砖，在山墙方向摆丁砖，摆砖由一个大角摆到另一个大角，砖与砖间留 10mm 缝隙。摆砖的目的是为了校对所放出的墨线在门窗洞口、附墙垛等处是否符合砖的模数，以尽可能减少砍砖，并使砌体灰缝均匀，组砌得当。

4. 立皮数杆和砌砖

皮数杆是指在其上划有每皮砖和砖缝厚度，以及门窗洞口、过梁、楼板、预埋件等标高位置的一种木制标杆，如图 3-22 所示。它是砌筑时控制砌体竖向尺寸的标志，同时还可以保证砌体的垂直度。

皮数杆一般立于房屋的四大角、内外墙交接处、楼梯间以及洞口多的地方，大约每隔 10~15m 立一根。皮数杆的设立，应由两个方向斜撑或铆钉加以固定，以保证其牢固和垂直。一般每次开始砌砖前应检查一遍皮数杆的垂直度和牢固程度。

砌砖的操作方法很多，各地的习惯、使用工具也不尽相同，一般宜采用"三一砌砖法"，即一铲灰、一块砖、一挤揉，并随手将挤出的砂浆刮去的砌筑方法。此法的特点是：灰缝容易饱满、粘结力好、墙面整洁。砌砖时，应根据皮数杆先在墙角砌 4~5 皮砖，称为盘角，然后根据皮数杆和已砌的墙角挂线，作为砌筑中间墙体的依据，以保证墙面平整。一砖厚的墙单面挂线，外墙挂外边，内墙挂一

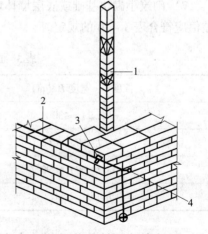

图 3-22　皮数杆示意图

1—皮数杆；2—准线；3—竹片；4—圆铁钉

边；一砖半及以上厚的墙都要双面挂线。

5. 清理

当该层砖砌体砌筑完毕后，应进行墙面、柱面和落地灰的清理。

3.4　混凝土小型空心砌块砌体工程

3.4.1　施工准备

1）墙体施工前必须按房屋设计图编绘小砌块平、立面排块图。排块时应根据小砌块规则、灰缝厚度和宽度、门窗洞口尺寸、过梁与圈梁或连系梁的高度、芯柱或构造柱位置、预留洞大小、管线、开关、插座敷设部位等进行对孔、错缝搭砌排列，并以主规格小砌块为主，辅以配套的辅助块。

2）各种型号、规格的小砌块备料量应依据设计图和排块图进行计算，并按施工进度计划分期、分批进入现场。

3）堆放小砌块的场地应预先夯实平整，并应有防潮和防雨、雪等排水设施。不同规格型号、强度等级的小砌块应分别覆盖堆放；堆置高度不宜超过1.6m，且不得着地堆放；堆垛上应有标志，垛间宜留适当宽度的通道。装卸时，不得翻斗卸车和随意抛掷。

4）砌入墙体内的各种建筑构配件、埋设件、钢筋网片与拉结筋等应事先预制及加工；各种金属类拉结件、支架等预埋铁件应做防锈处理，并按不同型号、规格分别存放。

5）备料时，不得使用有竖向裂缝、断裂、受潮、龄期不足的小砌块及插填聚苯板或其他绝热保温材料的厚度、位置、数量不符合墙体节能设计要求的小砌块进行砌筑。

6）小砌块表面的污物和用于芯柱及所有灌孔部位的小砌块，其底部孔洞周围的混凝土毛边应在砌筑前清理干净。

7）砌筑小砌块基础或底层墙体前，应采用经检定的钢尺校核房屋放线尺寸，允许偏差值应符合表3-10的规定。

表3-10　房屋放线尺寸允许偏差

长度 L、宽度 B（m）	允许偏差（mm）
L（B）≤30	±5
30＜L（B）≤60	±10
60＜L（B）≤90	±15
L（B）＞90	±20

8）砌筑底层墙体前必须对基础工程按有关规定进行检查和验收。当芯柱竖向钢筋的基础插筋作为房屋避雷设施组成部分时，应用检定合格的专用电工仪表进行检测，符合要

求后方可进行墙体施工。

9）配筋小砌块砌体剪力墙施工前，应按设计要求在施工现场建造与工程实体完全相同的具有代表性的模拟墙。剖解后的模拟墙质量应符合设计要求，方可正式施工。

10）编制施工组织设计时，应根据设计按表3-11要求确定小砌块砌体施工质量控制等级。

表3-11　小砌块砌体施工质量控制等级

项目	施工质量控制等级		
	A	B	C
现场质量管理	监督检查制度健全，并严格执行；施工方有在岗专业技术管理人员，人员齐全，并持证上岗	监督检查制度基本健全，并能执行；施工方有在岗专业技术管理人员，并持证上岗	有监督检查制度；施工方有在岗专业技术管理人员
砌筑砂浆、混凝土强度	试块按规定制作，强度满足验收规定，离散性小	试块按规定制作，强度满足验收规定，离散性较小	试块按规定制作，强度满足验收规定，离散性大
砌筑砂浆拌和方式	机械拌和；配合比计量控制严格	机械拌和；配合比计量控制一般	机械或人工拌和；配合比计量控制较差
砌筑工人	中级工以上，其中高级工不少于30%	高、中级工不少于70%	初级工以上

注：1. 砌筑砂浆与混凝土强度的离散性大小，应按强度标准差确定。
　　2. 配筋小砌块砌体的施工质量控制等级不允许采用C级；对配筋小砌块砌体高层建筑宜采用A级。

3.4.2　砌块排列

1）砌块排列时，必须根据砌块尺寸和垂直灰缝的宽度和水平灰缝的厚度计算砌块砌筑皮数和排数，以保证砌体的尺寸；砌块排列应按设计要求，从基础面开始排列，尽可能采用主规格和大规格砌块，以提高台班产量。

2）外墙转角处和纵横墙交接处，砌块应分皮咬槎，交错搭砌，以增加房屋的刚度和整体性。

3）砌块墙与后砌隔墙交接处，应沿墙高每隔400mm在水平灰缝内设置不少于2φ4、横筋间距不大于200mm的焊接钢筋网片，钢筋网片伸入后砌隔墙内不应小于600mm（图3-23）。

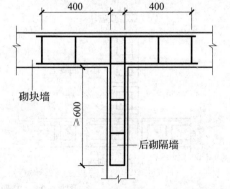

图3-23　砌块墙与后砌隔墙交接处钢筋网片

4）砌块排列应对孔错缝搭砌，搭砌长度不应小于90mm，如果搭接错缝长度满足不了规定的要求，应采取压砌钢筋网片或设置拉结筋等措施，具体构造按设计规定。

5）对设计规定或施工所需要的孔洞口、管道、沟槽和预埋件等，应在砌筑时预留或预埋，不得在砌筑好的墙体上打洞、凿槽。

6）砌体的垂直缝应与门窗洞口的侧边线相互错开，不得同缝，错开间距应大于150mm，且不得采用砖镶砌。

7）砌体水平灰缝厚度和垂直灰缝宽度一般为10mm，但不应大于12mm，也不应小于8mm。

8）在楼地面砌筑一皮砌块时，应在芯柱位置侧面预留孔洞。为便于施工操作，预留孔洞的开口一般应朝向室内，以便清理杂物、绑扎和固定钢筋。

9）设有芯柱的T形接头砌块第一皮至第六皮排列平面，见图3-24。第七皮开始又重复第一皮至第六皮的排列，但不用开口砌块，其排列立面见图3-25。设有芯柱的L形接头第一皮砌块排列平面，见图3-26。

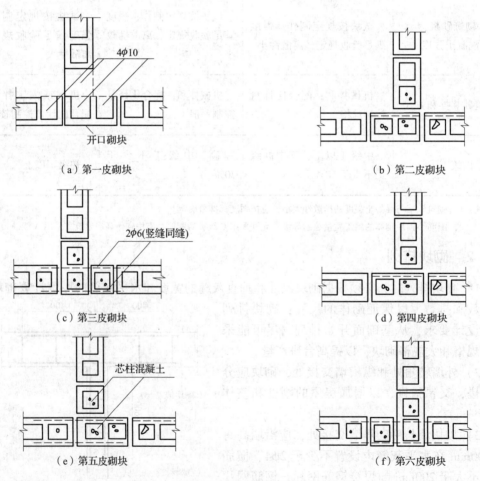

图3-24　T形芯柱接头砌块排列平面图

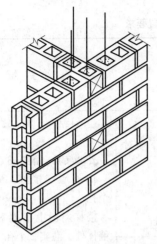

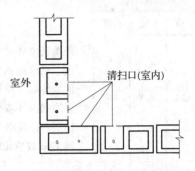

图 3 – 25　T 形芯柱接头砌块排列立面图　　　图 3 – 26　L 形芯柱接头第一皮砌块排列平面图

3.4.3　芯柱设置

1．墙体宜设置芯柱的部位

1）纵横墙交接处孔洞应设置混凝土芯柱。在外墙转角、楼梯间四角的纵横墙交接处的三个孔洞，宜设置钢筋混凝土芯柱。

2）五层及五层以上的房屋，应在上述的部位设置钢筋混凝土芯柱。

2．芯柱的构造要求

1）芯柱截面不宜小于 120mm × 120mm，宜采用不低于 Cb20 的灌孔混凝土灌实。

2）钢筋混凝土芯柱每孔内插竖筋不应小于 1φ10，底部应伸入室内地坪下 500mm 或与基础圈梁锚固，顶部应与屋盖圈梁锚固。

3）在钢筋混凝土芯柱处，沿墙高每隔 400mm 应设 φ4 钢筋网片拉结，每边伸入墙体不应小于 600mm。

4）芯柱应沿房屋全高贯通，并与各层圈梁整体现浇。

5）小砌块砌体房屋采用芯柱做法时，应按表 3 – 12 的要求设置钢筋混凝土芯柱，并应满足下列要求：

①混凝土砌块砌体墙纵横墙交接处、墙段两端和较大洞口两侧宜设置不少于单孔的芯柱。

②有错层的多层房屋，错层部位应设置墙，墙中部的钢筋混凝土芯柱间距宜适当加密，在错层部位纵横墙交接处宜设置不少于 4 孔的芯柱。

③房屋层数或高度等于或接近表 3 – 13 中限值时，纵、横墙内芯柱间距尚应符合下列要求：

a．底部 1/3 楼层横墙中部的芯柱间距，6 度时不宜大于 2m；7、8 度时不宜大于 1.5m；9 度时不宜大于 1.0m。

b．当外纵墙开间大于 3.9m 时，应另设加强措施。

④对外廊式和单面走廊式的房屋、横墙较少的房屋、各层横墙很少的房屋，尚应按表 3 – 12 的要求设置芯柱。

表 3 – 12　小砌块砌体房屋芯柱设置要求

建筑物层数				设 置 部 位	设 置 数 量
抗震烈度					
6 度	7 度	8 度	9 度		
≤5	≤4	≤3	—	外墙转角和对应转角 楼、电梯间四角，楼梯斜梯段上下端对应的墙体处（单层房屋除外） 大房间内外墙交接处 错层部位横墙与外纵墙交接处 隔 12m 或单元横墙与外纵墙交接处	外墙转角，灌实 3 个孔 内外墙交接处，灌实 4 个孔 楼梯斜段上下端对应的墙体处，灌实 2 个孔
6	5	4	1	同上 隔开间横墙（轴线）与外纵墙交接处	
7	6	5	2	同上 各内墙（轴线）与外纵墙交接处 内纵墙与横墙（轴线）交接处和洞口两侧	外墙转角，灌实 5 个孔 内外墙交接处，灌实 4 个孔 内墙交接处，灌实 4 ~ 5 个孔；洞口两侧各灌实 1 个孔
—	7	6	3	同上 横墙内芯柱间距不大于 2m	外墙转角，灌实 7 个孔 内外墙交接处，灌实 5 个孔 内墙交接处，灌实 4 ~ 5 个孔；洞口两侧各灌实 1 个孔

注：1. 外墙转角、内外墙交接处、楼电梯间四角等部位，应允许采用钢筋混凝土构造柱替代部分芯柱。
　　2. 当按相关规定确定的层数超出本表范围，芯柱设置要求不应低于表中相应烈度的最高要求且宜适当提高。

表 3 – 13　房屋的层数和总高度限值

房屋类别	最小抗震墙厚度（mm）	抗震烈度和设计基本地震加速度									
		6 度		7 度				8 度			9 度	
		0.05g		0.10g		0.15g		0.20g		0.30g		0.40g	
		高度（m）	层数	高度（m）	层数	高度（m）	层数	高度（m）	层数	高度（m）	层数	高度（m）	层数
多层混凝土小砌块砌体房屋	190	21	7	21	7	18	6	18	6	15	5	9	3

续表 3 – 13

房屋类别	最小抗震墙厚度（mm）	抗震烈度和设计基本地震加速度											
		6 度		7 度				8 度				9 度	
		0.05g		0.10g		0.15g		0.20g		0.30g		0.40g	
		高度（m）	层数	高度（m）	层数	高度（m）	层数	高度（m）	层数	高度（m）	层数	高度（m）	层数
底部框架—抗震墙混凝土小砌块砌体房屋	190	22	7	22	7	19	6	16	5	—	—	—	—

注：1. 房屋的总高度指室外地面到主要屋面板板顶或檐口的高度，半地下室从地下室室内地面算起，全地下室和嵌固条件好的半地下室应允许从室外地面算起；对带阁楼的坡屋面应算到山尖墙的 1/2 高度处。

2. 室内外高差大于 0.6m 时，房屋总高度应允许比表中的数据适当增加，但增加量应少于 1.0m。

3. 乙类的多层砌体房屋仍按本地区设防烈度查表，其层数应减少一层且总高度应降低 3m；不应采用底部框架—抗震墙砌体房屋。

4. 本表小砌块砌体房屋不包括配筋小砌块砌体抗震墙房屋。

6）小砌块砌体房屋的芯柱，尚应符合下列构造要求：

①小砌块砌体房屋芯柱截面不宜小于 120mm×120mm。

②芯柱混凝土强度等级，不应低于 Cb20。

③芯柱的竖向插筋应贯通墙身且与圈梁连接；插筋不应小于 $1\phi12$，6、7 度时超过 5 层、8 度时超过 4 层和 9 度时，插筋不应小于 $1\phi14$。

④芯柱混凝土应贯通楼板，当采用装配式钢筋混凝土楼盖时，应采用贯通措施（图 3 – 27）。

⑤芯柱应伸入室外地面下 500mm 或与埋深小于 500mm 的基础圈梁相连。

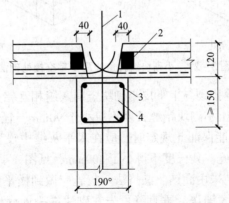

图 3 – 27 芯柱贯穿楼板的构造
1—芯柱插筋；2—堵头；3—$1\phi8$；4—圈梁

3.4.4　砌块砌筑

1．组砌形式

混凝土空心小砌块墙的立面组砌形式仅有全顺一种，上、下竖向相互错开 190mm；双排小砌块墙横向竖缝也应相互错开 190mm，见图 3 – 28。

2．组砌方法

混凝土空心小砌块宜采用铺灰反砌法进行砌筑。先用大铲或瓦刀在墙顶上摊铺砂浆，铺灰长度不宜超过 800mm，再在已砌砌块的端面上刮砂浆，双手端起小砌块，并使其底面向上，摆放在砂浆层上，并与前一块挤紧，并使上下砌块的孔洞对准，挤出的砂浆随手刮去。若使用一端有凹槽的砌块时，应将有凹槽的一端接着平头的一端砌筑。

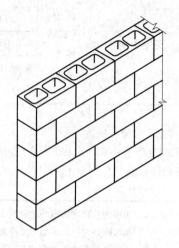

图 3 – 28　混凝土空心小砌块墙
的立面组砌形式

3．组砌要点

1）小砌块砌筑应从转角或定位处开始，内外墙同时砌筑，纵横墙交错搭接。外墙转角处应使小砌块隔皮露端面；T 形交接处应使横墙小砌块隔皮露端面，纵墙在交接处改砌两块辅助规格小砌块（尺寸为 290mm × 190mm × 190mm，一头开口），所有露端面用水泥砂浆抹平，见图 3 – 29。

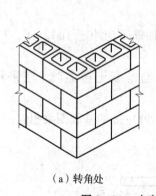
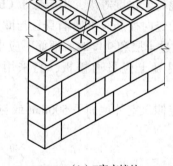

（a）转角处　　　　　　　　　（b）T字交接处

图 3 – 29　小砌块墙转角处及 T 字交接处砌法

2）小砌块应对孔错缝搭砌。上下皮小砌块竖向灰缝相互错开 190mm。个别情况当无法对孔砌筑时，普通混凝土小砌块错缝长度不应小于 90mm，轻骨料混凝土小砌块错缝长度不应小于 120mm；当不能保证此规定时，应在水平灰缝中设置 2ϕ4 钢筋网片，钢筋网片每端均应超过该垂直灰缝，其长度不得小于 300mm，见图 3 – 30。

3）砌块应逐块铺砌，采用满铺、满挤法。灰缝应做到横平竖直，全部灰缝均应填满砂浆。水平灰缝宜用坐浆满铺法。垂直缝可先在砌块端头铺满砂浆（即将砌块铺浆的端面朝上依次紧密排列），然后将砌块上墙挤压至要求的尺寸；也可在砌好的砌块端头刮满砂浆，然后将砌块上墙进行挤压，直至所需尺寸。

4）砌块砌筑一定要跟线，"上跟线，下跟棱，左右相邻要对平"。同时应随时进行检查，做到随砌随查随纠正，以便返工。

5）每当砌完一块，应随后进行灰缝的勾缝（原浆勾缝），勾缝深度一般为 3～5mm。

6）外墙转角处严禁留直槎，宜从两个方向同时砌筑。墙体临时间断处应砌成斜槎。斜槎长度不应小于高度的 2/3。如留斜槎有困难，除外墙转角处及抗震设防地区，墙体临时间断处不应留直槎外，可从墙面伸出 200mm 砌成阴阳槎，并沿墙高每三皮砌块（600mm）设拉结钢筋或钢筋网片，拉结钢筋用两根直径 6mm 的 HPB300 级钢筋；钢筋网片用 $\phi4$ 的冷拔钢丝。埋入长度从留槎处算起，每边均不小于 600mm，见图 3 –31。

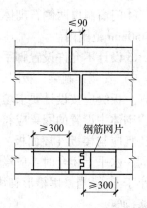

图 3 – 30 水平灰缝中拉结筋

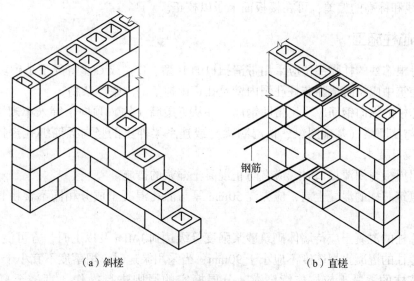

（a）斜槎   （b）直槎

图 3 – 31 小砌块砌体斜槎和直槎

7）小砌块用于框架填充墙时，应与框架中预埋的拉结钢筋连接。当填充墙砌至顶面最后一皮，与上部结构相接处宜用实心小砌块（或在砌块孔洞中填 Cb15 混凝土）斜砌挤紧。

对设计规定的洞口、管道、沟槽和预埋件等，应在砌筑时预留或预埋，严禁在砌好的墙体上打凿。在小砌块墙体中不得留水平沟槽。

8）小砌块墙体内不宜留脚手眼，如必须留设时，可用 190mm × 190mm × 190mm 小砌块侧砌，利用其孔洞作脚手眼，墙体完工后用 C15 混凝土填实。但在墙体下列部位不得留设脚手眼：

①过梁上与过梁呈 60°角的三角形范围及过梁净跨度 1/2 的高度范围内。

②宽度小于 1m 的窗间墙。

③梁或梁垫下及其左右各500mm范围内。

④门窗洞口两侧石砌体300mm，其他砌体200mm范围内，转角处石砌体600mm，砌体450mm范围内。

⑤设计不允许设置脚手眼的部位。

9）安装预制梁、板时，必须坐浆垫平，不得干铺。当设置滑动层时，应按设计要求处理。板缝应按设计要求填实。

砌体中设置的圈梁应符合设计要求，圈梁应连续地设置在同一水平上，并形成闭合状，且应与楼板（屋面板）在同一水平面上，或紧靠楼板底（屋面板底）设置；当不能在同一水平上闭合时，应增设附加圈梁，其搭接长度应不小于圈梁距离的两倍，同时也不得小于1m；当采用槽形砌块制作组合圈梁时，槽形砌块应采用强度等级不低于Mb10的砂浆砌筑。

10）对墙体表面的平整度和垂直度、灰缝的均匀程度及砂浆饱满程度等，应随时检查并校正所发现的偏差。在砌完每一楼层以后，应校核墙体的轴线尺寸和标高，在允许范围内的轴线和标高的偏差，可在楼板面上予以校正。

3.4.5　芯柱施工

1）每根芯柱的柱脚部位应采用带清扫口的U型、E型或C型等异型小砌块砌筑。

2）砌筑中应及时清除芯柱孔洞内壁及孔道内掉落的砂浆等杂物。

3）芯柱的纵向钢筋应采用带肋钢筋，并从每层墙（柱）顶向下穿入小砌块孔洞，通过清扫口与从圈梁（基础圈梁、楼层圈梁）或连系梁伸出的竖向插筋绑扎搭接。搭接长度应符合设计要求。

4）用模板封闭清扫口时，应有防止混凝土漏浆的措施。

5）灌筑芯柱的混凝土前，应先浇50mm厚与灌孔混凝土成分相同不含粗骨料的水泥砂浆。

6）芯柱的混凝土应待墙体砌筑砂浆强度等级达到1MPa及以上时，方可浇灌。

7）芯柱的混凝土坍落度不应小于90mm；当采用泵送时，坍落度不宜小于160mm。

8）芯柱的混凝土应按连续浇灌、分层捣实的原则进行操作，直浇至离该芯柱最上一皮小砌块顶面50mm止，不得留施工缝。振捣时，宜选用微型行星式高频振动棒。

9）芯柱沿房屋高度方向应贯通。当采用预制钢筋混凝土楼板时，其芯柱位置处的每层楼面应预留缺口或设置现浇钢筋混凝土板带。

10）芯柱的混凝土试件制作、养护和抗压强度取值应符合现行国家标准《混凝土结构工程施工质量验收规范》GB 50204—2015的规定。混凝土配合比变更时，应相应制作试块。施工现场实测检验宜采用锤击法敲击芯柱外表面。必要时，可采用钻芯法或超声法检测。

3.5　石砌体工程

3.5.1　毛石砌体

毛石砌体有毛石墙、毛石基础。

毛石墙的厚度不应小于200mm。

毛石基础可做成梯形或阶梯形。阶梯形毛石基础的上阶石块应至少压砌下阶石块的1/2，相邻阶梯的毛石应相互错缝搭砌，砌法如图3-32所示。

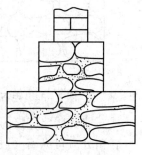

毛石砌体宜分皮卧砌，各皮石块间应利用自然形状，经敲打修整使能与先砌石块基本吻合、搭砌紧密，上下错缝，内外搭砌，不得采用外面侧立石块，中间填心的砌筑方法，中间不得有铲口石［尖石倾斜向外的石块，如图3-33（a）所示］、斧刃石［下尖上宽的三角形石块，如图3-33（b）所示］和过桥石［仅在两端搭砌的石块，如图3-33（c）所示］。

图3-32　毛石基础

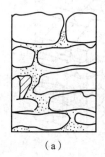  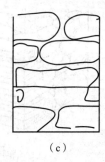

| (a) | (b) | (c) |

图3-33　铲口石、斧刃石、过桥石

毛石砌体的灰缝厚度宜为20~30mm，石块间不得有相互接触现象。石块间较大的空隙应先填塞砂浆后用碎石块嵌实，不得采用干填碎石块或先摆碎石块后塞砂浆的做法。

砌筑毛石基础的第一皮石块应坐浆，并将大面向下。

毛石砌体的第一皮及转角处、交接处和洞口处，应用较大的平毛石砌筑。每个楼层（包括基础）砌体的最上一皮，宜选用较大的毛石砌筑。

毛石砌体必须设置拉结石。拉结石应均匀分布，相互错开，一般每0.7m²墙面至少设置一块，且同皮内的中距不大于2m。

拉结石的长度：如基础的宽度或墙厚不大于400mm，则拉结石的长度应与基础宽度或墙厚相等；如基础宽度或墙厚大于400mm，可用两块拉结石内外搭接，搭接长度不应小于150mm，且其中一块长度不应小于基础宽度或墙厚的2/3。砌筑毛石挡土墙应按分层高度砌筑，每砌3~4皮为一个分层高度，每个分层高度应将顶层石块砌平，两个分层高度间分层处的错缝不得小于80mm，外露面的灰缝厚度不宜大于40mm，砌法如图3-34所示。

在毛石和实心砖的组合墙中，毛石砌体与砖砌体应同时砌筑，并每隔 4 ~ 6 皮砖用 2 ~ 3 皮丁砖与毛石砌体拉结砌合，两种砌体间的空隙应填实砂浆，砌法如图 3 – 35 所示。

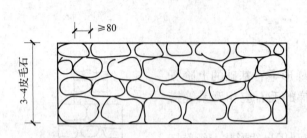

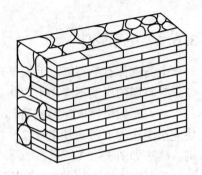

图 3 – 34　毛石挡土墙立面　　　　　　图 3 – 35　毛石和实心砖组合墙

毛石墙和砖墙相接的转角处和交接处应同时砌筑。

转角处应自纵墙（或横墙）每隔 4 ~ 6 皮砖高度引出不小于 120mm 与横墙（或纵墙）相接，做法如图 3 – 36 所示。

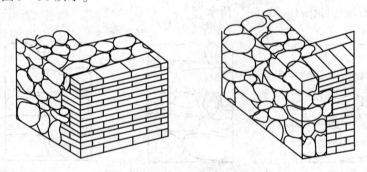

图 3 – 36　毛石墙和砖墙的转角处

交接处应自纵墙每隔 4 ~ 6 皮砖高度引出不小于 120mm 与横墙相接，做法如图 3 – 37 所示。

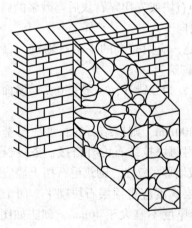
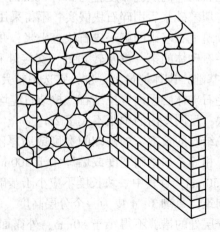

图 3 – 37　毛石墙和砖墙的交接处

毛石砌体每日的砌筑高度不应超过 1.2m。

3.5.2　料石砌体

料石砌体有料石基础、料石墙和料石柱。

料石砌体是由细料石、粗料石或毛料石砌成的砌体，细料石可砌成墙和柱，粗料石、毛料石可砌成基础和墙。

料石基础可做成阶梯形，上阶料石应至少压砌下阶料石的 1/3。

料石墙的厚度不应小于 20mm。

砌筑料石砌体时，料石应放置平稳，砂浆铺设厚度应略高于规定灰缝厚度，如果同皮内全部采用顺砌，每砌两皮后，应砌一皮丁砌层；如同皮内采用丁顺组砌，丁砌石应交错设置，其中心间距不应大于 2m。砌筑料石基础的第一皮石块应用丁砌层座浆砌筑。

料石挡土墙，当中间部分用毛石砌筑时，丁砌料石伸入毛石部分的长度不应小于 200mm。

料石砌体灰缝厚度：毛料石和粗料石的灰缝厚度不宜大于 20mm；细料石的灰缝厚度不宜大于 5mm。在料石和毛石或砖的组合墙中，料石砌体和毛石砌体或砖砌体应同时砌筑，并每隔 2 ~ 3 皮料石层用丁砌层与毛石砌体或砖砌体拉结砌合。丁砌料石的长度宜与组合墙厚度相同，砌法如图 3 - 38 所示。

用料石作过梁，如设计无具体规定时，厚度应为 200 ~ 450mm，净跨度不宜大于 1.2m，两端各伸入墙内长度不应小于 250mm，过梁宽度与墙厚相等，也可用双拼料石。过梁上续砌墙时，其正中石块不应小于过梁净跨度的 1/3，其两旁应砌不小于 2/3 过梁净跨度的料石，砌法如图 3 - 39 所示。

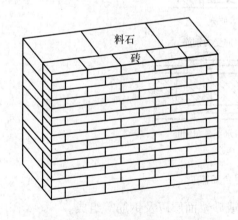

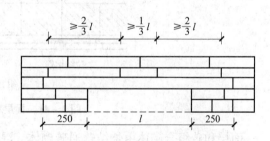

图 3 - 38　料石和砖组合墙　　　　　　　　图 3 - 39　料石过梁

用料石作平拱，应按设计图要求加工。如设计无规定，则应加工成楔形（上宽下窄），斜度应预先设计，拱两端部的石块，在拱脚处坡度以 60°为宜。平拱石块数应为单数，厚度与墙厚相等，高度为二皮料石高。拱脚处斜面应修整加工，使其与拱石相吻合。砌筑时，应先支设模板，并以两边对称地向中间砌筑，正中一块锁石要挤紧。所用砂浆不低于 M10，灰缝厚度宜为 5mm。拆模时，砂浆强度必须大于设计强度的 70%，砌法如图 3 - 40 所示。

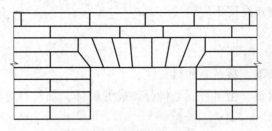

图 3-40　料石平拱

3.6　配筋砌体工程

3.6.1　面层和砖组合砌体

1. 面层和砖组合砌体构造

面层和砖组合砌体有组合砖柱、组合砖垛、组合砖墙（图 3-41）。

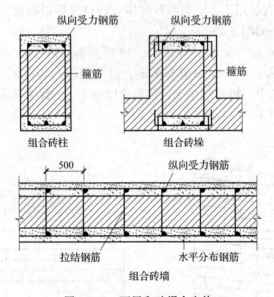

图 3-41　面层和砖组合砌体

面层和砖组合砌体由烧结普通砖砌体、混凝土或砂浆面层以及钢筋等组成。

1）烧结普通砖砌体，所用砌筑砂浆强度等级不得低于 M7.5，砖的强度等级不宜低于 MU10。

2）混凝土面层，所用混凝土强度等级宜采用 C20。混凝土面层厚度应大于 45mm。

3）砂浆面层，所用水泥砂浆强度等级不得低于 M7.5。砂浆面层厚度为 30~45mm。

竖向受力钢筋宜采用 HPB300 级钢筋，对于混凝土面层，亦可采用 HRB335 级钢筋。受力钢筋的直径不应小于 8mm。钢筋的净间距不应小于 30mm。受拉钢筋的配筋率，不应小于 0.1%。受压钢筋一侧的配筋率，对砂浆面层，不宜小于 0.1%；对混凝土面层，不宜小于 0.2%。

箍筋的直径，不宜小于4mm及0.2倍的受压钢筋直径，并不宜大于6mm。箍筋的间距，不应大于20倍受压钢筋的直径及500mm，并不应小于120mm。

当组合砖砌体一侧受力钢筋多于4根时，应设置附加箍筋或拉结钢筋。

对于组合砖墙，应采用穿通墙体的拉结钢筋作为箍筋，同时设置水平分布钢筋。水平分布钢筋竖向间距及拉结钢筋的水平间距，均不应大于500mm。

受力钢筋的保护层厚度，不应小于表3-14中的规定。受力钢筋距砖砌体表面的距离，不应小于5mm。

表3-14 受力钢筋的保护层厚度（mm）

组合砖砌体	保护层厚度	
	室内正常环境	露天或室内潮湿环境
组合砖墙	15	25
组合砖柱、砖垛	25	35

注：当面层为水泥砂浆时，对于组合砖柱，保护层厚度可减小5mm。

设置在灰缝内的钢筋，应居中置于灰缝内，水平灰缝厚度应大于钢筋直径4mm以上。

2．面层和砖组合砌体施工

组合砖砌体应按下列顺序施工：

1）砌筑砖砌体，同时按照箍筋或拉结钢筋的竖向间距，在水平灰缝中铺置箍筋或拉结钢筋。

2）绑扎钢筋：将纵向受力钢筋与箍筋绑牢，在组合砖墙中，将纵向受力钢筋与拉结钢筋绑牢，将水平分布钢筋与纵向受力钢筋绑牢。

3）在面层部分的外围分段支设模板，每段支模高度宜在500mm以内，浇水润湿模板及砖砌体面，分层浇灌混凝土或砂浆，并用捣棒捣实。

4）待面层混凝土或砂浆的强度达到其设计强度的30%以上，方可拆除模板。如有缺陷应及时修整。

3.6.2 构造柱和砖组合砌体

1．构造柱和砖组合砌体构造

构造柱和砖组合砌体仅有组合砖墙（图3-42）。

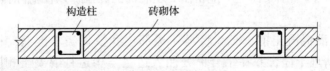

图3-42 构造柱和砖组合墙

构造柱和砖组合墙由钢筋混凝土构造柱、烧结普通砖墙以及拉结钢筋等组成。

钢筋混凝土构造柱的截面尺寸不宜小于240mm×240mm，其厚度不应小于墙厚，边柱、角柱的截面宽度宜适当加大。构造柱内竖向受力钢筋，对于中柱不宜少于4φ12；对于边柱、角柱，不宜少于4φ14。构造柱的竖向受力钢筋的直径也不宜大于16mm。其箍筋，一般部位宜采用 $\phi6$，间距 200mm，楼层上下 500mm 范围内宜采用 $\phi6$、间距 100mm。构造柱的竖向受力钢筋应在基础梁和楼层圈梁中锚固，并应符合受拉钢筋的锚固要求。构造柱的混凝土强度等级不宜低于 C20。

　　烧结普通砖墙，所用砖的强度等级不应低于 MU10，砌筑砂浆的强度等级不应低于 M5。砖墙与构造柱的连接处应砌成马牙槎，每一个马牙槎的高度不宜超过 300mm，并应沿墙高每隔 500mm 设置 $2\phi6$ 拉结钢筋，拉结钢筋每边伸入墙内不宜小于 600mm（图 3 - 43）。

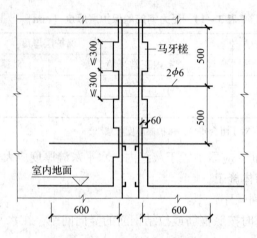

图 3 - 43　砖墙与构造柱连接

　　构造柱和砖组合墙的房屋，应在纵横墙交接处、墙端部和较大洞口的洞边设置构造柱，其间距不宜大于 4m。各层洞口宜设置在对应位置，并宜上下对齐。

　　构造柱和砖组合墙的房屋，应在基础顶面、有组合墙的楼层处设置现浇钢筋混凝土圈梁。圈梁的截面高度不宜小于 240mm。

2．构造柱和砖组合砌体施工

　　构造柱和砖组合墙的施工程序应为先砌墙后浇混凝土构造柱。构造柱施工程序为：绑扎钢筋、砌砖墙、支模板、浇混凝土、拆模。

　　1）构造柱的模板可用木模板或组合钢模板。在每层砖墙及其马牙槎砌好后，应立即支设模板，模板必须与所在墙的两侧严密贴紧，支撑牢靠，防止模板缝漏浆。

　　2）构造柱的底部（圈梁面上）应留出 2 皮砖高的孔洞，以便清除模板内的杂物，清除后封闭。

　　3）构造柱浇灌混凝土前，必须将马牙槎部位和模板浇水湿润，将模板内的落地灰、砖渣等杂物清理干净，并在结合面处注入适量与构造柱混凝土相同的去石水泥砂浆。

　　4）构造柱的混凝土坍落度宜为 50～70mm，石子粒径不宜大于 20mm。混凝土随拌随用，拌和好的混凝土应在 1.5h 内浇灌完。

　　5）构造柱的混凝土浇灌可以分段进行，每段高度不宜大于 2.0m。在施工条件较好并能确保混凝土浇灌密实时，亦可每层一次浇灌。

6）捣实构造柱混凝土时，宜用插入式混凝土振动器，应分层振捣，振动棒随振随拔，每次振捣层的厚度不应超过振捣棒长度的 1.25 倍。振捣棒应避免直接碰触砖墙，严禁通过砖墙传振。钢筋的混凝土保护层厚度宜为 20～30mm。

7）构造柱与砖墙连接的马牙槎内的混凝土必须密实饱满。

8）构造柱从基础到顶层必须垂直，对准轴线。在逐层安装模板前，必须根据构造柱轴线随时校正竖向钢筋的位置和垂直度。

3.6.3 网状配筋砖砌体

1. 网状配筋砖砌体构造

网状配筋砖砌体有配筋砖柱、砖墙，即在烧结普通砖砌体的水平灰缝中配置钢筋网（图 3-44）。

网状配筋砖砌体，所用烧结普通砖强度等级不应低于 MU10，砂浆强度等级不应低于 M7.5。

钢筋网可采用方格网或连弯网，方格网的钢筋直径宜采用 3～4mm；连弯网的钢筋直径不应大于 8mm。钢筋网中钢筋的间距，不应大于 120mm，并不应小于 30mm。

钢筋网在砖砌体中的竖向间距，不应大于五皮砖高，并不应大于 400mm。当采用连弯网时，网的钢筋方向应互相垂直，沿砖砌体高度交错设置，钢筋网的竖向间距取同一方向网的间距。

设置钢筋网的水平灰缝厚度，应保证钢筋上下至少各有 2mm 厚的砂浆层。

2. 网状配筋砖砌体施工

钢筋网应按设计规定制作成型。

砖砌体部分按常规方法砌筑。在配置钢筋网的水平灰缝中，应先铺一半厚的砂浆层，放入钢筋网后再铺一半厚砂浆层，使钢筋网居于砂浆层厚度中间。钢筋网四周应有砂浆保护层。

配置钢筋网的水平灰缝厚度：当用方格网时，水平灰缝厚度为 2 倍钢筋直径加 4mm；当用连弯网时，水平灰缝厚度为钢筋直径加 4mm。确保钢筋上下各有 2mm 厚的砂浆保护层。

网状配筋砖砌体外表面宜用 1:1 水泥砂浆勾缝或进行抹灰。

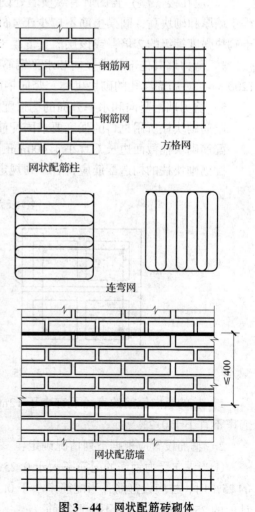

图 3-44 网状配筋砖砌体

3.6.4　配筋砌块砌体

1. 配筋砌块砌体构造

配筋砌块砌体有配筋砌块剪力墙、配筋砌块柱。

施工配筋小砌块砌体剪力墙,应采用专用的小砌块砌筑砂浆砌筑,专用小砌块灌孔混凝土浇筑芯柱。

配筋砌块剪力墙,所用砌块强度等级不应低于 MU10;砌筑砂浆强度等级不应低于 M7.5;灌孔混凝土强度等级不应低于 C20。

配筋砌体剪力墙的构造配筋应符合下列规定:

1)应在墙的转角、端部和孔洞的两侧配置竖向连续的钢筋,钢筋直径不宜小于 12mm。

2)应在洞口的底部和顶部设置不小于 $2\phi10$ 的水平钢筋,其伸入墙内的长度不宜小于 $35d$ 和 400mm(d 为钢筋直径)。

3)应在楼(屋)盖的所有纵横墙处设置现浇钢筋混凝土圈梁,圈梁的宽度和高度宜等于墙厚和砌块高,圈梁主筋不应少于 $4\phi10$,圈梁的混凝土强度等级不宜低于同层混凝土砌块强度等级的 2 倍,或该层灌孔混凝土的强度等级,也不应低于 C20。

4)剪力墙其他部位的竖向和水平钢筋的间距不应大于墙长、墙高之半,也不应大于 1200mm。对局部灌孔的砌块砌体,竖向钢筋的间距不应大于 600mm。

5)剪力墙沿竖向和水平方向的构造配筋率均不宜小于 0.07%。

配筋砌块柱所用材料的强度要求同配筋砌块剪力墙。

配筋砌块柱截面边长不宜小于 400mm,柱高度与柱截面短边之比不宜大于 30。

配筋砌块柱的构造配筋应符合下列规定(图 3-45):

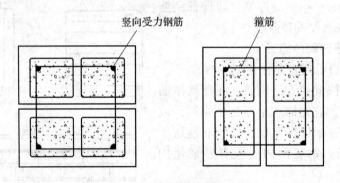

图 3-45　配筋砌块柱配筋

1)柱的纵向钢筋的直径不宜小于 12mm,数量不少于 4 根,全部纵向受力钢筋的配筋率不宜小于 0.2%。

2)箍筋设置应根据下列情况确定:

①当纵向受力钢筋的配筋率大于 0.25%,且柱承受的轴向力大于受压承载力设计值的 25% 时,柱应设箍筋;当配筋率小于 0.25% 时,或柱承受的轴向力小于受压承载力设计值的 25% 时,柱中可不设置箍筋。

②箍筋直径不宜小于 6mm。

③箍筋的间距不应大于 16 倍的纵向钢筋直径、48 倍箍筋直径及柱截面短边尺寸中较小者。

④箍筋应做成封闭状，端部应有弯钩。

⑤箍筋应设置在水平灰缝或灌孔混凝土中。

2．筋砌块砌体施工

配筋砌块砌体施工前，应按设计要求，将所配置钢筋加工成型，堆置于配筋部位的近旁。

砌块的砌筑应与钢筋设置互相配合。

砌块的砌筑应采用专用的小砌块砌筑砂浆和专用的小砌块灌孔混凝土。

钢筋的设置应注意以下几点：

1）钢筋的接头。钢筋直径大于 22mm 时宜采用机械连接接头，其他直径的钢筋可采用搭接接头，并应符合下列要求：

①钢筋的接头位置宜设置在受力较小处。

②受拉钢筋的搭接接头长度不应小于 $1.1L_a$，受压钢筋的搭接接头长度不应小于 $0.7L_a$（L_a 为钢筋锚固长度），但不应小于 300mm。

③当相邻接头钢筋的间距不大于 75mm 时，其搭接长度应为 $1.2L_a$。当钢筋间的接头错开 $20d$ 时（d 为钢筋直径），搭接长度可不增加。

2）水平受力钢筋（网片）的锚固和搭接长度

①在凹槽砌块混凝土带中钢筋的锚固长度不宜小于 $30d$，且其水平或垂直弯折段的长度不宜小于 $15d$ 和 200mm；钢筋的搭接长度不宜小于 $35d$。

②在砌体水平灰缝中，钢筋的锚固长度不宜小于 $50d$，且其水平或垂直弯折段的长度不宜小于 $20d$ 和 150mm；钢筋的搭接长度不宜小于 $55d$。

③在隔皮或错缝搭接的灰缝中为 $50d+2h$（d 为灰缝受力钢筋直径，h 为水平灰缝的间距）。

3）钢筋的最小保护层厚度

①灰缝中钢筋外露砂浆保护层不宜小于 15mm。

②位于砌块孔槽中的钢筋保护层，在室内正常环境不宜小于 20mm；在室外或潮湿环境中不宜小于 30mm。

③对安全等级为一级或设计使用年限大于 50 年的配筋砌体，钢筋保护层厚度应比上述规定至少增加 5mm。

4）钢筋的弯钩。钢筋骨架中的受力光面钢筋，应在钢筋末端作弯钩，在焊接骨架、焊接网以及受压构件中，可不作弯钩；绑扎骨架中的受力变形钢筋，在钢筋的末端可不作弯钩。弯钩应为 180°弯钩。

5）钢筋的间距

①两平行钢筋间的净距不应小于 25mm。

②柱和壁柱中的竖向钢筋的净距不宜小于 40mm（包括接头处钢筋间的净距）。

3.7　填充墙砌体工程

3.7.1　烧结空心砖填充墙砌筑

1. 烧结空心砖填充墙施工工艺

（1）墙体放线及组砌形式。砌筑前，应在砌筑位置弹出墙边线及门窗洞口边线，底部至少先砌3皮普通砖，门窗洞口两侧一砖范围内也应用普通砖实砌。墙体的组砌方式见图3-46所示。

（2）摆砖。按组砌方法先从转角或定位处开始向一侧排砖，内外墙应同时排砖，纵横方向交错搭接，上下皮错缝，一般搭砌长度不少于60mm，上下皮错缝1/2砖长。排砖时，凡不够半砖处用普通砖补砌，半砖以上的非整砖宜用无齿锯加工制作非整砖块，不得用砍凿方法将砖打断；第一皮空心砖砌筑必须进行试摆。

（3）盘角。砌砖前应先盘角，每次盘角不宜超过3皮砖，新盘的大角，及时进行吊、靠。如有偏差要及时修整。盘角时要仔细对照皮数杆的砖层和标高，控制好灰缝大小，使水平灰缝均匀一致。大角盘好后再复查一次，平整和垂直完全符合要求后，再挂线砌墙。

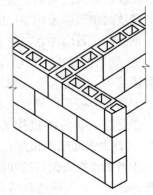

图3-46　空心砖墙组砌方式

（4）挂线。砌筑必须双面挂线，如果长墙几个人均使用一根通线，中间应设几个支线点，小线要拉紧，每层砖都要穿线看平，使水平缝均匀一致，平直通顺；可照顾砖墙两面平整，为下道工序控制抹灰厚度奠定基础。

（5）组砌。砌空心砖宜采用刮浆法。竖缝应先批砂浆后再砌筑，当孔洞呈垂直时，水平铺砂浆，应先用套板盖住孔洞，以免砂浆掉入空洞内。砌砖时要放平。里手高，墙面就要张；里手低，墙面就要背。砌砖一定要跟线，"上跟线，下跟棱，左右相邻要对平"。水平灰缝厚度和竖向灰缝宽度一般为10mm，但不应小于8mm，也不应大于12mm。为保证清水墙面主缝垂直，不游丁走缝，当砌完一步架高时，宜每隔2m水平间距，在丁砖立楞位置弹两道垂直立线，可以分段控制游丁走缝。在操作过程中，要认真进行自检，如出现有偏差，应随时纠正，严禁事后砸墙。清水墙不允许有三分头，不得在上部任意变活、乱缝。砌筑砂浆应随搅拌随使用，一般水泥砂浆必须在3h内用完，水泥混合砂浆必须在4h内用完，不得使用过夜砂浆。砌清水墙应随砌、随划缝，划缝深度为8~10mm，深浅一致，墙面清扫干净。混水墙应随砌随将舌头灰刮尽。空心砖墙应同时砌起，不得留槎。每天砌筑高度不应超过1.8m。

（6）木砖预埋和墙体拉结筋。墙中留洞、预埋件、管道等处应用实心砖砌筑或作成预制混凝土构件或块体；木砖预埋时应小头在外，大头在内，数量按洞口高度决定。洞口高在1.2m以内，每边放2块；高1.2~2m，每边放3块；高2~3m，每边放4块，预埋木砖的部位一般在洞口上边或下边四皮砖，中间均匀分布。木砖要提前做好防腐处理。钢门窗安装的预留孔，硬架支模、暖卫管道，均应按设计要求预留，不得事后剔凿。墙体拉结筋的位置、规格、数量、间距均应按设计要求留置，不应错放、漏放。

（7）过梁、梁垫安装。门窗过梁支承处应用实心砖砌筑；安装过梁、梁垫时，其标高、位置及型号必须准确，坐浆饱满。如坐浆厚度超过 2cm 时，要用细石混凝土铺垫。过梁安装时，两端支承点的长度应一致。

（8）构造柱。凡设有构造柱的工程，在砌砖前，先根据设计图纸将构造柱位置进行弹线，并把构造柱插筋处理顺直。砌砖墙时，与构造柱连接处砌成马牙槎，马牙槎处砌实心砖。每一个马牙槎沿高度方向的尺寸不宜超过 30cm（即二皮砖）。马牙槎应先退后进。拉结筋按设计要求放置，设计无要求时，一般沿墙高 50cm 设置 2 根 $\phi6$ 水平拉结筋，每边深入墙内不应小于 1m。

2．烧结空心砖填充墙施工要点

1）空心砖墙的水平灰缝厚度及竖向灰缝宽度宜为 10mm，但不应小于 8mm，也不应大于 12mm。

2）空心砖墙的水平灰缝砂浆饱满度不应小于 80%，竖向灰缝不得有透明缝、暗缝、假缝。

3）空心砖墙的端头、转角处、交接处应用烧结普通砖砌筑，并在水平灰缝中设置拉结钢筋，拉结钢筋不少于 $2\phi6$，伸入空心砖墙内不小于空心砖长，伸入普通砖墙内不小于 240mm；拉结钢筋竖向间距为 2 皮空心砖高（图 3–47）。

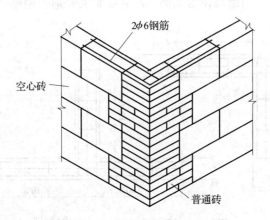

图 3–47 空心砖墙中拉结钢筋

4）空心砖墙中不得留设脚手眼。

5）空心砖墙与承重砖墙相接处。应预先在承重砖墙的水平灰缝中埋置拉结筋，此拉结筋在砌空心砖墙时置于空心砖墙的水平灰缝中，拉结筋伸入空心砖墙中长度应不小于 500mm。

6）空心砖墙中不得砍砖留槽。

3.7.2 加气混凝土砌块填充墙砌筑

1．加气混凝土砌块砌体构造

1）加气混凝土砌块仅用作砌筑墙体，有单层墙和双层墙。单层墙是砌块侧立砌筑，墙厚等于砌块宽度。双层墙由两侧单层墙及其间拉结筋组成，两侧墙之间留 75mm 宽的空气层。拉结筋可采用 $\phi 4 \sim \phi 6$ 钢筋扒钉（或 8 号铅丝），沿墙高 500mm 左右放一层拉结筋，其水平间距为 600mm（图 3 – 48）。

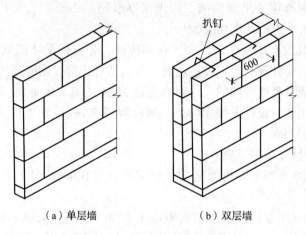

（a）单层墙　　　（b）双层墙

图 3 – 48　加气混凝土砌块墙

2）承重加气混凝土砌块墙的外墙转角处、T 字交接处、十字交接处，均应在水平灰缝中设置拉结筋，拉结筋用 $3\phi 6$ 钢筋，拉结筋沿墙高 1m 左右放置一道，拉结筋伸入墙内不少于 1m（图 3 – 49）。山墙部位沿墙高 1m 左右加 $3\phi 6$ 通长钢筋。

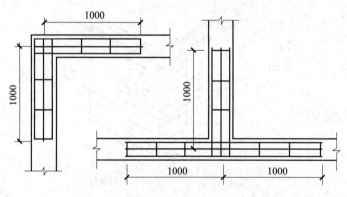

图 3 – 49　承重砌块墙灰缝中拉结筋

3）非承重加气混凝土砌块墙的转角处以及与承重砌块墙的交接处，也应在水平灰缝中设置拉结筋，拉结筋用 $2\phi 6$，伸入墙内不小于 700mm（图 3 – 50）。

4）加气混凝土砌块墙的窗洞口下第一皮砌块下的水平灰缝内应放置 $3\phi 6$ 钢筋，钢筋两端应伸过窗洞立边 500mm（图 3 – 51）。

5）加气混凝土砌块墙中洞口过梁，可采用配筋过梁或钢筋混凝土过梁。配筋过梁依洞口宽度大小配 $2\phi 8$ 或 $3\phi 8$ 钢筋，钢筋两端伸入墙内不小于 500mm，其砂浆层厚度为 30mm，钢筋混凝土过梁高度为 60mm 或 120mm，过梁两端伸入墙内不小于 250mm（图 3 – 52）。

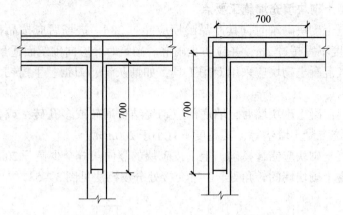

图 3 – 50　非承重加气混凝土砌块墙灰缝中拉结筋

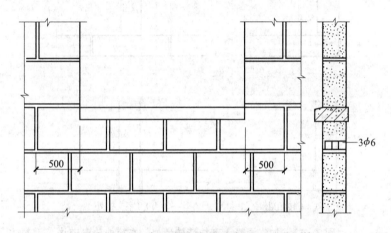

图 3 – 51　加气混凝土砌块墙窗洞口下附加筋

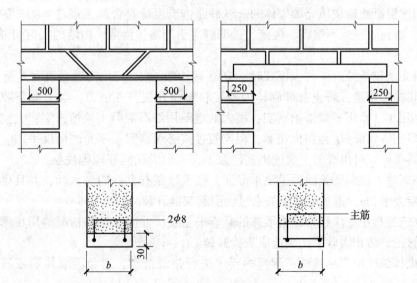

图 3 – 52　加气混凝土砌块墙中洞口过梁

2. 加气混凝土砌块填充墙施工要点

1）加气混凝土砌块砌筑时，其产品龄期应超过 28d。进场后应按品种、规格分别堆放整齐。堆置高度不宜超过 2m，并应防止雨淋。砌筑时，应向砌筑面适量浇水。

2）砌筑加气混凝土砌块应采用专用工具，如铺灰铲、刀锯、手摇钻、镂槽器、平直架等。

3）砌筑加气混凝土砌块墙时，墙底部应砌烧结普通砖或多孔砖，或普通混凝土小型空心砌块，或现浇混凝土墙垫等，其高度不宜小于 200mm。

4）加气混凝土砌块应错缝搭砌，上下皮砌块的竖向灰缝至少错开 200mm。

5）加气混凝土砌块墙的转角处、T 字交接处分皮砌法见图 3–53。

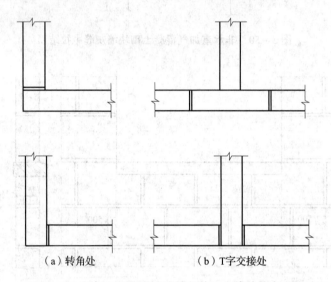

（a）转角处　　　　　　　（b）T 字交接处

图 3–53　加气混凝土砌块墙转角处、交接处分皮砌法

6）加气混凝土砌块填充墙砌体的灰缝砂浆饱满度应符合施工规范 ≥80% 的要求，尤其是外墙，防止因砂浆不饱满、假缝、透明缝等引起墙体渗漏、内墙的抗剪切强度不足引起质量通病。

7）填充墙砌至接近梁底、板底时，应留一定的空隙，待填充墙砌筑完并至少间隔 7d 后，再将其补砌挤紧，防止上部砌体因砂浆收缩而开裂。方法为：当上部空隙小于等于 20mm 时，用 1:2 水泥砂浆嵌填密实；稍大的空隙用细石混凝土镶填密实；大空隙用烧结标准砖或多孔砖砌成 60° 角斜砌挤紧，但砌筑砂浆必须密实，不允许出现平砌、干摆（填充墙上部斜砌砌筑时出现的干摆或砌筑砂浆不密实形成孔洞等）等现象。

8）砌筑时，应向砌筑面适量浇水湿润，砌筑砂浆有良好的保水性，并且砌筑砂浆铺设长度不应大于 2m，避免因砂浆失水过快引起灰缝开裂。

9）砌筑过程中，应经常检查墙体的垂直平整度，并应在砂浆初凝前用小木槌或撬杠轻轻进行修正，防止因砂浆初凝造成灰缝开裂。

10）砌体施工应严格按施工规范的要求进行错缝搭砌，避免因墙体形成通缝削弱其稳定性。

11）蒸压加气混凝土砌块填充墙砌体施工过程中，严格按设计要求留设构造柱，当设计无要求时，应按墙长度每 5m 设构造柱。构造柱应置于墙的端部、墙角和 T 形交叉处。构造柱马牙槎应先退后进，进退尺寸大于 60mm，进退高度宜为砌块 1～2 层高度，且在 300mm 左右。

12）加气混凝土砌块砌体中不得留脚手眼。

13）加气混凝土砌块不应与其他块材混砌。

14）加气混凝土砌体如无切实有效措施，不得在以下部位使用：

①建筑物室内地面标高 ±0.000 以下。

②长期浸水或经常受干湿交替部位。

③受化学环境侵蚀，如强酸、强碱或高浓度二氧化碳等的环境。

④制品表面经常处于 80℃ 以上的高温环境。

4 | 混凝土结构工程

4.1 模 板 工 程

4.1.1 制作与安装

1）模板应按图加工、制作。通用性强的模板宜制作成定型模板。

2）模板面板背楞的截面高度宜统一。模板制作与安装时，面板拼缝应严密。有防水要求的墙体，其模板对拉螺栓中部应设止水片，止水片应与对拉螺栓环焊。

3）与通用钢管支架匹配的专用支架，应按图加工、制作。搁置于支架顶端可调托座上的主梁，可采用木方、木工字梁或截面对称的型钢制作。

4）支架立柱和竖向模板安装在土层上时，应符合下列规定：

①应设置具有足够强度和支承面积的垫板。

②土层应坚实，并应有排水措施；对湿陷性黄土、膨胀土，应有防水措施；对冻胀性土，应有防冻胀措施。

③对软土地基，必要时可采用堆载预压的方法调整模板面板安装高度。

5）安装模板时，应进行测量放线，并应采取保证模板位置准确的定位措施。对竖向构件的模板及支架，应根据混凝土一次浇筑高度和浇筑速度，采取竖向模板抗侧移、抗浮和抗倾覆措施。对水平构件的模板及支架，应结合不同的支架和模板面板形式，采取支架间、模板间及模板与支架间的有效拉结措施。对可能承受较大风荷载的模板，应采取防风措施。

6）对跨度不小于 4m 的梁、板，其模板施工起拱高度宜为梁、板跨度的 1/1000 ~ 3/1000。起拱不得减少构件的截面高度。

7）采用扣件式钢管作模板支架时，支架搭设应符合下列规定：

①模板支架搭设所采用的钢管、扣件规格，应符合设计要求；立杆纵距、立杆横距、支架步距以及构造要求，应符合专项施工方案的要求。

②立杆纵距、立杆横距不应大于 1.5m，支架步距不应大于 2.0m；立杆纵向和横向宜设置扫地杆，纵向扫地杆距立杆底部不宜大于 200mm，横向扫地杆宜设置在纵向扫地杆的下方；立杆底部宜设置底座或垫板。

③立杆接长除顶层步距可采用搭接外，其余各层步距接头应采用对接扣件连接，两个相邻立杆的接头不应设置在同一步距内。

④立杆步距的上下两端应设置双向水平杆，水平杆与立杆的交错点应采用扣件连接，双向水平杆与立杆的连接扣件之间的距离不应大于 150mm。

⑤支架周边应连续设置竖向剪刀撑。支架长度或宽度大于 6m 时，应设置中部纵向或横向的竖向剪刀撑，剪刀撑的间距和单幅剪刀撑的宽度均不宜大于 8m，剪刀撑与水平杆

的夹角宜为45°~60°；支架高度大于3倍步距时，支架顶部宜设置一道水平剪刀撑，剪刀撑应延伸至周边。

⑥立杆、水平杆、剪刀撑的搭接长度，不应小于0.8m，且不应少于2个扣件连接，扣件盖板边缘至杆端不应小于100mm。

⑦扣件螺栓的拧紧力矩不应小于40N·m，且不应大于65N·m。

⑧支架立杆搭设的垂直偏差不宜大于1/200。

8）采用扣件式钢管作高大模板支架时，支架搭设除应符合7）的规定外，尚应符合下列规定：

①宜在支架立杆顶端插入可调托座，可调托座螺杆外径不应小于36mm，螺杆插入钢管的长度不应小于150mm，螺杆伸出钢管的长度不应大于300mm，可调托座伸出顶层水平杆的悬臂长度不应大于500mm。

②立杆纵距、横距不应大于1.2m，支架步距不应大于1.8m。

③立杆顶层步距内采用搭接时，搭接长度不应小于1m，且不应少于3个扣件连接。

④立杆纵向和横向应设置扫地杆，纵向扫地杆距立杆底部不宜大于200mm。

⑤宜设置中部纵向或横向的竖向剪刀撑，剪刀撑的间距不宜大于5m；沿支架高度方向搭设的水平剪刀撑的间距不宜大于6m。

⑥立杆的搭设垂直偏差不宜大于1/200，且不宜大于100mm。

⑦应根据周边结构的情况，采取有效的连接措施加强支架整体稳固性。

9）采用碗扣式、盘扣式或盘销式钢管架作模板支架时，支架搭设应符合下列规定：

①碗扣架、盘扣架或盘销架的水平杆与立柱的扣接应牢靠，不应滑脱。

②立杆上的上、下层水平杆间距不应大于1.8m。

③插入立杆顶端可调托座伸出顶层水平杆的悬臂长度不应大于650mm，螺杆插入钢管的长度不应小于150mm，其直径应满足与钢管内径间隙不大于6mm的要求。架体最顶层的水平杆步距应比标准步距缩小一个节点间距。

④立柱间应设置专用斜杆或扣件钢管斜杆加强模板支架。

10）采用门式钢管架搭设模板支架时，应符合现行行业标准《建筑施工门式钢管脚手架安全技术规范》JGJ 128—2010的有关规定。当支架高度较大或荷载较大时，主立杆钢管直径不宜小于48mm，并应设水平加强杆。

11）支架的竖向斜撑和水平斜撑应与支架同步搭设，支架应与成形的混凝土结构拉结。钢管支架的竖向斜撑和水平斜撑的搭设，应符合国家现行有关钢管脚手架标准的规定。

12）对现浇多层、高层混凝土结构，上、下楼层模板支架的立杆宜对准。模板及支架杆件等应分散堆放。

13）模板安装应保证混凝土结构构件各部分形状、尺寸和相对位置准确，并应防止漏浆。

14）模板安装应与钢筋安装配合进行，梁柱节点的模板宜在钢筋安装后安装。

15）模板与混凝土接触面应清理干净并涂刷脱模剂，脱模剂不得污染钢筋和混凝土接槎处。

16）后浇带的模板及支架应独立设置。

17）固定在模板上的预埋件、预留孔和预留洞，均不得遗漏，且应安装牢固、位置准确。

4.1.2　拆除与维护

1）模板拆除时，可采取先支的后拆、后支的先拆，先拆非承重模板、后拆承重模板的顺序，并应从上而下进行拆除。

2）底模及支架应在混凝土强度达到设计要求后再拆除；当设计无具体要求时，同条件养护的混凝土立方体试件抗压强度应符合表 4 - 1 的规定。

表 4 - 1　底模拆除时的混凝土强度要求

构件类型	构件跨度（m）	达到设计的混凝土立方体抗压强度标准值的百分率（%）
板	≤2	≥50
	>2，≤8	≥75
	>8	≥100
梁拱、壳	≤8	≥75
	>8	≥100
悬臂构件		≥100

3）当混凝土强度能保证其表面及棱角不受损伤时，方可拆除侧模。

4）多个楼层间连续支模的底层支架拆除时间，应根据连续支模的楼层间荷载分配和混凝土强度的增长情况确定。

5）快拆支架体系的支架立杆间距不应大于 2m。拆模时，应保留立杆并顶托支承楼板，拆模时的混凝土强度可按表 4 - 1 中构件跨度为 2m 的规定确定。

6）后张预应力混凝土结构构件，侧模宜在预应力筋张拉前拆除；底模及支架不应在结构构件建立预应力前拆除。

7）拆下的模板及支架杆件不得抛掷，应分散堆放在指定地点，并应及时清运。

8）模板拆除后应将其表面清理干净，对变形和损伤部位应进行修复。

4.2　钢　筋　工　程

4.2.1　钢筋加工

1）钢筋加工前应将表面清理干净。表面有颗粒状、片状老锈或有损伤的钢筋不得使用。

2）钢筋加工宜在常温状态下进行，加工过程中不应对钢筋进行加热。钢筋应一次弯折到位。

3）钢筋宜采用机械设备进行调直，也可采用冷拉方法调直。当采用机械设备调直时，调直设备不应具有延伸功能。当采用冷拉方法调直时，HPB300 光圆钢筋的冷拉率不宜大于 4% ；HRB335、HRB400、HRB500、HRBF335、HRBF400、HRBF500 及 RRB400 带肋钢筋的冷拉率，不宜大于 1% 。钢筋调直过程中不应损伤带肋钢筋的横肋。调直后的钢筋应平直，不应有局部弯折。

4）钢筋弯折的弯弧内直径应符合下列规定：

①光圆钢筋，不应小于钢筋直径的 2.5 倍。

②335MPa 级、400MPa 级带肋钢筋，不应小于钢筋直径的 4 倍。

③500MPa 级带肋钢筋，当直径为 28mm 以下时不应小于钢筋直径的 6 倍，当直径为 28mm 及以上时不应小于钢筋直径的 7 倍。

④位于框架结构顶层端节点处的梁上部纵向钢筋和柱外侧纵向钢筋，在节点角部弯折处，当钢筋直径为 28mm 以下时不宜小于钢筋直径的 12 倍，当钢筋直径为 28mm 及以上时不宜小于钢筋直径的 16 倍。

⑤箍筋弯折处尚不应小于纵向受力钢筋直径；箍筋弯折处纵向受力钢筋为搭接钢筋或并筋时，应按钢筋实际排布情况确定箍筋弯弧内直径。

5）纵向受力钢筋的弯折后平直段长度应符合设计要求及现行国家标准《混凝土结构设计规范》GB 50010—2010 的有关规定。光圆钢筋末端作 180° 弯钩时，弯钩的弯折后平直段长度不应小于钢筋直径的 3 倍。

6）箍筋、拉筋的末端应按设计要求作弯钩，并应符合下列规定：

①对一般结构构件，箍筋弯钩的弯折角度不应小于 90°，弯折后平直段长度不应小于箍筋直径的 5 倍；对有抗震设防要求或设计有专门要求的结构构件，箍筋弯钩的弯折角度不应小于 135°，弯折后平直段长度不应小于箍筋直径的 10 倍和 75mm 两者之中的较大值。

②圆形箍筋的搭接长度不应小于其受拉锚固长度，且两末端均应作不小于 135° 的弯钩，弯折后平直段长度对一般结构构件不应小于箍筋直径的 5 倍，对有抗震设防要求的结构构件不应小于箍筋直径的 10 倍和 75mm 的较大值。

③拉筋用作梁、柱复合箍筋中单肢箍筋或梁腰筋间拉结筋时，两端弯钩的弯折角度均不应小于 135°，弯折后平直段长度不应小于箍筋直径的 10 倍和 75mm 两者之中的较大值；拉筋用作剪力墙、楼板等构件中拉结筋时，两端弯钩可采用一端 135° 另一端 90°，弯折后平直段长度不应小于拉筋直径的 5 倍。

7）焊接封闭箍筋宜采用闪光对焊，也可采用气压焊或单面搭接焊，并宜采用专用设备进行焊接。焊接封闭箍筋下料长度和端头加工应按焊接工艺确定。焊接封闭箍筋的焊点设置，应符合下列规定：

①每个箍筋的焊点数量应为 1 个，焊点宜位于多边形箍筋中的某边中部，且距箍筋弯折处的位置不宜小于 100mm。

②矩形柱箍筋焊点宜设在柱短边，等边多边形柱箍筋焊点可设在任一边；不等边多边形柱箍筋焊点应位于不同边上。

③梁箍筋焊点应设置在顶边或底边。

8）当钢筋采用机械锚固措施时，钢筋锚固端的加工应符合国家现行相关标准的规定。采用钢筋锚固板时，应符合现行行业标准《钢筋锚固板应用技术规程》JGJ 256—2011 的有关规定。

4.2.2　钢筋连接与安装

1）钢筋接头宜设置在受力较小处；有抗震设防要求的结构中，梁端、柱端箍筋加密区范围内不宜设置钢筋接头，且不应进行钢筋搭接。同一纵向受力钢筋不宜设置两个或两个以上接头。接头末端至钢筋弯起点的距离，不应小于钢筋直径的 10 倍。

2）钢筋机械连接施工应符合下列规定：

①加工钢筋接头的操作人员应经专业培训合格后上岗，钢筋接头的加工应经工艺检验合格后方可进行。

②机械连接接头的混凝土保护层厚度宜符合现行国家标准《混凝土结构设计规范》GB 50010—2010 中受力钢筋的混凝土保护层最小厚度规定，且不得小于 15mm。接头之间的横向净间距不宜小于 25mm。

③螺纹接头安装后应使用专用扭力扳手校核拧紧扭力矩。挤压接头压痕直径的波动范围应控制在允许波动范围内，并使用专用量规进行检验。

④机械连接接头的适用范围、工艺要求、套筒材料及质量要求等应符合现行行业标准《钢筋机械连接技术规程》JGJ 107—2010 的有关规定。

3）钢筋焊接施工应符合下列规定：

①从事钢筋焊接施工的焊工应持有钢筋焊工考试合格证，并应按照合格证规定的范围上岗操作。

②在钢筋工程焊接施工前，参与该项工程施焊的焊工应进行现场条件下的焊接工艺试验，经试验合格后，方可进行焊接。焊接过程中，如果钢筋牌号、直径发生变更，应再次进行焊接工艺试验。工艺试验使用的材料、设备、辅料及作业条件均应与实际施工一致。

③细晶粒热轧钢筋及直径大于 28mm 的普通热轧钢筋，其焊接参数应经试验确定；余热处理钢筋不宜焊接。

④电渣压力焊只应使用于柱、墙等构件中竖向受力钢筋的连接。

⑤钢筋焊接接头的适用范围、工艺要求、焊条及焊剂选择、焊接操作及质量要求等应符合现行行业标准《钢筋焊接及验收规程》JGJ 18—2012 的有关规定。

4）当纵向受力钢筋采用机械连接接头或焊接接头时，接头的设置应符合下列规定：

①同一构件内的接头宜分批错开。

②接头连接区段的长度为 35d，且不应小于 500mm，凡接头中点位于该连接区段长度内的接头均应属于同一连接区段；其中 d 为相互连接两根钢筋中较小直径。

③同一连接区段内，纵向受力钢筋接头面积百分率为该区段内有接头的纵向受力钢筋截面面积与全部纵向受力钢筋截面面积的比值；纵向受力钢筋的接头面积百分率应符合下列规定：

a. 受拉接头，不宜大于 50%；受压接头，可不受限制。

b. 板、墙、柱中受拉机械连接接头，可根据实际情况放宽；装配式混凝土结构构件连接处受拉接头，可根据实际情况放宽。

c. 直接承受动力荷载的结构构件中，不宜采用焊接；当采用机械连接时，不应超过 50%。

5）当纵向受力钢筋采用绑扎搭接接头时，接头的设置应符合下列规定：

①同一构件内的接头宜分批错开。各接头的横向净间距 s 不应小于钢筋直径，且不应小于 25mm。

②接头连接区段的长度为 1.3 倍搭接长度，凡接头中点位于该连接区段长度内的接头均应属于同一连接区段；搭接长度可取相互连接两根钢筋中较小直径计算。纵向受力钢筋的最小搭接长度应符合《混凝土结构工程施工规范》GB 50666—2011 附录 C 的规定。

③同一连接区段内，纵向受力钢筋接头面积百分率为该区段内有接头的纵向受力钢筋截面面积与全部纵向受力钢筋截面面积的比值（图 4-1）；纵向受压钢筋的接头面积百分率可不受限制；纵向受拉钢筋的接头面积百分率应符合下列规定：

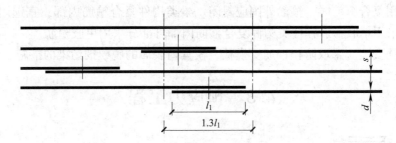

图 4-1　钢筋绑扎搭接接头连接区段及接头面积百分率

注：图中所示搭接接头同一连接区段内的搭接钢筋为两根，当各钢筋直径相同时，接头面积百分率为 50%。

a. 梁类、板类及墙类构件，不宜超过 25%；基础筏板，不宜超过 50%。

b. 柱类构件，不宜超过 50%。

c. 当工程中确有必要增大接头面积百分率时，对梁类构件，不应大于 50%；对其他构件，可根据实际情况适当放宽。

6）在梁、柱类构件的纵向受力钢筋搭接长度范围内应按设计要求配置箍筋，并应符合下列规定：

①箍筋直径不应小于搭接钢筋较大直径的 25%。

②受拉搭接区段的箍筋间距不应大于搭接钢筋较小直径的 5 倍，且不应大于 100mm。

③受压搭接区段的箍筋间距不应大于搭接钢筋较小直径的 10 倍，且不应大于 200mm。

④当柱中纵向受力钢筋直径大于 25mm 时，应在搭接接头两个端面外 100mm 范围内各设置两个箍筋，其间距宜为 50mm。

7）钢筋绑扎应符合下列规定：

①钢筋的绑扎搭接接头应在接头中心和两端用铁丝扎牢。

②墙、柱、梁钢筋骨架中各竖向面钢筋网交叉点应全数绑扎；板上部钢筋网的交叉点应全数绑扎，底部钢筋网除边缘部分外可间隔交错绑扎。

③梁、柱的箍筋弯钩及焊接封闭箍筋的焊点应沿纵向受力钢筋方向错开设置。

④构造柱纵向钢筋宜与承重结构同步绑扎。

⑤梁及柱中箍筋、墙中水平分布钢筋、板中钢筋距构件边缘的起始距离宜为 50mm。

8）构件交接处的钢筋位置应符合设计要求。当设计无具体要求时，应保证主要受力构件和构件中主要受力方向的钢筋位置。框架节点处梁纵向受力钢筋宜放在柱纵向钢筋内侧；当主次梁底部标高相同时，次梁下部钢筋应放在主梁下部钢筋之上；剪力墙中水平分布钢筋宜放在外侧，并宜在墙端弯折锚固。

9）钢筋安装应采用定位件固定钢筋的位置，并宜采用专用定位件。定位件应具有足够的承载力、刚度、稳定性和耐久性。定位件的数量、间距和固定方式，应能保证钢筋的位置偏差符合国家现行有关标准的规定。混凝土框架梁、柱保护层内，不宜采用金属定位件。

10）钢筋安装过程中，因施工操作需要而对钢筋进行焊接时，应符合现行行业标准《钢筋焊接及验收规程》JGJ 18—2012 的有关规定。

11）采用复合箍筋时，箍筋外围应封闭。梁类构件复合箍筋内部，宜选用封闭箍筋，奇数肢也可采用单肢箍筋；柱类构件复合箍筋内部可部分采用单肢箍筋。

12）钢筋安装应采取防止钢筋受模板、模具内表面的脱模剂污染的措施。

4.3　预应力工程

4.3.1　制作与安装

1）预应力筋的下料长度应经计算确定，并应采用砂轮锯或切断机等机械方法切断。预应力筋制作或安装时，不应用作接地线，并应避免焊渣或接地电火花的损伤。

2）无粘结预应力筋在现场搬运和铺设过程中，不应损伤其塑料护套。当出现轻微破损时，应及时采用防水胶带封闭；严重破损的不得使用。

3）钢绞线挤压锚具应采用配套的挤压机制作，挤压操作的油压最大值应符合使用说明书的规定。采用的摩擦衬套应沿挤压套筒全长均匀分布；挤压完成后，预应力筋外端露出挤压套筒不应少于 1mm。

4）钢绞线压花锚具应采用专用的压花机制作成型，梨形头尺寸和直线锚固段长度不应小于设计值。

5）钢丝镦头及下料长度偏差应符合下列规定：
①镦头的头型直径不宜小于钢丝直径的 1.5 倍，高度不宜小于钢丝直径。
②镦头不应出现横向裂纹。
③当钢丝束两端均采用镦头锚具时，同一束中各根钢丝长度的极差不应大于钢丝长度的 1/5000，且不应大于 5mm。当成组张拉长度不大于 10m 的钢丝时，同组钢丝长度的极差不得大于 2mm。

6）成孔管道的连接应密封，并应符合下列规定：
①圆形金属波纹管接长时，可采用大一规格的同波型波纹管作为接头管，接头管长度可取其内径的 3 倍，且不宜小于 200mm，两端旋入长度宜相等，且接头管两端应采用防水胶带密封。
②塑料波纹管接长时，可采用塑料焊接机热熔焊接或采用专用连接管。

③钢管连接可采用焊接连接或套筒连接。

7）预应力筋或成孔管道应按设计规定的形状和位置安装，并应符合下列规定：

①预应力筋或成孔管道应平顺，并与定位钢筋绑扎牢固。定位钢筋直径不宜小于10mm，间距不宜大于1.2m，板中无粘结预应力筋的定位间距可适当放宽，扁形管道、塑料波纹管或预应力筋曲线曲率较大处的定位间距，宜适当缩小。

②凡施工时需要预先起拱的构件，预应力筋或成孔管道宜随构件同时起拱。

③预应力筋或成孔管道控制点竖向位置允许偏差应符合表4-2的规定。

表4-2 预应力筋或成孔管道控制点竖向位置允许偏差

构件截面高（厚）度 h（mm）	$h \leqslant 300$	$300 < h \leqslant 1500$	$h > 1500$
允许偏差（mm）	±5	±10	±15

8）预应力筋和预应力孔道的间距和保护层厚度，应符合下列规定：

①先张法预应力筋之间的净间距，不宜小于预应力筋公称直径或等效直径的2.5倍和混凝土粗骨料最大粒径的1.25倍，且对预应力钢丝、三股钢绞线和七股钢绞线分别不应小于15mm、20mm和25mm。当混凝土振捣密实性有可靠保证时，净间距可放宽至粗骨料最大粒径的1.0倍。

②对后张法预制构件，孔道之间的水平净间距不宜小于50mm，且不宜小于粗骨料最大粒径的1.25倍；孔道至构件边缘的净间距不宜小于30mm，且不宜小于孔道外径的50%。

③在现浇混凝土梁中，曲线孔道在竖直方向的净间距不应小于孔道外径，水平方向的净间距不宜小于孔道外径的1.5倍，且不应小于粗骨料最大粒径的1.25倍；从孔道外壁至构件边缘的净间距，梁底不宜小于50mm，梁侧不宜小于40mm；裂缝控制等级为三级的梁，从孔道外壁至构件边缘的净间距，梁底不宜小于60mm，梁侧不宜小于50mm。

④预留孔道的内径宜比预应力束外径及需穿过孔道的连接器外径大6~15mm，且孔道的截面积宜为穿入预应力束截面积的3~4倍。

⑤当有可靠经验并能保证混凝土浇筑质量时，预应力孔道可水平并列贴紧布置，但每一并列束中的孔道数量不应超过2个。

⑥板中单根无粘结预应力筋的水平间距不宜大于板厚的6倍，且不宜大于1m；带状束的无粘结预应力筋根数不宜多于5根，束间距不宜大于板厚的12倍，且不宜大于2.4m。

⑦梁中集束布置的无粘结预应力筋，束的水平净间距不宜小于50mm，束至构件边缘的净间距不宜小于40mm。

9）预应力孔道应根据工程特点设置排气孔、泌水孔及灌浆孔，排气孔可兼作泌水孔或灌浆孔，并应符合下列规定：

①当曲线孔道波峰和波谷的高差大于300mm时，应在孔道波峰设置排气孔，排气孔间距不宜大于30m。

②当排气孔兼作泌水孔时，其外接管伸出构件顶面高度不宜小于300mm。

10）锚垫板、局部加强钢筋和连接器应按设计要求的位置和方向安装牢固，并应符合下列规定：

①锚垫板的承压面应与预应力筋或孔道曲线末端的切线垂直。预应力筋曲线起始点与张拉锚固点之间的直线段最小长度应符合表4-3的规定。

表4-3　预应力筋曲线起始点与张拉锚固点之间直线段最小长度

预应力筋张拉力 N（kN）	$N \leqslant 1500$	$1500 < N \leqslant 6000$	$N > 6000$
直线段最小长度（mm）	400	500	600

②采用连接器接长预应力筋时，应全面检查连接器的所有零件，并应按产品技术手册要求操作。

③内埋式固定端锚垫板不应重叠，锚具与锚垫板应贴紧。

11）后张法有粘结预应力筋穿入孔道及其防护，应符合下列规定：

①对采用蒸汽养护的预制构件，预应力筋应在蒸汽养护结束后穿入孔道。

②预应力筋穿入孔道后至孔道灌浆的时间间隔不宜过长，当环境相对湿度大于60%或处于近海环境时，不宜超过14d；当环境相对湿度不大于60%时，不宜超过28d。

③当不能满足②的规定时，宜对预应力筋采取防锈措施。

12）预应力筋等安装完成后，应做好成品保护工作。

13）当采用减摩材料降低孔道摩擦阻力时，应符合下列规定：

①减摩材料不应对预应力筋、成孔管道及混凝土产生不利影响。

②灌浆前应将减摩材料清除干净。

4.3.2　张拉和放张

1）预应力筋张拉前，应进行下列准备工作：

①计算张拉力和张拉伸长值，根据张拉设备标定结果确定油泵压力表读数。

②根据工程需要搭设安全可靠的张拉作业平台。

③清理锚垫板和张拉端预应力筋，检查锚垫板后混凝土的密实性。

2）预应力筋张拉设备及压力表应定期维护和标定。张拉设备和压力表应配套标定和使用，标定期限不应超过半年。当使用过程中出现反常现象或张拉设备检修后，应重新标定。

注：1. 压力表的量程应大于张拉工作压力读值，压力表的精确度等级不应低于1.6级。

2. 标定张拉设备用的试验机或测力计的测力示值不确定度，不应大于1.0%。

3. 张拉设备标定时，千斤顶活塞的运行方向应与实际张拉工作状态一致。

3）施加预应力时，混凝土强度应符合设计要求，且同条件养护的混凝土立方体抗压强度，应符合下列规定：

①不应低于设计混凝土强度等级值的75%。

②采用消除应力钢丝或钢绞线作为预应力筋的先张法构件，尚不应低于30MPa。

③不应低于锚具供应商提供的产品技术手册要求的混凝土最低强度要求。

④后张法预应力梁和板，现浇结构混凝土的龄期分别不宜小于 7d 和 5d。

注：为防止混凝土早期裂缝而施加预应力时，可不受本条的限制，但应满足局部受压承载力的要求。

4）预应力筋的张拉控制应力应符合设计及专项施工方案的要求。当施工中需要超张拉时，调整后的张拉控制应力 σ_{con} 应符合下列规定：

①消除应力钢丝、钢绞线：

$$\sigma_{con} \leqslant 0.80 f_{ptk} \quad (4-1)$$

②中强度预应力钢丝：

$$\sigma_{con} \leqslant 0.75 f_{ptk} \quad (4-2)$$

③预应力螺纹钢筋：

$$\sigma_{con} \leqslant 0.90 f_{pyk} \quad (4-3)$$

式中：σ_{con}——预应力筋张拉控制应力；

f_{ptk}——预应力筋极限强度标准值；

f_{pyk}——预应力筋屈服强度标准值。

5）采用应力控制方法张拉时，应校核最大张拉力下预应力筋伸长值。实测伸长值与计算伸长值的偏差应控制在 ±6% 之内，否则应查明原因并采取措施后再张拉。必要时，宜进行现场孔道摩擦系数测定，并可根据实测结果调整张拉控制力。预应力筋张拉伸长值的计算和实测值的确定及孔道摩擦系数的测定，可分别按《混凝土结构工程施工规范》GB 50666—2011 附录 D、附录 E 的规定执行。

6）预应力筋的张拉顺序应符合设计要求，并应符合下列规定：

①应根据结构受力特点、施工方便及操作安全等因素确定张拉顺序。

②预应力筋宜按均匀、对称的原则张拉。

③现浇预应力混凝土楼盖，宜先张拉楼板、次梁的预应力筋，后张拉主梁的预应力筋。

④对预制屋架等平卧叠浇构件，应从上而下逐榀张拉。

7）后张预应力筋应根据设计和专项施工方案的要求采用一端或两端张拉。采用两端张拉时，宜两端同时张拉，也可一端先张拉锚固，另一端补张拉。当设计无具体要求时，应符合下列规定：

①有粘结预应力筋长度不大于 20m 时，可一端张拉，大于 20m 时，宜两端张拉；预应力筋为直线形时，一端张拉的长度可延长至 35m。

②无粘结预应力筋长度不大于 40m 时，可一端张拉，大于 40m 时，宜两端张拉。

8）后张有粘结预应力筋应整束张拉。对直线形或平行编排的有粘结预应力钢绞线束，当能确保各根钢绞线不受叠压影响时，也可逐根张拉。

9）预应力筋张拉时，应从零拉力加载至初拉力后，量测伸长值初读数，再以均匀速率加载至张拉控制力。塑料波纹管内的预应力筋，张拉力达到张拉控制力后宜持荷 2 ~ 5min。

10）预应力筋张拉中应避免预应力筋断裂或滑脱。当发生断裂或滑脱时，应符合下列规定：

①对后张法预应力结构构件，断裂或滑脱的数量严禁超过同一截面预应力筋总根数的

3%，且每束钢丝或每根钢绞线不得超过一丝；对多跨双向连续板，其同一截面应按每跨计算。

②对先张法预应力构件，在浇筑混凝土前发生断裂或滑脱的预应力筋必须更换。

11）锚固阶段张拉端预应力筋的内缩量应符合设计要求。当设计无具体要求时，应符合表 4-4 的规定。

表 4-4　张拉端预应力筋的内缩量限值（mm）

锚具类别		内缩量限值
支承式锚具（螺母锚具、镦头锚具等）	螺母缝隙	1
	每块后加垫板的缝隙	1
夹片式锚具	有顶压	5
	无顶压	6~8

12）先张法预应力筋的放张顺序，应符合下列规定：

①宜采取缓慢放张工艺进行逐根或整体放张。

②对轴心受压构件，所有预应力筋宜同时放张。

③对受弯或偏心受压的构件，应先同时放张预压应力较小区域的预应力筋，再同时放张预压应力较大区域的预应力筋。

④当不能按①~③的规定放张时，应分阶段、对称、相互交错放张。

⑤放张后，预应力筋的切断顺序，宜从张拉端开始依次切向另一端。

13）后张法预应力筋张拉锚固后，如遇特殊情况需卸锚时，应采用专门的设备和工具。

14）预应力筋张拉或放张时，应采取有效的安全防护措施，预应力筋两端正前方不得站人或穿越。

15）预应力筋张拉时，应对张拉力、压力表读数、张拉伸长值、锚固回缩值及异常情况处理等作出详细记录。

4.3.3　灌浆及封锚

1）后张法有粘结预应力筋张拉完毕并经检查合格后，应尽早进行孔道灌浆，孔道内水泥浆应饱满、密实。

2）后张法预应力筋锚固后的外露多余长度，宜采用机械方法切割，也可采用氧—乙炔焰切割，其外露长度不宜小于预应力筋直径的 1.5 倍，且不应小于 30mm。

3）孔道灌浆前应进行下列准备工作：

①应确认孔道、排气兼泌水管及灌浆孔畅通；对预埋管成型孔道，可采用压缩空气清孔。

②应采用水泥浆、水泥砂浆等材料封闭端部锚具缝隙，也可采用封锚罩封闭外露锚具。

③采用真空灌浆工艺时，应确认孔道系统的密封性。

4）配制水泥浆用水泥、水及外加剂除应符合国家现行有关标准的规定外，尚应符合下列规定：

①宜采用普通硅酸盐水泥或硅酸盐水泥。

②拌合用水和掺加的外加剂中不应含有对预应力筋或水泥有害的成分。

③外加剂应与水泥作配合比试验并确定掺量。

5）灌浆用水泥浆应符合下列规定：

①采用普通灌浆工艺时，稠度宜控制在 12～20s，采用真空灌浆工艺时，稠度宜控制在 18～25s。

②水灰比不应大于 0.45。

③3h 自由泌水率宜为 0，且不应大于 1%，泌水应在 24h 内全部被水泥浆吸收。

④24h 自由膨胀率，采用普通灌浆工艺时不应大于 6%；采用真空灌浆工艺时不应大于 3%。

⑤水泥浆中氯离子含量不应超过水泥重量的 0.06%。

⑥28d 标准养护的边长为 70.7mm 的立方体水泥浆试块抗压强度不应低于 30MPa。

⑦稠度、泌水率及自由膨胀率的试验方法应符合现行国家标准《预应力孔道灌浆剂》GB/T 25182—2010 的规定。

注：1. 一组水泥浆试块由 6 个试块组成。
　　2. 抗压强度为一组试块的平均值，当一组试块中抗压强度最大值或最小值与平均值相差超过 20% 时，应取中间 4 个试块强度的平均值。

6）灌浆用水泥浆的制备及使用，应符合下列规定：

①水泥浆宜采用高速搅拌机进行搅拌，搅拌时间不应超过 5min。

②水泥浆使用前应经筛孔尺寸不大于 1.2mm×1.2mm 的筛网过滤。

③搅拌后不能在短时间内灌入孔道的水泥浆，应保持缓慢搅动。

④水泥浆应在初凝前灌入孔道，搅拌后至灌浆完毕的时间不宜超过 30min。

7）灌浆施工应符合下列规定：

①宜先灌注下层孔道，后灌注上层孔道。

②灌浆应连续进行，直至排气管排除的浆体稠度与注浆孔处相同且无气泡后，再顺浆体流动方向依次封闭排气孔；全部出浆口封闭后，宜继续加压 0.5～0.7MPa，并应稳压 1～2min 后封闭灌浆口。

③当泌水较大时，宜进行二次灌浆和对泌水孔进行重力补浆。

④因故中途停止灌浆时，应用压力水将未灌注完孔道内已注入的水泥浆冲洗干净。

8）真空辅助灌浆时，孔道抽真空负压宜稳定保持为 0.08～0.10MPa。

9）孔道灌浆应填写灌浆记录。

10）外露锚具及预应力筋应按设计要求采取可靠的保护措施。

4.4　混凝土工程

4.4.1　一般规定

1）混凝土结构施工宜采用预拌混凝土。

2）混凝土制备应符合下列规定：

①预拌混凝土应符合现行国家标准《预拌混凝土》GB/T 14902—2012 的有关规定。

②现场搅拌混凝土宜采用具有自动计量装置的设备集中搅拌。

③当不具备①、②规定的条件时，应采用符合现行国家标准《混凝土搅拌机》GB/T 9142—2000 的搅拌机进行搅拌，并应配备计量装置。

3）混凝土运输应符合下列规定：

①混凝土宜采用搅拌运输车运输，运输车辆应符合国家现行有关标准的规定。

②运输过程中应保证混凝土拌合物的均匀性和工作性。

③应采取保证连续供应的措施，并应满足现场施工的需要。

4.4.2　原材料

1）混凝土原材料的主要技术指标应符合《混凝土结构工程施工规范》GB 50666—2011 附录 F 和国家现行有关标准的规定。

2）水泥的选用应符合下列规定：

①水泥品种与强度等级应根据设计、施工要求，以及工程所处环境条件确定。

②普通混凝土宜选用通用硅酸盐水泥；有特殊需要时，也可选用其他品种水泥。

③有抗渗、抗冻融要求的混凝土，宜选用硅酸盐水泥或普通硅酸盐水泥。

④处于潮湿环境的混凝土结构，当使用碱活性骨料时，宜采用低碱水泥。

3）粗骨料宜选用粒形良好、质地坚硬的洁净碎石或卵石，并应符合下列规定：

①粗骨料最大粒径不应超过构件截面最小尺寸的 1/4，且不应超过钢筋最小净间距的 3/4；对实心混凝土板，粗骨料的最大粒径不宜超过板厚的 1/3，且不应超过 40mm。

②粗骨料宜采用连续粒级，也可用单粒级组合成满足要求的连续粒级。

③含泥量、泥块含量指标应符合《混凝土结构工程施工规范》GB 50666—2011 附录 F 的规定。

4）细骨料宜选用级配良好、质地坚硬、颗粒洁净的天然砂或机制砂，并应符合下列规定：

①细骨料宜选用Ⅱ区中砂。当选用Ⅰ区砂时，应提高砂率，并应保持足够的胶凝材料用量，同时应满足混凝土的工作性要求；当采用Ⅲ区砂时，宜适当降低砂率。

②混凝土细骨料中氯离子含量，对钢筋混凝土，按干砂的质量百分率计算不得大于 0.06%；对预应力混凝土，按干砂的质量百分率计算不得大于 0.02%。

③含泥量、泥块含量指标应符合《混凝土结构工程施工规范》GB 50666—2011 附录 F 的规定。

④海砂应符合现行行业标准《海砂混凝土应用技术规范》JGJ 206—2010 的有关规定。

5）强度等级为 C60 及以上的混凝土所用骨料，除应符合 3）和 4）的规定外，尚应符合下列规定：

①粗骨料压碎指标的控制值应经试验确定。

②粗骨料最大粒径不宜大于 25mm，针片状颗粒含量不应大于 8.0%，含泥量不应大于 0.5%，泥块含量不应大于 0.2%。

③细骨料细度模数宜控制为 2.6~3.0，含泥量不应大于 2.0%，泥块含量不应大于 0.5%。

6）有抗渗、抗冻融或其他特殊要求的混凝土，宜选用连续级配的粗骨料，最大粒径不宜大于 40mm，含泥量不应大于 1.0%，泥块含量不应大于 0.5%；所用细骨料含泥量不应大于 3.0%，泥块含量不应大于 1.0%。

7）矿物掺合料的选用应根据设计、施工要求，以及工程所处环境条件确定，其掺量应通过试验确定。

8）外加剂的选用应根据设计、施工要求，混凝土原材料性能以及工程所处环境条件等因素通过试验确定，并应符合下列规定：

①当使用碱活性骨料时，由外加剂带入的碱含量（以当量氧化钠计）不宜超过 1.0kg/m³，混凝土总碱含量尚应符合现行国家标准《混凝土结构设计规范》GB 50010—2010 等的有关规定。

②不同品种外加剂首次复合使用时，应检验混凝土外加剂的相容性。

9）混凝土拌和养护用水，应符合现行行业标准《混凝土用水标准》JGJ 63—2006 的有关规定。

10）未经处理的海水严禁用于钢筋混凝土结构和预应力混凝土结构中混凝土的拌制和养护。

11）原材料进场后，应按种类、批次分开储存与堆放，应标识明晰，并应符合下列规定：

①散装水泥、矿物掺合料等粉体材料，应采用散装罐分开储存；袋装水泥、矿物掺合料、外加剂等，应按品种、批次分开码垛堆放，并应采取防雨、防潮措施，高温季节应有防晒措施。

②骨料应按品种、规格分别堆放，不得混入杂物，并应保持洁净和颗粒级配均匀。骨料堆放场地的地面应做硬化处理，并应采取排水、防尘和防雨等措施。

③液体外加剂应放置于阴凉干燥处，应防止日晒、污染、浸水，使用前应搅拌均匀；有离析、变色等现象时，应经检验合格后再使用。

4.4.3 混凝土配合比

1）混凝土配合比设计应经试验确定，并应符合下列规定：
①应在满足混凝土强度、耐久性和工作性要求的前提下，减少水泥和水的用量。
②当有抗冻、抗渗、抗氯离子侵蚀和化学腐蚀等耐久性要求时，尚应符合现行国家标准《混凝土结构耐久性设计规范》GB/T 50476—2008 的有关规定。
③应分析环境条件对施工及工程结构的影响。
④试配所用的原材料应与施工实际使用的原材料一致。
2）混凝土的配制强度应按下列规定计算：
①当设计强度等级低于 C60 时，配制强度应按下式确定：

$$f_{cu,0} \geq f_{cu,k} + 1.645\sigma \qquad (4-4)$$

式中：$f_{cu,0}$——混凝土的配制强度（MPa）；

$f_{cu,k}$——混凝土立方体抗压强度标准值（MPa）；

σ——混凝土强度标准差（MPa），应按3）确定。

②当设计强度等级不低于 C60 时，配制强度应按下式确定：

$$f_{cu,0} \geq 1.15 f_{cu,k} \tag{4-5}$$

3）混凝土强度标准差应按下列规定计算确定：

①当具有近期的同品种混凝土的强度资料时，其混凝土强度标准差 σ 应按下列公式计算：

$$\sigma = \sqrt{\frac{\sum_{i=1}^{n} f_{cu,i}^2 - n m_{fcu}^2}{n-1}} \tag{4-6}$$

式中：$f_{cu,i}$——第 i 组的试件强度（MPa）；

m_{fcu}——n 组试件的强度平均值（MPa）；

n——试件组数，n 值不应小于 30。

②按①计算混凝土强度标准差时：强度等级不高于 C30 的混凝土，计算得到的 σ 大于或等于 3.0MPa 时，应按计算结果取值；计算得到的 σ 小于 3.0MPa 时，σ 应取 3.0MPa。强度等级高于 C30 且低于 C60 的混凝土，计算得到的 σ 大于或等于 4.0MPa 时，应按计算结果取值；计算得到的 σ 小于 4.0MPa 时，σ 应取 4.0MPa。

③当没有近期的同品种混凝土强度资料时，其混凝土强度标准差 σ 可按表 4-5 取用。

表 4-5　混凝土强度标准差 σ 值（MPa）

混凝土强度等级	≤C20	C25~C45	C50~C55
σ	4.0	5.0	6.0

4）混凝土的工作性指标应根据结构形式、运输方式和距离、泵送高度、浇筑和振捣方式，以及工程所处环境条件等确定。

5）混凝土最大水胶比和最小胶凝材料用量，应符合现行行业标准《普通混凝土配合比设计规程》JGJ 55—2011 的有关规定。

6）当设计文件对混凝土提出耐久性指标时，应进行相关耐久性试验验证。

7）大体积混凝土的配合比设计，应符合下列规定：

①在保证混凝土强度及工作性要求的前提下，应控制水泥用量，宜选用中、低水化热水泥，并宜掺加粉煤灰、矿渣粉。

②温度控制要求较高的大体积混凝土，其胶凝材料用量、品种等宜通过水化热和绝热温升试验确定。

③宜采用高性能减水剂。

8）混凝土配合比的试配、调整和确定，应按下列步骤进行：

①采用工程实际使用的原材料和计算配合比进行试配。每盘混凝土试配量不应小于 20L。

②进行试拌，并调整砂率和外加剂掺量等使拌和物满足工作性要求，提出试拌配合比。

③在试拌配合比的基础上，调整胶凝材料用量，提出不少于 3 个配合比进行试配。根据试件的试压强度和耐久性试验结果，选定设计配合比。

④应对选定的设计配合比进行生产适应性调整，确定施工配合比。

⑤对采用搅拌运输车运输的混凝土，当运输时间较长时，试配时应控制混凝土坍落度经时损失值。

9）施工配合比应经技术负责人批准。在使用过程中，应根据反馈的混凝土动态质量信息对混凝土配合比及时进行调整。

10）遇有下列情况时，应重新进行配合比设计：

①当混凝土性能指标有变化或有其他特殊要求时。

②当原材料品质发生显著改变时。

③同一配合比的混凝土生产间断三个月以上时。

4.4.4　混凝土搅拌

1）当粗、细骨料的实际含水量发生变化时，应及时调整粗、细骨料和拌合用水的用量。

2）混凝土搅拌时应对原材料用量准确计量，并应符合下列规定：

①计量设备的精度应符合现行国家标准《混凝土搅拌站（楼）》GB/T 10171—2005 的有关规定，并应定期校准。使用前设备应归零。

②原材料的计量应按重量计，水和外加剂溶液可按体积计，其允许偏差应符合表 4-6 的规定。

表 4-6　混凝土原材料计量允许偏差（%）

原材料品种	水泥	细骨料	粗骨料	水	矿物掺和料	外加剂
每盘计量允许偏差	±2	±3	±3	±1	±2	±1
累计计量允许偏差	±1	±2	±2	±1	±1	±1

注：1. 现场搅拌时原材料计量允许偏差应满足每盘计量允许偏差要求。
2. 累计计量允许偏差指每一运输车中各盘混凝土的每种材料累计称量的偏差，该项指标仅适用于采用计算机控制计量的搅拌站。
3. 骨料含水率应经常测定，雨、雪天施工应增加测定次数。

3）采用分次投料搅拌方法时，应通过试验确定投料顺序、数量及分段搅拌的时间等工艺参数。矿物掺合料宜与水泥同步投料，液体外加剂宜滞后于水和水泥投料；粉状外加剂宜溶解后再投料。

4）混凝土应搅拌均匀，宜采用强制式搅拌机搅拌。混凝土搅拌的最短时间可按表 4-7 采用，当能保证搅拌均匀时可适当缩短搅拌时间。搅拌强度等级 C60 及以上的混凝土时，搅拌时间应适当延长。

表4-7　混凝土搅拌的最短时间（s）

混凝土坍落度（mm）	搅拌机机型	搅拌机出料量（L）		
		<250	250~500	>500
≤40	强制式	60	90	120
40~100	强制式	60	60	90
≥100	强制式	60		

注：1. 混凝土搅拌时间指从全部材料装入搅拌筒中起，到开始卸料时止的时间段。

　　2. 当掺有外加剂与矿物掺合料时，搅拌时间应适当延长。

　　3. 采用自落式搅拌机时，搅拌时间宜延长30s。

　　4. 当采用其他形式的搅拌设备时，搅拌的最短时间也可按设备说明书的规定或经试验确定。

5）对首次使用的配合比应进行开盘鉴定，开盘鉴定应包括下列内容：

①混凝土的原材料与配合比设计所采用原材料的一致性。

②出机混凝土工作性与配合比设计要求的一致性。

③混凝土强度。

④混凝土凝结时间。

⑤工程有要求时，尚应包括混凝土耐久性能等。

4.4.5　混凝土运输

1）采用混凝土搅拌运输车运输混凝土时，应符合下列规定：

①接料前，搅拌运输车应排净罐内积水。

②在运输途中及等候卸料时，应保持搅拌运输车罐体正常转速，不得停转。

③卸料前，搅拌运输车罐体宜快速旋转搅拌20s以上后再卸料。

2）采用搅拌运输车运输混凝土时，施工现场车辆出入口处应设置交通安全指挥人员，施工现场道路应顺畅，有条件时宜设置循环车道；危险区域应设置警戒标志；夜间施工时，应有良好的照明。

3）采用搅拌运输车运输混凝土，当混凝土坍落度损失较大不能满足施工要求时，可在运输车罐内加入适量的与原配合比相同成分的减水剂。减水剂加入量应事先由试验确定，并应作出记录。加入减水剂后，搅拌运输车罐体应快速旋转搅拌均匀，并应达到要求的工作性能后再泵送或浇筑。

4）当采用机动翻斗车运输混凝土时，道路应通畅，路面应平整、坚实，临时坡道或支架应牢固，铺板接头应平顺。

4.5　现浇结构工程

4.5.1　一般规定

1）混凝土浇筑前应完成下列工作：

①隐蔽工程验收和技术复核。

②对操作人员进行技术交底。

③根据施工方案中的技术要求，检查并确认施工现场具备实施条件。

④施工单位填报浇筑申请单，并经监理单位签认。

2）混凝土拌合物入模温度不应低于5℃，且不应高于35℃。

3）混凝土运输、输送、浇筑过程中严禁加水；混凝土运输、输送、浇筑过程中散落的混凝土严禁用于混凝土结构构件的浇筑。

4）混凝土应布料均衡。应对模板及支架进行观察和维护，发生异常情况应及时进行处理。混凝土浇筑和振捣应采取防止模板、钢筋、钢构、预埋件及其定位件移位的措施。

4.5.2 混凝土输送

1）混凝土输送宜采用泵送方式。

2）混凝土输送泵的选择及布置应符合下列规定：

①输送泵的选型应根据工程特点、混凝土输送高度和距离、混凝土工作性确定。

②输送泵的数量应根据混凝土浇筑量和施工条件确定，必要时应设置备用泵。

③输送泵设置的位置应满足施工要求，场地应平整、坚实，道路应畅通。

④输送泵的作业范围不得有阻碍物；输送泵设置位置应有防范高空坠物的设施。

3）混凝土输送泵管与支架的设置应符合下列规定：

①混凝土输送泵管应根据输送泵的型号、拌和物性能、总输出量、单位输出量、输送距离以及粗骨料粒径等进行选择。

②混凝土粗骨料最大粒径不大于25mm时，可采用内径不小于125mm的输送泵管；混凝土粗骨料最大粒径不大于40mm时，可采用内径不小于150mm的输送泵管。

③输送泵管安装连接应严密，输送泵管道转向宜平缓。

④输送泵管应采用支架固定，支架应与结构牢固连接，输送泵管转向处支架应加密；支架应通过计算确定，设置位置处的结构应进行验算，必要时应采取加固措施。

⑤向上输送混凝土时，地面水平输送泵管的直管和弯管总的折算长度不宜小于竖向输送高度的20%，且不宜小于15m。

⑥输送泵管倾斜或垂直向下输送混凝土，且高差大于20m时，应在倾斜或竖向管下端设置直管或弯管，直管或弯管总的折算长度不宜小于高差的1.5倍。

⑦输送高度大于100m时，混凝土输送泵出料口处的输送泵管位置应设置截止阀。

⑧混凝土输送泵管及其支架应经常进行检查和维护。

4）混凝土输送布料设备的设置应符合下列规定：

①布料设备的选择应与输送泵相匹配；布料设备的混凝土输送管内径宜与混凝土输送泵管内径相同。

②布料设备的数量及位置应根据布料设备工作半径、施工作业面大小以及施工要求确定。

③布料设备应安装牢固，且应采取抗倾覆措施；布料设备安装位置处的结构或专用装置应进行验算，必要时应采取加固措施。

④应经常对布料设备的弯管壁厚进行检查，磨损较大的弯管应及时更换。

⑤布料设备作业范围不得有阻碍物，并应有防范高空坠物的设施。

5）输送混凝土的管道、容器、溜槽不应吸水、漏浆，并应保证输送通畅。输送混凝土时，应根据工程所处环境条件采取保温、隔热、防雨等措施。

6）输送泵输送混凝土应符合下列规定：

①应先进行泵水检查，并应湿润输送泵的料斗、活塞等直接与混凝土接触的部位；泵水检查后，应清除输送泵内积水。

②输送混凝土前，宜先输送水泥砂浆对输送泵和输送管进行润滑，然后开始输送混凝土。

③输送混凝土应先慢后快、逐步加速，应在系统运转顺利后再按正常速度输送。

④输送混凝土过程中，应设置输送泵集料斗网罩，并应保证集料斗有足够的混凝土余量。

7）吊车配备斗容器输送混凝土应符合下列规定：

①应根据不同结构类型以及混凝土浇筑方法选择不同的斗容器。

②斗容器的容量应根据吊车吊运能力确定。

③运输至施工现场的混凝土宜直接装入斗容器进行输送。

④斗容器宜在浇筑点直接布料。

8）升降设备配备小车输送混凝土应符合下列规定：

①升降设备和小车的配备数量、小车行走路线及卸料点位置应能满足混凝土浇筑需要。

②运输至施工现场的混凝土宜直接装入小车进行输送，小车宜在靠近升降设备的位置进行装料。

4.5.3　混凝土浇筑

1）浇筑混凝土前，应清除模板内或垫层上的杂物。表面干燥的地基、垫层、模板上应洒水湿润；现场环境温度高于35℃时，宜对金属模板进行洒水降温；洒水后不得留有积水。

2）混凝土浇筑应保证混凝土的均匀性和密实性。混凝土宜一次连续浇筑。

3）混凝土应分层浇筑，分层厚度应符合表4-11的规定，上层混凝土应在下层混凝土初凝之前浇筑完毕。

4）混凝土运输、输送入模的过程应保证混凝土连续浇筑，从运输到输送入模的延续时间不宜超过表4-8的规定，且不应超过表4-9的规定。掺早强型减水剂、早强剂的混凝土，以及有特殊要求的混凝土，应根据设计及施工要求，通过试验确定允许时间。

表4-8　运输到输送入模的延续时间（min）

条　件	气　温	
	≤25℃	>25℃
不掺外加剂	90	60
掺外加剂	150	120

表4-9　运输、输送入模及其间歇总的时间限值（min）

条　件	气　温	
	≤25℃	>25℃
不掺外加剂	180	150
掺外加剂	240	210

5）混凝土浇筑的布料点宜接近浇筑位置，应采取减少混凝土下料冲击的措施，并应符合下列规定：

①宜先浇筑竖向结构构件，后浇筑水平结构构件。

②浇筑区域结构平面有高差时，宜先浇筑低区部分，再浇筑高区部分。

6）柱、墙模板内的混凝土浇筑不得发生离析，倾落高度应符合表4-10的规定；当不能满足要求时，应加设串筒、溜管、溜槽等装置。

表4-10　柱、墙模板内混凝土浇筑倾落高度限值（m）

条　件	浇筑倾落高度限值
粗骨料粒径大于25mm	≤3
粗骨料粒径小于等于25mm	≤6

注：当有可靠措施能保证混凝土不产生离析时，混凝土倾落高度可不受本表限制。

7）混凝土浇筑后，在混凝土初凝前和终凝前，宜分别对混凝土裸露表面进行抹面处理。

8）柱、墙混凝土设计强度等级高于梁、板混凝土设计强度等级时，混凝土浇筑应符合下列规定：

①柱、墙混凝土设计强度比梁、板混凝土设计强度高一个等级时，柱、墙位置梁、板高度范围内的混凝土经设计单位确认，可采用与梁、板混凝土设计强度等级相同的混凝土进行浇筑。

②柱、墙混凝土设计强度比梁、板混凝土设计强度高两个等级及以上时，应在交界区域采取分隔措施；分隔位置应在低强度等级的构件中，且距高强度等级构件边缘不应小于500mm。

③宜先浇筑强度等级高的混凝土，后浇筑强度等级低的混凝土。

9）泵送混凝土浇筑应符合下列规定：

①宜根据结构形状及尺寸、混凝土供应、混凝土浇筑设备、场地内外条件等划分每台输送泵的浇筑区域及浇筑顺序。

②采用输送管浇筑混凝土时，宜由远而近浇筑；采用多根输送管同时浇筑时，其浇筑速度宜保持一致。

③润滑输送管的水泥砂浆用于湿润结构施工缝时，水泥砂浆应与混凝土浆液成分相同；接浆厚度不应大于30mm，多余水泥砂浆应收集后运出。

④混凝土泵送浇筑应连续进行；当混凝土不能及时供应时，应采取间歇泵送方式。

⑤混凝土浇筑后，应清洗输送泵和输送管。

10）施工缝或后浇带处浇筑混凝土，应符合下列规定：

①结合面应为粗糙面，并应清除浮浆、松动石子、软弱混凝土层。

②结合面处应洒水湿润，但不得有积水。

③施工缝处已浇筑混凝土的强度不应小于1.2MPa。

④柱、墙水平施工缝水泥砂浆接浆层厚度不应大于30mm，接浆层水泥砂浆应与混凝土浆液成分相同。

⑤后浇带混凝土强度等级及性能应符合设计要求；当设计无具体要求时，后浇带混凝土强度等级宜比两侧混凝土提高一级，并宜采用减少收缩的技术措施。

11）超长结构混凝土浇筑应符合下列规定：

①可留设施工缝分仓浇筑，分仓浇筑间隔时间不应少于7d。

②当留设后浇带时，后浇带封闭时间不得少于14d。

③超长整体基础中调节沉降的后浇带，混凝土封闭时间应通过监测确定，应在差异沉降稳定后封闭后浇带。

④后浇带的封闭时间尚应经设计单位确认。

12）型钢混凝土结构浇筑应符合下列规定：

①混凝土粗骨料最大粒径不应大于型钢外侧混凝土保护层厚度的1/3，且不宜大于25mm。

②浇筑应有足够的下料空间，并应使混凝土充盈整个构件各部位。

③型钢周边混凝土浇筑宜同步上升，混凝土浇筑高差不应大于500mm。

13）钢管混凝土结构浇筑应符合下列规定：

①宜采用自密实混凝土浇筑。

②混凝土应采取减少收缩的技术措施。

③钢管截面较小时，应在钢管壁适当位置留有足够的排气孔，排气孔孔径不应小于20mm；浇筑混凝土应加强排气孔观察，并应确认浆体流出和浇筑密实后再封堵排气孔。

④当采用粗骨料粒径不大于25mm的高流态混凝土或粗骨料粒径不大于20mm的自密实混凝土时，混凝土最大倾落高度不宜大于9m；倾落高度大于9m时，宜采用串筒、溜槽、溜管等辅助装置进行浇筑。

⑤混凝土从管顶向下浇筑时应符合下列规定：

a. 浇筑应有足够的下料空间，并应使混凝土充盈整个钢管。

b. 输送管端内径或斗容器下料口内径应小于钢管内径，且每边应留有不小于100mm的间隙。

c. 应控制浇筑速度和单次下料量，并应分层浇筑至设计标高。

d. 混凝土浇筑完毕后应对管口进行临时封闭。

⑥混凝土从管底顶升浇筑时应符合下列规定：

a. 应在钢管底部设置进料输送管，进料输送管应设止流阀门，止流阀门可在顶升浇筑的混凝土达到终凝后拆除。

b. 应合理选择混凝土顶升浇筑设备；应配备上、下方通信联络工具，并应采取可有效控制混凝土顶升或停止的措施。

c.应控制混凝土顶升速度，并均衡浇筑至设计标高。

14）自密实混凝土浇筑应符合下列规定：

①应根据结构部位、结构形状、结构配筋等确定合适的浇筑方案。

②自密实混凝土粗骨料最大粒径不宜大于20mm。

③浇筑应能使混凝土充填到钢筋、预埋件、预埋钢构件周边及模板内各部位。

④自密实混凝土浇筑布料点应结合拌合物特性选择适宜的间距，必要时可通过试验确定混凝土布料点下料间距。

15）清水混凝土结构浇筑应符合下列规定：

①应根据结构特点进行构件分区，同一构件分区应采用同批混凝土，并应连续浇筑。

②同层或同区内混凝土构件所用材料牌号、品种、规格应一致，并应保证结构外观色泽符合要求。

③竖向构件浇筑时应严格控制分层浇筑的间歇时间。

16）基础大体积混凝土结构浇筑应符合下列规定：

①采用多条输送泵管浇筑时，输送泵管间距不宜大于10m，并宜由远及近浇筑。

②采用汽车布料杆输送浇筑时，应根据布料杆工作半径确定布料点数量，各布料点浇筑速度应保持均衡。

③宜先浇筑深坑部分再浇筑大面积基础部分。

④宜采用斜面分层浇筑方法，也可采用全面分层、分块分层浇筑方法，层与层之间混凝土浇筑的间歇时间应能保证混凝土浇筑连续进行。

⑤混凝土分层浇筑应采用自然流淌形成斜坡，并应沿高度均匀上升，分层厚度不宜大于500mm。

⑥抹面处理应符合7）的规定，抹面次数宜适当增加。

⑦应有排除积水或混凝土泌水的有效技术措施。

17）预应力结构混凝土浇筑应符合下列规定：

①应避免成孔管道破损、移位或连接处脱落，并应避免预应力筋、锚具及锚垫板等移位。

②预应力锚固区等配筋密集部位应采取保证混凝土浇筑密实的措施。

③先张法预应力混凝土构件，应在张拉后及时浇筑混凝土。

4.5.4　混凝土振捣

1）混凝土振捣应能使模板内各个部位混凝土密实、均匀，不应漏振、欠振、过振。

2）混凝土振捣应采用插入式振动棒、平板振动器或附着振动器，必要时可采用人工辅助振捣。

3）振动棒振捣混凝土应符合下列规定：

①应按分层浇筑厚度分别进行振捣，振动棒的前端应插入前一层混凝土中，插入深度不应小于50mm。

②振动棒应垂直于混凝土表面并快插慢拔均匀振捣；当混凝土表面无明显塌陷、有水

泥浆出现、不再冒气泡时，应结束该部位振捣。

③振动棒与模板的距离不应大于振动棒作用半径的50%；振捣插点间距不应大于振动棒的作用半径的1.4倍。

4）平板振动器振捣混凝土应符合下列规定：

①平板振动器振捣应覆盖振捣平面边角。

②平板振动器移动间距应覆盖已振实部分混凝土边缘。

③振捣倾斜表面时，应由低处向高处进行振捣。

5）附着振动器振捣混凝土应符合下列规定：

①附着振动器应与模板紧密连接，设置间距应通过试验确定。

②附着振动器应根据混凝土浇筑高度和浇筑速度，依次从下往上振捣。

③模板上同时使用多台附着振动器时，应使各振动器的频率一致，并应交错设置在相对面的模板上。

6）混凝土分层振捣的最大厚度应符合表4－11的规定。

表4－11　混凝土分层振捣的最大厚度

振捣方法	混凝土分层振捣最大厚度
振动棒	振动棒作用部分长度的1.25倍
平板振动器	200mm
附着振动器	根据设置方式，通过试验确定

7）特殊部位的混凝土应采取下列加强振捣措施：

①宽度大于0.3m的预留洞底部区域，应在洞口两侧进行振捣，并应适当延长振捣时间；宽度大于0.8m的洞口底部，应采取特殊的技术措施。

②后浇带及施工缝边角处应加密振捣点，并应适当延长振捣时间。

③钢筋密集区域或型钢与钢筋结合区域，应选择小型振动棒辅助振捣、加密振捣点，并应适当延长振捣时间。

④基础大体积混凝土浇筑流淌形成的坡脚，不得漏振。

4.5.5　混凝土养护

1）混凝土浇筑后应及时进行保湿养护，保湿养护可采用洒水、覆盖、喷涂养护剂等方式。养护方式应根据现场条件、环境温湿度、构件特点、技术要求、施工操作等因素确定。

2）混凝土的养护时间应符合下列规定：

①采用硅酸盐水泥、普通硅酸盐水泥或矿渣硅酸盐水泥配制的混凝土，不应少于7d；采用其他品种水泥时，养护时间应根据水泥性能确定。

②采用缓凝型外加剂、大掺量矿物掺合料配制的混凝土，不应少于14d。

③抗渗混凝土、强度等级C60及以上的混凝土，不应少于14d。

④后浇带混凝土的养护时间不应少于14d。

⑤地下室底层墙、柱和上部结构首层墙、柱,宜适当增加养护时间。

⑥大体积混凝土养护时间应根据施工方案确定。

3）洒水养护应符合下列规定:

①洒水养护宜在混凝土裸露表面覆盖麻袋或草帘后进行,也可采用直接洒水、蓄水等养护方式;洒水养护应保证混凝土表面处于湿润状态。

②洒水养护用水应符合《混凝土用水标准》JGJ 63—2006 的规定。

③当日最低温度低于5℃时,不应采用洒水养护。

4）覆盖养护应符合下列规定:

①覆盖养护宜在混凝土裸露表面覆盖塑料薄膜、塑料薄膜加麻袋、塑料薄膜加草帘进行。

②塑料薄膜应紧贴混凝土裸露表面,塑料薄膜内应保持有凝结水。

③覆盖物应严密,覆盖物的层数应按施工方案确定。

5）喷涂养护剂养护应符合下列规定:

①应在混凝土裸露表面喷涂覆盖致密的养护剂进行养护。

②养护剂应均匀喷涂在结构构件表面,不得漏喷;养护剂应具有可靠的保湿效果,保湿效果可通过试验检验。

③养护剂使用方法应符合产品说明书的有关要求。

6）基础大体积混凝土裸露表面应采用覆盖养护方式;当混凝土浇筑体表面以内 40 ~ 100mm 位置的温度与环境温度的差值小于 25℃时,可结束覆盖养护。覆盖养护结束但尚未达到养护时间要求时,可采用洒水养护方式直至养护结束。

7）柱、墙混凝土养护方法应符合下列规定:

①地下室底层和上部结构首层柱、墙混凝土带模养护时间,不应少于 3d;带模养护结束后,可采用洒水养护方式继续养护,也可采用覆盖养护或喷涂养护剂养护方式继续养护。

②其他部位柱、墙混凝土可采用洒水养护,也可采用覆盖养护或喷涂养护剂养护。

8）混凝土强度达到 1.2MPa 前,不得在其上踩踏、堆放物料、安装模板及支架。

9）同条件养护试件的养护条件应与实体结构部位养护条件相同,并应妥善保管。

10）施工现场应具备混凝土标准试件制作条件,并应设置标准试件养护室或养护箱。标准试件养护应符合国家现行有关标准的规定。

4.5.6　混凝土施工缝与后浇带

1）施工缝和后浇带的留设位置应在混凝土浇筑前确定。施工缝和后浇带宜留设在结构受剪力较小且便于施工的位置。受力复杂的结构构件或有防水抗渗要求的结构构件,施工缝留设位置应经设计单位确认。

2）水平施工缝的留设位置应符合下列规定:

①柱、墙施工缝可留设在基础、楼层结构顶面,柱施工缝与结构上表面的距离宜为 0 ~ 100mm,墙施工缝与结构上表面的距离宜为 0 ~ 300mm。

②柱、墙施工缝也可留设在楼层结构底面,施工缝与结构下表面的距离宜为 0 ~

50mm；当板下有梁托时，可留设在梁托下 0～20mm。

③高度较大的柱、墙、梁以及厚度较大的基础，可根据施工需要在其中部留设水平施工缝；当因施工缝留设改变受力状态而需要调整构件配筋时，应经设计单位确认。

④特殊结构部位留设水平施工缝应经设计单位确认。

3）竖向施工缝和后浇带的留设位置应符合下列规定：

①有主次梁的楼板施工缝应留设在次梁跨度中间 1/3 范围内。

②单向板施工缝应留设在与跨度方向平行的任何位置。

③楼梯梯段施工缝宜设置在梯段板跨度端部 1/3 范围内。

④墙的施工缝宜设置在门洞口过梁跨中 1/3 范围内，也可留在纵横墙交接处。

⑤后浇带留设位置应符合设计要求。

⑥特殊结构部位留设竖向施工缝应经设计单位确认。

4）设备基础施工缝留设位置应符合下列规定：

①水平施工缝应低于地脚螺栓底端，与地脚螺栓底端的距离应大于 150mm；当地脚螺栓直径小于 30mm 时，水平施工缝可留设在深度不小于地脚螺栓埋入混凝土部分总长度的 3/4 处。

②竖向施工缝与地脚螺栓中心线的距离不应小于 250mm，且不应小于螺栓直径的 5 倍。

5）承受动力作用的设备基础施工缝留设位置，应符合下列规定：

①标高不同的两个水平施工缝，其高低结合处应留设成台阶形，台阶的高宽比不应大于 1.0。

②竖向施工缝或台阶形施工缝的断面处应加插钢筋，插筋数量和规格应由设计确定。

③施工缝的留设应经设计单位确认。

6）施工缝、后浇带留设界面，应垂直于结构构件和纵向受力钢筋。结构构件厚度或高度较大时，施工缝或后浇带界面宜采用专用材料封挡。

7）混凝土浇筑过程中，因特殊原因需临时设置施工缝时，施工缝留设应规整，并宜垂直于构件表面，必要时可采取增加插筋、事后修凿等技术措施。

8）施工缝和后浇带应采取钢筋防锈或阻锈等保护措施。

4.5.7　大体积混凝土裂缝控制

1）大体积混凝土宜采用后期强度作为配合比设计、强度评定及验收的依据。基础混凝土，确定混凝土强度时的龄期可取为 60d（56d）或 90d；柱、墙混凝土强度等级不低于 C80 时，确定混凝土强度时的龄期可取为 60d（56d）。确定混凝土强度时采用大于 28d 的龄期时，龄期应经设计单位确认。

2）大体积混凝土施工配合比设计应符合 4.4.3 中 7）的规定，并应加强混凝土养护。

3）大体积混凝土施工时，应对混凝土进行温度控制，并应符合下列规定：

①混凝土入模温度不宜大于 30℃；混凝土浇筑体最大温升值不宜大于 50℃。

②在覆盖养护或带模养护阶段，混凝土浇筑体表面以内 40～100mm 位置处的温度与混凝土浇筑体表面温度差值不应大于 25℃；结束覆盖养护或拆模后，混凝土浇筑体表面

以内 40～100mm 位置处的温度与环境温度差值不应大于 25℃。

③混凝土浇筑体内部相邻两测温点的温度差值不应大于 25℃。

④混凝土降温速率不宜大于 2.0℃/d；当有可靠经验时，降温速率要求可适当放宽。

4）基础大体积混凝土测温点设置应符合下列规定：

①宜选择具有代表性的两个交叉竖向剖面进行测温，竖向剖面交叉位置宜通过基础中部区域。

②每个竖向剖面的周边及以内部位应设置测温点，两个竖向剖面交叉处应设置测温点；混凝土浇筑体表面测温点应设置在保温覆盖层底部或模板内侧表面，并应与两个剖面上的周边测温点位置及数量对应；环境测温点不应少于 2 处。

③每个剖面的周边测温点应设置在混凝土浇筑体表面以内 40～100mm 位置处；每个剖面的测温点宜竖向、横向对齐；每个剖面竖向设置的测温点不应少于 3 处，间距不应小于 0.4m 且不宜大于 1.0m；每个剖面横向设置的测温点不应少于 4 处，间距不应小于 0.4m 且不应大于 10m。

④对基础厚度不大于 1.6m，裂缝控制技术措施完善的工程，可不进行测温。

5）柱、墙、梁大体积混凝土测温点设置应符合下列规定：

①柱、墙、梁结构实体最小尺寸大于 2m，且混凝土强度等级不低于 C60 时，应进行测温。

②宜选择沿构件纵向的两个横向剖面进行测温，每个横向剖面的周边及中部区域应设置测温点；混凝土浇筑体表面测温点应设置在模板内侧表面，并应与两个剖面上的周边测温点位置及数量对应；环境测温点不应少于 1 处。

③每个横向剖面的周边测温点应设置在混凝土浇筑体表面以内 40～100mm 位置处；每个横向剖面的测温点宜对齐；每个剖面的测温点不应少于 2 处，间距不应小于 0.4m 且不宜大于 1.0m。

④可根据第一次测温结果，完善温差控制技术措施，后续施工可不进行测温。

6）大体积混凝土测温应符合下列规定：

①宜根据每个测温点被混凝土初次覆盖时的温度确定各测点部位混凝土的入模温度。

②浇筑体周边表面以内测温点、浇筑体表面测温点、环境测温点的测温，应与混凝土浇筑、养护过程同步进行。

③应按测温频率要求及时提供测温报告，测温报告应包含各测温点的温度数据、温差数据、代表点位的温度变化曲线、温度变化趋势分析等内容。

④混凝土浇筑体表面以内 40～100mm 位置的温度与环境温度的差值小于 20℃时，可停止测温。

7）大体积混凝土测温频率应符合下列规定：

①第一天至第四天，每 4h 不应少于一次。

②第五天至第七天，每 8h 不应少于一次。

③第七天至测温结束，每 12h 不应少于一次。

4.6　装配式结构工程

4.6.1　一般规定

1）装配式结构工程应编制专项施工方案。必要时，专业施工单位应根据设计文件进行深化设计。

2）装配式结构正式施工前，宜选择有代表性的单元或部分进行试制作、试安装。

3）预制构件的吊运应符合下列规定：

①应根据预制构件形状、尺寸、重量和作业半径等要求选择吊具和起重设备，所采用的吊具和起重设备及其施工操作，应符合国家现行有关标准及产品应用技术手册的规定。

②应采取保证起重设备的主钩位置、吊具及构件重心在竖直方向上重合的措施；吊索与构件水平夹角不宜大于60°，且不应小于45°；吊运过程应平稳，不应有大幅度摆动，且不应长时间悬停。

③应设专人指挥，操作人员应位于安全位置。

4）预制构件经检查合格后，应在构件上设置可靠标识。在装配式结构的施工全过程中，应采取防止预制构件损伤或污染的措施。

5）装配式结构施工中采用专用定型产品时，专用定型产品及施工操作应符合国家现行有关标准及产品应用技术手册的规定。

4.6.2　施工验算

1）装配式混凝土结构施工前，应根据设计要求和施工方案进行必要的施工验算。

2）预制构件在脱模、吊运、运输、安装等环节的施工验算，应将构件自重标准值乘以脱模吸附系数或动力系数作为等效荷载标准值，并应符合下列规定：

①脱模吸附系数宜取1.5，也可根据构件和模具表面状况适当增减；复杂情况，脱模吸附系数宜根据试验确定。

②构件吊运、运输时，动力系数宜取1.5；构件翻转及安装过程中就位、临时固定时，动力系数可取1.2。当有可靠经验时，动力系数可根据实际受力情况和安全要求适当增减。

3）预制构件的施工验算应符合设计要求。当设计无具体要求时，宜符合下列规定：

①钢筋混凝土和预应力混凝土构件正截面边缘的混凝土法向压应力，应满足下式的要求：

$$\sigma_{cc} \leqslant 0.8f'_{ck} \qquad (4-7)$$

式中：σ_{cc}——各施工环节在荷载标准组合作用下产生的构件正截面边缘混凝土法向压应力（MPa），可按毛截面计算；

f'_{ck}——与各施工环节的混凝土立方体抗压强度相应的抗压强度标准值（MPa），按表4-12以线性内插法确定。

表 4 – 12　混凝土轴心抗压强度标准值（N/mm²）

强度	混凝土强度等级													
	C15	C20	C25	C30	C35	C40	C45	C50	C55	C60	C65	C70	C75	C80
f_{ck}	10.0	13.4	16.7	20.1	23.4	26.8	29.6	32.4	35.5	38.5	41.5	44.5	47.4	50.2

②钢筋混凝土和预应力混凝土构件正截面边缘的混凝土法向拉应力，宜满足下式的要求：

$$\sigma_{ct} \leqslant 1.0 f'_{tk} \tag{4-8}$$

式中：σ_{ct}——各施工环节在荷载标准组合作用下产生的构件正截面边缘混凝土法向拉应力（MPa），可按毛截面计算；

f'_{tk}——与各施工环节的混凝土立方体抗压强度相应的抗拉强度标准值（MPa）。按表 4 – 13 以线性内插法确定。

表 4 – 13　混凝土轴心抗拉强度标准值（N/mm²）

强度	混凝土强度等级													
	C15	C20	C25	C30	C35	C40	C45	C50	C55	C60	C65	C70	C75	C80
f_{tk}	1.27	1.54	1.78	2.01	2.20	2.39	2.51	2.64	2.74	2.85	2.93	2.99	3.05	3.11

③预应力混凝土构件的端部正截面边缘的混凝土法向拉应力，可适当放松，但不应大于 $1.2 f'_{tk}$。

④施工过程中允许出现裂缝的钢筋混凝土构件，其正截面边缘混凝土法向拉应力限值可适当放松，但开裂截面处受拉钢筋的应力，应满足下式的要求：

$$\sigma_s \leqslant 0.7 f_{yk} \tag{4-9}$$

式中：σ_s——各施工环节在荷载标准组合作用下产生的构件受拉钢筋应力，应按开裂截面计算（MPa）；

f_{yk}——受拉钢筋强度标准值（MPa）。

⑤叠合式受弯构件尚应符合现行国家标准《混凝土结构设计规范》GB 50010—2010 的有关规定。在叠合层施工阶段验算中，作用在叠合板上的施工活荷载标准值可按实际情况计算，且取值不宜小于 1.5kN/m²。

4）预制构件中的预埋吊件及临时支撑，宜按下式进行计算：

$$K_c S_c \leqslant R_c \tag{4-10}$$

式中：K_c——施工安全系数，可按表 4 – 14 的规定取值；当有可靠经验时，可根据实际情况适当增减；

S_c——施工阶段荷载标准组合作用下的效应值，施工阶段的荷载标准值按《混凝土结构工程施工规范》GB 50666—2011 附录 A 及 3）的有关规定取值；

R_c——按材料强度标准值计算或根据试验确定的预埋吊件、临时支撑、连接件的承载力；对复杂或特殊情况，宜通过试验确定。

表 4 –14　预埋吊件及临时支撑的施工安全系数 K_c

项　目	施工安全系数 K_c
临时支撑	2
临时支撑的连接件 预制构件中用于连接临时支撑的预埋件	3
普通预埋吊件	4
多用途的预埋吊件	5

注：对采用 HPB300 钢筋吊环形式的预埋吊件，应符合现行国家标准《混凝土结构设计规范》GB 50010—2010 的有关规定。

4.6.3　构件制作

1）制作预制构件的场地应平整、坚实，并应采取排水措施。当采用台座生产预制构件时，台座表面应光滑平整，2m 长度内表面平整度不应大于 2mm，在气温变化较大的地区宜设置伸缩缝。

2）模具应具有足够的强度、刚度和整体稳定性，并应能满足预制构件预留孔、插筋、预埋吊件及其他预埋件的定位要求。模具设计应满足预制构件质量、生产工艺、模具组装与拆卸、周转次数等要求。跨度较大的预制构件的模具应根据设计要求预设反拱。

3）混凝土振捣除可采用插入式振动棒、平板振动器、附着振动器或人工辅助振捣外，尚可采用振动台等振捣方式。

4）当采用平卧重叠法制作预制构件时，应在下层构件的混凝土强度达到 5.0MPa 后，再浇筑上层构件混凝土，上、下层构件之间应采取隔离措施。

5）预制构件可根据需要选择洒水、覆盖、喷涂养护剂养护，或采用蒸汽养护、电加热养护。采用蒸汽养护时，应合理控制升温、降温速度和最高温度，构件表面宜保持90% ~100% 的相对湿度。

6）预制构件的饰面应符合设计要求。带面砖或石材饰面的预制构件宜采用反打成型法制作，也可采用后贴工艺法制作。

7）带保温材料的预制构件宜采用水平浇筑方式成型。采用夹芯保温的预制构件，宜采用专用连接件连接内外两层混凝土，其数量和位置应符合设计要求。

8）清水混凝土预制构件的制作应符合下列规定：

①预制构件的边角宜采用倒角或圆弧角。

②模具应满足清水表面设计精度要求。

③应控制原材料质量和混凝土配合比，并应保证每班生产构件的养护温度均匀一致。

④构件表面应采取针对清水混凝土的保护和防污染措施。出现的质量缺陷应采用专用材料修补，修补后的混凝土外观质量应满足设计要求。

9）带门窗、预埋管线预制构件的制作，应符合下列规定：

①门窗框、预埋管线应在浇筑混凝土前预先放置并固定，固定时应采取防止门窗破坏及污染门窗体表面的保护措施。

②当采用铝窗框时，应采取避免铝窗框与混凝土直接接触发生电化学腐蚀的措施。

③应采取控制温度或受力变形对门窗产生的不利影响的措施。

10）采用现浇混凝土或砂浆连接的预制构件结合面，制作时应按设计要求进行处理。设计无具体要求时，宜进行拉毛或凿毛处理，也可采用露骨料粗糙面。

11）预制构件脱模起吊时的混凝土强度应根据计算确定，且不宜小于 15MPa。后张有粘结预应力混凝土预制构件应在预应力筋张拉并灌浆后起吊，起吊时同条件养护的水泥浆试块抗压强度不宜小于 15MPa。

4.6.4 运输与堆放

1）预制构件运输与堆放时的支承位置应经计算确定。

2）预制构件的运输应符合下列规定：

①预制构件的运输线路应根据道路、桥梁的实际条件确定，场内运输宜设置循环线路。

②运输车辆应满足构件尺寸和载重要求。

③装卸构件过程中，应采取保证车体平衡、防止车体倾覆的措施。

④应采取防止构件移动或倾倒的绑扎固定措施。

⑤运输细长构件时应根据需要设置水平支架。

⑥构件边角部或绳索接触处的混凝土，宜采用垫衬加以保护。

3）预制构件的堆放应符合下列规定：

①场地应平整、坚实，并应采取良好的排水措施。

②应保证最下层构件垫实，预埋吊件宜向上，标识宜朝向堆垛间的通道。

③垫木或垫块在构件下的位置宜与脱模、吊装时的起吊位置一致；重叠堆放构件时，每层构件间的垫木或垫块应在同一垂直线上。

④堆垛层数应根据构件与垫木或垫块的承载力及堆垛的稳定性确定，必要时应设置防止构件倾覆的支架。

⑤施工现场堆放的构件，宜按安装顺序分类堆放，堆垛宜布置在吊车工作范围内且不受其他工序施工作业影响的区域。

⑥预应力构件的堆放应根据反拱影响采取措施。

4）墙板类构件应根据施工要求选择堆放和运输方式。外形复杂墙板宜采用插放架或靠放架直立堆放和运输。插放架、靠放架应安全可靠。采用靠放架直立堆放的墙板宜对称靠放、饰面朝外，与竖向的倾斜角不宜大于 10°。

5）吊运平卧制作的混凝土屋架时，应根据屋架跨度、刚度确定吊索绑扎形式及加固措施。屋架堆放时，可将几榀屋架绑扎成整体。

4.6.5 安装与连接

1）装配式结构安装现场应根据工期要求以及工程量、机械设备等现场条件，组织立体交叉、均衡有效的安装施工流水作业。

2）预制构件安装前的准备工作应符合下列规定：

①应核对已施工完成结构的混凝土强度、外观质量、尺寸偏差等符合设计要求和《混凝土结构工程施工规范》GB 50666—2011 的有关规定。

②应核对预制构件混凝土强度及预制构件和配件的型号、规格、数量等符合设计要求。

③应在已施工完成结构及预制构件上进行测量放线，并应设置安装定位标志。

④应确认吊装设备及吊具处于安全操作状态。

⑤应核实现场环境、天气、道路状况满足吊装施工要求。

3）安放预制构件时，其搁置长度应满足设计要求。预制构件与其支承构件间宜设置厚度不大于 30mm 坐浆或垫片。

4）预制构件安装过程中应根据水准点和轴线校正位置，安装就位后应及时采取临时固定措施。预制构件与吊具的分离应在校准定位及临时固定措施安装完成后进行。临时固定措施的拆除应在装配式结构能达到后续施工承载要求后进行。

5）采用临时支撑时，应符合下列规定：

①每个预制构件的临时支撑不宜少于 2 道。

②对预制柱、墙板的上部斜撑，其支撑点距离底部的距离不宜小于高度的 2/3，且不应小于高度的 1/2。

③构件安装就位后，可通过临时支撑对构件的位置和垂直度进行微调。

6）装配式结构采用现浇混凝土或砂浆连接构件时，除应符合《混凝土结构工程施工规范》GB 50666—2011 其他章节的有关规定外，尚应符合下列规定：

①构件连接处现浇混凝土或砂浆的强度及收缩性能应满足设计要求。设计无具体要求时，应符合下列规定：

a. 承受内力的连接处应采用混凝土浇筑，混凝土强度等级值不应低于连接处构件混凝土强度设计等级值的较大值。

b. 非承受内力的连接处可采用混凝土或砂浆浇筑，其强度等级不应低于 C15 或M15。

c. 混凝土粗骨料最大粒径不宜大于连接处最小尺寸的 1/4。

②浇筑前，应清除浮浆、松散骨料和污物，并宜洒水湿润。

③连接节点、水平拼缝应连续浇筑；竖向拼缝可逐层浇筑，每层浇筑高度不宜大于2m，应采取保证混凝土或砂浆浇筑密实的措施。

④混凝土或砂浆强度达到设计要求后，方可承受全部设计荷载。

7）装配式结构采用焊接或螺栓连接构件时，应符合设计要求或国家现行有关钢结构施工标准的规定，并应对外露铁件采取防腐和防火措施。采用焊接连接时，应采取避免损伤已施工完成结构、预制构件及配件的措施。

8）装配式结构采用后张预应力筋连接构件时，预应力工程施工应符合4.3节预应力工程的规定。

9）装配式结构构件间的钢筋连接可采用焊接、机械连接、搭接及套筒灌浆连接等方式。钢筋锚固及钢筋连接长度应满足设计要求。钢筋连接施工应符合国家现行有关标准的规定。

10）叠合式受弯构件的后浇混凝土层施工前，应按设计要求检查结合面粗糙度和预制构件的外露钢筋。施工过程中，应控制施工荷载不超过设计取值，并应避免单个预制构件承受较大的集中荷载。

11）当设计对构件连接处有防水要求时，材料性能及施工应符合设计要求及国家现行有关标准的规定。

5 钢结构工程

5.1 建筑钢材

5.1.1 钢材的分类

1. 碳素结构钢的分类和性质

碳素结构钢是常用的工程用钢，按其含碳量的多少，又可分成低碳钢、中碳钢和高碳钢三种。含碳量在 0.03% ~ 0.25% 范围之内的钢材称为低碳钢，含碳量在 0.26% ~ 0.60% 之间的钢材称为中碳钢，含碳量在 0.6% ~ 2.0% 之间的钢材为高碳钢。

建筑钢结构主要使用的钢材是低碳钢。

（1）普通碳素结构钢。按现行国家标准《碳素结构钢》GB/T 700—2006 规定，碳素结构钢的牌号由代表屈服强度的字母、屈服强度数值、质量等级符号、脱氧方法符号等四个部分按顺序组成。符号为：

Q——钢材屈服强度"屈"字汉语拼音首位字母。

A、B、C、D——分别为质量等级。

F——沸腾钢"沸"字汉语拼音首位字母。

Z——镇静钢"镇"字汉语拼音首位字母。

TZ——特殊镇静钢"特镇"两字汉语拼音首位字母。

在牌号组成表示方法中，"Z"与"TZ"符号可以省略。

碳素结构钢按屈服强度大小，分为 Q195、Q215、Q235 和 Q275 等牌号。不同牌号、不同等级的钢材对化学成分和力学性能指标要求不同，具体要求见表 5 - 1 ~ 表 5 - 3。

表 5 - 1 碳素结构钢的牌号和化学成分（熔炼分析）

牌号	等级	脱氧方法	化学成分（质量分数）（%）不大于				
			C	Si	Mn	P	S
Q195	—	F、Z	0.12	0.30	0.50	0.035	0.040
Q215	A	F、Z	0.15	0.35	1.20	0.045	0.050
	B						0.045
Q235	A	F、Z	0.22	0.35	1.40	0.045	0.050
	B		0.20①				0.045
	C	Z	0.17			0.040	0.040
	D	TZ				0.035	0.035

续表 5 – 1

牌号	等级	脱氧方法	化学成分（质量分数）（%）不大于				
			C	Si	Mn	P	S
Q275	A	F、Z	0.24	0.35	1.50	0.045	0.050
	B	Z	0.21			0.045	0.045
			0.22				
	C	Z				0.040	0.040
			0.20				
	D	TZ				0.035	0.035

注：①经需方同意，Q235B 的碳含量可不大于 0.22%。

表 5 – 2　碳素结构钢的拉伸试验要求

牌号	等级	屈服强度[①]R_{eH}（N/mm²）不小于						抗拉强度[②] R_m (N/mm²)
		厚度（或直径）（mm）						
		≤16	>16~40	>40~60	>60~100	>100~150	>150~200	
Q195	—	195	185	—	—	—	—	315~430
Q215	A	215	205	195	185	175	165	335~450
	B							
Q235	A	235	225	215	215	195	185	370~500
	B							
	C							
	D							
Q275	A	275	265	255	245	225	215	410~540
	B							
	C							
	D							

牌号	等级	断后伸长率 A（%）不小于					冲击试验（V 形缺口）	
		厚度（或直径）（mm）					温度（℃）	冲击吸收功（纵向）（J）不小于
		≤40	>40~60	>60~100	>100~150	>150~200		
Q195	—	33	—	—	—	—	—	—
Q215	A	31	30	29	27	26	—	—
	B						+20	27

续表 5－2

牌号	等级	断后伸长率 A（%）不小于					冲击试验（V 形缺口）	
		厚度（或直径）（mm）					温度（℃）	冲击吸收功（纵向）（J）不小于
		≤40	>40～60	>60～100	>100～150	>150～200		
Q235	A	26	25	24	22	21	—	—
	B						+20	27③
	C						0	
	D						−20	
Q275	A	22	21	20	18	17	—	—
	B						+20	27
	C						0	
	D						−20	

注：①Q195 的屈服强度值仅供参考，不作交货条件。

②厚度大于 100mm 的钢材，抗拉强度下限允许降低 20N/mm²。宽带钢（包括剪切钢板）抗拉强度上限不作交货条件。

③厚度小于 25mm 的 Q235B 级钢材，如供方能保证冲击吸收功值合格，经需方同意，可不作检验。

表 5－3　碳素结构钢弯曲试验要求

牌号	试样方向	冷弯试验 $180°B = 2a$①	
		钢材厚度（或直径）② （mm）	
		≤60	>60～100
		弯心直径 d	
Q195	纵	0	—
	横	0.5a	
Q215	纵	0.5a	1.5a
	横	a	2a
Q235	纵	a	2a
	横	1.5a	2.5a
Q275	纵	1.5a	2.5a
	横	2a	3a

注：①B 为试样宽度，a 为试样厚度（或直径）。

②钢材厚度（或直径）大于 100mm 时，弯曲试验由双方协商确定。

（2）优质碳素结构钢。国家标准《优质碳素结构钢》GB/T 699—1999 中可用于建筑钢结构的牌号、化学成分与力学性能规定见表5-4、表5-5。

表5-4　建筑用优质碳素钢的化学成分（熔炼分析）

统一数字代号	牌号	化学成分（%）							
		C	Si	Mn	Cr	Ni	Cu	P	S
					不大于				
U20152	15	0.12~0.18	0.17~0.37	0.35~0.65	0.25	0.30	0.25	0.035	0.035
U20202	20	0.17~0.23	0.17~0.37	0.35~0.65	0.25	0.30	0.25	0.035	0.035
U21152	15Mn	0.12~0.18	0.17~0.37	0.70~1.00	0.25	0.30	0.25	0.035	0.035
U21202	20Mn	0.17~0.23	0.17~0.37	0.70~1.00	0.25	0.30	0.25	0.035	0.035

表5-5　建筑用优质碳素钢的力学性能

牌号	力学性能			
	σ_b（N/mm^2）	δ_5（N/mm^2）	δ_5（%）	ψ（%）
15	375	225	27	55
20	410	245	25	55
15Mn	410	245	26	55
20Mn	450	275	24	50

2. 低合金高强度结构钢的分类和性质

根据国家标准《低合金高强度结构钢》GB/T 1591—2008 规定，低合金高强度结构钢的牌号由代表屈服强度的汉语拼音字母、屈服强度数值、质量等级符号三个部分组成。其化学成分和力学性能见表5-6～表5-9。

表5-6　低合金高强度结构钢的化学成分（熔炼分析）

牌号	质量等级	化学成分[1],[2]（质量分数）（%）														
		C	Si	Mn	P	S	Nb	V	Ti	Cr	Ni	Cu	N	Mo	B	Als
									不大于							不小于
Q345	A	≤0.20	≤0.50	≤1.70	0.035	0.035	0.07	0.15	0.20	0.30	0.50	0.30	0.012	0.10	—	—
	B				0.035	0.035										
	C				0.030	0.030										
	D	≤0.18			0.030	0.025										0.015
	E				0.025	0.020										

续表 5-6

牌号	质量等级	化学成分[①][②]（质量分数）（%）														
		C	Si	Mn	P	S	Nb	V	Ti	Cr	Ni	Cu	N	Mo	B	Als
					不大于											不小于
Q390	A	≤0.20	≤0.50	≤1.70	0.035	0.035	0.07	0.20	0.20	0.30	0.50	0.30	0.015	0.10	—	—
	B				0.035	0.035										
	C				0.030	0.030										
	D				0.030	0.025										0.015
	E				0.025	0.020										
Q420	A	≤0.20	≤0.50	≤1.70	0.035	0.035	0.07	0.20	0.20	0.30	0.80	0.30	0.015	0.20	—	—
	B				0.035	0.035										
	C				0.030	0.030										
	D				0.030	0.025										0.015
	E				0.025	0.020										
Q460	C	≤0.20	≤0.60	≤1.80	0.030	0.030	0.11	0.20	0.20	0.30	0.80	0.55	0.015	0.20	0.004	0.015
	D				0.030	0.025										
	E				0.025	0.020										
Q500	C	≤0.18	≤0.60	≤1.80	0.030	0.030	0.11	0.12	0.20	0.60	0.80	0.55	0.015	0.20	0.004	0.015
	D				0.030	0.025										
	E				0.025	0.020										
Q550	C	≤0.18	≤0.60	≤2.00	0.030	0.030	0.11	0.12	0.20	0.80	0.80	0.80	0.015	0.30	0.004	0.015
	D				0.030	0.025										
	E				0.025	0.020										
Q620	C	≤0.18	≤0.60	≤2.00	0.030	0.030	0.11	0.12	0.20	1.00	0.80	0.80	0.015	0.30	0.004	0.015
	D				0.030	0.025										
	E				0.025	0.020										
Q690	C	≤0.18	≤0.60	≤2.00	0.030	0.030	0.11	0.12	0.20	1.00	0.80	0.80	0.015	0.30	0.004	0.015
	D				0.030	0.025										
	E				0.025	0.020										

注：①型材及棒材 P、S 含量可提高 0.005%，其中 A 级钢上限可为 0.045%。

②当细化晶粒元素组合加入时，20（Nb + V + Ti）≤0.22%，20（Mo + Cr）≤0.30%。

表 5 - 7　钢材的拉伸性能

牌号	质量等级	以下公称厚度（直径、边长）下屈服强度（R_a）（MPa）									以下公称厚度（直径、边长）抗拉强度（R_m）（MPa）							断后伸长率 A（%）公称厚度（直径、边长）					
		≤16mm	>16~40mm	>40~63mm	>63~80mm	>80~100mm	>100~150mm	>150~200mm	>200~250mm	>250~400mm	≤40mm	>40~63mm	>63~80mm	>80~100mm	>100~150mm	>150~250mm	>250~400mm	≤40mm	>40~63mm	>63~100mm	>100~150mm	>150~250mm	>250~400mm
Q345	A	≥345	≥335	≥325	≥315	≥305	≥285	≥275	≥265	≥265	470~630	470~630	470~630	470~630	450~600	450~600	—	≥20	≥19	≥19	≥18	≥17	—
	B	≥345	≥335	≥325	≥315	≥305	≥285	≥275	≥265	≥265	470~630	470~630	470~630	470~630	450~600	450~600	—	≥20	≥19	≥19	≥18	≥17	—
	C	≥345	≥335	≥325	≥315	≥305	≥285	≥275	≥265	≥265	470~630	470~630	470~630	470~630	450~600	450~600	—	≥21	≥20	≥20	≥19	≥18	≥17
	D	≥345	≥335	≥325	≥315	≥305	≥285	≥275	≥265	≥265	470~630	470~630	470~630	470~630	450~600	450~600	—	≥21	≥20	≥20	≥19	≥18	≥17
	E	≥345	≥335	≥325	≥315	≥305	≥285	≥275	≥265	≥265	470~630	470~630	470~630	470~630	450~600	450~600	—	≥21	≥20	≥20	≥19	≥18	≥17
Q390	A	≥390	≥370	≥350	≥330	≥310	—	—	—	—	490~650	490~650	490~650	490~650	470~620	—	—	≥20	≥19	≥19	≥18	—	—
	B	≥390	≥370	≥350	≥330	≥310	—	—	—	—	490~650	490~650	490~650	490~650	470~620	—	—	≥20	≥19	≥19	≥18	—	—
	C	≥390	≥370	≥350	≥330	≥310	—	—	—	—	490~650	490~650	490~650	490~650	470~620	—	—	≥20	≥19	≥19	≥18	—	—
	D	≥390	≥370	≥350	≥330	≥310	—	—	—	—	490~650	490~650	490~650	490~650	470~620	—	—	≥20	≥19	≥19	≥18	—	—
	E	≥390	≥370	≥350	≥330	≥310	—	—	—	—	490~650	490~650	490~650	490~650	470~620	—	—	≥20	≥19	≥19	≥18	—	—
Q420	A	≥420	≥400	≥380	≥360	≥340	—	—	—	—	520~680	520~680	520~680	520~680	500~650	—	—	≥19	≥18	≥18	≥18	—	—
	B	≥420	≥400	≥380	≥360	≥340	—	—	—	—	520~680	520~680	520~680	520~680	500~650	—	—	≥19	≥18	≥18	≥18	—	—
	C	≥420	≥400	≥380	≥360	≥340	—	—	—	—	520~680	520~680	520~680	520~680	500~650	—	—	≥19	≥18	≥18	≥18	—	—
	D	≥420	≥400	≥380	≥360	≥340	—	—	—	—	520~680	520~680	520~680	520~680	500~650	—	—	≥19	≥18	≥18	≥18	—	—
	E	≥420	≥400	≥380	≥360	≥340	—	—	—	—	520~680	520~680	520~680	520~680	500~650	—	—	≥19	≥18	≥18	≥18	—	—
Q460	C	≥460	≥440	≥420	≥400	≥380	—	—	—	—	550~720	550~720	550~720	550~720	530~700	—	—	≥17	≥16	≥16	≥15	—	—
	D	≥460	≥440	≥420	≥400	≥380	—	—	—	—	550~720	550~720	550~720	550~720	530~700	—	—	≥17	≥16	≥16	≥15	—	—
	E	≥460	≥440	≥420	≥400	≥380	—	—	—	—	550~720	550~720	550~720	550~720	530~700	—	—	≥17	≥16	≥16	≥15	—	—

拉伸试验①②③

续表 5-7

拉伸试验①、②、③

牌号	质量等级	下屈服强度（R_a）（MPa） 以下公称厚度（直径、边长）									抗拉强度（R_m）（MPa） 以下公称厚度（直径、边长）							断后伸长率 A（%） 公称厚度（直径、边长）					
		≤16mm	>16~40mm	>40~63mm	>63~80mm	>80~100mm	>100~150mm	>150~200mm	>200~250mm	>250~400mm	≤40mm	>40~63mm	>63~80mm	>80~100mm	>100~150mm	>150~250mm	>250~400mm	≤40mm	>40~63mm	>63~100mm	>100~150mm	>150~250mm	>250~400mm
Q500	C										610~770	600~760	590~750	540~730	—	—	—				—	—	—
	D	≥500	≥480	≥470	≥450	≥440	—	—	—	—								≥17	≥17	≥17	—	—	—
	E																				—	—	—
Q550	C										670~830	620~810	600~790	590~780	—	—	—				—	—	—
	D	≥550	≥530	≥520	≥500	≥490	—	—	—	—								≥15	≥16	≥16	—	—	—
	E																				—	—	—
Q620	C										710~880	690~880	670~860	—	—	—	—				—	—	—
	D	≥620	≥600	≥590	≥570	—	—	—	—	—								≥15	≥15	≥15	—	—	—
	E																				—	—	—
Q690	C										710~940	750~920	730~900	—	—	—	—				—	—	—
	D	≥690	≥670	≥660	≥640	—	—	—	—	—								≥14	≥14	≥14	—	—	—
	E																				—	—	—

宽度小于600mm的扁平材，拉伸试验取纵向试样；型材及棒材取纵向试样，断后伸长率最小值相应提高1%（绝对值）。

注：①当屈服不明显时，可测量 $R_{p0.2}$ 代替下屈服强度。

②宽度不小于600mm的扁平材，拉伸试验横向取试样；型材及棒材取纵向试样；宽度小于600mm的扁平材，断后伸长率最小值相应提高1%（绝对值）。

③厚度＞250~400mm的数值适用于扁平材。

表5-8　夏比（V型）冲击试验的试验温度和冲击吸收能量

牌号	质量等级	试验温度（℃）	冲击吸收能量 $KV_2^{①}$（J）		
			公称厚度（直径、边长）		
			12～150mm	>150～250mm	>250～400mm
Q345	B	20	≥34	≥27	—
	C	0			27
	D	-20			
	E	-40			
Q390	B	20	≥34	—	—
	C	0			
	D	-20			
	E	-40			
Q420	B	20	≥34	—	—
	C	0			
	D	-20			
	E	-40			
Q460	C	0	≥34	—	—
	D	-20			
	E	-40			
Q500、Q550、Q620、Q690	C	0	≥55	—	—
	D	-20	≥47		
	E	-40	≥31		

注：①冲击试验取纵向试样。

表5-9　弯　曲　试　验

牌　号	试　样　方　向	180°弯曲试验 [d＝弯心直径，a＝试样厚度（直径）]	
		钢材厚度（直径，边长）	
		≤16mm	>16～100mm
Q345、Q390、Q420、Q460	宽度不小于600mm扁平材，拉伸试验取横向试样。宽度小于600mm的扁平材、型材及棒材取纵向试样	$2a$	$3a$

5.1.2　钢材的选择

1．钢材选用原则

下列承重结构和构件不应采用 Q235 沸腾钢。

（1）焊接结构。

1）直接承受动力荷载或振动荷载且需要验算疲劳的结构。

2）工作温度低于 −20℃ 时的直接承受动力荷载或振动荷载但可不验算疲劳的结构及承受静力荷载的受弯及受拉的重要承重结构。

3）工作温度等于或低于 −30℃ 的所有承重结构。

（2）非焊接结构。工作温度等于或低于 −20℃ 的直接承受动力荷载且需要验算疲劳的结构。

2．钢材性能要求

承重结构采用钢材应具有抗拉强度、伸长率、屈服强度和硫、磷含量的合格保证，对焊接结构尚应具有碳含量的合格保证。

焊接承重结构以及重要的非焊接承重结构采用的钢材还应具有冷弯试验的合格保证。

对于需要验算疲劳的焊接结构的钢材应具有常温冲击韧度的合格保证。当结构工作温度不低于 0℃ 但低于 −20℃ 时，Q235 钢和 Q345 钢应具有 0℃ 冲击韧度的合格保证；对 Q390 钢和 Q420 钢应具有 −20℃ 冲击韧度的合格保证。当结构工作温度不低于 −20℃ 时，对 Q235 钢和 Q345 钢应具有 −20℃ 冲击韧度的合格保证；对 Q390 钢和 Q420 钢应具有 −40℃ 冲击韧度的合格保证。

对于需要验算疲劳的非焊接结构的钢材也应具有常温冲击韧度的合格保证。当结构工作温度不低于 −20℃ 时，对 Q235 钢和 Q345 钢应具有 0℃ 冲击韧度的合格保证；对 Q390 钢和 Q420 钢应具有 −20℃ 冲击韧度的合格保证。

3．钢材的代用与变通

结构钢材的选择应符合图纸设计要求的规定，钢结构工程所采用的钢材必须附有钢材的质量证明书，各项指标应符合设计文件的要求和国家现行有关标准的规定。钢材代用一般须与设计单位共同研究确定，需要注意以下几个方面：

1）钢号虽然满足设计要求，但生产厂提供的材质保证书中缺少设计部门提出的部分性能要求时，应做补充试验。补充试验的试件数量，每炉钢材、每种型号规格一般不宜少于 3 个。

2）钢材性能虽然能满足设计要求，但钢号的质量优于设计提出的要求时，应注意节约。

3）如果钢材性能满足设计要求，而钢号质量低于设计要求时，一般不允许代用。如果结构性质和使用条件允许，在材质相差不大的情况下，经设计单位同意也可代用。

4）钢材的钢号和性能都与设计提出的要求不符时，首先应检查是否合理，然后按钢材的设计强度重新计算，根据计算结果改变结构的截面、焊缝尺寸和节点构造。

5）对于成批混合的钢材，如果用于主要承重结构时，必须逐根按现行标准对其化学成分和力学性能分别进行试验；如果检验不符合要求时，可根据实际情况用于非承重结构构件。

6) 钢材力学性能所需的保证项目仅有一项不合格者，可按以下原则处理：

①当冷弯合格时，抗拉强度之上限值可以不限。

②伸长率比设计的数值低 1% 时允许使用，但不宜用于考虑塑性变形的构件。

③冲击功值按一组 3 个试样单值的算术平均值计算，允许其中一个试样单值低于规定值，但不得低于规定值的 70%。

7) 采用进口钢材时，应验证其化学成分和力学性能是否满足相应钢号的标准。

8) 钢材的规格尺寸与设计要求不同时，不能随意以大代小，须经计算后才能代用。

9) 如果钢材供应不全，可根据钢材选择的原则灵活调整。

5.1.3　钢材的检验与存储

1. 钢材的检验

保证钢结构工程质量的重要环节是建立钢材检验制度。因此，钢材在正式入库前必须严格执行检验制度，经检验合格的钢材方可办理入库手续。

(1) 钢材检验的内容。钢材检验的主要内容包括以下几方面：

1) 钢材的数量和品种应与订货合同相符。

2) 钢材的质量保证书应与钢材上打印的记号符合。每批钢材必须具备生产厂提供的材质证明书，写明钢材的炉号、钢号、化学成分和机械性能。对钢材的各项指标可根据国家标准的规定进行核验。

3) 核对钢材的规格尺寸。各类钢材尺寸的容许偏差，可参照有关国标或冶标中的规定进行核对。

4) 钢材表面质量检验。不论扁钢、钢板和型钢，其表面均不允许有结疤、裂纹、折叠和分层等缺陷。有上述缺陷的应另行堆放，以便研究处理。钢材表面的锈蚀深度，不得超过其厚度负偏差值的 1/2。锈蚀等级的划分和除锈等级见《涂覆涂料前钢材表面处理 表面清洁的目视评定　第 1 部分：未涂覆过的钢材表面和全面清除原有涂层后的钢材表面的锈蚀等级和处理等级》GB/T 8923.1—2011。

经检验发现"钢材质量保证书"上数据不清、不全，材质标记模糊，表面质量、外观尺寸不符合有关标准要求时，应视具体情况重新进行复核和复验鉴定。经复核复验鉴定合格的钢材方可正式入库，不合格钢材应另作处理。

(2) 钢材检验的类型。根据钢材信息和保证资料的具体情况，其质量检验程度分免检、抽检和全检验三种。

1) 免检。免去质量检验过程。对有足够质量保证的一般材料，以及实践证明质量长期稳定、且质量保证资料齐全的材料，可予免检。

2) 抽检。按随机抽样的方法对材料进行抽样检验。当对材料的性能不清楚，或对质量保证有怀疑，或对成批生产的构配件，均应按一定比例进行抽样检验。

3) 全检验。凡对进口的材料、设备和重要工程部位的材料，以及贵重的材料，应进行全部检验，以确保材料和工程质量。

(3) 钢材检验的方法。钢材的质量检验方法有书面检验、外观检验、理化检验和无损检验等四种。

1）书面检验。通过对提供的材料质量保证资料、试验报告等进行审核，取得认可后方能使用。

2）外观检验。对材料从品种、规格、标志、外形尺寸等进行直观检查，看其有无质量问题。

3）理化检验。借助试验设备和仪器对材料样品的化学成分、机械性能等进行科学的鉴定。

4）无损检验。在不破坏材料样品的前提下，利用种种检测仪器检测。

钢材的质量检验项目要求如表 5 - 10 所示。

表 5 - 10   材料质量的检验项目

材 料 名 称	钢 板	型 钢
书面检查	必须	必须
外观检查	必须	必须
理化试验	必要时	必要时
无损检测	必要时	必要时

（4）钢材检验的标准。钢材检验的标准见表 5 - 11。

表 5 - 11   钢材检验标准

要 求	检查数量	检验方法
钢材、钢铸件的品种、规格、性能等应符合现行国家产品标准和设计要求。进口钢材产品的质量应符合设计和合同规定标准的要求	全数检查	检查质量合格证明文件、中文标志及检验报告等
对属于下列情况之一的钢材，应进行抽样复验，其复验结果应符合现行国家产品标准和设计要求 1）国外进口钢材； 2）钢材混批； 3）板厚等于或大于 40mm，且设计有 Z 向性能要求的厚板； 4）建筑结构安全等级为一级，大跨度钢结构中主要受力构件所采用的钢材； 5）设计有复验要求的钢材； 6）对质量有疑义的钢材	全数检查	检查复验报告
钢板厚度及允许偏差应符合其产品标准的要求	每一品种、规格的钢板抽查 5 处	用游标卡尺量测

续表 5 – 11

要　　求	检查数量	检验方法
型钢的规格尺寸及允许偏差符合其产品标准的要求	每一品种、规格的型钢抽查 5 处	用钢尺和游标卡尺量测
钢材的表面外观质量除应符合国家现行有关标准的规定外，尚应符合下列规定： 1）当钢材的表面有锈蚀、麻点或划痕等缺陷时，其深度不得大于该钢材厚度负允许偏差值的 1/2； 2）钢材表面的锈蚀等级应符合现行国家标准《涂覆涂料前钢材表面处理　表面清洁的目视评定　第 1 部分：未涂覆过的钢材表面和全面清除原有涂层后的钢材表面的锈蚀等级和处理等级》GB/T 8923.1—2011 的规定； 3）钢材端边或断口处不应有分层、夹渣等缺陷	全数检查	观察检查

2. 钢材的存储

（1）钢材堆放场地。钢材储存既可露天堆放，也可堆放在有顶棚的仓库里。

1）露天堆放时，堆放场地要平整，并应高于周围地面，四周应留有排水沟，雪后要易于清扫。堆放时，要尽量使钢材截面的背面向上或向外，以免积雪、积水。两端应有高差，以便于排水。

2）堆放在有顶棚的仓库里时，可直接堆放在地坪上，下垫楞木。对于小钢材也可堆放在架子上，堆与堆之间应留出走道。

（2）钢材堆放要求。

1）钢材的堆放应尽量减少钢材的变形和锈蚀，钢材堆放的方式既要节约用地，也要注意提取方便。

2）钢材堆放时，每隔 5～6 层应放置楞木，其间距应以不引起钢材明显的弯曲变形为宜。楞木要上下对齐，在同一垂直平面内。

3）为增加堆放钢材的稳定性，可使钢材互相勾连，或采取其他措施。

钢材的堆放高度可达到所堆宽度的两倍，否则，钢材堆放的高度不应大于其宽度。堆放时，一般应一端对齐，并在前面树立标牌，写清工程名称、钢号、规格、长度、数量。

4）选用钢材时，应顺序寻找，不可乱翻。为了材料便于搬运，在堆放时应在料堆之间留出一定宽度的通道，以便于运输。

5）经验收或复验合格的钢材入库时应进行登记，填写记录卡，注明入库时间、型号、规格、炉批号，专项专用的钢材还应注明工程项目名称。钢材表面涂上色标、规格和型号，按品种、牌号、规格分类堆放。

根据钢号在钢材端部涂以不同颜色的油漆。油漆的颜色见表 5 – 12。

表 5－12　钢材钢号和色漆对照表

钢　号	油漆颜色
0 号	红 + 绿
1 号	白 + 黑
2 号	黄色
3 号	红色
4 号	黑色
5 号	绿色
16Mn	白色

6）钢材的标牌应定期检查。余料退库时要检查有无标识，当退料无标识时，要及时核查清楚，重新标识后方可入库。

5.2　钢结构连接

5.2.1　钢结构焊接

1. 焊接工艺

（1）焊接工艺评定及方案。

1）施工单位首次采用的钢材、焊接材料、焊接方法、接头形式、焊接位置、焊后热处理等各种参数及参数的组合，应在钢结构制作及安装前进行焊接工艺评定试验。焊接工艺评定试验方法和要求，以及免予工艺评定的限制条件，应符合现行国家标准《钢结构焊接规范》GB 50661—2011 的有关规定。

2）焊接施工前，施工单位应以合格的焊接工艺评定结果或采用符合免除工艺评定条件为依据，编制焊接工艺文件，并应包括下列内容：

①焊接方法或焊接方法的组合。

②母材的规格、牌号、厚度及覆盖范围。

③填充金属的规格、类别和型号。

④焊接接头形式、坡口形式、尺寸及其允许偏差。

⑤焊接位置。

⑥焊接电源的种类和极性。

⑦清根处理。

⑧焊接工艺参数（焊接电流、焊接电压、焊接速度、焊层和焊道分布）。

⑨预热温度及道间温度范围。

⑩焊后消除应力处理工艺。

⑪其他必要的规定。

（2）焊接作业条件。

1）焊接时，作业区环境温度、相对湿度和风速等应符合下列规定，当超出本条规定且必须进行焊接时，应编制专项方案：

①作业环境温度不应低于 – 10℃。

②焊接作业区的相对湿度不应大于90%。

③当手工电弧焊和自保护药芯焊丝电弧焊时，焊接作业区最大风速不应超过8m/s；当气体保护电弧焊时，焊接作业区最大风速不应超过2m/s。

2）现场高空焊接作业应搭设稳固的操作平台和防护棚。

3）焊接前，应采用钢丝刷、砂轮等工具清除待焊处表面的氧化皮、铁锈、油污等杂物，焊缝坡口宜按现行国家标准《钢结构焊接规范》GB 50661—2011 的有关规定进行检查。

4）焊接作业应按工艺评定的焊接工艺参数进行。

5）当焊接作业环境温度低于0℃且不低于 – 10℃时，应采取加热或防护措施，应将焊接接头和焊接表面各方向大于或等于钢板厚度的2倍且不小于100mm范围内的母材，加热到规定的最低预热温度且不低于20℃后再施焊。

（3）定位焊。

1）定位焊焊缝的厚度不应小于3mm，不宜超过设计焊缝厚度的2/3；长度不宜小于40mm和接头中较薄部件厚度的4倍；间距宜为300～600mm。

2）定位焊缝与正式焊缝应具有相同的焊接工艺和焊接质量要求。多道定位焊焊缝的端部应为阶梯状。采用钢衬垫板的焊接接头，定位焊宜在接头坡口内进行。定位焊焊接时预热温度宜高于正式施焊预热温度20℃～50℃。

（4）引弧板、引出板和衬垫板。

1）当引弧板、引出板和衬垫板为钢材时，应选用屈服强度不大于被焊钢材标称强度的钢材，且焊接性应相近。

2）焊接接头的端部应设置焊缝引弧板、引出板。焊条电弧焊和气体保护电弧焊焊缝引出长度应大于25mm，埋弧焊缝引出长度应大于80mm。焊接完成并完全冷却后，可采用火焰切割、碳弧气刨或机械等方法除去引弧板、引出板，并应修磨平整，严禁用锤击落。

3）钢衬垫板应与接头母材密贴连接，其间隙不应大于1.5mm，并应与焊缝充分熔合。手工电弧焊和气体保护电弧焊时，钢衬垫板厚度不应小于4mm；埋弧焊接时，钢衬垫板厚度不应小于6mm；电渣焊时钢衬垫板厚度不应小于25mm。

（5）预热和道间温度控制。

1）预热和道间温度控制宜采用电加热、火焰加热和红外线加热等加热方法，并应采用专用的测温仪器测量。预热的加热区域应在焊接坡口两侧，宽度应为焊件施焊处板厚的1.5倍以上，且不应小于100mm。温度测量点，当为非封闭空间构件时，宜在焊件受热面的背面离焊接坡口两侧不小于75mm处；当为封闭空间构件时，宜在正面离焊接坡口两侧不小于100mm处。

2）焊接接头的预热温度和道间温度，应符合现行国家标准《钢结构焊接规范》GB 50661—2011 的有关规定；当工艺选用的预热温度低于现行国家标准《钢结构焊接规范》GB 50661—2011 的有关规定时，应通过工艺评定试验确定。

（6）焊接变形的控制。

1）采用的焊接工艺和焊接顺序应使构件的变形和收缩最小，可采用下列控制变形的焊接顺序：

①对接接头、T形接头和十字接头，在构件放置条件允许或易于翻转的情况下，宜双面对称焊接；有对称截面的构件，宜对称于构件中性轴焊接；有对称连接杆件的节点，宜对称于节点轴线同时对称焊接。

②非对称双面坡口焊缝，宜先焊深坡口侧部分焊缝，然后焊满浅坡口侧，最后完成深坡口侧焊缝。特厚板宜增加轮流对称焊接的循环次数。

③长焊缝宜采用分段退焊法、跳焊法或多人对称焊接法。

2）构件焊接时，宜采用预留焊接收缩余量或预置反变形方法控制收缩和变形，收缩余量和反变形值宜通过计算或试验确定。

3）构件装配焊接时，应先焊收缩量较大的接头、后焊收缩量较小的接头，接头应在拘束较小的状态下焊接。

（7）焊后消除应力处理。

1）设计文件或合同文件对焊后消除应力有要求时，需经疲劳验算的结构中承受拉应力的对接接头或焊缝密集的节点或构件，宜采用电加热器局部退火和加热炉整体退火等方法进行消除应力处理；仅为稳定结构尺寸时，可采用振动法消除应力。

2）焊后热处理应符合现行行业标准《碳钢、低合金钢焊接构件焊后热处理方法》JB/T 6046—1992 的有关规定。当采用电加热器对焊接构件进行局部消除应力热处理时，应符合下列规定：

①使用配有温度自动控制仪的加热设备，其加热、测温、控温性能应符合使用要求。

②构件焊缝每侧面加热板（带）的宽度应至少为钢板厚度的 3 倍，且不应小于200mm。

③加热板（带）以外构件两侧宜用保温材料覆盖。

3）用锤击法消除中间焊层应力时，应使用圆头手锤或小型振动工具进行，不应对根部焊缝、盖面焊缝或焊缝坡口边缘的母材进行锤击。

4）采用振动法消除应力时，振动时效工艺参数选择及技术要求，应符合现行行业标准《焊接构件振动时效工艺参数选择及技术要求》JB/T 10375—2002 的有关规定。

2. 焊接接头

（1）全熔透和部分熔透焊接。

1）T形接头、十字接头、角接接头等要求全熔透的对接和角接组合焊缝，其加强角焊缝的焊脚尺寸不应小于 $t/4$ ［图 5 - 1 （a） ~ （c）］，设计有疲劳验算要求的吊车梁或类似构件的腹板与上翼缘连接焊缝的焊脚尺寸应为 $t/2$，且不应大于 10mm ［图 5 - 1 （d）］。焊脚尺寸的允许偏差为 0 ~ 4mm。

2）全熔透坡口焊缝对接接头的焊缝余高，应符合表 5 - 13 的规定。

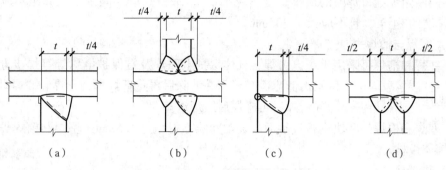

图 5 – 1　焊脚尺寸

表 5 – 13　对接接头的焊缝余高（mm）

设计要求焊缝等级	焊缝宽度	焊缝余高
一、二级焊缝	<20	0 ~ 3
	≥20	0 ~ 4
三级焊缝	<20	0 ~ 3.5
	≥20	0 ~ 5

3）全熔透双面坡口焊缝可采用不等厚的坡口深度，较浅坡口深度不应小于接头厚度的 1/4。

4）部分熔透焊接应保证设计文件要求的有效焊缝厚度。T 形接头和角接接头中部分熔透坡口焊缝与角焊缝构成的组合焊缝，其加强角焊缝的焊脚尺寸应为接头中最薄板厚的 1/4，且不应超过 10mm。

（2）角焊缝接头。

1）由角焊缝连接的部件应密贴，根部间隙不宜超过 2mm；当接头的根部间隙超过 2mm 时，角焊缝的焊脚尺寸应根据根部间隙值增加，但最大不应超过 5mm。

2）当角焊缝的端部在构件上时，转角处宜连续包角焊，起弧和熄弧点距焊缝端部宜大于 10.0mm；当角焊缝端部不设置引弧和引出板的连续焊缝，起熄弧点（图 5 – 2）距焊缝端部宜大于 10.0mm，弧坑应填满。

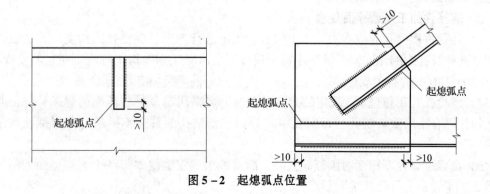

图 5 – 2　起熄弧点位置

3）间断角焊缝每焊段的最小长度不应小于 40mm，焊段之间的最大间距不应超过较薄焊件厚度的 24 倍，且不应大于 300mm。

（3）塞焊与槽焊。

1）塞焊和槽焊可采用手工电弧焊、气体保护电弧焊及自保护电弧焊等焊接方法。平焊时，应分层熔敷焊接，每层熔渣应冷却凝固并清除后再重新焊接；立焊和仰焊时，每道焊缝焊完后，应待熔渣冷却并清除后再施焊后续焊道。

2）塞焊和槽焊的两块钢板接触面的装配间隙不得超过 1.5mm。塞焊和槽焊焊接时严禁使用填充板材。

（4）电渣焊。

1）电渣焊应采用专用的焊接设备，可采用熔化嘴和非熔化嘴方式进行焊接。电渣焊采用的衬垫可使用钢衬垫和水冷铜衬垫。

2）箱形构件内隔板与面板 T 形接头的电渣焊焊接宜采取对称方式进行焊接。

3）电渣焊衬垫板与母材的定位焊宜采用连续焊。

（5）栓钉焊。

1）栓钉应采用专用焊接设备进行施焊。首次栓钉焊接时，应进行焊接工艺评定试验，并应确定焊接工艺参数。

2）每班焊接作业前。应至少试焊 3 个栓钉，并应检查合格后再正式施焊。

3）当受条件限制而不能采用专用设备焊接时，栓钉可采用焊条电弧焊和气体保护电弧焊焊接，并应按相应的工艺参数施焊，其焊缝尺寸应通过计算确定。

5.2.2　钢结构紧固件连接

1．一般规定

1）构件的紧固件连接节点和拼接接头，应在检验合格后进行紧固施工。

2）经验收合格的紧固件连接节点与拼接接头，应按设计文件的规定及时进行防腐和防火涂装。接触腐蚀性介质的接头应用防腐腻子等材料封闭。

3）钢结构制作和安装单位，应按现行国家标准《钢结构工程施工质量验收规范》GB 50205—2001 的有关规定分别进行高强度螺栓连接摩擦面的抗滑移系数试验，其结果应符合设计要求。当高强度螺栓连接节点按承压型连接或张拉型连接进行强度设计时，可不进行摩擦面抗滑移系数的试验。

2．连接件加工及摩擦面处理

1）连接件螺栓孔应按本书 5.3.1 的有关规定进行加工，螺栓孔的精度、孔壁表面粗糙度、孔径及孔距的允许偏差等，应符合现行国家标准《钢结构工程施工质量验收规范》GB 50205—2001 的有关规定。

2）螺栓孔孔距超过 1）规定的允许偏差时，可采用与母材相匹配的焊条补焊，并应经无损检测合格后重新制孔，每组孔中经补焊重新钻孔的数量不得超过该组螺栓数量的20%。

3）高强度螺栓摩擦面对因板厚公差、制造偏差或安装偏差等产生的接触面间隙，应按表 5 - 14 规定进行处理。

表 5－14 接触面间隙处理

示　意　图	处　理　方　法
	Δ < 1.0mm 时不予处理
磨斜面	Δ =（1.0 ~ 3.0）mm 时将厚板一侧磨成 1:10 缓坡，使间隙小于 1.0mm
	Δ > 3.0mm 时加垫板，垫板厚度不小于 3mm，最多不超过 3 层，垫板材质和摩擦面处理方法应与构件相同

4）高强度螺栓连接处的摩擦面可根据设计抗滑移系数的要求选择处理工艺，抗滑移系数应符合设计要求。采用手工砂轮打磨时，打磨方向应与受力方向垂直，且打磨范围不应小于螺栓孔径的 4 倍。

5）经表面处理后的高强度螺栓连接摩擦面，应符合下列规定：

①连接摩擦面应保持干燥、清洁，不应有飞边、毛刺、焊接飞溅物、焊疤、氧化铁皮、污垢等。

②经处理后的摩擦面应采取保护措施，不得在摩擦面上作标记。

③摩擦面采用生锈处理方法时，安装前应以细钢丝刷垂直于构件受力方向除去摩擦面上的浮锈。

3．普通紧固件连接

1）普通螺栓可采用普通扳手紧固，螺栓紧固应使被连接件接触面、螺栓头和螺母与构件表面密贴。普通螺栓紧固应从中间开始，对称向两边进行，大型接头宜采用复拧。

2）普通螺栓作为永久性连接螺栓时，紧固连接应符合下列规定：

①螺栓头和螺母侧应分别放置平垫圈，螺栓头侧放置的垫圈不应多于 2 个，螺母侧放置的垫圈不应多于 1 个。

②承受动力荷载或重要部位的螺栓连接，设计有防松动要求时，应采取有防松动装置的螺母或弹簧垫圈，弹簧垫圈应放置在螺母侧。

③对工字钢、槽钢等有斜面的螺栓连接，宜采用斜垫圈。

④同一个连接接头螺栓数量不应少于 2 个。

⑤螺栓紧固后外露丝扣不应少于 2 扣，紧固质量检验可采用锤敲检验。

3）连接薄钢板采用的拉铆钉、自攻钉、射钉等，其规格尺寸应与被连接钢板相匹配，其间距、边距等应符合设计文件的要求。钢拉铆钉和自攻螺钉的钉头部分应靠在较薄的板件一侧。自攻螺钉、钢拉铆钉、射钉等与连接钢板应紧固密贴，外观应排列整齐。

4）自攻螺钉（非自攻自钻螺钉）连接板上的预制孔径 d_0，可按下列公式计算：

$$d_0 = 0.7d + 0.2t_t \qquad (5-1)$$
$$d_0 \le 0.9d \qquad (5-2)$$

式中：d——自攻螺钉的公称直径（mm）；

t_t——连接板的总厚度（mm）。

5）射钉施工时，穿透深度不应小于 10.0mm。

4. 高强度螺栓连接

1）高强度大六角头螺栓连接副应由一个螺栓、一个螺母和两个垫圈组成，扭剪型高强度螺栓连接副应由一个螺栓、一个螺母和一个垫圈组成，使用组合应符合表 5-15 的规定。

表 5-15　高强度螺栓连接副的使用组合

螺栓	螺母	垫圈
10.9s	10H	(35~45) HRC
8.8s	8H	(35~45) HRC

2）高强度螺栓长度应以螺栓连接副终拧后外露 2 扣~3 扣丝为标准计算，可按下列公式计算。选用的高强度螺栓公称长度应取修约后的长度，应根据计算出的螺栓长度 l 按修约间隔 5mm 进行修约。

$$l = l' + \Delta l \qquad (5-3)$$
$$\Delta l = m + ns + 3p \qquad (5-4)$$

式中：l'——连接板层总厚度；

Δl——附加长度，或按表 5-16 选取；

m——高强度螺母公称厚度；

n——垫圈个数，扭剪型高强度螺栓为 1，高强度大六角头螺栓为 2；

s——高强度垫圈公称厚度，当采用大圆孔或槽孔时，高强度垫圈公称厚度按实际厚度取值；

p——螺纹的螺距。

表 5-16　高强度螺栓附加长度 Δl（mm）

螺栓公称直径	M12	M16	M20	M22	M24	M27	M30
高强度大六角头螺栓	23	30	35.5	39.5	43	46	50.5
扭剪型高强度螺栓	—	26	31.5	34.5	38	41	45.5

注：本表附加长度 Δl 由标准圆孔垫圈公称厚度计算确定。

3）高强度螺栓安装时应先使用安装螺栓和冲钉。在每个节点上穿入的安装螺栓和冲钉数量，应根据安装过程所承受的荷载计算确定，并应符合下列规定：

①不应少于安装孔总数的1/3。

②安装螺栓不应少于2个。

③冲钉穿入数量不宜多于安装螺栓数量的30%。

④不得用高强度螺栓兼做安装螺栓。

4）高强度螺栓应在构件安装精度调整后进行拧紧。高强度螺栓安装应符合下列规定：

①扭剪型高强度螺栓安装时，螺母带圆台面的一侧应朝向垫圈有倒角的一侧。

②大六角头高强度螺栓安装时，螺栓头下垫圈有倒角的一侧应朝向螺栓头，螺母带圆台面的一侧应朝向垫圈有倒角的一侧。

5）高强度螺栓现场安装时应能自由穿入螺栓孔，不得强行穿入。螺栓不能自由穿入时，可采用铰刀或锉刀修整螺栓孔，不得采用气割扩孔，扩孔数量应征得设计单位同意，修整后或扩孔后的孔径不应超过螺栓直径的1.2倍。

6）高强度大六角头螺栓连接副施拧可采用扭矩法或转角法，施工时应符合下列规定：

①施工用的扭矩扳手使用前应进行校正，其扭矩相对误差不得大于±5%；校正用的扭矩扳手，其扭矩相对误差不得大于±3%。

②施拧时，应在螺母上施加扭矩。

③施拧应分为初拧和终拧，大型节点应在初拧和终拧间增加复拧。初拧扭矩可取施工终拧扭矩的50%，复拧扭矩应等于初拧扭矩。终拧扭矩应按下式计算：

$$T_c = kP_c d \qquad (5-5)$$

式中：T_c——施工终拧扭矩（N·m）；

k——高强度螺栓连接副的扭矩系数平均值，取0.110～0.150；

P_c——高强度大六角头螺栓施工预拉力，可按表5-17选用（kN）；

d——高强度螺栓公称直径（mm）。

表5-17 高强度大六角头螺栓施工预拉力（kN）

螺栓性能等级	螺栓公称直径						
	M12	M16	M20	M22	M24	M27	M30
8.8s	50	90	140	165	195	255	310
10.9s	60	110	170	210	250	320	390

④采用转角法施工时，初拧（复拧）后连接副的终拧转角度应符合表5-18的要求。

⑤初拧或复拧后应对螺母涂画颜色标记。

7）扭剪型高强度螺栓连接副应采用专用电动扳手施拧，施工时应符合下列规定：

①施拧应分为初拧和终拧，大型节点宜在初拧和终拧间增加复拧。

表 5 – 18　初拧（复拧）后连接副的终拧转角度

螺栓长度 l	螺母转角	连接状态
$l \leqslant 4d$	1/3 圈（120°）	连接形式为一层芯板加两层盖板
$4d < l \leqslant 8d$ 或 200mm 及以下	1/2 圈（180°）	
$8d < l \leqslant 12d$ 或 200mm 以上	2/3 力度（240°）	

注：1. d 为螺栓公称直径。

2. 螺母的转角为螺母与螺栓杆之间的相对转角。

3. 当螺栓长度 l 超过螺栓公称直径 d 的 12 倍时，螺母的终拧角度应由试验确定。

②初拧扭矩值应取公式（5 – 5）中 T_c 计算值的 50%，其中 k 应取 0.13，也可按表 5 – 19 选用；复拧扭矩应等于初拧扭矩。

表 5 – 19　扭剪型高强度螺栓初拧（复拧）扭矩值（N·m）

螺栓公称直径（mm）	M16	M20	M22	M24	M27	M30
初拧（复拧）扭矩	115	220	300	390	560	760

③终拧应以拧掉螺栓尾部梅花头为准，少数不能用专用扳手进行终拧的螺栓，可按 6）规定的方法进行终拧，扭矩系数 k 应取 0.13。

④初拧或复拧后应对螺母涂画颜色标记。

8）高强度螺栓连接节点螺栓群初拧、复拧和终拧，应采用合理的施拧顺序。

9）高强度螺栓和焊接混用的连接节点，当设计文件无规定时，宜按先螺栓紧固后焊接的施工顺序。

10）高强度螺栓连接副的初拧、复拧、终拧，宜在 24h 内完成。

11）高强度大六角头螺栓连接用扭矩法施工紧固时，应进行下列质量检查：

①应检查终拧颜色标记，并应用 0.3kg 重小锤敲击螺母对高强度螺栓进行逐个检查。

②终拧扭矩应按节点数 10% 抽查，且不应少于 10 个节点；对每个被抽查节点应按螺栓数 10% 抽查，且不应少于 2 个螺栓。

③检查时应先在螺杆端面和螺母上画一直线，然后将螺母拧松约 60°；再用扭矩扳手重新拧紧，使两线重合，测得此时的扭矩应为 $0.9T_{ch} \sim 1.1T_{ch}$。T_{ch} 可按下式计算：

$$T_{ch} = kPd \qquad (5 – 6)$$

式中：T_{ch}——检查扭矩（N·m）；

　　　P——高强度螺栓设计预拉力（kN）；

　　　k——扭矩系数。

④发现有不符合规定时，应再扩大 1 倍检查；仍有不合格者时，则整个节点的高强度螺栓应重新施拧。

⑤扭矩检查宜在螺栓终拧 1h 以后、24h 之前完成，检查用的扭矩扳手，其相对误差不得大于 ±3%。

12）高强度大六角头螺栓连接转角法施工紧固，应进行下列质量检查：

①应检查终拧颜色标记，同时应用约 0.3kg 重小锤敲击螺母对高强度螺栓进行逐个检查。

②终拧转角应按节点数抽查 10%，且不应少于 10 个节点；对每个被抽查节点应按螺栓数抽查 10%，且不应少于 2 个螺栓。

③应在螺杆端面和螺母相对位置画线，然后全部卸松螺母，应再按规定的初拧扭矩和终拧角度重新拧紧螺栓，测量终止线与原终止线画线间的角度，应符合表 5－18 的要求，误差在 ±30° 者应为合格。

④发现有不符合规定时，应再扩大 1 倍检查；仍有不合格者时，则整个节点的高强度螺栓应重新施拧。

⑤转角检查宜在螺栓终拧 1h 以后、24h 之前完成。

13）扭剪型高强度螺栓终拧检查，应以目测尾部梅花头拧断为合格。不能用专用扳手拧紧的扭剪型高强度螺栓，应按 11）的规定进行质量检查。

14）螺栓球节点网架总拼完成后，高强度螺栓与球节点应紧固连接，螺栓拧入螺栓球内的螺纹长度不应小于螺栓直径的 1.1 倍，连接处不应出现有间隙、松动等未拧紧情况。

5.3　钢结构加工制作

5.3.1　零件及部件加工

1. 放样和号料

1）放样和号料应根据施工详图和工艺文件进行，并应按要求预留余量。

2）放样和样板（样杆）的允许偏差应符合表 5－20 的规定。

表 5－20　放样和样板（样杆）的允许偏差

项　目	允　许　偏　差
平行线距离与分段尺寸	±0.5mm
样板长度	±0.5mm
样板宽度	±0.5mm
样板对角线差	1.0mm
样杆长度	±1.0mm
样板的角度	±20′

3）号料的允许偏差应符合表 5-21 的规定。

表 5-21 号料的允许偏差（mm）

项　目	允许偏差
零件外形尺寸	±1.0
孔距	±0.5

4）主要零件应根据构件的受力特点和加工状况，按工艺规定的方向进行号料。

5）号料后，零件和部件应按施工详图和工艺要求进行标识。

2. 切割

1）钢材切割可采用气割、机械切割、等离子切割等方法，选用的切割方法应满足工艺文件的要求。切割后的飞边、毛刺应清理干净。

2）钢材切割面应无裂纹、夹渣、分层等缺陷和大于 1mm 的缺棱。

3）气割前钢材切割区域表面应清理干净。切割时，应根据设备类型、钢材厚度、切割气体等因素选择适合的工艺参数。

4）气割的允许偏差应符合表 5-22 的规定。

表 5-22 气割的允许偏差（mm）

项　目	允许偏差
零件宽度、长度	±3.0
切割面平面度	$0.05t$，且不应大于 2.0
割纹深度	0.3
局部缺口深度	1.0

注：t 为切割面厚度。

5）机械剪切的零件厚度不宜大于 12.0mm，剪切面应平整。碳素结构钢在环境温度低于 -20℃、低合金结构钢在环境温度低于 -15℃时，不得进行剪切、冲孔。

6）机械剪切的允许偏差应符合表 5-23 的规定。

表 5-23 机械剪切的允许偏差（mm）

项　目	允许偏差
零件宽度、长度	±3.0
边缘缺棱	1.0
型钢端部垂直度	2.0

7）钢网架（桁架）用钢管杆件宜用管子车床或数控相贯线切割机下料，下料时应预放加工余量和焊接收缩量，焊接收缩量可由工艺试验确定。钢管杆件加工的允许偏差应符合表 5-24 的规定。

表 5 – 24　钢管杆件加工的允许偏差（mm）

项　目	允　许　偏　差
长度	±1.0
端面对管轴的垂直度	0.005r
管口曲线	1.0

注：r 为管半径。

3. 矫正和成型

1）矫正可采用机械矫正、加热矫正、加热与机械联合矫正等方法。

2）碳素结构钢在环境温度低于 -16℃、低合金结构钢在环境温度低于 12℃时，不应进行冷矫正和冷弯曲。碳素结构钢和低合金结构钢在加热矫正时，加热温度应为 700℃ ~ 800℃，最高温度严禁超过 900℃，最低温度不得低于 600℃。

3）当零件采用热加工成型时，可根据材料的含碳量，选择不同的加热温度。加热温度应控制在 900℃ ~1000℃，也可控制在 1100℃ ~1300℃；碳素结构钢和低合金结构钢在温度分别下降到 700℃和 800℃前，应结束加工；低合金结构钢应自然冷却。

4）热加工成型温度应均匀，同一构件不应反复进行热加工；温度冷却到 200℃ ~ 400℃时，严禁捶打、弯曲和成型。

5）工厂冷成型加工钢管，可采用卷制或压制工艺。

6）矫正后的钢材表面，不应有明显的凹痕或损伤，划痕深度不得大于 0.5mm，且不应超过钢材厚度允许负偏差的 1/2。

7）型钢冷矫正和冷弯曲的最小曲率半径和最大弯曲矢高，应符合表 5 –25 的规定。

表 5 –25　冷矫正和冷弯曲的最小曲率半径和最大弯曲矢高（mm）

项次	钢材类型	示　意　图	对于轴线	矫正		弯曲	
				r	f	r	f
1	钢板、扁钢		$x - x$	$50t$	$\dfrac{l^2}{400t}$	$25t$	$\dfrac{l^2}{200t}$
			$y - y$（仅对扁钢轴线）	$100b$	$\dfrac{l^2}{800b}$	$50b$	$\dfrac{l^2}{400b}$
2	角钢		$x - x$	$90b$	$\dfrac{l^2}{720b}$	$45b$	$\dfrac{l^2}{360b}$

续表 5 – 25

项次	钢材类型	示　意　图	对于轴线	矫正		弯曲	
				r	f	r	f
3	槽钢		$x-x$	$50h$	$\dfrac{l^2}{400h}$	$25h$	$\dfrac{l^2}{200h}$
			$y-y$	$90b$	$\dfrac{l^2}{720b}$	$45b$	$\dfrac{l^2}{360b}$
4	工字钢		$x-x$	$50h$	$\dfrac{l^2}{400h}$	$25h$	$\dfrac{l^2}{200h}$
			$y-y$	$50b$	$\dfrac{l^2}{400b}$	$25b$	$\dfrac{l^2}{200b}$

注：r 为曲率半径，f 为弯曲矢高；l 为弯曲弦长；t 为板厚；b 为宽度；h 为高度。

8）钢材矫正后的允许偏差应符合表 5 – 26 的规定。

表 5 – 26　钢材矫正后的允许偏差（mm）

项　　目		允　许　偏　差	图　　例
钢板的局部平面度	$t \leqslant 14$	1.5	
	$t > 14$	1.0	
型钢弯曲矢高		$l/1000$ 且不应大于 5.0	
角钢肢的垂直度		$b/100$ 且双肢栓接角钢的角度不得大于 90°	
槽钢翼缘对腹板的垂直度		$b/80$	
工字钢、H 型钢翼缘对腹板的垂直度		$b/100$ 且不大于 2.0	

9）钢管弯曲成型的允许偏差应符合表 5 – 27 的规定。

表 5 – 27　钢管弯曲成型的允许偏差（mm）

项　目	允 许 偏 差
直径	$\pm d/200$ 且 $\leqslant \pm 5.0$
构件长度	± 3.0
管口圆度	$d/200$ 且 $\leqslant 5.0$
管中间圆度	$d/100$ 且 $\leqslant 8.0$
弯曲矢高	$l/1500$ 且 $\leqslant 5.0$

注：d 为钢管直径。

4. 边缘加工

1）边缘加工可采用气割和机械加工方法，对边缘有特殊要求时宜采用精密切割。

2）气割或机械剪切的零件，需要进行边缘加工时，其刨削量不应小于 2.0mm。

3）边缘加工的允许偏差应符合表 5 – 28 的规定。

表 5 – 28　边缘加工的允许偏差

项　目	允 许 偏 差
零件宽度、长度	± 1.0mm
加工边直线度	$l/3000$，且不应大于 2.0mm
相邻两边夹角	$\pm 6'$
加工面垂直度	$0.025t$，且不应大于 0.5mm
加工面表面粗糙度	$R_a \leqslant 50 \mu m$

4）焊缝坡口可采用气割、铲削、刨边机加工等方法，焊缝坡口的允许偏差应符合表 5 – 29 的规定。

表 5 – 29　焊缝坡口的允许偏差

项　目	允 许 偏 差
坡口角度	$\pm 5°$
钝边	± 1.0mm

5）零部件采用铣床进行铣削加工边缘时，加工后的允许偏差应符合表 5 – 30 的规定。

表5-30 零部件铣削加工后的允许偏差 (mm)

项 目	允许偏差
两端铣平时零件长度、宽度	±1.0
铣平面的平面度	0.3
铣平面的垂直度	$l/1500$

5. 制孔

1）制孔可采用钻孔、冲孔、铣孔、铰孔、镗孔和锪孔等方法，对直径较大或长形孔也可采用气割制孔。

2）利用钻床进行多层板钻孔时，应采取有效的防止窜动措施。

3）机械或气割制孔后，应清除孔周边的毛刺、切屑等杂物；孔壁应圆滑，应无裂纹和大于1.0mm的缺棱。

6. 螺栓球和焊接球加工

1）螺栓球宜热锻成型，加热温度宜为1150℃～1250℃，终锻温度不得低于800℃，成型后螺栓球不应有裂纹、褶皱和过烧。

2）螺栓球加工的允许偏差应符合表5-31的规定。

表5-31 螺栓球加工的允许偏差 (mm)

项 目		允许偏差
球直径	$d \leqslant 120$	+2.0 -1.0
	$d > 120$	+3.0 -1.5
球圆度	$d \leqslant 120$	1.5
	$120 < d \leqslant 250$	2.5
	$d > 250$	3.0
同一轴线上两铣平面平行度	$d \leqslant 120$	0.2
	$d > 120$	0.3
铣平面距球中心距离		±0.2
相邻两螺栓孔中心线夹角		±30′
两铣平面与螺栓孔轴线垂直度		0.005r

注：r为螺栓球半径；d为螺栓球直径。

3）焊接空心球宜采用钢板热压成半圆球，加热温度宜为1000℃～1100℃，并应经机械加工坡口后焊成圆球。焊接后的成品球表面应光滑平整，不应有局部凸起或褶皱。

4）焊接空心球加工的允许偏差应符合表5-32的规定。

表 5 - 32　焊接空心球加工的允许偏差（mm）

项　　目		允　许　偏　差
直径	$d \geqslant 300$	±1.5
	$300 < d \leqslant 500$	±2.5
	$500 < d \leqslant 800$	±3.5
	$d > 800$	±4
圆度	$d \geqslant 300$	±1.5
	$300 < d \leqslant 500$	±2.5
	$500 < d \leqslant 800$	±3.5
	$d > 800$	±4
壁厚减薄量	$t \leqslant 10$	$\leqslant 0.18t$ 且不大于 1.5
	$10 < t \leqslant 16$	$\leqslant 0.15t$ 且不大于 2.0
	$16 < t \leqslant 22$	$\leqslant 0.12t$ 且不大于 2.5
	$22 < t \leqslant 45$	$\leqslant 0.11t$ 且不大于 3.5
	$t > 45$	$\leqslant 0.08t$ 且不大于 4.0
对口错边量	$t \leqslant 20$	$\leqslant 0.10t$ 且不大于 1.0
	$20 < t \leqslant 40$	2.0
	$t > 40$	3.0
焊缝余高		0 ~ 1.5

注：d 为焊接空心球的外径；t 为焊接空心球的壁厚。

7. 铸钢节点加工

1）铸钢节点的铸造工艺和加工质量应符合设计文件和国家现行有关标准的规定。

2）铸钢节点加工宜包括工艺设计、模型制作、浇注、清理、热处理、打磨（修补）、机械加工和成品检验等工序。

3）复杂的铸钢节点接头宜设置过渡段。

8. 索节点加工

1）索节点可采用铸造、锻造、焊接等方法加工成毛坯，并应经车削、铣削、刨削、钻孔、镗孔等机械加工而成。

2）索节点的普通螺纹应符合现行国家标准《普通螺纹　基本尺寸》GB/T 196—2003 和《普通螺纹　公差》GB/T 197—2003 中有关 7H/6g 的规定，梯形螺纹应符合现行国家标准《梯形螺纹》GB/T 5796—2005 中 8H/7e 的有关规定。

5.3.2　钢构件组装

1. 组装分类

组装根据钢构件的特性及组装程度，可分为部件组装、组装和预总装。

1）部件组装是装配最小单元的组合，它一般是由两个或两个以上零件按照施工图的要求装配成为半成品的结构部件。

2）组装也称拼装、装配、组立，是把零件或半成品按施工图的要求装配成为独立的成品构件。

3）预总装是根据施工总图把相关的两个以上成品构件，在工厂制作场地上，按其各构件空间位置总装起来。其目的是直观地反映出各构件装配节点，保证构件安装质量。目前已广泛使用在采用高强度螺栓连接的钢结构构件制造中。

2. 组装工具

在工厂组装时，常用的组装工具有卡兰、铁楔子夹具、槽钢夹紧器、矫正夹具及正反螺纹推撑器等，其作用如下：

1）卡兰或铁楔条夹具（见图5-3），利用螺栓压紧或铁楔条塞紧的作用将两个零件夹紧在一起，起定位作用。

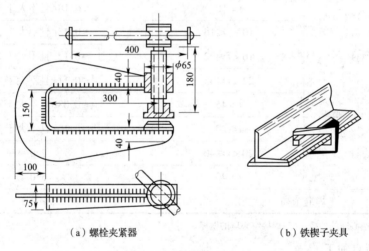

（a）螺栓夹紧器　　　　　　　　　　　　（b）铁楔子夹具

图5-3　夹紧器（mm）

2）槽钢夹紧器（见图5-4），可用于装配钢结构构件对接接头的定位。

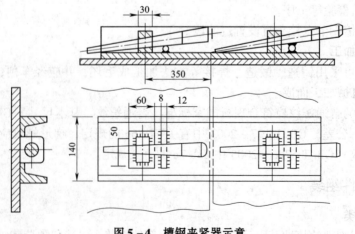

图5-4　槽钢夹紧器示意

3）钢结构构件组装接头矫正夹具，用于装配钢板结构（见图 5 – 5），拉紧两零件之间缝隙的拉紧器（见图 5 – 6）。

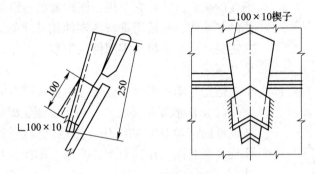

图 5 – 5　矫正夹具

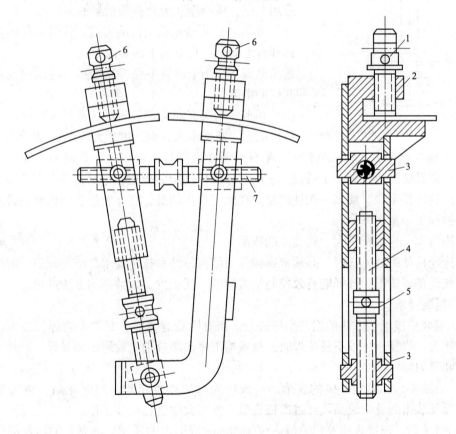

图 5 – 6　杠杆螺旋拉紧器

1、5—撬杠；2—U 形铁；3—螺母；4、7—丝杠；6—螺栓

4）正反丝扣推撑器（见图 5 – 7），用于装配圆筒体钢结构构件时，调整接头间隙和矫正筒体圆度时使用。

3. 组装方法

钢构件的组装方法较多，有地样法组装、仿形复制装配法、立装、卧装及胎模组装法

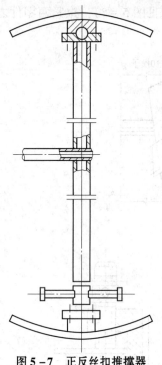

图5-7　正反丝扣推撑器

等，但较常采用地样法组装和胎模组装法。

（1）地样法组装。也叫画线法组装，是钢构件组装中最简便的装配方法。它是根据图样画出各组装零件具体装配定位的基准线，然后再进行各零件相互之间的装配。这种组装方法只适用于小批量零部件的组装，对于大批量的零部件组装却不适用。

适用范围：桁架、框架等小批量钢结构的组装。

（2）仿形复制装配法。仿形复制装配法是先用地样法组装成单面（单片）的结构，然后定位点焊牢固，将其翻身，作为复制胎模，在其上面装配另一单面的结构，往返两次组装。

适用范围：横断面互为对称的桁架钢结构的组装。

（3）立装。立装是根据构件的特点，及其零件的稳定位置，选择自上而下或自下而上的装配方式。

适用范围：适用于放置平稳、高度不大的结构或者大直径的圆筒的组装。

（4）卧装。卧装是将构件放置卧位进行的装配。

适用范围：断面不大，但长度较大的细长构件的组装。

（5）胎模组装法。胎模组装法，是目前制作大批量构件组装中普遍采用的组装方法之一，特点是装配质量高、工效快。它的具体操作是用胎模把各零部件固定在其装配的位置上，然后焊接定位，使其一次性成型。在此应指出的是，在布置拼装胎模时，必须注意预留各种加工余量。

适用范围：构件批量大、精度高的产品。

在选择构件组装方法时，必须根据构件的结构特性和技术要求，结合制造厂的加工能力、机械设备等情况，选择能有效控制组装精度、耗工少、效益高的方法进行。

4. 组装要求

1）组装应按工艺方法的组装次序进行。当有隐蔽焊缝时，必须先施焊，经检验合格后方可覆盖。当复杂部位不易施焊时，也须按工序次序分别先后组装和施焊。严禁不按次序组装和强力组对。

2）为减小大件组装焊接的变形，一般应先采取小件组焊，经矫正后，再大部件组装。胎具及装出的首个成品须经过严格检验，方可大批进行组装工作。

3）组装前，连接表面及焊缝每边30～50mm范围内的铁锈、毛刺、油污及潮气等必须清除干净，并露出金属光泽。

4）应根据金属结构的实际情况，选用或制作相应的装配胎具（如组装平台、铁凳、胎架等）和工（夹）具，如简易手动杠杆夹具、螺栓拉紧器、螺栓千斤顶、楔子矫正夹具和丝杆卡具等，如图5-8所示，应尽可能避免在结构上焊接临时固定件、支撑件。工夹具及吊耳必须焊接固定在构件上时，材质与焊接材料应与该构件相同，用后需除掉时，不得用锤强力打击，应用气割去掉。对于残留痕迹应进行打磨、修整。

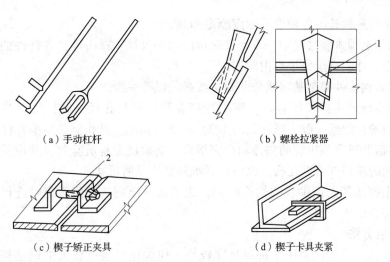

（a）手动杠杆　　　　　　　　　　（b）螺栓拉紧器

（c）楔子矫正夹具　　　　　　　　（d）楔子卡具夹紧

图 5 - 8　装配式工夹具

1—楔子卡具；2—丝杆卡具

5）除工艺要求外板叠上所有螺栓孔、铆钉孔等应采用量规检查，其通过率应符合下列规定：

用比孔的公称直径小 1.0mm 的量规检查，每组至少应通过 85%；用比螺栓公称直径大 0.2 ~ 0.3mm 的量规检查（M22 及以下规格为大 0.2mm，M24 ~ M30 规格为大 0.3mm），应全部通过。量规不能通过的孔，必须经施工图编制单位同意后，方可扩钻或补焊后重新钻孔。扩钻后的孔径不应超过 1.2 倍螺栓直径。补焊时，应用与母材相匹配的焊条补焊，严禁用钢块、钢筋、焊条等填塞。每组孔中经补焊重新钻孔的数量不得超过该组螺栓数量的 20%。处理后的孔应作出记录。

5.3.3　钢构件预拼装

1. 预拼装要求

1）钢构件预拼装的比例应符合施工合同和设计要求，一般按实际平面情况预装 10% ~ 20%。

2）拼装构件一般应设拼装工作台，若在现场拼装，则应放在较坚硬的场地上用水平仪抄平。拼装时构件全长应拉通线，并在构件有代表性的点上用水平尺找平，符合设计尺寸后电焊点固焊牢。刚性较差的构件，翻身前要进行加固，构件翻身后也应进行找平，否则构件焊接后无法矫正。

3）构件在制作、拼装、吊装中所用的钢尺应一致，且必须经计量检验，并相互核对，测量时间宜在早晨日出前，下午日落后最好。

4）各支承点的水平度应符合以下规定：

①当拼装总面积不大于 300 ~ 1000m² 时，允差≤2mm。

②当拼装总面积在 1000 ~ 5000m² 之间时，允差 <3mm。

单构件支承点不论柱、梁、支撑，应不少于两个支承点。

5）钢构件预拼装地面应坚实，胎架强度、刚度必须经设计计算而定，各支承点的水平精度可用已计量检验的各种仪器逐点测定调整。

6）在胎架上预拼装过程中，不允许对构件动用火焰、锤击等，各杆件的重心线应交会于节点中心，并应完全处于自由状态。

7）预拼装钢构件控制基准线与胎架基线必须保持一致。

8）高强度螺栓连接预拼装时，使用冲钉直径必须与孔径一致，每个节点要多于三只，临时普通螺栓数量一般为螺栓孔的1/3。对孔径检测，试孔器必须垂直自由穿落。

9）所有需要进行预拼装的构件制作完毕后，必须经专检员验收，并应符合质量标准的要求。相同的单构件可以互换，也不会影响到整体几何尺寸。

10）大型框架露天预拼装的检测时间，建议在日出前、日落后定时进行，所用卷尺精度应与安装单位相一致。

2．预拼装方法

（1）平装法。平装法适用于拼装跨度较小，构件相对刚度较大的钢结构，如长18m以内钢柱、跨度6m以内天窗架及跨度21m以内的钢屋架的拼装。

此拼装方法操作方便，不需要稳定加固措施，也不需要搭设脚手架。焊缝焊接大多数为平焊缝，焊接操作简易，不需要技术很高的焊接工人，焊缝质量易于保证，校正及起拱方便、准确。

（2）立拼拼装法。立拼拼装法可适用于跨度较大、侧向刚度较差的钢结构，如18m以上钢柱、跨度9m及12m窗架、24m以上钢屋架以及屋架上的天窗架。

此拼装法可一次拼装多榀，块体占地面积小，不用铺设或搭设专用拼装操作平台或枕木墩，节省材料和工时，省却翻身工序，质量易于保证，不用增设专供块体翻身、倒运、就位、堆放的起重设备，缩短工期。块体拼装连接件或节点的拼接焊缝可两边对称施焊，可避免预制构件连接件或钢构件因节点焊接变形而使整个块体产生侧弯。

但需搭设一定数量的稳定支架，块体校正、起拱较难，钢构件的连接节点及预制构件的连接件的焊接立缝较多，增加焊接操作的难度。

（3）利用模具拼装法。模具是指符合工件几何形状或轮廓的模型（内模或外模）。用模具来拼装组焊钢结构，具有产品质量好、生产效率高等优点。对成批的板材结构、型钢结构，应考虑采用模具拼组装。

桁架结构的装配模，往往是以两点连直线的方法制成，其结构简单，使用效果好。图5-9为构架装配模示意图。

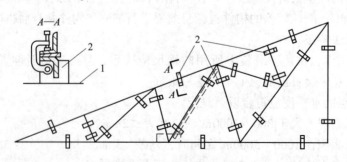

图5-9　构架装配模

1—工作台；2—模板

3．预拼装施工

（1）钢柱拼装。

1）施工步骤如下：

①平装。先在柱的适当位置用枕木搭设 3~4 个支点，如图 5-10（a）所示。各支承点高度应拉通线，使柱轴线中心线成一水平线，先吊下节柱找平，再吊上节柱，使两端头对准，然后找中心线，并将安装螺栓或夹具上紧，最后进行接头焊接，采取对称施焊，焊完一面再翻身焊另一面。

②立拼。在下节柱适当位置设 2~3 个支点，上节柱设 1~2 个支点，如图 5-10（b）所示，各支点用水平仪测平垫平。拼装时先吊下节，使牛腿向下，并找平中心，再吊上节，使两节的节头端相对准，然后找正中心线，并将安装螺栓拧紧，最后进行接头焊接。

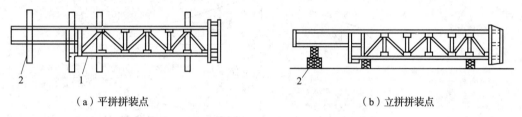

（a）平拼拼装点　　　　　　　　（b）立拼拼装点

图 5-10　钢柱的拼装

1—拼接点；2—枕木

2）柱底座板和柱身组合拼装。柱底座板与柱身组合拼装时，应符合以下规定：

①将柱身按设计尺寸先行拼装焊接，使柱身达到横平竖直，符合设计和验收标准的要求。若不符合质量要求，可进行矫正以达到质量要求。

②将事先准备好的柱底板按设计规定尺寸，分清内外方向画结构线并焊挡铁定位，防止在拼装时位移。

③柱底板与柱身拼装之前，必须将柱身与柱底板接触的端面用刨床或砂轮加工平。同时将柱身分几点垫平，如图 5-11 所示。使柱身垂直柱底板，使安装后受力均称，防止产生偏心压力，以达到质量要求。

端部铣平面允许偏差，见表 5-33。

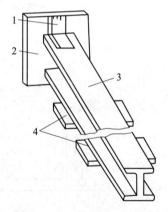

图 5-11　钢柱拼装示意图

1—定位角钢；2—柱底板；
3—柱身；4—水平垫基

表 5-33　端部铣平面的允许偏差（mm）

项　目	允　许　偏　差
两端铣平时构件长度	±2.0
两端铣平时零件长度	±0.5
铣平面的平面度	0.3
铣平面对轴线的垂直度	$l/1500$

④拼装时，将柱底座板用角钢头或平面型钢按位置点固，作为定位倒吊挂在柱身平面，并用直角尺检查垂直度和间隙大小，待合格后进行四周全面点固。为避免焊接变形，应采用对角或对称方法进行焊接。

⑤若柱底板左右有梯形板时，可先将底板与柱端接触焊缝焊完后，再组对梯形板，并同时焊接，这样可避免梯形板妨碍底板缝的焊接。

（2）钢屋架拼装。钢屋架大多用底样采用仿效方法进行拼装，其过程如下：

1）按设计尺寸，并按长、高尺寸，以 $l/1000$ 预留焊接收缩量，在拼装平台上放出拼装底样，如图 5 – 12、图 5 – 13 所示。因为屋架在设计图纸的上下弦处不标注起拱量，所以才放底样，按跨度比例画出起拱。

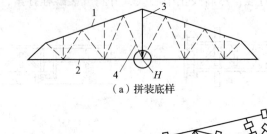

（a）拼装底样

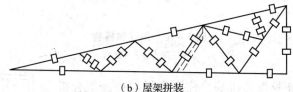

（b）屋架拼装

图 5 – 12　屋架拼装示意图

H—起拱抬高位置

1—上弦；2—下弦；3—立撑；4—斜撑

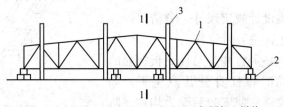

（a）36m钢屋架立拼装

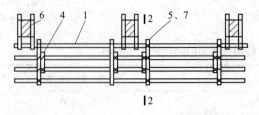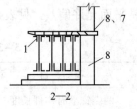

（b）多榀钢屋架立拼装

图 5 – 13　屋架的立拼装

1—36m 钢屋架块体；2—枕木或砖墩；3—木人字架；4—横挡木钢丝绑牢；

5—8 号钢丝固定上弦；6—斜撑木；7—木方；8—柱

2）在底样上一定按图画好角钢面宽度、立面厚度，以此作为拼装时的依据。若在拼装时，角钢的位置和方向能记牢，其立面的厚度可省略不画，只画出角钢面的宽度即可。

3）放好底样后，将底样上各位置上的连接板用电焊点牢，并用挡铁定位，作为第一次单片屋架拼装基准的底模，如图 5－14 所示，接着就可将大小连接板按位置放在底模上。

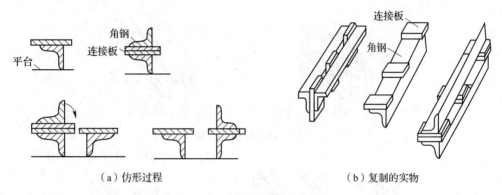

（a）仿形过程　　　　　　（b）复制的实物

图 5－14　屋架仿效拼装示意图

4）屋架的上下弦及所有的立、斜撑，限位板放到连接板上面，进行找正对齐，用卡具夹紧点焊。待全部点焊牢固，可用起重机作 180°翻个，这样就可用该扇单片屋架为基准仿效组合拼装，如图 5－14 所示。

5）拼装时，应给下一步运输和安装工序创造有利条件。除按设计规定的技术说明外，还应结合屋架的跨度（长度），做整体或按节点分段进行拼装。

6）屋架拼装一定要注意平台的水平度，若平台不平，可在拼装前用仪器或拉粉线调整垫平，否则拼装成的屋架，在上下弦及中间位置产生侧向弯曲。

7）对特殊动力厂房屋架，为适应生产性质的要求强度，一般不采用焊接而用铆接。

上述仿效复制拼装法具有效率高、质量好、便于组织流水作业等优点。因此，对于截面对称的钢结构，如梁、柱和框架等都可应用。

（3）箱形梁拼装。箱形梁的结构有钢板组成的，也有型钢与钢板混合结构组成的，但大多箱形梁的结构是采用钢板结构成型的。箱形梁是由上下面板、中间隔板及左右侧板组成。箱形梁的组合体，如图 5－15（d）所示。

箱形梁的拼装过程是先在底面板划线定位，如图 5－15（a）所示。按位置拼装中间定向隔板，如图 5－15（b）所示。为防止移动和倾斜，应将两端和中间隔板与面板用型钢条临时点固。然后以各隔板的上平面和两侧面为基准，同时拼装箱形梁左右立板。两侧立板的长度，要以底面板的长度为准靠齐并点焊。当两侧板与隔板侧面接触间隙过大时，可用活动型卡具夹紧，再进行点焊。最后拼装梁的上面板，当上面板与隔板上平面接触间隙大、误差多时，可用手砂轮将隔板上端找平，并用⊐型卡具压紧进行点焊和焊接，如图 5－15（d）所示。

（4）工字钢梁、槽钢梁拼装。工字钢梁和槽钢梁分别是由钢板组合的工程结构梁，它们的组合连接形式基本相同，只是型钢的种类和组合成型的形状不同，如图 5－16 所示。

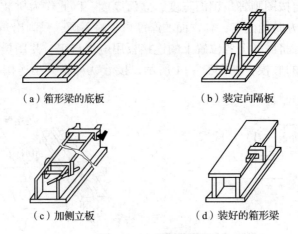

（a）箱形梁的底板　　　（b）装定向隔板

（c）加侧立板　　　（d）装好的箱形梁

图 5 – 15　箱形梁拼装

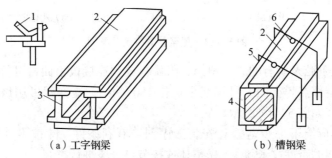

（a）工字钢梁　　　（b）槽钢梁

图 5 – 16　工字钢梁、槽钢梁组合拼装

1—撬杠；2—面板；3—工字钢；4—槽钢；5—龙门架；6—压紧工具

1）在拼装组合时，首先按图纸标注的尺寸、位置在面板和型钢连接位置处进行划线定位。

2）在组合时，如果面板宽度较窄，为使面板与型钢垂直和稳固，避免型钢向两侧倾斜，可用与面板同厚度的垫板临时垫在底面板（下翼板）两侧来增加面板与型钢的接触面。

3）用直角尺或水平尺检验侧面与平面垂直，几何尺寸正确后，方能按一定距离进行点焊。

4）拼装上面板以下底面板为基准。为保证上下面板与型钢严密结合，若接触面间隙大，可用撬杠或卡具压严靠紧，然后进行点焊和焊接，如图 5 – 16 中的 1、5、6 所示。

（5）托架拼装。托架有平装和立拼两种方法，其具体内容如下：

1）平装。托架拼装时，应搭设简易钢平台或枕木支墩平台，如图 5 – 17 所示，进行找平放线。在托架四周设定位角钢或钢挡板，将两半榀托架吊到平台上，拼缝处装上安装螺栓，检查并找正托架的跨距和起拱值，安上拼接处连接角钢。用卡具将托架和定位钢板卡紧，拧紧螺栓并对拼装焊缝施焊。施焊时，要求对称进行，焊完一面，检查并纠正变形，用木杆二道加固，然后将托架吊起翻身，再同法焊另一面焊缝，符合设计和规范要求，方可加固、扶直和起吊就位。

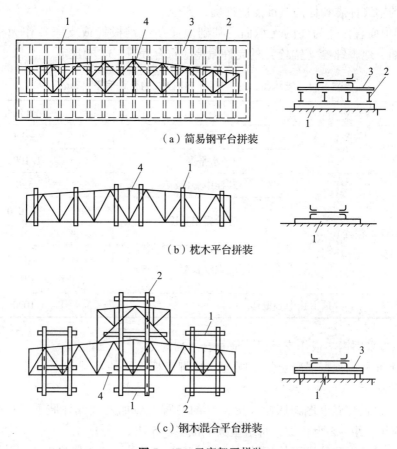

（a）简易钢平台拼装

（b）枕木平台拼装

（c）钢木混合平台拼装

图 5 -17 天窗架平拼装
1—枕木；2—工字钢；3—钢板；4—拼接点

2）立拼。托架拼装时，采用人字架稳住托架进行合缝，校正调整好跨距、垂直度、侧向弯曲和拱度后，安装节点拼接角钢，并用卡具和钢楔使其与上下弦角钢卡紧。复查后，用电焊进行定位焊，并按先后顺序进行对称焊接，直至达到要求为止。当托架平行并紧靠柱列排放时，可以 3~4 榀为一组进行立拼装，用方木将托架与柱子连接稳定。

5.4 钢结构安装工程

5.4.1 单层钢结构安装

1. 基础、支承面和预埋件

1）钢结构安装前应对建筑物的定位轴线、基础轴线和标高、地脚螺栓位置等进行检查，并应办理交接验收。当基础工程分批进行交接时，每次交接验收不应少于一个安装单元的柱基基础，并应符合下列规定：

①基础混凝土强度应达到设计要求。

②基础周围回填夯实应完毕。

③基础的轴线标志和标高基准点应准确、齐全。

2）基础顶面直接作为柱的支承面、基础顶面预埋钢板（或支座）作为柱的支承面时，其支承面、地脚螺栓（锚栓）的允许偏差应符合表 5 - 34 的规定。

表 5 - 34　支承面、地脚螺栓（锚栓）的允许偏差（mm）

项　　目		允许偏差
支承面	标高	±3.0
	水平度	1/1000
地脚螺栓（锚栓）	螺栓中心偏移	5.0
	螺栓露出长度	+30.0 0
	螺纹长度	+30.0 0
预留孔中心偏移		10.0

3）钢柱脚采用钢垫板作支承时，应符合下列规定：

①钢垫板面积应根据混凝土抗压强度、柱脚底板承受的荷载和地脚螺栓（锚栓）的紧固拉力计算确定。

②垫板应设置在靠近地脚螺栓（锚栓）的柱脚底板加劲板或柱肢下，每根地脚螺栓（锚栓）侧应设 1 组~2 组垫板，每组垫板不得多于 5 块。

③垫板与基础面和柱底面的接触应平整、紧密；当采用成对斜垫板时，其叠合长度不应小于垫板长度的 2/3。

④柱底二次浇灌混凝土前垫板间应焊接固定。

4）锚栓及预埋件安装应符合下列规定：

①宜采取锚栓定位支架、定位板等辅助固定措施。

②锚栓和预埋件安装到位后，应可靠固定；当锚栓埋设精度较高时，可采用预留孔洞、二次埋设等工艺。

③锚栓应采取防止损坏、锈蚀和污染的保护措施。

④钢柱地脚螺栓紧固后，外露部分应采取防止螺母松动和锈蚀的措施。

⑤当锚栓需要施加预应力时，可采用后张拉方法，张拉力应符合设计文件的要求，并应在张拉完成后进行灌浆处理。

2. 钢柱安装

（1）吊装。钢柱的吊装一般采用自行式起重机，根据钢柱的重量和长度、施工现场条件，可采用单机、双机或三机吊装，吊装方法可采用旋转法、滑行法、递送法等。

钢柱吊装时，吊点位置和吊点数，根据钢柱形状、长度以及起重机性能等具体情况确定。

一般钢柱刚性都较好，可采用一点起吊，吊耳设在柱顶处，吊装时要保持柱身垂直，易于校正。对细长钢柱，为防止变形，可采用二点或三点起吊。

如果不采用焊接吊耳，直接在钢柱本身用钢丝绳绑扎时要注意两点：一是在钢柱四角做包角，以防钢丝绳刻断；二是在绑扎点处，为防止工字型钢柱局部受挤压破坏，可增设加强肋板；吊装格构柱，绑扎点处设支撑杆。

（2）就位、校正。

1）柱子吊起前，为防止地脚螺栓螺纹损伤，宜用薄钢板卷成套筒套在螺栓上，钢柱就位后，取去套筒。柱子吊起后，当柱底距离基准线达到准确位置，指挥吊车下降就位，并拧紧全部基础螺栓，临时用缆风绳将柱子加固。

2）柱的校正包括平面位置、标高和垂直度的校正，因为柱的标高校正在基础抄平时已进行，平面位置校正在临时固定时已完成，所以，柱的校正主要是垂直度校正。

3）钢柱校正方法是：垂直度用经纬仪或吊线坠检验，如有偏差，采用液压千斤顶或丝杠千斤顶进行校正，底部空隙用铁片或铁垫塞紧，或在柱脚和基础之间打入钢楔抬高，以增减垫板校正（图 5－18a、b）；位移校正可用千斤顶顶正（图 5－18c）；标高校正用千斤顶将底座少许抬高，然后增减垫板使达到设计要求。

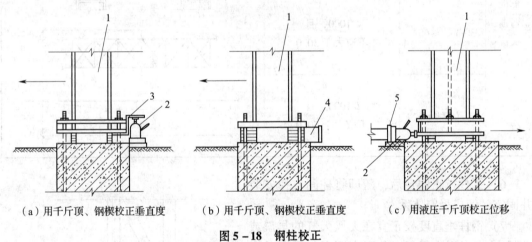

（a）用千斤顶、钢楔校正垂直度　　（b）用千斤顶、钢楔校正垂直度　　（c）用液压千斤顶校正位移

图 5－18　钢柱校正

1—钢柱；2—小型液压千斤顶；3—工字钢顶架；4—钢楔；5—千斤顶托座

4）对于杯口基础，柱子对位时应从柱四周向杯口放入 8 个楔块，并用撬棍拨动柱脚，使柱的吊装中心线对准杯口上的吊装准线，并使柱基本保持垂直。柱对位后，应先把楔块略微打紧，再放松吊钩，检查柱沉至杯底后的对中情况，若符合要求，即可将楔块打紧作柱的临时固定，然后起重钩便可脱钩。吊装重型柱或细长柱时除需按上述进行临时固定外，必要时应增设缆风绳拉锚。

5）柱最后固定：柱脚校正后柱的垂直度偏差应符合表 5－35 的规定，此时缆风绳不受力，紧固地脚螺栓，并将承重钢垫板上下点焊固定，防止走动；对于杯口基础，钢柱校正后应立即进行固定，及时在钢柱脚底板下浇筑细石混凝土和包柱脚，以防已校正好的柱子倾斜或移位。其方法是在柱脚与杯口的空隙中浇筑比柱混凝土强度等级高一级的细石混凝土。混凝土浇筑应分两次进行，第一次浇至楔块底面，待混凝土强度达 25% 时拔去楔块，再将混凝土浇满杯口。待第二次浇筑的混凝土强度达 70% 后，方能吊装上部构件。

对于其他基础，当吊车梁、屋面结构安装完毕，并经整体校正检查无误后，在结构节点固定之前，再在钢柱脚底板下浇筑细石混凝土固定（图 5 – 19）。

表 5 – 35 钢屋（托）架、桁架、梁及受压杆件垂直度和侧向弯曲矢高的允许偏差（mm）

项目	允 许 偏 差		图 例
跨中的垂直度	$h/250$，且不大于 15.0		
侧向弯曲矢高 f	$l \leq 30m$	$l/1000$，且不应大于 10.0	
	$30m < l \leq 60m$	$l/1000$，且不应大于 30.0	
	$l > 60m$	$l/1000$，且不应大于 50.0	

6）钢柱校正固定后，随即将柱间支撑安装并固定，使成稳定体系。

7）钢柱垂直度校正宜在无风天气的早晨或下午 16 点以后进行，以免因太阳照射受温差影响，柱子向阴面弯曲，出现较大的水平位移值，而影响其垂直度。

8）除定位点焊外，不得在柱构件上焊其他无用的焊点，或在焊缝以外的母材上起弧、熄弧和打火。

3．钢吊车梁安装

1）钢吊车梁安装前，将两端的钢垫板先安装在钢柱牛腿上，并标出吊车梁安装的中心位置。

2）钢吊车梁的吊装常用自行式起重机，钢吊车梁绑扎一般采用两点对称绑扎，在两端各拴一根溜绳，以牵引就位和防止吊装时碰撞钢柱。

3）钢吊车梁起吊后，旋转起重机臂杆使吊

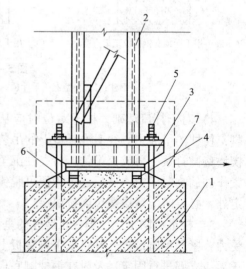

图 5 – 19 钢柱底脚固定方式

1—柱基础；2—钢柱；3—钢柱脚；4—钢垫板；

5—地脚螺栓；6—二次灌浆细石混凝土；

7—柱脚外包混凝土

车梁中心对准就位中心，在距支承面100mm左右时应缓慢落钩，用人工扶正使吊车梁的中心线与牛腿的定位轴线对准，并将与柱子连接的螺栓全部连接后，方准卸钩。

4）钢吊车梁的校正，可按厂房伸缩缝分区、分段进行校正，或在全部吊车梁安装完毕后进行一次总体校正。

5）校正包括：标高、平面位置（中心轴线）、垂直度和跨距。一般除标高外，应在钢柱校正和屋面吊装完毕并校正固定后进行，以免因屋架吊装校正引起钢柱跨间移位。

①标高的校正。用水准仪对每根吊车梁两端标高进行测量，用千斤顶或倒链将吊车梁一端吊起，用调整吊车梁垫板厚度的方法，使标高满足设计要求。

②平面位置的校正。平面位置的校正有以下两种方法：

通线校正法：用经纬仪在吊车梁两端定出吊车梁的中心线，用一根16～18号钢丝在两端中心点间拉紧，钢丝两端用20mm小钢板垫高，松动安装螺栓，用千斤顶或撬杠拨动偏移的吊车梁，使吊车梁中心线与通线重合。

仪器校正法：从柱轴线量出一定的距离 a（图5－20），将经纬仪放在该位置上，根据吊车梁中心至轴线的距离 b，标出仪器放置点至吊车梁中心线距离 c（$c=a-b$）。松动安装螺栓，用撬杠或千斤顶拨动偏移的吊车梁，使吊车梁中心线至仪器观测点的读数均为 c，平面即得到校正。

③垂直度的校正。在平面位置校正的同时用线坠和钢尺校正其垂直度。当一侧支承面出现空隙，应用楔形铁片塞紧，以保证支承贴紧面不少于70%。

④跨距校正。在同一跨吊车梁校正好之后，应用拉力计数器和钢尺检查吊车梁的跨距，其偏差值不得大于10mm，如偏差过大，应按校正吊车梁中心轴线的方法进行纠正。

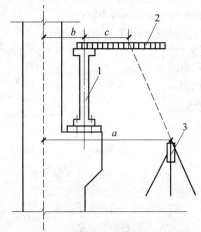

图5－20　钢吊车梁仪器校正法
1—钢吊车梁；2—木尺；3—经纬仪

6）吊车梁校正后，应将全部安装螺栓上紧，并将支承面垫板焊接固定。

7）制动桁架（板）一般在吊车梁校正后安装就位，经校正后随即分别与钢柱和吊车梁用高强度螺栓连接或焊接固定。

8）吊车梁的受拉翼缘或吊车桁架的受拉弦杆上，不得焊接悬挂物和卡具等。

9）吊车梁安装的允许偏差应满足表5－36的要求。

表5－36　钢吊车梁安装的允许偏差（mm）

项　　目	允许偏差	图　　例	检验方法
梁的跨中垂直度 Δ	$h/500$		用吊线和钢尺检查

续表 5 – 36

项　　目		允许偏差	图　　例	检验方法
侧向弯曲矢高		l/1500 且不大于 10.0	—	用拉线和钢尺检查
垂直上拱矢高		10.0		
两端支座中心位移 Δ	安装在钢柱上时，对牛腿中心的偏移	5.0		
	安装在混凝土柱上时，对定位轴线的偏移	5.0		
吊车梁支座加劲板中心与柱子承压加劲中心的偏移 Δ		t/2		用吊线和钢尺检查
同跨间内同一横截面吊车梁顶面高差 Δ	支座处	10.0		用经纬仪、水准仪和钢尺检查
	其他处	15.0		
同跨间内同一横截面下挂式吊车梁底面高差 Δ		10.0		
同列相邻两柱间吊车梁顶面高差 Δ		l/1500 且不大于 10.0		用水准仪和钢尺检查
相邻两吊车梁接头部位 Δ	中心错位	3.0		用钢尺检查
	上承式顶面高差	1.0		
	下承式顶面高差	1.0		

续表 5-36

项 目	允许偏差	图 例	检验方法
同跨间任一截面的吊车梁中心跨距 Δ	±10.0	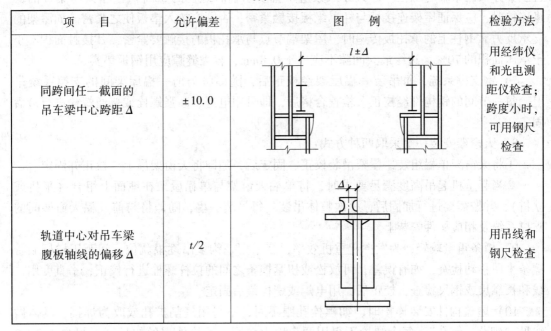	用经纬仪和光电测距仪检查；跨度小时，可用钢尺检查
轨道中心对吊车梁腹板轴线的偏移 Δ	$t/2$		用吊线和钢尺检查

4. 钢屋架（盖）安装

（1）安装顺序。

1）屋架（盖）安装一般采用综合安装法，从一端开始向另一端安装两榀屋架之间全部的构件，形成稳定的、具有空间刚度的单元。

2）一般安装顺序。

屋架→天窗架→垂直、水平支撑系统→檩条→屋面板

（2）安装方法及要求。

1）钢屋架的吊装通常采用两点，跨度大于 21m，多采用三点或四点，吊点应位于屋架的重心线上，并在屋架一端或两端绑溜绳。由于屋架平面外刚度较差，一般在侧向绑二道杉木杆或方木进行加固。钢丝绳的水平夹角不小于 45°。

2）屋架多用高空旋转法吊装，即将屋架从摆放垂直位置吊起至超过柱顶 200mm 以上后，再旋转臂杆转向安装位置，此时起重机边回转、工人边拉溜绳，使屋架缓慢下降，平稳地落在柱头设计位置上，使屋架端部中心线与柱头中心轴线对准。

3）第一榀屋架就位并初步校正垂直度后，应在两侧设置缆风绳临时固定，方可卸钩。

4）第二榀屋架用同样方法吊装就位后，先用杉杆或木方与第一榀屋架临时连接固定，卸钩后，随即安装支撑系统和部分檩条进行最后校正固定，以形成一个具有空间刚度和整体稳定的单元体系。以后安装屋架则采取在上弦绑水平杉木杆或木方，与已安装的前榀屋架连系，保持稳定。

5）钢屋架的校正。垂直度可用线坠、钢尺对支座和跨中进行检查；屋架的弯曲度用拉紧测绳进行检查，如不符合要求，可推动屋架上弦进行校正。

6）屋架临时固定，如需用临时螺栓，则每个节点穿入数量不少于安装孔数的 1/3，

且至少穿入两个临时螺栓；冲钉穿入数量不宜多于临时螺栓的 30%。当屋架与钢柱的翼缘连接时，应保证屋架连接板与柱翼缘板接触紧密，否则应垫入垫板使之紧密。如屋架的支承反力靠钢柱上的承托板传递时，屋架端节点与承托板的接触要紧密，其接触面积不小于承压面积的 70%，边缘最大间隙不应大于 0.8mm，较大缝隙应用钢板垫实。

7）钢支撑系统，每吊装一榀屋架经校正后，随即将与前一榀屋架间的支撑系统吊上，每一节间的钢构件经校正、检查合格后，即可用电焊、高强螺栓或普通螺栓进行最后固定。

8）天窗架安装一般采取两种方式：

①将天窗架单榀组装，屋架吊装校正、固定后，随即将天窗架吊上，校正并固定。

②当起重机起吊高度满足要求时，将单榀天窗架与单榀屋架在地面上组合（平拼或立拼），并按需要进行加固后，一次整体吊装。每吊装一榀，随即将与前一榀天窗架间的支撑系统及相应构件安装上。

9）檩条重量较轻，为发挥起重机效率，多采用一钩多吊逐根就位，间距用样杆顺着檩条来回移动检查，如有误差，可放松或扭紧檩条之间的拉杆螺栓进行校正；平直度用拉线和长靠尺或钢尺检查，校正后，用电焊或螺栓最后固定。

10）屋盖构件安装连接时，如螺栓孔眼不对，不得用气割扩孔或改为焊接，具体做法见"细节：制孔"。每个螺栓不得用两个以上垫圈；螺栓外露丝扣长度不得少于 2～3 扣，并应防止螺母松动；更不得用螺母代替垫圈。精制螺栓孔不准使用冲钉，亦不得用气割扩孔。构件表面有斜度时，应采用相应斜度的垫圈。

11）支撑系统安装就位后，应立即校正并固定，不得以定位点焊来代替安装螺栓或安装焊缝，以防遗漏，造成结构失稳。

12）钢屋盖构件的面漆，一般均在安装前涂好，以减少高空作业。安装后节点的焊缝或螺栓经检查合格，应及时涂底漆和面漆。设计要求用油漆腻子封闭的缝隙，应及时封好腻子后，再涂刷油漆。高强度螺栓连接的部位，经检查合格，也应及时涂漆；油漆的颜色应与被连接的构件相同。安装时构件表面被损坏的油漆涂层，应补涂。

13）不准随意在已安装的屋盖钢构件上开孔或切断任何杆件，不得任意割断已安装好的永久螺栓。

14）利用已安装好的钢屋盖构件悬吊其他构件和设备时，应经设计同意，并采取措施防止损坏结构。

15）屋架安装的允许偏差应符合表 5-35 的规定。檩条、墙架等次要构件安装的允许偏差应符合表 5-37 的规定。

表 5-37　檩条、墙架等次要构件安装的允许偏差　（mm）

项　目		允许偏差	检验方法
墙架立柱	中心线对定位轴线的偏移	10.0	用钢尺检查
	垂直度	$H/1000$，且不大于 10.0	
	弯曲矢高	$H/1000$，且不大于 15.0	用经纬仪或吊线和钢尺检查
抗风桁架的垂直度		$h/250$，且不大于 15.0	用吊线和钢尺检查

续表 5 − 37

项　目	允 许 偏 差	检 验 方 法
檩条、墙梁的间距	±5.0	用钢尺检查
檩条的弯曲矢高	$L/750$，且不应大于 12.0	用拉线和钢尺检查
墙梁的弯曲矢高	$L/750$，且不应大于 10.0	用拉线和钢尺检查

5.4.2　多层及高层钢结构安装

1. 定位轴线、标高和地脚螺栓

1) 钢结构安装前，应对建筑物的定位轴线、平面封闭角、底层柱的位置线进行复查，合格后方能开始安装工作。

2) 测量基准点由邻近城市坐标点引入，经复测后以此坐标作为该项目钢结构工程平面控制测量的依据。必要时通过平移、旋转的方式换算成平行（或垂直）于建筑物主轴线的坐标轴，便于应用。

3) 按照《工程测量规范》GB 50026—2007 规定的四等平面控制网的精度要求（此精度能满足钢结构安装轴线的要求），在 ±0.00 面上，运用全站仪放样，确定 4 ~ 6 个平面控制点。对由各点组成的闭合导线进行测角（六测回）、测边（两测回），并与原始平面控制点进行联测，计算出控制点的坐标。在控制点位置埋设钢板，做十字线标记，打上冲眼（图 5 − 21）。在施工过程中，做好控制点的保护，并定期进行检测。

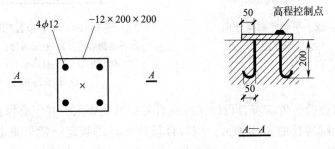

图 5 − 21　控制点设置示意图

4) 以邻近的一个水准点作为原始高程控制测量基准点，并选另一个水准点按二等水准测量要求进行联测。同样在 ±0.000 的平面控制点中设定二个高程控制点。

5) 框架柱定位轴线的控制，应从地面控制轴线直接引上去，不得从下层柱的轴线引出。一般平面控制点的竖向传递可采用内控法。用天顶准直仪（或激光经纬仪）按图 5 − 22 方法进行引测，在新的施工层面上构成一个新的平面控制网。对此平面控制网进行测角、测边，并进行自由网平差和改化。以改化后的投测点作为该层平面测量的依据。运用钢卷尺配合全站仪（或经纬仪），放出所有柱顶的轴线。

6) 结构的楼层标高可按相对标高或设计标高进行控制。

①按相对标高安装时，建筑物高度的积累偏差不得大于各节柱制作允许偏差的总和。

②按设计标高安装时，应以每节柱为单位进行柱标高的调整工作，将每节柱接头焊缝的收缩变形和在荷载下的压缩变形值，加到柱的制作长度中去。楼层（柱顶）标高的控制一般情况下以相对标高控制为主，设计标高控制为辅的测量方法。同一层柱顶标高的差值应控制在 5mm 以内。

7）第一节柱的标高，可采用在柱脚底板下的地脚螺栓上加一螺母的方法精确控制，如图 5–23 所示。

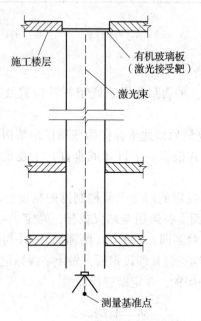

图 5–22　平面控制点竖向
投点示意图

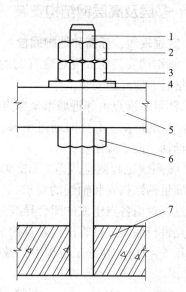

图 5–23　第一节柱标高的确定
1—地脚螺栓；2—止退螺母；3—紧固螺母；
4—螺母垫板；5—柱脚底板；6—调整螺母；
7—钢筋混凝土基础

8）柱的地脚螺栓位置应符合设计文件或有关标准的要求，并应有保护螺纹的措施。

9）底层柱地脚螺栓的紧固轴力，应符合设计文件的规定。螺母止退可采用双螺母，或用电焊将螺母焊牢。

2．结构构件安装顺序

1）多、高层钢结构的安装，应按建筑物的平面形状、结构形式和现场施工条件等因素，在平面上划分流水施工段，在竖向一般以一节钢柱（一般为 2～3 个楼层高）为一个施工层。针对每一节钢柱内的柱、梁、板、支撑等构件，编制吊装顺序图和吊装顺序表，下发到作业班组。

2）一个流水段的钢构件安装顺序，可从中间部位开始，形成刚性单元后，再向四周扩展。一个流水段一节钢柱范围内的全部构件安装完毕并验收合格后，方可进行下一流水段的安装工作。

3）一节钢柱范围内的构件安装顺序，一般是：先安装柱子→安上层主梁→安中层主梁与下层主梁→在四根主梁围成的一个区域内，先安上层次梁，再安中、下层次梁。

4）同一列钢柱，钢梁应先从中间跨开始安装，对称地向两端扩展。同一跨度内钢梁，同样，应先安装上层梁，然后安装中、下层梁。

5.4.3　钢网架结构安装

1. 钢网架高空散装法安装

（1）小拼单元的划分与拼装。

1）将网架根据实际情况合理地分割成各种单主体：直接由单根杆件、单个节点、一球一杆、两球一杆总拼成网架；由小拼单元——一球四杆（四角锥体）、一球三杆（三角锥体）总拼成网架；由小拼单元—中拼元—总拼成网架。

2）划分小拼单元时，应考虑网架结构的类型及施工方案等条件。小拼单元一般可分为平面桁架型和锥体型两种。斜放四角锥型网架小拼单元划分成平面桁架型小拼单元时，该桁架缺少上弦，需要加设临时上弦。如采取锥体型小拼单元，则在工厂中的电焊工作量占 75% 左右，因此斜放四角锥网架以划分成锥体型小拼单元较有利。两向正交斜放网架小拼单元划分时考虑到总拼时标高控制，每行小拼单元的两端均应在同一标高上。

（2）网架单元预拼装。采取先在地面预拼装后拆开，再行吊装的措施。但当场地不够时，也利用"套拼"的方法，即两个或三个单元，在地面预拼装，吊取一个单元后，再拼装下一个单元。

（3）确定合理的高空拼装顺序。安装顺序应根据网架形式、支承类型、结构受力特征、杆件小拼单元、临时稳定的边界条件、施工机械设备的性能和施工场地情况等诸多因素综合确定。

选定的高空拼装顺序应能保证拼装的精度、减少积累的误差。常用的网架拼装顺序有：

1）平面呈矩形的周边支承两向正交斜放网架

①总的安装顺序由建筑物的一端向另一端呈三角形推进。

②因考虑网片安装中，为避免积累的误差，应由网脊线分别向两边安装。

2）平面呈矩形的三边支承两向正交斜放网架。总的安装顺序由建筑物的一端向另一端呈平行四边形推进，在横向由三边框架内侧逐渐向大门方向（外侧）逐条安装。

3）平面呈方形由两向正交正放桁架和两向正交斜放拱、索桁架组成的周边支承网架。总的安装顺序应先安装拱桁架，再安装索桁架，在拱索桁架已固定且已形成能够承受自重的结构体系后，再对称安装周边四角、三角形网架。

（4）严格控制基准轴线位置、标高及垂直偏差，并及时纠正。

1）网架安装应对建筑物的定位轴线（即基准轴线）、支座轴线和支承的标高、预埋螺栓（锚栓）位置进行检查，作出检查记录，办理交接验收手续。支承面、预埋螺栓（锚栓）的允许误差见表 5-34。

2）网架安装过程中，应对网架支座轴线、支承面标高（或网架下弦标高、网架屋脊线、檐口线位置和标高）进行跟踪控制。发现误差积累要及时纠正。

3）采用网片和小拼单元进行拼装时，要严格控制网片和小拼单元的定位线和垂直度。

4）各杆件与节点连接时中心线应汇交于一点；螺栓球、焊接球应汇交于球心。

5）网架结构总拼完成后，纵横向长度偏差、支座中心偏移、相邻支座偏移、相邻支座高差、最低最高支座差等指标均应符合网架规程要求。

（5）拼装支架的设置。支架既是网架拼装成型的承力架，又是操作平台支架。因此，支架搭设位置必须对准网架下弦节点。

支架一般用扣件和钢管搭设。它应具有整体稳定性和在荷载作用下有足够的刚度。应将支架本身的弹性压缩、接头变形、地基沉降等引起的总沉降值控制在 5mm 以下。因此，为了调整沉降值和卸荷方便，可在网架下弦节点与支架之间设置调整标高用的千斤顶。

拼装支架必须牢固，设计时应对单肢稳定、整体稳定进行验算，并估算沉降量。其中单肢稳定验算可按一般钢结构设计方法进行。

（6）拼装操作。总的拼装顺序是从建筑物的一端开始向另一端以两个三角形同时推进，当两个三角形相交后，则按人字形逐榀向前推进，最后在另一端的正中合拢。每榀块体的安装顺序，在开始两个三角形部分是由屋脊部分开始分别向两边拼装，两三角形相交后，则由交点开始同时向两边拼装。

吊装分块用两台履带式或塔式起重机进行，钢制拼装支架可局部搭设成活动式，也可满堂红搭设。分块拼装后，在支架上分别用方木和千斤顶顶住网架中央竖杆下方进行标高调整，其他分块则随拼装随拧紧高强螺栓，与已拼好的分块连接即可。

（7）焊接。在钢管球节点的网架结构中，当钢管厚度大于 6mm 时，必须开坡口。在要求钢管与球全焊透连接时，钢管与球壁之间必须留有 1～2mm 的间隙并加衬管，来保证焊缝与钢管的等强连接。

若将坡口（不留根）钢管直接与环壁顶紧后焊接，则必须用单面焊接双面成型的焊接工艺。

（8）支顶点的拆除。

1）拼装支承点（临时支座）拆除必须遵循"变形协调，卸载均衡"的原则，否则会导致临时支座超载失稳，或者网架结构局部甚至整体受损。

2）临时支座拆除顺序和方法：将中央、中间和边缘三个区分阶段按比例下降。由中间向四周，中心对称进行。为防止个别支承点集中受力，应根据各支撑点的结构自重挠度值，采用分区分阶段按 2∶1.5∶1 的比例下降或用每步不大于 10mm 等步下降法拆除临时支承点。

3）拆除临时支承点应注意的事项：

检查千斤顶行程是否满足支承点下降高度，关键支承点要增设备用千斤顶。降落过程中，统一指挥责任到人，遇有问题由总指挥处理解决。

（9）螺栓球节点网架总拼。

1）螺栓球节点网架拼装时，一般是先拼下弦，将下弦的标高和轴线调整好后，全部拧紧螺栓，起定位作用。

2）开始连接腹杆，螺栓不应拧紧，但必须使其与下弦连接端的螺栓吃上劲，若吃不上劲，在周围螺栓都拧紧后，这个螺栓就可能偏歪（因锥头或封板的孔较大），导致无法拧紧。

3）连接上弦时，开始不能拧紧。当分条拼装时，安装好三行上弦球后，即可将前两行抄到中轴线，这时可通过调整下弦球的垫块高低进行，然后固定第一排锥体的两端支座，同时将第一排锥体的螺栓拧紧。

下面的拼装按以上各条循环进行。

4）在整个网架拼装完成后，必须进行一次全面检查，检查螺栓是否拧紧。

5）高空拼装时，一般从一端开始，以一个网格为一排，逐排步进。

拼装顺序为：下弦节点→下弦杆→腹杆及上弦节点→上弦杆→校正→全部拧紧螺栓

校正前的各个工序螺栓均不拧紧。

若经试拼确有把握时，也可以一次拧紧。

（10）空心球节点网架总拼。

1）空心球节点网架高空拼装是将小单元或散件（单根杆件及单节点）直接在设计位置进行总拼。

2）为保证网架在总拼过程中具有较少的焊接应力和利于调整尺寸，合理的总拼顺序应该是从中间向两边或从中间向四周发展。

3）焊接网架结构严禁形成封闭圈，固定在封闭圈中焊接会产生很大的收缩应力。

4）为确保安装精度，在操作平台上选一个适当位置进行一组试拼，检查无误后，开始正式拼装。

网架焊接时一般先焊下弦，使下弦收缩而略向上拱，然后焊接腹杆及上弦，如果先焊上弦，则易导致不易消除的人为挠度。

5）为防止网架在拼装过程中（因网架自重和支架网度较差）出现挠度，可预先设施工起拱，起拱度一般在 10～15mm。

（11）防腐处理。

1）网架的防腐处理包括制作阶段对构件及节点的防腐处理和拼装后最终的防腐处理。

2）焊接球与钢管连接时，钢管及球均不与大气相通，对于新轧制的钢管的内壁可不除锈，直接刷防锈漆即可，对于旧钢管内外均应认真除锈，并刷防锈漆。

3）螺栓球与钢管的连接应属于与大气相通的状态，特别是拉杆，杆件在受拉力后变形，必然产生缝隙，南方地区较潮湿，水汽有可能进入高强度螺栓或钢管中，不利于高强度螺栓。

网架承受大部分荷载后，对各个接头用油腻子将所有空余螺孔及接缝处填嵌密实，并补刷防锈漆，以保证不留渗漏水汽的缝隙。

4）电焊后对已刷油漆破坏掉及焊缝漏刷油漆的情况，按规定补刷好油漆。

2. 钢网架高空滑移法安装

（1）滑移方式的选择。

1）单条滑移法。将条状单元一条一条地分别从一端滑移到另一端就位安装，各条之间分别在高空再行连接，即逐条滑移，逐条连成整体。

2）逐条累计滑移法。先将条状单元滑移一段距离（能连接上第一单元的宽度即可），连接好第二单元后，两条一起再滑移一段距离（宽度同上），再连接第三条，三条又一起滑移一段距离，如此循环操作直到接上最后一条单元为止。

3）按摩擦方式可分为滚动式和滑动式两类。滚动式滑移即网架装上滚轮，网架滑移时通过滚轮与滑轨的滚动摩擦方式进行；滑动式滑移即网架支座直接搁置在滑轨上，网架滑移时通过支座底板与滑轨的滑动摩擦方式进行。

4）按滑移坡度可分为水平滑移、下坡滑移和上坡滑移三类。当建筑平面为矩形时，可采用水平滑移或下坡滑移；当建筑平面为梯形时，短边高、长边低、上弦节点支承式网架，则可采用上坡滑移。

5）按滑移时力作用方向可分为牵引法和顶推法两类。牵引法即将钢丝绳钩扎于网架前方，用卷扬机或手扳葫芦拉动钢丝绳，牵引网架前进，作用点受拉力；顶推法即用千斤顶顶推网架后方，使网架前进，作用点受压力。

（2）架设拼装平台。

1）拼装平台位置选择。高空平台一般设在网架的端部、中部或侧部，应尽可能搭在已建结构物上，利用已建结构物的全部或局部作为高空平台。

高空拼装平台搭设要求。搭设宽度应由网架分割条（块）状尺寸确定，一般应大于两个网架节间的宽度。高空拼装平台标高应由滑轨顶面标高确定。

2）在确定滑移轨道数量和位置时，应对网架进行以下验算：

①当跨度中间无支点时，杆件内力和跨中挠度值。

②当跨度中间有支点时，杆件内力、支点反力和挠度值。

当网架滑移单元由于增设中间滑轨引起杆件内力变化时，应采取临时加固措施。

3）滑移平台由钢管脚手架或升降调平支撑组成，起始点尽量利用已建结构物，如门厅、观众厅，高度应比网架下弦低 40cm，便于在网架下弦节点与平台之间设置千斤顶，用来调整标高，平台上面铺设安装模架，平台宽应略大于两个节间。

（3）网架滑移安装。先在地面将杆件拼装成两球一杆和四球五杆的小拼构件，然后用悬臂式桅杆、塔式或履带式起重机，按组合拼接顺序吊到拼接平台上进行扩大拼装。先就位点焊，焊接网架下弦方格，再点焊立起横向跨度方向角腹杆。每节间单元网架部件点焊拼接顺序，由跨中向两端对称进行，焊完后临时加固。滑移准备工作完毕，进行全面检查无误，开始试滑 50cm，再检查无误，正式滑行。牵引可用慢速卷扬机或铰链进行，并设减速滑轮组。牵引点应分散设置，滑移速度不宜大于 1m/min，并要求做到两边同步滑移。当网架跨度大于 50m 时，应在跨中增设一条平稳滑道或辅助支顶平台。

（4）同步控制。当拼装精度要求不高时，控制同步可在网架两侧的梁面上标出尺寸，牵引时同时报滑移距离。当同步要求较高时可采用自整角机同步指示装置，以便集中于指挥台随时观察牵引点移动情况，读数精度为 1mm，网架规程规定当网架滑移时，两端不同步值不应大于 50mm。

（5）支座降落。当网架滑移完毕，经检查，各部尺寸、标高和支座位置等符合设计要求后，可用千斤顶或起落器抬起网架支承点，抽出滑轨，使网架平过渡到支座上。待网架下挠稳定，装配应力释放完后，方可进行支座固定。

（6）挠度控制。当网架单条滑移时，施工挠度情况与分条安装法相同。当逐条累计滑移时，滑移过程中仍然是两端自由搁置立体桁架。若网架设计时未考虑分条滑移的特点，网架高度设计得较小，这时网架滑移时的挠度将会超过形成整体后的挠度，处理办法是增加施工起拱度、开口部分增加三层网架、在中间增设滑轨等。

组合网架由于无上弦而是钢筋混凝土板，不得在施工中产生一定挠度后又再抬高等反复变形，因此，设计时应验算组合网架分条后的挠度值，一般应适当加高，施工中不应进行抬高调整。

（7）滑轨与导向轮。

1）滑轨。滑轨的形式较多，可根据各工程实际情况选用。滑轨与圈梁顶预埋件连接可用电焊或螺栓连接。

滑轨位置与标高根据工程具体情况而定。

滑轨的接头必须垫实、光滑。当采用滑动式滑移时，还应在滑轨上涂刷润滑油。滑橇前后都应做成圆弧导角，否则易产生"卡轨"。

2）导向轮。导向轮是保险装置。在正常情况下，滑移时导向轮是脱开的，只有当同步差超过规定值或拼装偏差在某处较大时才顶上导轨。但在实际工程中，由于制作拼装上的偏差，卷扬机不同时间的启动或停车也会导致导向轮顶上导轨。

导向轮一般安装在导轨内侧，间隙为 10～20mm。

（8）牵引力与牵引速度。

1）牵引力。网架水平滑移时的牵引力，可按下式计算。

①当为滑动摩擦时：

$$F_t \geq \mu_1 \xi G_{0k} \qquad (5-7)$$

式中：F_t——总启动牵引力；

G_{0k}——网架总自重标准值；

μ_1——滑动摩擦系数。在自然轧制表面经粗除锈充分润滑的钢与钢之间可取 0.12～0.15；

ξ——阻力系数，当有其他因素影响牵引力时，可取 1.3～1.5。

②当为滚动摩擦时：

$$F_t \geq \left(\frac{k}{r_1} + \mu_2 \frac{r}{r_1}\right) G_{0k} \qquad (5-8)$$

式中：F_t——总启动牵引力；

G_{0k}——网架总自重标准值；

k——钢制轮与钢之间滚动摩擦系数，取 5mm；

μ_2——摩擦系数。在滚轮与滚轮轴之间，或经机械加工后充分润滑的钢与钢之间可取 0.1；

r_1——滚轮的外圆半径（mm）；

r——轴的半径（mm）。

计算的结果系指的总牵引力。若选用两点牵引滑移，将上式结果除 2 得每边卷扬机所需的牵引力。两台卷扬机牵引力在滑移过程中是不等的，当正常滑移时，两台卷扬机牵引力之比约为1∶0.7，个别情况为1∶0.5。因此建议选用卷扬机功率应适当放大。

2）牵引速度。为了保证网架滑移时的平稳性，牵引速度不宜太快，根据经验牵引速度控制在1m/min左右较好。因此，若采用卷扬机牵引应通过滑轮组降速。为使网架滑移时受力均匀和滑移平稳，当滑移单元逐条积累较长时，宜增设钩扎点。

3．钢网架分条或分块法施工

条状单元系指沿网架长跨方向分割为若干区段，每个区段的宽度是1~3个网格。而其长度即为网架的短跨或1/2短跨。块状单元系指将网架沿纵横方向分割成矩形或正方形的单元，每个单元的重量以现有起重机能力能胜任为准。

（1）条状单元组合体的划分。条状单元组合体的划分是沿着屋盖长方向切割。对桁架结构来说是将一个节间或两个节间的两榀或三榀桁架组成条状单元体；对网架结构来说，则是将一个或两个网格组装成条状单元体。切割组装后的网架条状单元体往往是单向受力的两端支承结构。网架分割后的条状单元体刚度，要经过验算，必要时采取相应的临时加固措施。通常条状单元的划分有下列几种形式：

1）网架单元相互靠紧，把下弦双角钢分在两个单元上，此法适用于正放四角锥网架，如图5-24所示。

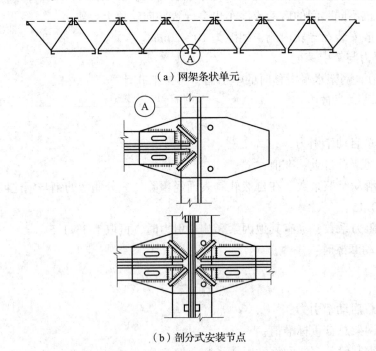

（a）网架条状单元

（b）剖分式安装节点

图5-24　正放四角锥网架条状单元划分方法

2）网架单元相互靠紧，单元间上弦用剖分式安装节点连接。此法适用于斜放四角锥网架，如图5-25所示。

3）单元之间空一节间，该节间在网架单元吊装后再在高空拼装，此法适用于两向正交正放网架，如图5-26所示。

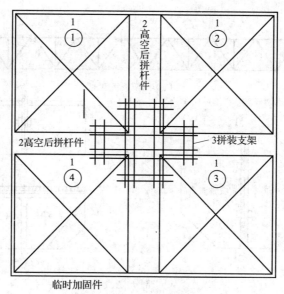

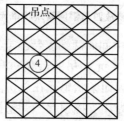

图 5 – 25 斜放四角锥网架条状单元划分方法
注：①～④为块状单元

图 5 – 26 两向正交正放网架条状单元划分方法
注：实线部分为条状单元，虚线部分为在高空后拼的杆件

对于正放类网架而言，在分割成条（块）状单元后，由于自身在自重作用下能形成几何不变体系，同时也有一定的刚度，一般不需要加固。但对于斜放类网架而言，在分割成条（块）状单元后，由于上弦为菱形结构可变体系，因而必须加固后方能吊装，图 5 – 27 所示为斜放四角锥网架上弦加固方法。

（2）块状单元组合体的划分。块状单元组合体的分块一般是在网架平面的两个方向均有切割，其大小由起重机的起重能力而定。

切割后的块状单元体大多是两邻边或一边有支承，一角点或两角点要增设临时顶撑予以支承。也有将边网格切除的块状单元体，在现场地面对准设计轴线组装，边网格在垂直吊升后再拼装成整体网架。

（3）拼装操作。吊装有单机跨内吊装和双机跨外抬吊两种方法。在跨中下部设可调立柱、钢顶撑，以调节网架跨中挠度。吊上后即可将半圆球节点焊接和安设下弦杆件，待全部作业完成后，拧紧支座螺栓，拆除网架，下立柱，即告完成。

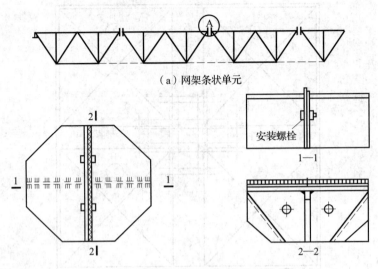

（a）网架条状单元

安装螺栓

1—1

2—2

（b）剖分式安装节点

图5－27　斜放四角钢网架块状单元划分方法

（4）安装和焊接的顺序。应从中间向两端安装，或从中间向四周发展。

（5）网架挠度控制。网架条状单元在吊装就位过程中的受力状态属平面结构体系，而网架结构是按空间结构设计的，因而条状单元在总拼前的挠度要比网架形成整体后该处的挠度低，故在总拼前必须在合拢处用支撑顶起，调整挠度使与整体网架挠度符合。块状单元在制作后，应模拟高空支承条件，拆除全部地面支承后观察施工挠度，必要时也应调整其挠度。

（6）网架尺寸控制。

1）根据网架结构形式和起重设备能力决定分条或分块网架尺寸的大小，在地面胎具上拼装好。

2）分条（块）网架单元尺寸必须准确，以保证高空总拼时节点吻合和减少偏差。如前所述，一般可采用预拼法或套拼的办法进行尺寸控制。另外，还应尽量减少中间转运，若需运输，应用特制专用车辆，避免网架单元变形。

4. 钢网架整体吊装法施工

（1）多机吊装作业。适用于跨度40m左右、高度25m左右重量不是很大的中、小型网架屋盖的吊装。安装前应先在地面上对网架进行错位拼装（即拼装位置与安装轴线错开一定距离，以避开柱子的位置）。然后用多台起重机（多为履带式起重机或汽车式起重机）将拼装好的网架整体提升到柱顶以上，在空中移位后落下就位固定。

多机抬吊施工中布置起重机时，需要考虑各台起重机的工作性能和网架在空中移位的要求。起吊前要测出每台起重机的起吊速度，便于起吊时掌握。或将每两台起重机的吊索用滑轮连通，当起重机的起吊速度不一致时，可由连通滑轮的吊索自行调整。

多机抬吊一般用四台起重机联合作业。一般有两侧抬吊和四侧抬吊两种方法。

如网架重量较轻，或四台起重机的起重量均能满足要求时，宜将四台起重机布置在网架的两侧，这样只要四台起重机将网架垂直吊升超过柱顶后，旋转一小角度，即可完成网架空中移位要求。

四侧抬吊为防止起重机因升降速度不一致而产生不均匀荷载，在每台起重机设两个吊点，每两台起重机的吊索互相用滑轮串通，使各吊点受力均匀，网架平稳上升。

当网架提到比柱顶高30cm时，进行空中移位，网架支座中心线对准柱子中心时，四台起重机同时落钩，并通过设在网架四角的拉索和倒链拉动网架进行对线，将网架落到柱顶就位。

（2）单根抱杆吊装作业。

1）施工布置。

①抱杆正确地竖立在事先设计的位置上，底座的球形方向接头（俗称"和尚头"）支承在牢固基础上，其顶端应对准拼装网架中心的脊点；网架拼装时，个别杆件暂不组装，预留出抱杆位置。

②网架吊点的设置应根据计算确定。若个别吊点与柱相碰，可增加辅助吊点。

③为保证网架平衡起吊，应在网架四角分别用八台绞车进行围溜。在提升过程中，必须配合做到随吊随溜。

④网架起吊过程是否需要采取临时加固措施，应由设计计算确定。

2）试吊。试吊有三个目的：

①检验起重设备的安全可靠性能。

②检查吊点对网架整体刚度的影响。

③协调指挥、起吊、缆风、溜绳和卷扬机等操作统一配合的总演习。

试吊过程是全面落实和检验整个吊装方案完善性的重要保证。

3）整体起吊。利用数台电动卷扬机同时起吊网架，关键要做到起吊同步。

4）网架横移就位。当网架提升越过柱顶安装标高0.5m（如支承柱有外包小柱时应越过小柱顶0.5m）时，应停止提升。调整缆风和滑轮组、溜绳，将网架横移到柱顶或围柱内，再进行下降0.5m/次（指支承柱设有外包小柱时）或0.1m/次的降差调整，直至网架就位到设计位置。

5）支座固定。网架就位后各支座总有偏差，可用千斤顶和填板来调整，进行支座固定。

6）抱杆拆除及外装预留杆件。抱杆可用"依附式抱杆"逐节进行拆除。最后，补装因预留抱杆位置而未组装的杆件或檩条等构件。

（3）多根抱杆吊装作业。此法采用抱杆集群悬挂多组复式滑轮组（目的是减低速度、减少牵引力）与网架各吊点吊索相连接，由多台卷扬机组合牵引各滑轮组，带动网架同步上升的方法。

1）多根抱杆整体吊装网架法的关键是空中位移。

①当采用多根抱杆吊装方案时，利用每根抱杆两侧起重机滑轮组产生水平分力不等原理推动网架移动或转动进行就位。但存在缆风绳、地锚、抱杆受力较大的情况，容易导致起重设备、工具和索具超载，降低安全度。因此，可采用改进的移位方法，将原抱杆上几对起重机组的位置由平行移位改为垂直移位。

②起重滑轮及卸甲的安全系数 $k \geqslant 2.5$。吊装前必须对起重滑轮及卸甲进行探伤、试

验鉴定。

2）缆风绳与地锚。缆风绳是由平缆风绳和斜缆风绳构成的整体。斜缆风绳与地面夹角应不大于30°。每根斜缆风绳用一个地锚固定。

3）卷扬机的选择。应对卷扬机的工作性能进行调查分析，计算其工作参数。卷扬机的工作参数系指牵引力、钢丝绳速度和绳容量等。

卷扬机尽量选用工作性能（工作参数）相同的慢速卷扬机。

4）基础处理要求。确保抱杆基础以下的地基在抱杆自重、缆风绳对抱杆垂直度、抱杆的计算荷载和基础自重等荷载的最不利效应组合作用下，不能产生较大的沉陷。

5）在网架整体吊装时，应保证各吊点在起升和下降过程中同时同步。

①同步措施如下：

在选用卷扬机时应注意卷扬机的规格（卷筒直径和转速）是否一致。

起重滑轮组钢丝绳的穿绕方法及滑轮门数、起重有效绳长应完全一致。

起重钢丝绳的直径应选用同一规格（同一强度等级）。

起吊卷扬机卷筒上钢丝绳的初始缠绕圈数和长度最好能一致。

在正式起吊前，须进行同步操作训练，在集中统一指挥下同时操作。

②同步观测装置。用自整角机监测网架在整体吊装中的平衡。

③网架整体吊装的轴线必须严格控制，确保支座安装的正确性。

6）抱杆的拆除。网架结构整体安装固定后，抱杆可采用倒拆法拆除。

采用倒拆法时，应在网架上弦节点处挂两副起重滑轮组，吊住抱杆，然后由最下一节开始一节节拆除抱杆。必须验算网架结构承载能力，当网架结构本身承载能力许可时，方可采用在上设置滑轮组抱杆逐段拆除的方法。

5. 钢网架整体顶升法安装

（1）柱子稳定。当利用结构柱作为顶升的支承结构时，应注意柱子在顶升过程中的稳定性。

1）应验算柱子在施工过程中承受风力及垂直荷载作用下的稳定性。

2）采取措施保证柱子在施工期间的稳定性。

3）及时连接柱间支撑、钢结构柱的缀板。当为钢筋混凝土柱时，如沿柱高度有框架梁及连系梁时，应及时浇筑混凝土。

4）网架顶升时遇到上述情况，均应停止顶升，待柱的连系结构施工完毕，并达到要求强度后再继续顶升。

（2）顶升过程。从开始顶升到最后就位，可归纳为三个程序，即正常顶升程序、初始顶升程序和最终就位程序。其中反复循环最多的是正常顶升程序，另外两个都只有一个循环，每完成一个循环，屋盖就升高了800mm。

1）正常顶升程序。正常顶升透视图如图5-28所示。上、下小梁互相垂直，并相差一个步距。十字梁底面与下小梁互相垂直，并相差一个步距。十字梁底面与下小梁顶面之净空为800mm，比千斤顶与下横梁底板的总高度780mm略有余量，保持这个余量，对保证顶升安全及顺利进行是非常关键的。

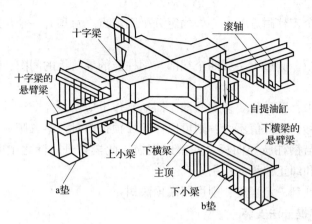

图 5 - 28　正常顶升的透视

正常顶升的过程如下：

①首先顶升 175mm，将 a 垫的第一个台阶推入十字梁与上小梁之间。

②千斤顶回油，十字梁搁置在 a 垫的这个台阶上。首次自提下横梁、千斤顶 175mm。将 b 垫的第一个台阶推入下横梁与下小梁之间。

③自提油缸回油，下横梁、千斤顶支承在 b 垫的这个台阶上，准备第二次顶升。如此反复循环四次，a、b 垫全部推入，十字梁升高 700mm。

④第五次千斤顶顶升 120mm，将 a 垫推出，把上小梁吊升到上级牛腿上，千斤顶回油，十字梁搁置在已升高一个步距的上小梁上。

⑤提升下横梁推出 b 垫，将下小梁吊升到上级钢牛腿上。自提油缸、下横梁，千斤顶支承在已升高一个步距的下小梁上。这个步距的正常顶升已经完成了。

2）初始顶升程序。初始顶升程序与正常顶升程序基本相同。

3）最终就位程序。最后一步距顶升，要将十字梁四端在正常顶升时两个轮流受力的状态，过渡到同时均匀受力的就位状态。为此，要严格控制钢柱最后一级牛腿的顶标高。

（3）同步及纠偏。对同步及偏移必须控制在一个适合的范围内。顶升时对同步的要求：同一组柱两个千斤顶高差不得大于 10mm；四个支柱最高与最低高差不得大于 30mm。网架就位后的验收标准：四个支承柱最高与最低高差不大于 50mm；网架支座中心对柱基轴线的水平位移 48mm。

1）为了满足上述要求，在同步控制方面的措施如下：

①千斤顶使用前，空载调试。

②千斤顶的出顶状态与出顶时间做到基本一致。

③每顶升 175mm 分四次完成。

④对每个千斤顶，配有一套光点指示系统。控制台可以及时采取有效措施，保持顶升同步。

⑤对钢柱各级牛腿标高，上下小梁支承处高度，a、b 垫各台阶的高度及其与悬臂部分所留的间隙必须严格检查，及时修正。

2）纠偏措施如下：

①顶升前对网架拼装时支座的水平位移进行检查，做出记录。

②在网架的四个支柱附近及中心处确定五个固定点。每顶升一个步距，观测这五个点的水平位移。

③每顶升一步距，测量十字梁四个端部与钢柱肢的导轨板的间隙，对照网架水平平面内的偏移。

④在顶升过程中，千斤顶要多次回油。回油操作也应由总控台统一指挥。

⑤若已发生偏移，且其值不大，则可以让千斤顶顶出时，略有倾斜，使之产生水平分力。也可在十字梁与钢柱肢导向板之间塞以钢楔，此楔顶升时随之上升，回油时加以锤击，也能起到防止和纠正偏移的作用。

⑥若偏移已发展到一定程度，则可用横顶法纠正。

6. 钢网架整体提升法安装

（1）提升设备布置与负荷能力。网架整体提升，一般采用小机群（电动螺杆升板机、压滑模千斤顶等），其布置原则如下：

1）网架提升时受力情况应尽量与设计受力情况接近。

2）每个提升设备所受荷载能力应按额定能力乘以折减系数，穿心式液压千斤顶的折减系数为 0.5～0.6；电动螺杆升板机的折减系数为 0.7～0.8。该类千斤顶的冲程非恒值，负荷大时冲程减小，负荷小时冲程就大，故使用时应注意使各千斤顶负荷接近，以便同步提升。

（2）网架提升的同步控制。网架提升过程中，各吊点间的同步差将影响升板机等提升设备和网架杆件的受力状况，测定和控制提升中的同步差是保证施工质量和安全的关键措施。网架规程中规定当用升板机时，允许升差值为相邻提升点距离的 1/400，且不应大于 15mm；当采用穿心式液压千斤顶时，应为相邻提升点距离的 1/250，且不应大于 25mm。这主要是由设备性能决定的，因升板机的同步性能较穿心式液压千斤顶好。选用设备时应注意，刚度大的网架不宜用穿心式液压千斤顶提升。

（3）柱的稳定问题。当网架采用整体提升法施工时，应使下部结构在网架提升前形成稳定的框架体系，否则应对独立柱进行稳定性验算，若稳定性不够，则应采取措施加固。一般可采取下列措施：

1）网架四角沿轴线方向每角拉两根缆风绳，以承受风力，减少柱子的水平荷载。缆风绳应以能抗 7 级风设计，平时放松，当风力超过 5 级时拉紧。

2）各柱间设置两道水平支撑与设计中的柱间支撑连系，以减少柱的计算长度。当采用升网滑模法施工时，滑出模板的混凝土强度达到 C10 级以上后立即安装水平支撑，以保证柱子的稳定性。

（4）液压穿心式千斤顶整体提升施工。

1）设备布置。提升设备布置由钢结构吊点位置而定，最简单的方案是按永久支承位置吊点布置提升设备。

2）结构设计。根据提升总重量，计算出每个柱顶受力，确定主要提升设备千斤顶吨位和钢绞线的断面、根数选择，相应设计出提升设备柱顶几何尺寸。

3）千斤顶安装。

①千斤顶的安装主要要求承座平面斜度不大于 3/1000，没有自动调整弧形支座时不

大于 1/1000。

②油管接口和各电器接口朝向安装，其位置应考虑接口的安全性和施工的方便。

4）穿钢绞线。穿钢绞线有上穿法和下穿法两种，根据实际情况而定。

5）梳理和导向。提升和爬升不同，要对千斤顶提起的钢绞线进行梳理导向，让其自由排出。在不考虑再利用的情况下，可随时割断。如须考虑再次利用钢绞线，应设计梳理架。梳理架用角钢在钢柱上焊接梳理盘，以保证此盘以下钢绞线不受弯曲，保证上锚开启自由。梳理盘距千斤顶顶部伸出最高位置 500mm（千斤顶伸出 300mm）。也就是千斤顶缩回时，顶部距梳理盘 800mm，考虑到排出的钢绞线置于单侧，在排出方向加上支撑，以保证梳理更加稳定。

6）试提升前检查：

①钢绞线穿绕有无错孔、打结现象，可用肉眼观察，每转 60° 是一列，穿线无误的千斤顶整束钢绞线应上下排列整齐且能清晰看到缝隙。

②固定锚具与构件的贴实情况，固定锚下预留线头约 300mm。

③安全锚是否处于工作状态。

④钢构件与钢绞线在提升过程中有无干涉物和干涉位置，发现后应及时处理。在提升钢结构时不应有绑扎不牢的物品。

7）提升过程：

①提升钢结构由下部锚具锚固，并由提升钢绞线悬挂，下部夹具卡紧。

②千斤顶顶升，被提升钢结构由上部锚具承受，下部夹具打开，使钢绞线自由通过下部锚具滑动。被提升钢结构每小时提升 2.5~3m 左右。

③在千斤顶顶升后，将被提升钢结构由下部锚具承受，而上部锚具自由沿钢绞线滑下。

8）下降过程。下降过程操作要点，同提升过程相同，只是顺序相反，被提升钢结构在千斤顶回油时降下。

①第一次就位——提升到平均设计标高值。

当整个钢结构提升接近设计高 500mm 时，在各点组织人员进行监测，测出并确定平均值。由于各支座标高并不相同，当个别千斤顶达到就位高度，即将个别泵组关机，使整个系统不能操作时，再采用单台手动调整，监测系统应力。

整个钢结构达到平均设计标高值后，安装焊接钢牛腿。

②第二次就位——整体钢结构放在钢牛腿上。

上锚松升缸 200mm 左右，紧上锚继续升缸 500mm 左右，开下锚。安全锚打开。下锚打开和安全锚垫起后，缩缸，直到钢绞线松弛，安全锚回位，处于顶升状态的（锚板固定螺栓上加垫管，防止抽钢绞线时，将未抽动的钢绞线孔夹片松开）上锚打开。此时可以松动固定锚板螺栓，取下锚片压板，依次拆下夹片，抽取钢绞线，然后将锚具、锚片、压板、夹片组装好。此时钢结构支座已全部落在钢牛腿上。

（5）液压千斤顶爬升法施工。

1）网架地面制作与拼装：

①工厂制作，即在工厂进行全部杆件和节点的制作，并拼装成小拼单元后运至现场。

②现场组装，即在组装平台按合理的顺序进行组装，组装时要求全部杆件与节点用螺栓或点焊固定。

③组装后并经检查校正后才能焊接，焊接时应从网架中央节点开始，呈放射状向四周展开，最后焊接网架支座节点。

2）爬升工序。整个爬升过程分试爬升、正式爬升和就位爬升三步。

①试爬升：由结构特点确定合理的试爬高度，一般为离地面 500mm。等网架爬至试爬高度后，检查其变形和液压爬升系统、安装屋面系统，并检修爬道，必要时对支承柱进行加固处理。

②正式爬升：试爬检查就绪后，可按设计要求进行爬升，爬升速度应控制在 1~3m/h 左右。

③就位爬升：就位爬升前应逐一检查液压设备，调整支座水平高差和校正吊杆垂直度，确认无误后方可按设计要求安装就位。

3）网架水平高差及垂直控制：

①网架水平高差控制：网架平稳上升是保证网架整体爬升质量的关键，因此安装前必须对千斤顶进行检查和同步试验。此外，由于各支座的负载不均、各千斤顶的行程和回油下滑量不一，须采取有效措施及时进行局部调整。实践证明，爬升施工时应每爬升 25cm 即对网架水平高差调整一次。

②网架垂直偏差控制：由于吊杆自由长度大，网架爬升时左右摆动明显，支座节点板有靠柱现象，在柱两侧支座节点板上安装一对限位小滑轮，以控制其垂直偏差。实践证明，只要吊杆位置安装正确，支承柱表面平滑，网架在轻微摆动状态爬升时才不会出现卡柱现象。

（6）升网滑模施工。

1）施工通道及操作平台的布置。利用网架自身结构，在四周铺上钢脚手板即成为施工通道。将柱子外两滑模的提升架加以连接再放上脚手板，即做成操作平台。这些施工通道和操作平台都随着柱子的滑升而一起上升。

2）千斤顶选择及油路布置。为使网架平稳上升，要求千斤顶尽量同步。因此，当选用千斤顶时要求其液压行程误差都控制在 0.5mm 以内，且每台千斤顶所承受的荷载尽量接近。具体数量根据每根柱子的支座反力、活载、自重及摩擦力等来确定。

油路布置：根据千斤顶布置的实际情况将油路分为几组，每组千斤顶的数量尽量相等，几组主油管的长度应能满足千斤顶提升到最高处。

3）同步提升措施：

①当选用千斤顶时，要求严格控制液压行程，确保行程误差控制在 0.5mm 内。

②应对每台千斤顶通过调整针形阀作上升速度快慢调整，使每台千斤顶的爬升速度相近。

③千斤顶顶升的高差，通过每台的限位环进行统一高度控制，正常限位高度一般为 300mm。

④当每一柱子上两个提升架的千斤顶产生高差时，根据实际情况进行调整。

4）防止网架偏移措施：

①避免千斤顶打滑。施工前，要保证支承杆插正。施工过程中发现千斤顶打滑现象，

要及时通过顶部的松卡装置进行支承杆垂直的调整。

②保证支承杆稳定性。每滑一段（800mm）就对支承杆加固一道，以保其稳定性。

5.5　钢结构涂装工程

5.5.1　防腐、防火涂料的选择

1. 防腐涂料的选用

钢结构防腐涂料的种类很多，其性能也各不相同，选用时除参考表5-38的规定外，还应充分考虑以下各方面的因素，因为对涂料品种的选择是直接决定涂装工程质量好坏的因素之一。

表5-38　各种涂料性能比较表

涂料种类	优　点	缺　点
油脂类	耐大气性较好；适用于室内外作打底罩面用；价廉；涂刷性能好，渗透性好	干燥较慢、膜软；力学性能差；水膨胀性大；不能打磨抛光；不耐碱
天然树脂漆	干燥比油脂漆快；短油度的漆膜坚硬好打磨；长油度的漆膜柔韧，耐大气性好	力学性能差；短油度的耐大气性差；长油度的漆不能打磨、抛光
酚醛树脂漆	漆膜坚硬，耐水性良好；纯酚醛的耐化学腐蚀性良好；有一定的绝缘强度；附着力好	漆膜较脆；颜色易变深；耐大气性比醇酸漆差，易粉化；不能制白色或浅色漆
沥青漆	耐潮、耐水好；价廉；耐化学腐蚀性较好；有一定的绝缘强度；黑度好	色黑；不能制白及浅色漆；对日光不稳定；有渗色性；自干漆；干燥不爽滑
醇酸漆	光泽较亮；耐候性优良；施工性能好，可刷、可喷、可烘；附着力较好	漆膜较软；耐水、耐碱性差；干燥较挥发性漆慢；不能打磨
氨基漆	漆膜坚硬，可打磨抛光；光泽亮，丰满度好；色浅，不易泛黄；附着力较好；有一定耐热性；耐候性好；耐水性好	需高温下烘烤才能固化；经烘烤过渡，漆膜发脆
硝基漆	干燥迅速；耐油；漆膜坚韧；可打磨抛光	易燃；清漆不耐紫外光线；不能在60℃以上温度使用；固体分低
纤维素漆	耐大气性、保色性好；可打磨抛光；个别品种有耐热、耐碱性、绝缘性也好	附着力较差；耐潮性差；价格高
过氯乙烯漆	耐候性优良；耐化学腐蚀性优良；耐水、耐油、防延燃性好；三防性能较好	附着力较差；打磨抛光性能较差；不能在70℃以上高温使用；固体分低
乙烯漆	有一定柔韧性；色泽浅淡；耐化学腐蚀性较好；耐水性好	耐溶剂性差；固体分低；高温易碳化；清漆不耐紫外光线

续表 5 – 38

涂料种类	优　　点	缺　　点
丙烯酸漆	漆膜色线，保色性良好；耐候性优良；有一定耐化学腐蚀性；耐热性较好	耐溶剂性差；固体分低
聚酯漆	固体分高；耐一定的温度；耐磨能抛光；有较好的绝缘性	干性不易掌握；施工方法较复杂；对金属附着力差
环氧漆	附着力强；耐碱、耐熔剂；有较好的绝缘性能；漆膜坚韧	室外曝晒易粉化；保光性差；色泽较深；漆膜外观较差
聚氨酯漆	耐磨性强，附着力好，耐潮、耐水、耐溶剂性好；耐化学和石油腐蚀；具有良好的绝缘性	漆膜易转化、泛黄；对酸、碱、盐、醇、水等物很敏感，因此施工要求高；有一定毒性
有机硅漆	耐高温；耐候性极优；耐潮、耐水性好；具有良好的绝缘性	耐汽油性差；漆膜坚硬较脆；一般需要烘烤干燥；附着力较差
橡胶漆	耐化学腐蚀性强；耐水性好；耐磨	易变色；清漆不耐紫外光；耐溶性差；个别品种施工复杂

1）使用场合和环境是否有化学腐蚀作用的气体，是否为潮湿环境。

2）是打底用，还是罩面用。

3）选择涂料时应考虑在施工过程中涂料的稳定性、毒性以及所需的温度条件。

4）按工程质量要求、技术条件、耐久性、经济效果、非临时性工程等因素，来选择适当的涂料品种。不应将优质品种降格使用，也不应勉强使用不能达到性能指标的品种。

2. 防火涂料的选用

钢结构防火涂料是施涂于建筑物及构筑物的钢结构表面，能形成耐火隔热保护层以提高钢结构耐火极限的涂料。

（1）防火涂料分类。

1）钢结构防火涂料按使用场所分类

①室内钢结构防火涂料：用于建筑物室内或隐蔽工程的钢结构表面。

②室外钢结构防火涂料：用于建筑物室外或露天工程的钢结构表面。

2）钢结构防火涂料按使用厚度分类

①超薄型钢结构防火涂料：涂层厚度小于或等于3mm。

②薄型钢结构防火涂料：涂层厚度大于3mm且小于或等于7mm。

③厚型钢结构防火涂料：涂层厚度大于7mm且小于或等于45mm。

（2）防火涂料的命名。以汉语拼音字母的缩写作为代号，N和W分别代表室内和室外，CB、B和H分别代表超薄型、薄型和厚型三类，各类涂料名称与代号对应关系如下：

室内超薄型钢结构防火涂料　　　　　　　NCB

室外超薄型钢结构防火涂料　　　　　　　WCB

室内薄型钢结构防火涂料　　　　　　NB

室外薄型钢结构防火涂料　　　　　　WB

室内厚型钢结构防火涂料　　　　　　NH

室外厚型钢结构防火涂料　　　　　　WH

（3）防火涂料的技术性能。室内钢结构防火涂料的技术性能应符合表 5－39 的规定，室外钢结构防火涂料的技术性能应符合表 5－40 的规定。

表 5－39　室内钢结构防火涂料技术性能

项　目		指　标		
		NCB	NB	NH
在容器中的状态		经搅拌后呈均匀细腻状态，无结块	经搅拌后呈均匀液态或稠厚流体状态，无结块	经搅拌后呈均匀稠厚流体状态，无结块
干燥时间（表干）（h）		≤8	≤12	≤24
外观与颜色		涂层干燥后，外观与颜色同样品相比应无明显差别	涂层干燥后，外观与颜色同样品相比应无明显差别	—
初期干燥抗裂性		不应出现裂纹	允许出现 1~3 条裂纹，其宽度应 ≤ 0.5mm	允许出现 1~3 条裂纹，其宽度应 ≤ 1mm
粘结强度（MPa）		≥0.20	≥0.15	≥0.04
抗压强度（MPa）		—	—	≥0.3
干密度（kg/m³）		—	—	≤500
耐水性（h）		≥24 涂层应无起层、发泡、脱落现象	≥24 涂层应无起层、发泡、脱落现象	≥24 涂层应无起层、发泡、脱落现象
耐冷热循环性（次）		≥15 涂层应无开裂、剥落、起泡现象	≥15 涂层应无开裂、剥落、起泡现象	≥15 涂层应无开裂、剥落、起泡现象
耐火性能	涂层厚度（不大于）（mm）	2.00±0.20	5.0±0.5	25±2
	耐火极限（不低于）（h）（以 I36b 或 I40b 标准工字钢梁作基材）	1.0	1.0	2.0

注：裸露钢梁耐火极限为 15min（I36b、I40b 验证数据），作为表中 0mm 涂层厚度耐火极限基础数据。

表 5－40　室外钢结构防火涂料技术性能

项　目	指　标		
	WCB	WB	WH
在容器中的状态	经搅拌后细腻状态，无结块	经搅拌后呈均匀液态或稠厚流体状态，无结块	经搅拌后呈均匀稠厚流体状态，无结块
干燥时间（表干）（h）	≤8	≤12	≤24
外观与颜色	涂层干燥后，外观与颜色同样品相比应无明显差别	涂层干燥后，外观与颜色同样品相比应无明显差别	—
初期干燥抗裂性	不应出现裂纹	允许出现 1～3 条裂纹，其宽度应≤0.5mm	允许出现 1～3 条裂纹，其宽度应≤1mm
粘结强度（MPa）	≥0.20	≥0.15	≥0.04
抗压强度（MPa）	—	—	≥0.5
干密度（kg/m³）	—	—	≤650
耐曝热性（h）	≥720 涂层应无起层、脱落、空鼓、开裂现象	≥720 涂层应无起层、脱落、空鼓、开裂现象	≥720 涂层应无起层、脱落、空鼓、开裂现象
耐湿热性（h）	≥504 涂层应无起层、脱落现象	≥504 涂层应无起层、脱落现象	≥504 涂层应无起层、脱落现象
耐冻融循环性（次）	≥15 涂层应无开裂、脱落、起泡现象	≥15 涂层应无开裂、脱落、起泡现象	≥15 涂层应无开裂、脱落、起泡现象
耐酸性（h）	≥360 涂层应无开裂、脱落、起泡现象	≥360 涂层应无开裂、脱落、起泡现象	≥360 涂层应无开裂、脱落、起泡现象
耐碱性（h）	≥360 涂层应无开裂、脱落、起泡现象	≥360 涂层应无开裂、脱落、起泡现象	≥360 涂层应无开裂、脱落、起泡现象
耐盐雾腐蚀性（次）	≥30 涂层应无起泡，明显的变质、软化现象	≥30 涂层应无起泡，明显的变质、软化现象	≥30 涂层应无起泡，明显的变质、软化现象

续表 5 - 40

项　目		指　标		
		WCB	WB	WH
耐火性能	涂层厚度（不大于）（mm）	2.00 ± 0.20	5.0 ± 0.5	25 ± 2
	耐火极限（不低于）（h）（以 I36b 或 I40b 标准工字钢梁作基材）	1.0	1.0	2.0

注：裸露钢梁耐火极限为 15min（I36b、I40b 验证数据），作为表中 0mm 涂层厚度耐火极限基础数据。耐久性项目（耐曝热性、耐湿热性、耐冻融循环性、耐酸性、耐碱性、耐盐雾腐蚀性）的技术要求除表中规定外，还应满足附加耐火性能的要求，方能判定该对应项性能合格。耐酸性和耐碱性可仅进行其中一项测试。

（4）防火涂料的适用条件。

1）用于制造防火涂料的原料应不含石棉和甲醛，不宜采用苯类溶剂。

2）涂料可用喷涂、抹涂、刷涂、辊涂、刮涂等方法中的任何一种或多种方法方便地施工，并能在通常的自然环境条件下干燥固化。

3）复层涂料应相互配套。底层涂料应能同普通防锈漆配合使用，或者底层涂料自身具有防锈性能。

4）涂层实干后不应有刺激性气味。

（5）防火涂料的选用原则。采用钢结构防火涂料时，应符合下列规定：

1）室内裸露钢结构、轻型屋盖钢结构及有装饰要求的钢结构，当规定其耐火极限在 1.5h 及以下时，宜选用薄涂型钢结构防火涂料。

2）室内隐蔽钢结构、高层全钢结构及多层厂房钢结构，当规定其耐火极限在 1.5h 以上时，应选用厚涂型钢结构防火涂料。

3）露天钢结构，应选用适合室外用的钢结构防火涂料。

5.5.2　涂装施工

1）涂料的配制应按涂料使用说明书的规定执行。当天使用的涂料应当天配制，不得随意添加稀释剂。用同一型号品种的涂料进行多层施工时，中间层应选用不同颜色的涂料，一般应选浅于面层颜色的涂料。

2）涂装遍数、涂层厚度应符合设计要求。当设计对涂层厚度无要求时，宜涂装二底二面，涂层干漆膜总厚度：室外应为 $150\mu m$，室内应为 $125\mu m$，允许偏差为 $-25\mu m$。

3）除锈后的金属表面与涂装底漆的间隔时间一般不应超过 6h；涂层与涂层之间的间隔时间，由于各种油漆的表干时间不同，应以先涂装的涂层达到表干后才进行上一层的涂装，一般涂层的间隔时间不少于 4h。涂装底漆前，金属表面不得有锈蚀或污垢；涂层上重涂时，原涂层上不得有灰尘、污垢。

禁止涂漆的部位：

①高强度螺栓摩擦结合面。

②机械安装所需的加工面。

③现场待焊部位相邻两侧各50～100mm的区域。

④设备的铭牌和标志。

⑤设计注明禁止涂漆的部位。

对禁止涂漆的部位，应在涂装前采取措施遮蔽保护。

4）不需涂漆的部位：

①地脚螺栓和底板。

②与混凝土紧贴或埋入的部位。

③密封的内表面。

④通过组装紧密结合的表面。

⑤不锈钢表面。

⑥设计注明不需涂漆的部位。

5）涂装施工可采用刷涂、滚涂、空气喷涂和高压无气喷涂等方法。宜根据涂装场所的条件、被涂物体的大小、涂料品种及设计要求，选择合适的涂装方法。

①刷涂。

a. 对干燥较慢的涂料，应按涂敷、抹平和修饰三道工序操作。

b. 对干燥较快的涂料，应从被涂物的一边按一定顺序，快速、连续地刷平和修饰，不宜反复涂刷。

c. 漆膜的涂刷厚度应适中，防止流挂、起皱和漏涂。

②滚涂。

a. 先将涂料大致地涂布于被涂物表面，接着将涂料均匀地分布开，最后让辊子按一定方向滚动，滚平表面并修饰。

b. 在滚涂时，初始用力要轻，以防涂料流落。随后逐渐用力，使涂层均匀。

③空气喷涂。

空气喷涂法是以压缩空气的气流使涂料雾化成雾状，喷涂于被涂物表面的一种涂装方法。应按下列要点操作：

a. 喷枪压力：0.3～0.5MPa。

b. 喷嘴与物面的距离：大型喷枪为20～30mm；小型喷枪为15～25mm。

c. 喷枪应依次保持与钢材表面平行地运行，移动速度为30～60cm/s，操作要稳定。

d. 每行涂层的边缘的搭接宽度应一致，前后搭接宽度一般为喷涂幅度的1/4～1/3。

e. 多层喷涂时，各层应纵横交叉施工。

f. 喷枪使用后，应立即用溶剂清洗干净。

④高压无气喷涂。

高压无气喷涂是利用高压泵输送涂料，当涂料从喷嘴喷出时，体积骤然膨胀而使涂料雾化，高速地喷涂在物面上。应按下列要点操作：

a. 喷嘴与物面的距离：大型喷枪为32～38mm。

b. 喷射角度30°～60°。

c. 喷流的幅度：

（a）喷射大面积物件为 30～40cm。

（b）喷射较小面积物件为 15～25cm。

d. 喷枪的移动速度为 60～100cm/s。

e. 每行涂层的边缘的搭接宽度为涂层幅度的 1/6～1/5。

f. 喷涂完毕后，立即用溶剂清洗设备，同时排出喷枪内的剩余涂料，吸入溶剂作彻底的清洗，拆下高压软管，用压缩空气吹净管内溶剂。

6）漆膜在干燥过程中，应保持环境清洁。每一涂层完成后，均要进行外观检查。

7）当钢结构处在有腐蚀介质或露天环境且设计有要求时，应进行涂层附着力测试，可按照现行国家标准《漆膜附着力测定法》GB 1720—1979 或《色漆和清漆　漆膜的划格试验》GB/T 9286—1998 执行。在检测范围内，涂层完整程度达到 70% 以上即为合格。

8）二次涂装的表面处理和修补。

二次涂装是指物件在工厂加工涂装完毕后，在现场安装后进行的涂装；或者涂漆间隔时间超过一个月再涂漆时的涂装。

①二次涂装的钢材表面，在涂漆前应满足下列要求：

a. 现场涂装前，应彻底清除涂装件表面的油、泥、灰尘等污物，一般可用水冲、布擦或溶剂清洗等方法。

b. 表面清洗后，应用钢丝绒等工具对原有漆膜进行打毛处理，同时对组装符号加以保护。

c. 经海上运输的物件，运到港岸后，应用水清洗，将盐分彻底清洗干净。

②修补涂层。现场安装后，应对下列部位进行修补：

a. 接合部的外露部位和紧固件等。

b. 安装时焊接和烧损及因其他原因损伤的部位。

c. 构件上标有组装符号的部位。

5.5.3　防火涂料施工

防火涂料分超薄型、薄涂型和厚涂型三种。

1）超薄型、薄涂型防火涂料涂装应符合下列要求：

①薄涂型防火涂料的底涂层（或主涂层）宜采用重力式喷枪喷涂，其压力约为 0.4MPa。局部修补和小面积施工，可用手工抹涂。面涂层装饰涂料可刷涂、喷涂或滚涂。

②双组分装薄涂型的涂料，现场调配应按说明书规定；单组分装的薄涂型涂料应充分搅拌。喷涂后，不应发生流淌和下坠。

③薄涂型防火涂料底涂层施工：

a. 钢材表面除锈和防锈处理应符合要求。钢材表面清理干净。

b. 底涂层一般喷涂 2～3 次，每层喷涂厚度不超过 2.5mm，应待前一遍干燥后，再喷涂后一遍。

c. 喷涂时涂层应完全闭合，各涂层间应粘结牢固。

d. 操作者应采用测厚仪随时检测涂层厚度，其最终厚度应符合有关耐火极限的设计要求。

e. 当设计要求涂层表面光滑平整时，应对最后一遍涂层作抹平处理。

④薄涂型防火涂料面涂层施工：

a. 当底涂层厚度已符合设计要求，并基本干燥后，方可施工面涂层。

b. 面涂层一般涂饰 1 ~ 2 次，颜色应符合设计要求，并应全部覆盖底层，且颜色均匀、轮廓清晰、搭接平整。

c. 涂层表面有浮浆或裂纹宽度不应大于 0.5mm。

2）厚涂型防火涂料涂装应符合下列要求：

①厚涂型防火涂料宜采用压送式喷涂机喷涂，空气压力为 0.4 ~ 0.6MPa，喷枪口直径宜为 6 ~ 10mm。

②厚涂型涂料配料时应严格按配合比加料或加稀释剂，并使稠度适宜，当班使用的涂料应当班配制。

③厚涂型涂料施工时应分遍喷涂，每遍喷涂厚度宜为 5 ~ 10mm，必须在前一遍基本干燥或固化后，再喷涂下一遍；涂层保护方式、喷涂遍数与涂层厚度应根据施工方案确定。

④操作者应用测厚仪随时检测涂层厚度，80% 及以上面积的涂层总厚度应符合有关耐火极限的设计要求，且最薄处厚度不应低于设计要求的 85%。

⑤厚涂型涂料喷涂后的涂层，应剔除乳突，表面应均匀平整。

⑥厚涂型防火涂层出现下列情况之一时，应铲除重新喷涂：

a. 涂层干燥固化不好，粘结不牢或粉化、空鼓、脱落时；

b. 钢结构的接头、转角处的涂层有明显凹陷时；

c. 涂层表面有浮浆或裂缝宽度大于 1.0mm 时。

3）钢结构防火涂层不应有误涂、漏涂，涂层应闭合，无脱层、空鼓、明显凹陷、粉化松散和浮浆等外观缺陷，乳突已剔除；保护裸露钢结构及露天钢结构的防火涂层的外观应平整，颜色装饰应符合设计要求。

6 屋面及防水工程

6.1 屋 面 工 程

6.1.1 基层与保护工程

1. 找坡层和找平层施工

1）装配式钢筋混凝土板的板缝嵌填施工应符合下列规定：

①嵌填混凝土前板缝内应清理干净，并应保持湿润。

②当板缝宽度大于40mm或上窄下宽时，板缝内应按设计要求配置钢筋。

③嵌填细石混凝土的强度等级不应低于C20，填缝高度宜低于板面10～20mm，且应振捣密实和浇水养护。

④板端缝应按设计要求增加防裂的构造措施。

2）找坡层和找平层的基层的施工应符合下列规定：

①应清理结构层、保温层上面的松散杂物，凸出基层表面的硬物应剔平扫净。

②抹找坡层前，宜对基层洒水湿润。

③突出屋面的管道、支架等根部，应用细石混凝土堵实和固定。

④对不易与找平层结合的基层应做界面处理。

3）找坡层和找平层所用材料的质量和配合比应符合设计要求，并应做到计量准确和机械搅拌。

4）找坡应按屋面排水方向和设计坡度要求进行，找坡层最薄处厚度不宜小于20mm。

5）找坡材料应分层铺设和适当压实，表面宜平整和粗糙，并应适时浇水养护。

6）找平层应在水泥初凝前压实抹平，水泥终凝前完成收水后应二次压光，并应及时取出分格条。养护时间不得少于7d。

7）卷材防水层的基层与突出屋面结构的交接处，以及基层的转角处，找平层均应做成圆弧形，且应整齐平顺。找平层圆弧半径应符合表6-1的规定。

表6-1 找平层圆弧半径（mm）

卷材种类	圆弧半径
高聚物改性沥青防水卷材	50
合成高分子防水卷材	20

8）找坡层和找平层的施工环境温度不宜低于5℃。

2. 隔汽层施工

1）隔汽层的基层应平整、干净、干燥。

2）隔汽屋应设置在结构层与保温层之间；隔汽层应选用气密性、水密性好的材料。

3）在屋面与墙的连接处，隔汽层应沿墙面向上连续铺设，高出保温层上表面不得小于150mm。

4）隔汽层采用卷材时宜空铺，卷材搭接缝应满粘，其搭接宽度不应小于80mm；隔汽层采用涂料时，应涂刷均匀。

5）穿过隔汽层的管线周围应封严，转角处应无折损；隔汽层凡有缺陷或破损的部位，均应进行返修。

3. 保护层和隔离层施工

1）施工完的防水层应进行雨后观察、淋水或蓄水试验，并应在合格后再进行保护层和隔离层的施工。

2）保护层和隔离层施工前，防水层或保温层的表面应平整、干净。

3）保护层和隔离层施工时，应避免损坏防水层或保温层。

4）块体材料、水泥砂浆、细石混凝土保护层表面的坡度应符合设计要求，不得有积水现象。

5）块体材料保护层铺设应符合下列规定：

①在砂结合层上铺设块体时，砂结合层应平整，块体间应预留10mm的缝隙，缝内应填砂，并应用1:2水泥砂浆勾缝。

②在水泥砂浆结合层上铺设块体时，应先在防水层上做隔离层，块体间应预留10mm的缝隙，缝内应用1:2水泥砂浆勾缝。

③块体表面应洁净、色泽一致，应无裂纹、掉角和缺棱等缺陷。

6）水泥砂浆及细石混凝土保护层铺设应符合下列规定：

①水泥砂浆及细石混凝土保护层铺设前，应在防水层上做隔离层。

②细石混凝土铺设不宜留施工缝；当施工间隙超过时间规定时，应对接槎进行处理。

③水泥砂浆及细石混凝土表面应抹平压光，不得有裂纹、脱皮、麻面、起砂等缺陷。

7）浅色涂料保护层施工应符合下列规定：

①浅色涂料应与卷材、涂膜相容，材料用量应根据产品说明书的规定使用。

②浅色涂料应多遍涂刷，当防水层为涂膜时，应在涂膜固化后进行。

③涂层应与防水层粘结牢固，厚薄应均匀，不得漏涂。

④涂层表面应平整，不得流淌和堆积。

8）保护层材料的贮运、保管应符合下列规定：

①水泥贮运、保管时应采取防尘、防雨、防潮措施。

②块体材料应按类别、规格分别堆放。

③浅色涂料贮运、保管环境温度，反应型及水乳型不宜低于5℃，溶剂型不宜低于0℃。

④溶剂型涂料保管环境应干燥、通风，并应远离火源和热源。

9）保护层的施工环境温度应符合下列规定：

①块体材料干铺不宜低于-5℃，湿铺不宜低于5℃。

②水泥砂浆及细石混凝土宜为5℃～35℃。

③浅色涂料不宜低于5℃。

10）隔离层铺设不得有破损和漏铺现象。

11）干铺塑料膜、土工布、卷材时，其搭接宽度不应小于50mm；铺设应平整，不得有皱折。

12）低强度等级砂浆铺设时，其表面应平整、压实，不得有起壳和起砂等现象。

13）隔离层材料的贮运、保管应符合下列规定：

①塑料膜、土工布、卷材贮运时，应防止日晒、雨淋、重压。

②塑料膜、土工布、卷材保管时，应保证室内干燥、通风。

③塑料膜、土工布、卷材保管环境应远离火源、热源。

14）隔离层的施工环境温度应符合下列规定：

①干铺塑料膜、土工布、卷材可在负温下施工。

②铺抹低强度等级砂浆宜为5℃~35℃。

6.1.2 保温与隔热工程

1. 板状材料保温层施工

1）基层应平整、干燥、干净。

2）相邻板块应错缝拼接，分层铺设的板块上下层接缝应相互错开，板间缝隙应采用同类材料嵌填密实。

3）采用干铺法施工时，板状保温材料应紧靠在基层表面上，并应铺平垫稳。

4）采用粘结法施工时，胶粘剂应与保温材料相容，板状保温材料应贴严、粘牢，在胶粘剂固化前不得上人踩踏。

5）采用机械固定法施工时，固定件应固定在结构层上，固定件的间距应符合设计要求。

2. 纤维材料保温层施工

1）基层应平整、干燥、干净。

2）纤维保温材料在施工时，应避免重压，并应采取防潮措施。

3）纤维保温材料铺设时，平面拼接缝应贴紧，上下层拼接缝应相互错开。

4）屋面坡度较大时，纤维保温材料宜采用机械固定法施工。

5）在铺设纤维保温材料时，应做好劳动保护工作。

3. 喷涂硬泡聚氨酯保温层施工

1）基层应平整、干燥、干净。

2）施工前应对喷涂设备进行调试，并应喷涂试块进行材料性能检测。

3）喷涂时喷嘴与施工基面的间距应由试验确定。

4）喷涂硬泡聚氨酯的配比应准确计量，发泡厚度应均匀一致。

5）一个作业面应分遍喷涂完成，每遍喷涂厚度不宜大于15mm，硬泡聚氨酯喷涂后20min内严禁上人。

6）喷涂作业时，应采取防止污染的遮挡措施。

4. 现浇泡沫混凝土保温层施工

1）基层应清理干净，不得有油污、浮尘和积水。

2）泡沫混凝土应按设计要求的干密度和抗压强度进行配合比设计，拌制时应计量准确，并应搅拌均匀。

3）泡沫混凝土应按设计的厚度设定浇筑面标高线，找坡时宜采取挡板辅助措施。

4）泡沫混凝土的浇筑出料口离基层的高度不宜超过1m，泵送时应采取低压泵送。

5）泡沫混凝土应分层浇筑，一次浇筑厚度不宜超过200mm，终凝后应进行保湿养护，养护时间不得少于7d。

5．种植隔热层施工

1）种植隔热层挡墙或挡板施工时，留设的泄水孔位置应准确，并不得堵塞。

2）凹凸型排水板宜采用搭接法施工，搭接宽度应根据产品的规格具体确定；网状交织排水板宜采用对接法施工；采用陶粒作排水层时，铺设应平整，厚度应均匀。

3）过滤层土工布铺设应平整、无皱折，搭接宽度不应小于100mm，搭接宜采用粘合或缝合处理；土工布应沿种植土周边向上铺设至种植土高度。

4）种植土层的荷载应符合设计要求；种植土、植物等应在屋面上均匀堆放，且不得损坏防水层。

6．架空隔热层施工

1）架空隔热层施工前，应将屋面清扫干净，并应根据架空隔热制品的尺寸弹出支座中线。

2）在架空隔热制品支座底面，应对卷材、涂膜防水层采取加强措施。

3）铺设架空隔热制品时，应随时清扫屋面防水层上的落灰、杂物等，操作时不得损伤已完工的防水层。

4）架空隔热制品的铺设应平整、稳固，缝隙应勾填密实。

7．蓄水隔热层施工

1）蓄水池的所有孔洞应预留，不得后凿。所设置的溢水管、排水管和给水管等，应在混凝土施工前安装完毕。

2）每个蓄水区的防水混凝土应一次浇筑完毕，不得留置施工缝。

3）蓄水池的防水混凝土施工时，环境气温宜为5℃～35℃，并应避免在冬期和高温期施工。

4）蓄水池的防水混凝土完工后，应及时进行养护，养护时间不得少于14d；蓄水后不得断水。

5）蓄水池的溢水口标高、数量、尺寸应符合设计要求；过水孔应设在分仓墙底部，排水管应与水落管连通。

6.1.3　防水与密封工程

1．卷材防水层施工

1）卷材防水层基层应坚实、干净、平整，应无孔隙、起砂和裂缝。基层的干燥程度应根据所选防水卷材的特性确定。

2）卷材防水层铺贴顺序和方向应符合下列规定：

①卷材防水层施工时，应先进行细部构造处理，然后由屋面最低标高向上铺贴。

②檐沟、天沟卷材施工时，宜顺檐沟、天沟方向铺贴，搭接缝应顺流水方向。

③卷材宜平行屋脊铺贴，上下层卷材不得相互垂直铺贴。

3）立面或大坡面铺贴卷材时，应采用满粘法，并宜减少卷材短边搭接。

4）采用基层处理剂时，其配制与施工应符合下列规定：

①基层处理剂应与卷材相容。

②基层处理剂应配比准确，并应搅拌均匀。

③喷、涂基层处理剂前，应先对屋面细部进行涂刷。

④基层处理剂可选用喷涂或涂刷施工工艺，喷、涂应均匀一致，干燥后应及时进行卷材施工。

5）卷材搭接缝应符合下列规定：

①平行屋脊的搭接缝应顺流水方向，搭接缝宽度应符合表6-2的规定。

表6-2　卷材搭接缝宽度（mm）

卷 材 类 别		搭接缝宽度
合成高分子防水卷材	胶粘剂	80
	胶粘带	50
	单缝焊	60，有效焊接宽度不小于25
	双缝焊	80，有效焊接宽度10×2+空腔宽
高聚物改性沥青防水卷材	胶粘剂	100
	自粘	80

②同一层相邻两幅卷材短边搭接缝错开不应小于500mm。

③上下层卷材长边搭接缝应错开，且不应小于幅宽的1/3。

④叠层铺贴的各层卷材，在天沟与屋面的交接处，应采用叉接法搭接，搭接缝应错开；搭接缝宜留在屋面与天沟侧面，不宜留在沟底。

6）冷粘法铺贴卷材应符合下列规定：

①胶粘剂涂刷应均匀，不得露底、堆积；卷材空铺、点粘、条粘时，应按规定的位置及面积涂刷胶粘剂。

②应根据胶粘剂的性能与施工环境、气温条件等，控制胶粘剂涂刷与卷材铺贴的间隔时间。

③铺贴卷材时应排除卷材下面的空气，并应辊压粘贴牢固。

④铺贴的卷材应平整顺直，搭接尺寸应准确，不得扭曲、皱折；搭接部位的接缝应满涂胶粘剂，辊压应粘贴牢固。

⑤合成高分子卷材铺好压粘后，应将搭接部位的粘合面清理干净，并应采用与卷材配套的接缝专用胶粘剂，在搭接缝粘合面上应涂刷均匀，不得露底、堆积，应排除缝间的空气，并用辊压粘贴牢固。

⑥合成高分子卷材搭接部位采用胶粘带粘结时，粘合面应清理干净，必要时可涂刷与

卷材及胶粘带材性相容的基层胶粘剂，撕去胶粘带隔离纸后应及时粘合接缝部位的卷材，并应辊压粘贴牢固；低温施工时，宜采用热风机加热。

⑦搭接缝口应用材性相容的密封材料封严。

7）热粘法铺贴卷材应符合下列规定：

①熔化热熔型改性沥青胶结料时，宜采用专用导热油炉加热，加热温度不应高于200℃，使用温度不宜低于180℃。

②粘贴卷材的热熔型改性沥青胶结料厚度宜为1.0~1.5mm。

③采用热熔型改性沥青胶结料铺贴卷材时，应随刮随滚铺，并应展平压实。

8）热熔法铺贴卷材应符合下列规定：

①火焰加热器的喷嘴距卷材面的距离应适中，幅宽内加热应均匀，应以卷材表面熔融至光亮黑色为度，不得过分加热卷材；厚度小于3mm的高聚物改性沥青防水卷材，严禁采用热熔法施工。

②卷材表面沥青热熔后应立即滚铺卷材，滚铺时应排除卷材下面的空气。

③搭接缝部位宜以溢出热熔的改性沥青胶结料为度，溢出的改性沥青胶结料宽度宜为8mm，并宜均匀顺直；当接缝处的卷材上有矿物粒或片料时，应用火焰烘烤及清除干净后再进行热熔和接缝处理。

④铺贴卷材时应平整顺直，搭接尺寸应准确，不得扭曲。

9）自粘法铺贴卷材应符合下列规定：

①铺贴卷材前，基层表面应均匀涂刷基层处理剂，干燥后应及时铺贴卷材。

②铺贴卷材时应将自粘胶底面的隔离纸完全撕净。

③铺贴卷材时应排除卷材下面的空气，并应辊压粘贴牢固。

④铺贴的卷材应平整顺直，搭接尺寸应准确，不得扭曲、皱折；低温施工时，立面、大坡面及搭接部位宜采用热风机加热，加热后应随即粘贴牢固。

⑤搭接缝口应采用材性相容的密封材料封严。

10）焊接法铺贴卷材应符合下列规定：

①对热塑性卷材的搭接缝可采用单缝焊或双缝焊，焊接应严密。

②焊接前，卷材应铺放平整、顺直，搭接尺寸应准确，焊接缝的结合面应清理干净。

③应先焊长边搭接缝，后焊短边搭接缝。

④应控制加热温度和时间，焊接缝不得漏焊、跳焊或焊接不牢。

11）机械固定法铺贴卷材应符合下列规定：

①固定件应与结构层连接牢固。

②固定件间距应根据抗风揭试验和当地的使用环境与条件确定，并不宜大于600mm。

③卷材防水层周边800mm范围内应满粘，卷材收头应采用金属压条钉压固定和密封处理。

12）防水卷材的贮运、保管应符合下列规定：

①不同品种、规格的卷材应分别堆放。

②卷材应贮存在阴凉通风处，应避免雨淋、日晒和受潮，严禁接近火源。

③卷材应避免与化学介质及有机溶剂等有害物质接触。

13）进场的防水卷材应检验下列项目：

①高聚物改性沥青防水卷材的可溶物含量，拉力，最大拉力时延伸率，耐热度，低温柔性，不透水性。

②合成高分子防水卷材的断裂拉伸强度、扯断伸长率、低温弯折性、不透水性。

14）胶粘剂和胶粘带的贮运、保管应符合下列规定：

①不同品种、规格的胶粘剂和胶粘带，应分别用密封桶或纸箱包装。

②胶粘剂和胶粘带应贮存在阴凉通风的室内，严禁接近火源和热源。

15）进场的基层处理剂、胶粘剂和胶粘带，应检验下列项目：

①沥青基防水卷材用基层处理剂的固体含量、耐热性、低温柔性、剥离强度。

②高分子胶粘剂的剥离强度、浸水 168h 后的剥离强度保持率。

③改性沥青胶粘剂的剥离强度。

④合成橡胶胶粘带的剥离强度、浸水 168h 后的剥离强度保持率。

16）卷材防水层的施工环境温度应符合下列规定：

①热熔法和焊接法不宜低于 -10℃。

②冷粘法和热粘法不宜低于 5℃。

③自粘法不宜低于 10℃。

2．涂膜防水层施工

1）涂膜防水层的基层应坚实、平整、干净，应无孔隙、起砂和裂缝。基层的干燥程度应根据所选用的防水涂料特性确定；当采用溶剂型、热熔型和反应固休型防水涂料时，基层应干燥。

2）基层处理剂的施工应符合 1．中 4）的规定。

3）双组分或多组分防水涂料应按配合比准确计量，应采用电动机具搅拌均匀，已配制的涂料应及时使用。配料时，可加入适量的缓凝或促凝剂调节固化时间，但不得混合已固化的涂料。

4）涂膜防水层施工应符合下列规定：

①防水涂料应多遍均匀涂布，涂膜总厚度应符合设计要求。

②涂膜间夹铺胎体增强材料时，宜边涂布边铺胎体；胎体应铺贴平整，应排除气泡，并应与涂料粘结牢固。在胎体上涂布涂料时，应使涂料浸透胎体，并应覆盖完全，不得有胎体外露现象。最上面的涂膜厚度不应小于 1.0mm。

③涂膜施工应先做好细部处理，再进行大面积涂布。

④屋面转角及立面的涂膜应薄涂多遍，不得流淌和堆积。

5）涂膜防水层施工工艺应符合下列规定：

①水乳型及溶剂型防水涂料宜选用滚涂或喷涂施工。

②反应固化型涂料宜选用刮涂或喷涂施工。

③热熔型防水涂料宜选用刮涂施工。

④聚合物水泥防水涂料宜选用刮涂法施工。

⑤所有防水涂料用于细部构造时，宜选用刷涂或喷涂施工。

6）防水涂料和胎体增强材料的贮运、保管，应符合下列规定：

①防水涂料包装容器应密封，容器表面应标明涂料名称、生产厂家、执行标准号、生产日期和产品有效期，并应分类存放。

②反应型和水乳型涂料贮运和保管环境温度不宜低于5℃。

③溶剂型涂料贮运和保管环境温度不宜低于0℃，并不得日晒、碰撞和渗漏；保管环境应干燥、通风，并应远离火源、热源。

④胎体增强材料贮运、保管环境应干燥、通风，并应远离火源、热源。

7）进场的防水涂料和胎体增强材料应检验下列项目：

①高聚物改性沥青防水涂料的固体含量、耐热性、低温柔性、不透水性、断裂伸长率或抗裂性。

②合成高分子防水涂料和聚合物水泥防水涂料的固体含量、低温柔性、不透水性、拉伸强度、断裂伸长率。

③胎体增强材料的拉力、延伸率。

8）涂膜防水层的施工环境温度应符合下列规定：

①水乳型及反应型涂料宜为5℃~35℃。

②溶剂型涂料宜为-5℃~35℃。

③热熔型涂料不宜低于-10℃。

④聚合物水泥涂料宜为5℃~35℃。

3．接缝密封防水施工

1）密封防水部位的基层应符合下列规定：

①基层应牢固，表面应平整、密实，不得有裂缝、蜂窝、麻面、起皮和起砂等现象。

②基层应清洁、干燥，应无油污、无灰尘。

③嵌入的背衬材料与接缝壁间不得留有空隙。

④密封防水部位的基层宜涂刷基层处理剂，涂刷应均匀，不得漏涂。

2）改性沥青密封材料防水施工应符合下列规定：

①采用冷嵌法施工时，宜分次将密封材料嵌填在缝内，并应防止裹入空气。

②采用热灌法施工时，应由下向上进行，并宜减少接头；密封材料熬制及浇灌温度，应按不同材料要求严格控制。

3）合成高分子密封材料防水施工应符合下列规定：

①单组分密封材料可直接使用；多组分密封材料应根据规定的比例准确计量，并应拌和均匀；每次拌和量、拌和时间和拌和温度，应按所用密封材料的要求严格控制。

②采用挤出枪嵌填时，应根据接缝的宽度选用口径合适的挤出嘴，应均匀挤出密封材料嵌填，并应由底部逐渐充满整个接缝。

③密封材料嵌填后，应在密封材料表干前用腻子刀嵌填修整。

4）密封材料嵌填应密实、连续、饱满，应与基层粘结牢固；表面应平滑，缝边应顺直，不得有气泡、孔洞、开裂、剥离等现象。

5）对嵌填完毕的密封材料，应避免碰损及污染；固化前不得踩踏。

6）密封材料的贮运、保管应符合下列规定：

①运输时应防止日晒、雨淋、撞击、挤压。

②贮运、保管环境应通风、干燥，防止日光直接照射，并应远离火源、热源；乳胶型密封材料在冬季时应采取防冻措施。

③密封材料应按类别、规格分别存放。

7）进场的密封材料应检验下列项目：

①改性石油沥青密封材料的耐热性、低温柔性、拉伸粘结性、施工度。

②合成高分子密封材料的拉伸模量、断裂伸长率、拉伸粘结性。

8）接缝密封防水的施工环境温度应符合下列规定：

①改性沥青密封材料和溶剂型合成高分子密封材料宜为0℃~35℃。

②乳胶型及反应型合成高分子密封材料宜为5℃~35℃。

6.1.4 瓦面与板面工程

1. 瓦屋面施工

1）瓦屋面采用的木质基层、顺水条、挂瓦条的防腐、防火及防蛀处理，以及金属顺水条、挂瓦条的防锈蚀处理，均应符合设计要求。

2）屋面木基层应铺钉牢固、表面平整；钢筋混凝土基层的表面应平整、干净、干燥。

3）防水垫层的铺设应符合下列规定：

①防水垫层可采用空铺、满粘或机械固定。

②防水垫层在瓦屋面构造层次中的位置应符合设计要求。

③防水垫层宜自下而上平行屋脊铺设。

④防水垫层应顺流水方向搭接，搭接宽度应符合表6-3的规定。

表6-3 防水垫层的最小厚度和搭接宽度（mm）

防水垫层品种	最小厚度	搭接宽度
自粘聚合物沥青防水垫层	1.0	80
聚合物改性沥青防水垫层	2.0	100

⑤防水垫层应铺设平整，下道工序施工时，不得损坏已铺设完成的防水垫层。

4）持钉层的铺设应符合下列规定：

①屋面无保温层时，木基层或钢筋混凝土基层可视为持钉层；钢筋混凝土基层不平整时，宜用1:2.5的水泥砂浆进行找平。

②屋面有保温层时，保温层上应按设计要求做细石混凝土持钉层，内配钢筋网应骑跨屋脊，并应绷直与屋脊和檐口、檐沟部位的预埋锚筋连牢；预埋锚筋穿过防水层或防水垫层时，破损处应进行局部密封处理。

③水泥砂浆或细石混凝土持钉层可不设分格缝；持钉层与突出屋面结构的交接处应预留30mm宽的缝隙。

（1）烧结瓦、混凝土瓦屋面

1）顺水条应顺流水方向固定，间距不宜大于500mm，顺水条应铺钉牢固、平整。钉挂瓦条时应拉通线，挂瓦条的间距应根据瓦片尺寸和屋面坡长经计算确定，挂瓦条应铺钉牢固、平整，上棱应成一直线。

2）铺设瓦屋面时，瓦片应均匀分散堆放在两坡屋面基层上，严禁集中堆放。铺瓦时，应由两坡从下向上同时对称铺设。

3）瓦片应铺成整齐的行列，并应彼此紧密搭接，应做到瓦榫落槽、瓦脚挂牢、瓦头排齐，且无翘角和张口现象，檐口应成一直线。

4）脊瓦搭盖间距应均匀，脊瓦与坡面瓦之间的缝隙应用聚合物水泥砂浆填实抹平，屋脊或斜脊应顺直。沿山墙一行瓦宜用聚合物水泥砂浆做出披水线。

5）檐口第一根挂瓦条应保证瓦头出檐口 50～70mm；屋脊两坡最上面的一根挂瓦条，应保证脊瓦在坡面瓦上的搭盖宽度不小于40mm；钉檐口条或封檐板时，均应高出挂瓦条 20～30mm。

6）烧结瓦、混凝土瓦屋面完工后，应避免屋面受物体冲击，严禁任意上人或堆放物件。

7）烧结瓦、混凝土瓦的贮运、保管应符合下列规定：

①烧结瓦、混凝土瓦运输时应轻拿轻放，不得抛扔、碰撞。

②进入现场后应堆垛整齐。

8）进场的烧结瓦、混凝土瓦应检验抗渗性、抗冻性和吸水率等项目。

（2）沥青瓦屋面

1）铺设沥青瓦前，应在基层上弹出水平及垂直基准线，并应按线铺设。

2）檐口部位宜先铺设金属滴水板或双层檐口瓦，并应将其固定在基层上，再铺设防水垫层和起始瓦片。

3）沥青瓦应自檐口向上铺设，起始层瓦应由瓦片经切除垂片部分后制得，且起始层瓦沿檐口应平行铺设并伸出檐口10mm，再用沥青基胶结材料和基层粘结；第一层瓦应与起始层瓦叠合，但瓦切口应向下指向檐口；第二层瓦应压在第一层瓦上且露出瓦切口，但不得超过切口长度。相邻两层沥青瓦的拼缝及切口应均匀错开。

4）檐口、屋脊等屋面边沿部位的沥青瓦之间、起始层沥青瓦与基层之间，应采用沥青基胶结材料满粘牢固。

5）在沥青瓦上钉固定钉时，应将钉垂直钉入持钉层内；固定钉穿入细石混凝土持钉层的深度不应小于20mm，穿入木质持钉层的深度不应小于15mm，固定钉的钉帽不得外露在沥青瓦表面。

6）每片脊瓦应用两个固定钉固定；脊瓦应顺年最大频率风向搭接，并应搭盖住两坡面沥青瓦每边不小于150mm；脊瓦与脊瓦的压盖面不应小于脊瓦面积的1/2。

7）沥青瓦屋面与立墙或伸出屋面的烟囱、管道的交接处应做泛水，在其周边与立面250mm 的范围内应铺设附加层，然后在其表面用沥青基胶结材料满粘一层沥青瓦片。

8）铺设沥青瓦屋面的天沟应顺直，瓦片应粘结牢固，搭接缝应密封严密，排水应通畅。

9）沥青瓦的贮运、保管应符合下列规定：

①不同类型、规格的产品应分别堆放。

②贮存温度不应高于45℃，并应平放贮存。

③应避免雨淋、日晒、受潮，并应注意通风和避免接近火源。

10）进场的沥青瓦应检验可溶物含量、拉力、耐热度、柔度、不透水性、叠层剥离强度等项目。

2．金属板屋面施工

1）金属板屋面施工应在主体结构和支承结构验收合格后进行。

2）金属板屋面施工前应根据施工图纸进行深化排版图设计。金属板铺设时，应根据金属板板型技术要求和深化设计排版图进行。

3）金属板屋面施工测量应与主体结构测量相配合，其误差应及时调整，不得积累；施工过程中应定期对金属板的安装定位基准点进行校核。

4）金属板屋面的构件及配件应有产品合格证和性能检测报告，其材料的品种、规格、性能等应符合设计要求和产品标准的规定。

5）金属板的长度应根据屋面排水坡度、板型连接构造、环境温差及吊装运输条件等综合确定。

6）金属板的横向搭接方向宜顺主导风向；当在多维曲面上雨水可能翻越金属板板肋横流时，金属板的纵向搭接应顺流水方向。

7）金属板铺设过程中应对金属板采取临时固定措施，当天就位的金属板材应及时连接固定。

8）金属板安装应平整、顺滑，板面不应有施工残留物；檐口线、屋脊线应顺直，不得有起伏不平现象。

9）金属板屋面施工完毕，应进行雨后观察、整体或局部淋水试验，檐沟、天沟应进行蓄水试验，并应填写淋水和蓄水试验记录。

10）金属板屋面完工后，应避免屋面受物体冲击，并不宜对金属面板进行焊接、开孔等作业，严禁任意上人或堆放物件。

11）金属板应边缘整齐、表面光滑、色泽均匀、外形规则，不得有扭翘、脱膜和锈蚀等缺陷。

12）金属板的吊运、保管应符合下列规定：

①金属板应用专用吊具安装，吊装和运输过程中不得损伤金属板材。

②金属板堆放地点宜选择在安装现场附近，堆放场地应平整坚实且便于排除地面水。

13）进场的彩色涂层钢板及钢带应检验屈服强度、抗拉强度、断后伸长率、镀层重量、涂层厚度等项目。

14）金属面绝热夹芯板的贮运、保管应符合下列规定：

①夹芯板应采取防雨、防潮、防火措施。

②夹芯板之间应用衬垫隔离，并应分类堆放，应避免受压或机械损伤。

15）进场的金属面绝热夹芯板应检验剥离性能、抗弯承载力、防火性能等项目。

3．玻璃采光顶施工

1）玻璃采光顶施工应在主体结构验收合格后进行；采光顶的支承构件与主体结构连接的预埋件应按设计要求埋设。

2）玻璃采光顶的施工测量应与主体结构测量相配合，测量偏差应及时调整，不得积累；施工过程中应定期对采光顶的安装定位基准点进行校核。

3）玻璃采光顶的支承构件、玻璃组件及附件，其材料的品种、规格、色泽和性能应符合设计要求和技术标准的规定。

4）玻璃采光顶施工完毕，应进行雨后观察、整体或局部淋水试验，檐沟、天沟应进行蓄水试验，并应填写淋水和蓄水试验记录。

5）框支承玻璃采光顶的安装施工应符合下列规定：

①应根据采光顶分格测量，确定采光顶各分格点的空间定位。

②支承结构应按顺序安装，采光顶框架组件安装就位、调整后应及时紧固；不同金属材料的接触面应采用隔离材料。

③采光顶的周边封堵收口、屋脊处压边收口、支座处封口处理，均应铺设平整且可靠固定。

④采光顶天沟、排水槽、通气槽及雨水排出口等细部构造应符合设计要求。

⑤装饰压板应顺流水方向设置，表面应平整，接缝应符合设计要求。

6）点支承玻璃采光顶的安装施工应符合下列规定：

①应根据采光顶分格测量，确定采光顶各分格点的空间定位。

②钢桁架及网架结构安装就位、调整后应及时紧固；钢索杆结构的拉索、拉杆预应力施加应符合设计要求。

③采光顶应采用不锈钢驳接组件装配，爪件安装前应精确定出其安装位置。

④玻璃宜采用机械吸盘安装，并应采取必要的安全措施。

⑤玻璃接缝应采用硅酮耐候密封胶。

⑥中空玻璃钻孔周边应采取多道密封措施。

7）明框玻璃组件组装应符合下列规定：

①玻璃与构件槽口的配合应符合设计要求和技术标准的规定。

②玻璃四周密封胶条的材质、型号应符合设计要求，镶嵌应平整、密实，胶条的长度宜大于边框内槽口长度1.5%～2.0%，胶条在转角处应斜面断开，并应用粘结剂粘结牢固。

③组件中的导气孔及排水孔设置应符合设计要求，组装时应保持孔道通畅。

④明框玻璃组件应拼装严密，框缝密封应采用硅酮耐候密封胶。

8）隐框及半隐框玻璃组件组装应符合下列规定：

①玻璃及框料粘结表面的尘埃、油渍和其他污物，应分别使用带溶剂的擦布和干擦布清除干净，并应在清洁1h内嵌填密封胶。

②所用的结构粘结材料应采用硅酮结构密封胶，其性能应符合现行国家标准《建筑用硅酮结构密封胶》GB 16776—2005的有关规定；硅酮结构密封胶应在有效期内使用。

③硅酮结构密封胶应嵌填饱满，并应在温度15℃～30℃、相对湿度50%以上、洁净的室内进行，不得在现场嵌填。

④硅酮结构密封胶的粘结宽度和厚度应符合设计要求，胶缝表面应平整光滑，不得出

现气泡。

⑤硅酮结构密封胶固化期间，组件不得长期处于单独受力状态。

9）玻璃接缝密封胶的施工应符合下列规定：

①玻璃接缝密封应采用硅酮耐候密封胶，其性能应符合现行行业标准《幕墙玻璃接缝用密封胶》JC/T 882—2001 的有关规定，密封胶的级别和模量应符合设计要求。

②密封胶的嵌填应密实、连续、饱满，胶缝应平整光滑、缝边顺直。

③玻璃间的接缝宽度和密封胶的嵌填深度应符合设计要求。

④不宜在夜晚、雨天嵌填密封胶，嵌填温度应符合产品说明书规定，嵌填密封胶的基面应清洁、干燥。

10）玻璃采光顶材料的贮运、保管应符合下列规定：

①采光顶部件在搬运时应轻拿轻放，严禁发生互相碰撞。

②采光玻璃在运输中应采用有足够承载力和刚度的专用货架；部件之间应用衬垫固定，并应相互隔开。

③采光顶部件应放在专用货架上，存放场地应平整、坚实、通风、干燥，并严禁与酸碱等类的物质接触。

6.1.5　细部构造工程

1. 檐口

1）卷材防水屋面檐口 800mm 范围内的卷材应满粘，卷材收头应采用金属压条钉压，并应用密封材料封严。檐口下端应做鹰嘴和滴水槽（图 6-1）。

2）涂膜防水屋面檐口的涂膜收头，应用防水涂料多遍涂刷。檐口下端应做鹰嘴和滴水槽（图 6-2）。

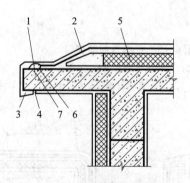

图 6-1　卷材防水屋面檐口
1—密封材料；2—卷材防水层；3—鹰嘴；
4—滴水槽；5—保温层；6—金属压条；
7—水泥钉

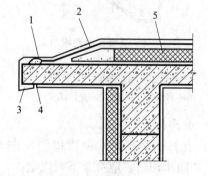

图 6-2　涂膜防水屋面檐口
1—涂料多遍涂刷；2—涂膜防水层；3—鹰嘴；
4—滴水槽；5—保温层

3）烧结瓦、混凝土瓦屋面的瓦头挑出檐口的长度宜为 50~70mm（图 6-3）。

4）沥青瓦屋面的瓦头挑出檐口的长度宜为 10~20mm；金属滴水板应固定在基层上，伸入沥青瓦下宽度不应小于 80mm，向下延伸长度不应小于 60mm（图 6-4）。

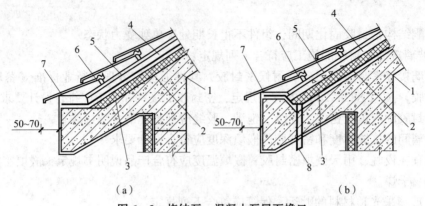

图6-3　烧结瓦、混凝土瓦屋面檐口

1—结构层；2—防水层或防水垫层；3—保温层；4—持钉层；5—顺水条；

6—挂瓦条；7—烧结瓦或混凝土瓦；8—泄水管

5）金属板屋面檐口挑出墙面的长度不应小于200mm；屋面板与墙板交接处应设置金属封檐板和压条（图6-5）。

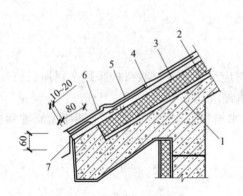

图6-4　沥青瓦屋面檐口

1—结构层；2—保温层；3—持钉层；

4—防水层或防水垫层；5—沥青瓦；

6—起始层沥青瓦；7—金属滴水板

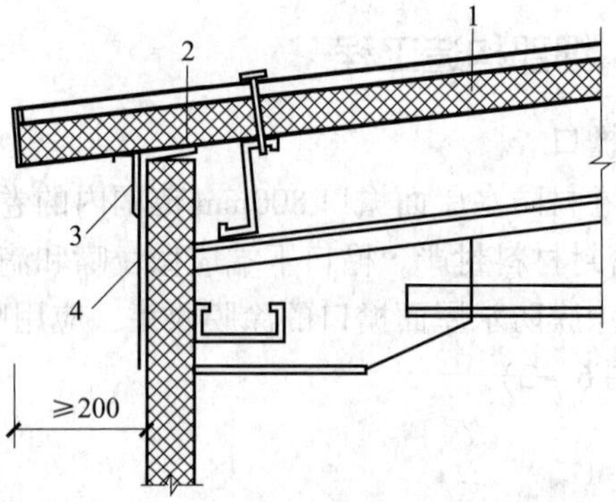

图6-5　金属板屋面檐口

1—金属板；2—通长密封条；3—金属压条；

4—金属封檐板

2. 檐沟和天沟

1）卷材或涂膜防水屋面檐沟（图6-6）和天沟的防水构造，应符合下列规定：

①檐沟和天沟的防水层下应增设附加层，附加层伸入屋面的宽度不应小于250mm。

②檐沟防水层和附加层应由沟底翻上至外侧顶部，卷材收头应用金属压条钉压，并应用密封材料封严，涂膜收头应用防水涂料多遍涂刷。

③檐沟外侧下端应做鹰嘴或滴水槽。

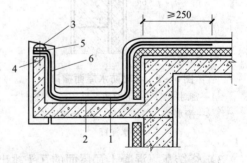

图6-6　卷材、涂膜防水屋面檐沟

1—防水层；2—附加层；3—密封材料；4—水泥钉；

5—金属压条；6—保护层

④檐沟外侧高于屋面结构板时，应设置溢水口。

2）烧结瓦、混凝土瓦屋面檐沟（图6-7）和天沟的防水构造，应符合下列规定：

①檐沟和天沟防水层下应增设附加层，附加层伸入屋面的宽度不应小于500mm。

②檐沟和天沟防水层伸入瓦内的宽度不应小于150mm，并应与屋面防水层或防水垫层顺流水方向搭接。

③檐沟防水层和附加层应由沟底翻上至外侧顶部，卷材收头应用金属压条钉压，并应用密封材料封严；涂膜收头应用防水涂料多遍涂刷。

④烧结瓦、混凝土瓦伸入檐沟、天沟内的长度，宜为50~70mm。

3）沥青瓦屋面檐沟和天沟的防水构造，应符合下列规定：

①檐沟防水层下应增设附加层，附加层伸入屋面的宽度不应小于500mm。

②檐沟防水层伸入瓦内的宽度不应小于150mm，并应与屋面防水层或防水垫层顺流水方向搭接。

③檐沟防水层和附加层应由沟底翻上至外侧顶部，卷材收头应用金属压条钉压，并应用密封材料封严；涂膜收头应用防水涂料多遍涂刷。

④沥青瓦伸入檐沟内的长度宜为10~20mm。

⑤天沟采用搭接式或编织式铺设时，沥青瓦下应增设不小于1000mm宽的附加层（图6-8）。

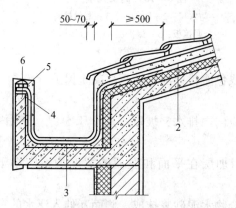

图6-7 烧结瓦、混凝土瓦屋面檐沟

1—烧结瓦或混凝土瓦；2—防水层或防水垫层；
3—附加层；4—水泥钉；5—金属压条；
6—密封材料

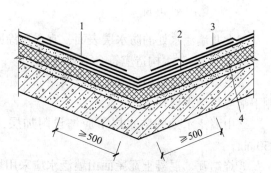

图6-8 沥青瓦屋面天沟

1—沥青瓦；2—附加层；
3—防水层或防水垫层；4—保温层

⑥天沟采用敞开式铺设时，在防水层或防水垫层上应铺设厚度不小于0.45mm的防锈金属板材，沥青瓦与金属板材应顺流水方向搭接，搭接缝应用沥青基胶结材料粘结，搭接宽度不应小于100mm。

3．女儿墙和山墙

1）女儿墙的防水构造应符合下列规定：

①女儿墙压顶可采用混凝土或金属制品。压顶向内排水坡度不应小于5%，压顶内侧下端应作滴水处理。

②女儿墙泛水处的防水层下应增设附加层，附加层在平面和立面的宽度均不应小于250mm。

③低女儿墙泛水处的防水层可直接铺贴或涂刷至压顶下，卷材收头应用金属压条钉压固定，并应用密封材料封严；涂膜收头应用防水涂料多遍涂刷（图6-9）。

④高女儿墙泛水处的防水层泛水高度不应小于250mm，防水层收头应符合③的规定；泛水上部的墙体应作防水处理（图6-10）。

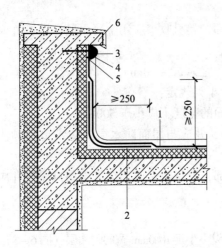

图6-9　低女儿墙
1—防水层；2—附加层；3—密封材料；
4—金属压条；5—水泥钉；
6—压顶

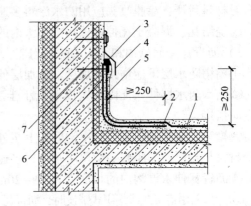

图6-10　高女儿墙
1—防水层；2—附加层；3—密封材料；
4—金属盖板；5—保护层；6—金属压条；
7—水泥钉

⑤女儿墙泛水处的防水层表面，宜采用涂刷浅色涂料或浇筑细石混凝土保护。

2）山墙的防水构造应符合下列规定：

①山墙压顶可采用混凝土或金属制品。压顶应向内排水，坡度不应小于5%，压顶内侧下端应作滴水处理。

②山墙泛水处的防水层下应增设附加层，附加层在平面和立面的宽度均不应小于250mm。

③烧结瓦、混凝土瓦屋面山墙泛水应采用聚合物水泥砂浆抹成，侧面瓦伸入泛水的宽度不应小于50mm（图6-11）。

④沥青瓦屋面山墙泛水应采用沥青基胶粘材料满粘一层沥青瓦片，防水层和沥青瓦收头应用金属压条钉压固定，并应用密封材料封严（图6-12）。

⑤金属板屋面山墙泛水应铺钉厚度不小于0.45mm的金属泛水板，并应顺流水方向搭接；金属泛水板与墙体的搭接高度不应小于250mm，与压型金属板的搭盖宽度宜为1~2波，并应在波峰处采用拉铆钉连接（图6-13）。

4. 水落口

1）重力式排水的水落口（图6-14、图6-15）防水构造应符合下列规定：

①水落口可采用塑料或金属制品，水落口的金属配件均应作防锈处理。

②水落口杯应牢固地固定在承重结构上，其埋设标高应根据附加层的厚度及排水坡度加大的尺寸确定。

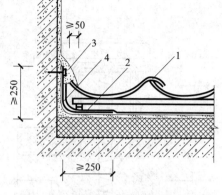

图 6-11　烧结瓦、混凝土瓦屋面山墙
1—烧结瓦或混凝土瓦；2—防水层或防水垫层；
3—聚合物水泥砂浆；4—附加层

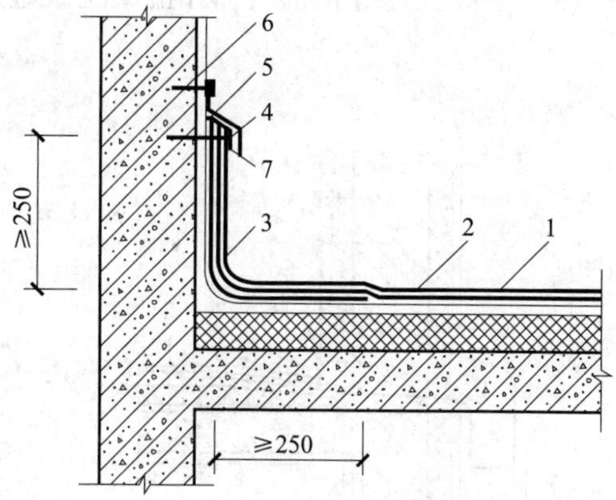

图 6-12　沥青瓦屋面山墙
1—沥青瓦；2—防水层或防水垫层；3—附加层；
4—金属盖板；5—密封材料；6—水泥钉；
7—金属压条

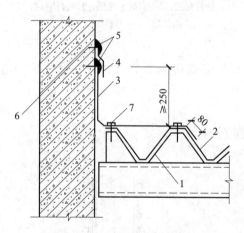

图 6-13　压型金属板屋面山墙
1—固定支架；2—压型金属板；3—金属泛水板；
4—金属盖板；5—密封材料；
6—水泥钉；7—拉铆钉

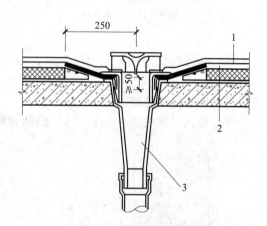

图 6-14　直式水落口
1—防水层；2—附加层；3—水落斗

③水落口周围直径 500mm 范围内坡度不应小于 5%，防水层下应增设涂膜附加层。

④防水层和附加层伸入水落口杯内不应小于 50mm，并应粘结牢固。

2）虹吸式排水的水落口防水构造应进行专项设计。

5. 变形缝

变形缝防水构造应符合下列规定：

1）变形缝泛水处的防水层下应增设附加层，附加层在平面和立面的宽度不应小于 250mm；防水层应铺贴或涂刷至泛水墙的顶部。

2）变形缝内应预填不燃保温材料，上部应采用防水卷材封盖，并放置衬垫材料，再在其上干铺一层卷材。

3）等高变形缝顶部宜加扣混凝土或金属盖板（图 6-16）。

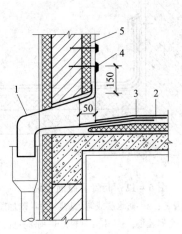

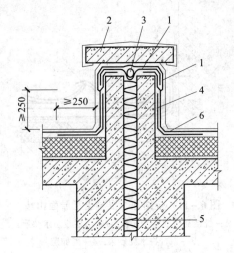

图 6-15　横式水落口

1—水落斗；2—防水层；3—附加层；
4—密封材料；5—水泥钉

图 6-16　等高变形缝

1—卷材封盖；2—混凝土盖板；3—衬垫材料；
4—附加层；5—不燃保温材料；
6—防水层

4）高低跨变形缝在立墙泛水处，应采用有足够变形能力的材料和构造作密封处理（图 6-17）。

6. 伸出屋面管道

1）伸出屋面管道（图 6-18）的防水构造应符合下列规定：

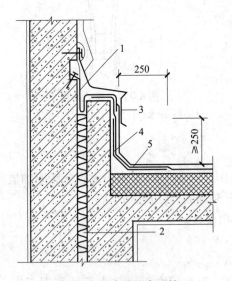

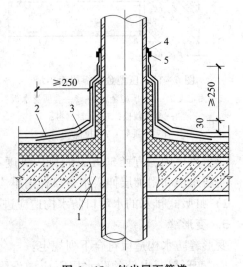

图 6-17　高低跨变形缝

1—卷材封盖；2—不燃保温材料；3—金属盖板；
4—附加层；5—防水层

图 6-18　伸出屋面管道

1—细石混凝土；2—卷材防水层；3—附加层；
4—密封材料；5—金属箍

①管道周围的找平层应抹出高度不小于 30mm 的排水坡。

②管道泛水处的防水层下应增设附加层，附加层在平面和立面的宽度均不应小于 250mm。

③管道泛水处的防水层泛水高度不应小于 250mm。

④卷材收头应用金属箍紧固和密封材料封严，涂膜收头应用防水涂料多遍涂刷。

2）烧结瓦、混凝土瓦屋面烟囱（图 6 - 19）的防水构造，应符合下列规定：

①烟囱泛水处的防水层或防水垫层下应增设附加层，附加层在平面和立面的宽度不应小于 250mm。

②屋面烟囱泛水应采用聚合物水泥砂浆抹成。

③烟囱与屋面的交接处，应在迎水面中部抹出分水线，并应高出两侧各 30mm。

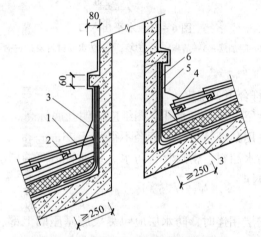

图 6 - 19　烧结瓦、混凝土瓦屋面烟囱

1—烧结瓦或混凝土瓦；2—挂瓦条；3—聚合物水泥砂浆；
4—分水线；5—防水层或防水垫层；6—附加层

7. 屋面出入口

1）屋面垂直出入口泛水处应增设附加层，附加层在平面和立面的宽度均不应小于 250mm；防水层收头应在混凝土压顶圈下（图 6 - 20）。

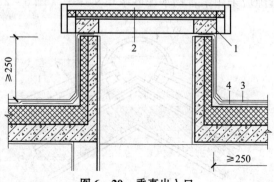

图 6 - 20　垂直出入口

1—混凝土压顶圈；2—上人孔盖；3—防水层；4—附加层

2）屋面水平出入口泛水处应增设附加层和护墙，附加层在平面上的宽度不应小于250mm；防水层收头应压在混凝土踏步下（图6-21）。

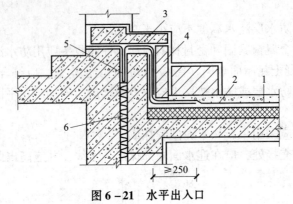

图6-21 水平出入口

1—防水层；2—附加层；3—踏步；4—护墙；5—防水卷材封盖；6—不燃保温材料

8. 反梁过水孔

反梁过水孔构造应符合下列规定：

1）应根据排水坡度留设反梁过水孔，图纸应注明孔底标高。

2）反梁过水孔宜采用预埋管道，其管径不得小于75mm。

3）过水孔可采用防水涂料、密封材料防水。预埋管道两端周围与混凝土接触处应留凹槽，并应用密封材料封严。

9. 设施基座

1）设施基座与结构层相连时，防水层应包裹设施基座的上部，并应在地脚螺栓周围作密封处理。

2）在防水层上放置设施时，防水层下应增设卷材附加层，必要时应在其上浇筑细石混凝土，其厚度不应小于50mm。

10. 屋脊

1）烧结瓦、混凝土瓦屋面的屋脊处应增设宽度不小于250mm的卷材附加层。脊瓦下端距坡面瓦的高度不宜大于80mm，脊瓦在两坡面瓦上的搭盖宽度，每边不应小于40mm；脊瓦与坡瓦面之间的缝隙应采用聚合物水泥砂浆填实抹平（图6-22）。

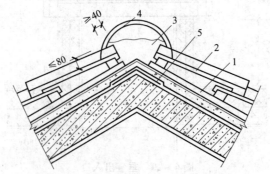

图6-22 烧结瓦、混凝土瓦屋面屋脊

1—防水层或防水垫层；2—烧结瓦或混凝土瓦；3—聚合物水泥砂浆；4—脊瓦；5—附加层

2）沥青瓦屋面的屋脊处应增设宽度不小于250mm的卷材附加层。脊瓦在两坡面瓦上的搭盖宽度，每边不应小于150mm（图6－23）。

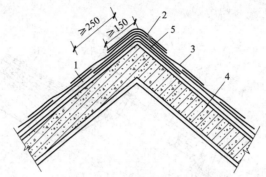

图6－23 沥青瓦屋面屋脊

1—防水层或防水垫层；2—脊瓦；3—沥青瓦；4—结构层；5—附加层

3）金属板屋面的屋脊盖板在两坡面金属板上的搭盖宽度每边不应小于250mm，屋面板端头应设置挡水板和堵头板（图6－24）。

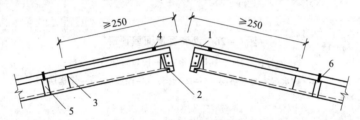

图6－24 金属板材屋面屋脊

1—屋脊盖板；2—堵头板；3—挡水板；4—密封材料；5—固定支架；6—固定螺栓

11. 屋顶窗

1）烧结瓦、混凝土瓦与屋顶窗交接处，应采用金属排水板、窗框固定铁脚、窗口附加防水卷材、支瓦条等连接（图6－25）。

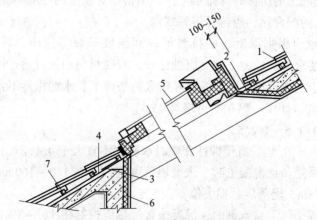

图6－25 烧结瓦、混凝土瓦屋面屋顶窗

1—烧结瓦或混凝土瓦；2—金属排水板；3—窗口附加防水卷材；
4—防水层或防水垫层；5—屋顶窗；6—保温层；7—支瓦条

2）沥青瓦屋面与屋顶窗交接处应采用金属排水板、窗框固定铁脚、窗口附加防水卷材等与结构层连接（图6-26）。

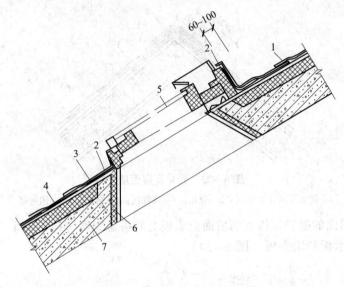

图6-26　沥青瓦屋面屋顶窗

1—沥青瓦；2—金属排水板；3—窗口附加防水卷材；
4—防水层或防水垫层；5—屋顶窗；6—保温层；7—结构层

6.2　防　水　工　程

6.2.1　主体结构防水工程

1. 防水混凝土

1）防水混凝土施工前应做好降排水工作，不得在有积水的环境中浇筑混凝土。

2）防水混凝土的配合比，应符合下列规定：

①胶凝材料用量应根据混凝土的抗渗等级和强度等级等选用，其总用量不宜小于320kg/m³；当强度要求较高或地下水有腐蚀性时，胶凝材料用量可通过试验调整。

②在满足混凝土抗渗等级、强度等级和耐久性条件下，水泥用量不宜小于260kg/m³。

③砂率宜为35%~40%，泵送时可增至45%。

④灰砂比宜为1:1.5~1:2.5。

⑤水胶比不得大于0.50，有侵蚀性介质时水胶比不宜大于0.45。

⑥防水混凝土采用预拌混凝土时，入泵坍落度宜控制在120~160mm，坍落度每小时损失值不应大于20mm，坍落度总损失值不应大于40mm。

⑦掺加引气剂或引气型减水剂时，混凝土含气量应控制在3%~5%。

⑧预拌混凝土的初凝时间宜为6~8h。

3）防水混凝土配料应按配合比准确称量，其计量允许偏差应符合表6-4的规定。

表6-4 防水混凝土配料计量允许偏差 (%)

混凝土组成材料	每盘计量	累计计量
水泥、掺合料	±2	±1
粗、细骨料	±3	±2
水、外加剂	±2	±1

注: 累计计量仅适用于微机控制计量的搅拌站。

4) 使用减水剂时, 减水剂宜配制成一定浓度的溶液。

5) 防水混凝土应分层连续浇筑, 分层厚度不得大于500mm。

6) 用于防水混凝土的模板应拼缝严密、支撑牢固。

7) 防水混凝土拌和物应采用机械搅拌, 搅拌时间不宜小于2min。掺外加剂时, 搅拌时间应根据外加剂的技术要求确定。

8) 防水混凝土拌合物在运输后如出现离析, 必须进行二次搅拌。当坍落度损失后不能满足施工要求时, 应加入原水胶比的水泥浆或掺加同品种的减水剂进行搅拌, 严禁直接加水。

9) 防水混凝土应采用机械振捣, 避免漏振、欠振和超振。

10) 防水混凝土应连续浇筑, 宜少留施工缝。当留设施工缝时, 应符合下列规定:

①墙体水平施工缝不应留在剪力最大处或底板与侧墙的交接处, 应留在高出底板表面不小于300mm的墙体上。拱(板)墙结合的水平施工缝, 宜留在拱(板)墙接缝线以下150~300mm处。墙体有预留孔洞时, 施工缝距孔洞边缘不应小于300mm。

②垂直施工缝应避开地下水和裂隙水较多的地段, 并宜与变形缝相结合。

11) 施工缝防水构造形式宜按图6-27~图6-30选用, 当采用两种以上构造措施时可进行有效组合。

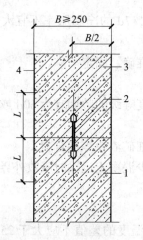

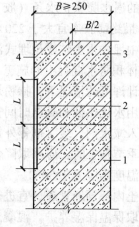

图6-27 施工缝防水构造 (一)

钢板止水带 $L \geq 150mm$; 橡胶止水带 $L \geq 200mm$;

钢边橡胶止水带 $L \geq 120mm$

1—先浇混凝土; 2—中埋止水带;

3—后浇混凝土; 4—结构迎水面

图6-28 施工缝防水构造 (二)

外贴止水带 $L \geq 150mm$; 外涂防水涂料 $L = 200mm$;

外抹防水砂浆 $L = 200mm$

1—先浇混凝土; 2—外贴止水带;

3—后浇混凝土; 4—结构迎水面

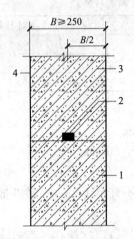

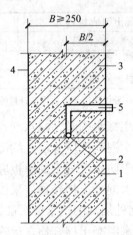

图 6－29　施工缝防水构造（三）
1—先浇混凝土；2—遇水膨胀止水条（胶）；
3—后浇混凝土；4—结构迎水面

图 6－30　施工缝防水构造（四）
1—先浇混凝土；2—预埋注浆管；
3—后浇混凝土；4—结构迎水面；
5—注浆导管

12）施工缝的施工应符合下列规定：

①水平施工缝浇筑混凝土前，应将其表面浮浆和杂物清除，然后铺设净浆或涂刷混凝土界面处理剂、水泥基渗透结晶型防水涂料等材料，再铺 30～50mm 厚的 1:1 水泥砂浆，并应及时浇筑混凝土。

②垂直施工缝浇筑混凝土前，应将其表面清理干净，再涂刷混凝土界面处理剂或水泥基渗透结晶型防水涂料，并应及时浇筑混凝土。

③遇水膨胀止水条（胶）应与接触表面密贴。

④选用的遇水膨胀止水条（胶）应具有缓胀性能，7d 的净膨胀率不宜大于最终膨胀率的 60%，最终膨胀率宜大于 220%。

⑤采用中埋式止水带或预埋式注浆管时，应定位准确、固定牢靠。

13）大体积防水混凝土的施工，应符合下列规定：

①在设计许可的情况下，掺粉煤灰混凝土设计强度等级的龄期宜为 60d 或 90d。

②宜选用水化热低和凝结时间长的水泥。

③宜掺入减水剂、缓凝剂等外加剂和粉煤灰、磨细矿渣粉等掺合料。

④炎热季节施工时，应采取降低原材料温度、减少混凝土运输时吸收外界热量等降温措施，入模温度不应大于 30℃。

⑤混凝土内部预埋管道，宜进行水冷散热。

⑥应采取保温保湿养护。混凝土中心温度与表面温度的差值不应大于 25℃，表面温度与大气温度的差值不应大于 20℃，温降梯度不得大于 3℃/d，养护时间不应少于 14d。

14）防水混凝土结构内部设置的各种钢筋或绑扎铁丝，不得接触模板。用于固定模板的螺栓必须穿过混凝土结构时，可采用工具式螺栓或螺栓加堵头，螺栓上应加焊方形止水环。拆模后应将留下的凹槽用密封材料封堵密实，并应用聚合物水泥砂浆抹平（图 6－31）。

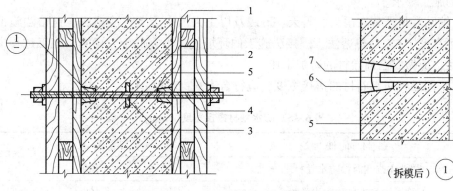

图 6-31 固定模板用螺栓的防水构造
1—模板；2—结构混凝土；3—止水环；4—工具式螺栓；
5—固定模板用螺栓；6—密封材料；7—聚合物水泥砂浆

15）防水混凝土终凝后应立即进行养护，养护时间不得少于 14d。

16）防水混凝土的冬期施工，应符合下列规定：

①混凝土入模温度不应低于 5℃。

②混凝土养护应采用综合蓄热法、蓄热法、暖棚法、掺化学外加剂等方法，不得采用电热法或蒸气直接加热法。

③应采取保湿保温措施。

2. 水泥砂浆防水层

1）基层表面应平整、坚实、清洁，并应充分湿润、无明水。

2）基层表面的孔洞、缝隙，应采用与防水层相同的防水砂浆堵塞并抹平。

3）施工前应将预埋件、穿墙管预留凹槽内嵌填密封材料后，再施工水泥砂浆防水层。

4）防水砂浆的配合比和施工方法应符合所掺材料的规定，其中聚合物水泥防水砂浆的用水量应包括乳液中的含水量。

5）水泥砂浆防水层应分层铺抹或喷射，铺抹时应压实、抹平，最后一层表面应提浆压光。

6）聚合物水泥防水砂浆拌和后应在规定时间内用完，施工中不得任意加水。

7）水泥砂浆防水层各层应紧密粘合，每层宜连续施工；必须留设施工缝时，应采用阶梯坡形槎，但离阴阳角处的距离不得小于 200mm。

8）水泥砂浆防水层不得在雨天、五级及以上大风中施工。冬期施工时，气温不应低于 5℃。夏季不宜在 30℃ 以上的烈日照射下施工。

9）水泥砂浆防水层终凝后，应及时进行养护，养护温度不宜低于 5℃，并应保持砂浆表面湿润，养护时间不得少于 14d。

聚合物水泥防水砂浆未达到硬化状态时，不得浇水养护或直接受雨水冲刷，硬化后应采用干湿交替的养护方法。潮湿环境中，可在自然条件下养护。

3. 卷材防水层

1）卷材防水层的基面应坚实、平整、清洁，阴阳角处应做圆弧或折角，并应符合所用卷材的施工要求。

2）铺贴卷材严禁在雨天、雪天、五级及以上大风中施工；冷粘法、自粘法施工的环境气温不宜低于5℃，热熔法、焊接法施工的环境气温不宜低于 –10℃。施工过程中下雨或下雪时，应做好已铺卷材的防护工作。

3）不同品种防水卷材的搭接宽度，应符合表6-5的要求。

表6-5 防水卷材搭接宽度（mm）

卷材品种	搭接宽度
弹性体改性沥青防水卷材	100
改性沥青聚乙烯胎防水卷材	100
自粘聚合物改性沥青防水卷材	80
三元乙丙橡胶防水卷材	100/60（胶粘剂/胶粘带）
聚氯乙烯防水卷材	60/80（单焊缝/双焊缝）
	100（胶粘剂）
聚乙烯丙纶复合防水卷材	100（粘结料）
高分子自粘胶膜防水卷材	70/80（自粘胶/胶粘带）

4）防水卷材施工前，基面应干净、干燥，并应涂刷基层处理剂；当基面潮湿时，应涂刷湿固化型胶粘剂或潮湿界面隔离剂。基层处理剂的配制与施工应符合下列要求：

①基层处理剂应与卷材及其粘结材料的材性相容。

②基层处理剂喷涂或刷涂应均匀一致，不应露底，表面干燥后方可铺贴卷材。

5）铺贴各类防水卷材应符合下列规定：

①应铺设卷材加强层。

②结构底板垫层混凝土部位的卷材可采用空铺法或点粘法施工，其粘结位置、点粘面积应按设计要求确定；侧墙采用外防外贴法的卷材及顶板部位的卷材应采用满粘法施工。

③卷材与基面、卷材与卷材间的粘结应紧密、牢固；铺贴完成的卷材应平整顺直，搭接尺寸应准确，不得产生扭曲和皱折。

④卷材搭接处的接头部位应粘结牢固，接缝口应封严或采用材性相容的密封材料封缝。

⑤铺贴立面卷材防水层时，应采取防止卷材下滑的措施。

⑥铺贴双层卷材时，上下两层和相邻两幅卷材的接缝应错开1/3～1/2幅宽，且两层卷材不得相互垂直铺贴。

6）弹性体改性沥青防水卷材和改性沥青聚乙烯胎防水卷材采用热熔法施工应加热均匀，不得加热不足或烧穿卷材，搭接缝部位应溢出热熔的改性沥青。

7）铺贴自粘聚合物改性沥青防水卷材应符合下列规定：

①基层表面应平整、干净、干燥、无尖锐突起物或孔隙。

②排除卷材下面的空气，应辊压粘贴牢固，卷材表面不得有扭曲、皱折和起泡现象。

③立面卷材铺贴完成后，应将卷材端头固定或嵌入墙体顶部的凹槽内，并应用密封材料封严。

④低温施工时，宜对卷材和基面适当加热，然后铺贴卷材。

8）铺贴三元乙丙橡胶防水卷材应采用冷粘法施工，并应符合下列规定：

①基底胶粘剂应涂刷均匀，不应露底、堆积。

②胶粘剂涂刷与卷材铺贴的间隔时间应根据胶粘剂的性能控制。

③铺贴卷材时，应辊压粘贴牢固。

④搭接部位的粘合面应清理干净，并应采用接缝专用胶粘剂或胶粘带粘结。

9）铺贴聚氯乙烯防水卷材，接缝采用焊接法施工时，应符合下列规定：

①卷材的搭接缝可采用单焊缝或双焊缝。单焊缝搭接宽度应为60mm，有效焊接宽度不应小于30mm；双焊缝搭接宽度应为80mm，中间应留设10~20mm的空腔，有效焊接宽度不宜小于10mm。

②焊接缝的结合面应清理干净，焊接应严密。

③应先焊长边搭接缝，后焊短边搭接缝。

10）铺贴聚乙烯丙纶复合防水卷材应符合下列规定：

①应采用配套的聚合物水泥防水粘结材料。

②卷材与基层粘贴应采用满粘法，粘结面积不应小于90%，刮涂粘结料应均匀，不应露底、堆积。

③固化后的粘结料厚度不应小于1.3mm。

④施工完的防水层应及时做保护层。

11）高分子自粘胶膜防水卷材宜采用预铺反粘法施工，并应符合下列规定：

①卷材宜单层铺设。

②在潮湿基面铺设时，基面应平整坚固、无明显积水。

③卷材长边应采用自粘边搭接，短边应采用胶粘带搭接，卷材端部搭接区应相互错开。

④立面施工时，在自粘边位置距离卷材边缘10~20mm内，应每隔400~600mm进行机械固定，并应保证固定位置被卷材完全覆盖。

⑤浇筑结构混凝土时不得损伤防水层。

12）采用外防外贴法铺贴卷材防水层时，应符合下列规定：

①应先铺平面，后铺立面，交接处应交叉搭接。

②临时性保护墙宜采用石灰砂浆砌筑，内表面宜做找平层。

③从底面折向立面的卷材与永久性保护墙的接触部位，应采用空铺法施工；卷材与临时性保护墙或围护结构模板的接触部位，应将卷材临时贴附在该墙上或模板上，并应将板端临时固定。

④当不设保护墙时，从底面折向立面的卷材接槎部位应采取可靠的保护措施。

⑤混凝土结构完成，铺贴立面卷材时，应先将接槎部位的各层卷材揭开，并应将其表面清理干净，如卷材有局部损伤，应及时进行修补；卷材接槎的搭接长度，高聚物改性沥青类卷材应为150mm，合成高分子类卷材应为100mm；当使用两层卷材时，卷材应错槎

接缝，上层卷材应盖过下层卷材。

卷材防水层甩槎、接槎构造见图6-32。

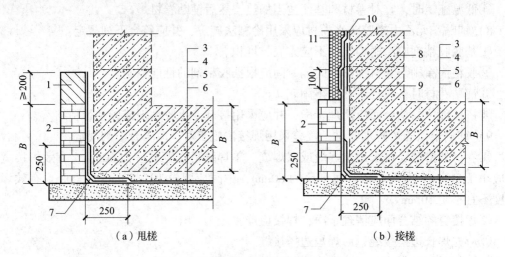

图6-32　卷材防水层甩槎、接槎构造

1—临时保护墙；2—永久保护墙；3—细石混凝土保护层；4—卷材防水层；

5—水泥砂浆找平层；6—混凝土垫层；7—卷材加强层；8—结构墙体；

9—卷材加强层；10—卷材防水层；11—卷材保护层

13）采用外防内贴法铺贴卷材防水层时，应符合下列规定：

①混凝土结构的保护墙内表面应抹厚度为20mm的1:3水泥砂浆找平层，然后铺贴卷材。

②卷材宜先铺立面，后铺平面；铺贴立面时，应先铺转角，后铺大面。

14）卷材防水层经检查合格后，应及时做保护层，保护层应符合下列规定：

①顶板卷材防水层上的细石混凝土保护层，应符合下列规定：

a. 采用机械碾压回填土时，保护层厚度不宜小于70mm。

b. 采用人工回填土时，保护层厚度不宜小于50mm。

c. 防水层与保护层之间宜设置隔离层。

②底板卷材防水层上的细石混凝土保护层厚度不应小于50mm。

③侧墙卷材防水层宜和软质保护材料或铺抹20mm厚1:2.5水泥砂浆层。

4. 涂料防水层

1）无机防水涂料基层表面应干净、平整、无浮浆和明显积水。

2）有机防水涂料基层表面应基本干燥，不应有气孔、凹凸不平、蜂窝麻面等缺陷。涂料施工前，基层阴阳角应做成圆弧形。

3）涂料防水层严禁在雨天、雾天、五级及以上大风时施工，不得在施工环境温度低于5℃及高于35℃或烈日暴晒时施工。涂膜固化前如有降雨可能时，应及时做好已完涂层的保护工作。

4）防水涂料的配制应按涂料的技术要求进行。

5）防水涂料应分层刷涂或喷涂，涂层应均匀，不得漏刷漏涂；接槎宽度不应小于

100mm。

6）铺贴胎体增强材料时，应使胎体层充分浸透防水涂料，不得有露槎及褶皱。

7）有机防水涂料施工完后应及时做保护层，保护层应符合下列规定：

①底板、顶板应采用20mm厚1∶2.5水泥砂浆层和40～50mm厚的细石混凝土保护层，防水层与保护层之间宜设置隔离层。

②侧墙背水面保护层应采用20mm厚1∶2.5水泥砂浆。

③侧墙迎水面保护层宜选用软质保护材料或20mm厚1∶2.5水泥砂浆。

5. 塑料防水板防水层

1）塑料防水板防水层的基面应平整、无尖锐突出物；基面平整度 D/L 不应大于1/6。

注：D 为初期支护基面相邻两凸面间凹进去的深度；L 为初期支护基面相邻两凸面间的距离。

2）铺设塑料防水板前应先铺缓冲层，缓冲层应采用暗钉圈固定在基面上（图6-33）。钉距应符合《地下工程防水技术规范》GB 50108—2008第4.5.6条的规定。

3）塑料防水板的铺设应符合下列规定：

①铺设塑料防水板时，宜由拱顶向两侧展铺，并应边铺边用压焊机将塑料板与暗钉圈焊接牢靠，不得有漏焊、假焊和焊穿现象。两幅塑料防水板的搭接宽度不应小于100mm。搭接缝应为热熔双焊缝，每条焊缝的有效宽度不应小于10mm。

②环向铺设时，应先拱后墙，下部防水板应压住上部防水板。

③塑料防水板铺设时宜设置分区预埋注浆系数。

④分段设置塑料防水板防水层时，两端应采取封闭措施。

4）接缝焊接时，塑料板的搭接层数不得超过三层。

5）塑料防水板铺设时应少留或不留接头，当留设接头时，应对接头进行保护。再次焊接时应将接头处的塑料防水板擦拭干净。

6）铺设塑料防水板时，不应绷得太紧，宜根据基面的平整度留有充分的余地。

7）防水板的铺设应超前混凝土施工，超前距离宜为5～20m，并应设临时挡板防止机械损伤和电火花灼伤防水板。

8）二次衬砌混凝土施工时应符合下列规定：

①绑扎、焊接钢筋时，应采取防刺穿、灼伤防水板的措施。

②混凝土出料口和振捣棒不得直接接触塑料防水板。

9）塑料防水板防水层铺设完毕后，应进行质量检查，并应在验收合格后进行下道工序的施工。

6. 金属防水层

1）金属防水层可用于长期浸水、水压较大的水工及过水隧道，所用的金属板和焊条

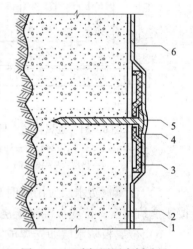

图6-33　暗钉圈固定缓冲层
1—初期支护；2—缓冲层；
3—热塑性暗钉圈；4—金属垫圈；
5—射钉；6—塑料防水板

的规格及材料性能，应符合设计要求。

2）金属板的拼接应采用焊接，拼接焊缝应严密。竖向金属板的垂直接缝，应相互错开。

3）主体结构内侧设置金属防水层时，金属板应与结构内的钢筋焊牢，也可在金属防水层上焊接一定数量的锚固件（图6-34）。

4）主体结构外侧设置金属防水层时，金属板应焊在混凝土结构的预埋件上。金属板经焊缝检查合格后，应将其与结构间的空隙用水泥砂浆灌实（图6-35）。

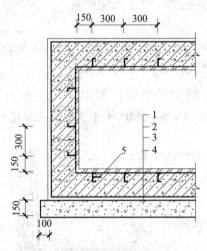

图6-34　金属板防水层

1—金属板；2—主体结构；3—防水砂浆；
4—垫层；5—锚固筋

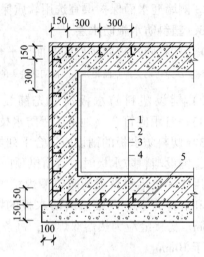

图6-35　金属板防水层

1—防水砂浆；2—主体结构；3—金属板；
4—垫层；5—锚固筋

5）金属板防水层应用临时支撑加固。金属板防水层底板上预留浇捣孔，并应保证混凝土浇筑密实，待底板混凝土浇筑完后应补焊严密。

6）金属板防水层如先焊成箱体，再整体吊装就位时，应在其内部加设临时支撑。

7）金属板防水层应采取防锈措施。

7. 膨润土防水材料防水层

1）基层应坚实、清洁，不得有明水和积水。平整度不应大于1/6。

2）膨润土防水材料应采用水泥钉和垫片固定。立面和斜面上的固定间距宜为400~500mm，平面上应在搭接缝处固定。

3）膨润土防水毯的织布面应与结构外表面或底板垫层混凝土密贴；膨润土防水板的膨润土面应与结构外表面或底板垫层密贴。

4）膨润土防水材料应采用搭接法连接，搭接宽度应大于100mm。搭接部位的固定位置距搭接边缘的距离宜为25~30mm，搭接处应涂膨润土密封膏。平面搭接缝可干撒膨润土颗粒，用量宜为0.3~0.5kg/m。

5）立面和斜面铺设膨润土防水材料时，应上层压着下层，卷材与基层、卷材与卷材之间应密贴，并应平整无褶皱。

6）膨润土防水材料分段铺设时，应采取临时防护措施。

7）甩槎与下幅防水材料连接时，应将收口压板、临时保护膜等去掉，并应将搭接部位清理干净，涂抹膨润土密封膏，然后搭接固定。

8）膨润土防水材料的永久收口部位应用收口压条和水泥钉固定，并应用膨润土密封膏覆盖。

9）膨润土防水材料与其他防水材料过渡时，过渡搭接宽度应大于400mm，搭接范围内应涂抹膨润土密封膏或铺撒膨润土粉。

10）破损部位应采用与防水层相同的材料进行修补，补丁边缘与破坏部位边缘的距离不应小于100mm；膨润土防水板表面膨润土颗粒损失严重时应涂抹膨润土密封膏。

6.2.2　细部构造防水工程

1. 变形缝

1）变形缝应满足密封防水、适应变形、施工方便、检修容易等要求。

2）用于伸缩的变形缝宜少设，可根据不同的工程结构类别及工程地质情况采用后浇带、加强带、诱导缝等替代措施。

3）变形缝处混凝土结构的厚度不应小于300mm。

4）用于沉降的变形缝最大允许沉降差值不应大于30mm。

5）变形缝的宽度宜为20~30mm。

6）变形缝的防水措施可根据工程开挖方法、防水等级按表6-6、表6-7选用。变形缝的几种复合防水构造形式如图6-36~图6-38所示。

表6-6　明挖法地下工程防水设防

工程部位		主体结构							施工缝							后浇带				变形缝（诱导缝）					
防水措施		防水混凝土	防水卷材	防水涂料	塑料防水板	膨润土防水材料	防水砂浆	金属板	遇水膨胀止水条（胶）	外贴式止水带	中埋式止水带	外抹防水砂浆	外涂防水涂料	水泥基渗透结晶型防水涂料	预埋注浆管	补偿收缩混凝土	外贴式止水带	预埋注浆管	遇水膨胀止水条（胶）	中埋式止水带	外贴式止水带	可卸式止水带	防水密封材料	外贴防水卷材	外涂防水涂料
防水等级	一级	应选	应选一种至二种						应选二种							应选	应选二种			应选	应选二种				
	二级	应选	应选一种						应选一种至二种							应选	应选一种至二种			应选	应选一种至二种				
	三级	应选	宜选一种						宜选一种至二种							应选	宜选一种至二种			应选	宜选一种至二种				
	四级	宜选	—						宜选一种							应选	宜选一种			应选	宜选一种				

表 6 – 7 暗挖法地下工程防水设防

工程部位	衬砌结构						内衬砌施工缝					内衬砌变形缝（诱导缝）				
防水措施	防水混凝土	塑料防水板	防水砂浆	防水涂料	防水卷材	金属防水层	外贴式止水带	预埋注浆管	遇水膨胀止水条（胶）	防水密封材料	中埋式止水带	水泥基渗透结晶型防水涂料	中埋式止水带	外贴式止水带	可卸式止水带	防水密封材料	遇水膨胀止水条（胶）
防水等级 一级	必选	应选一至二种					应选一至二种				应选		应选一至二种				
二级	应选	应选一种					应选一种				应选		应选一种				
三级	宜选	宜选一种					宜选一种				应选		宜选一种				
四级	宜选	宜选一种					宜选一种				应选		宜选一种				

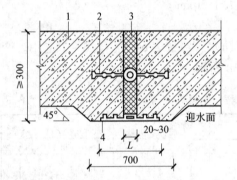

图 6 – 36 中埋式止水带与外贴式
防水层复合使用

1—混凝土结构；2—中埋式止水带；
3—填缝材料；4—外贴止水带
外贴式止水带 $L \geqslant 300$mm

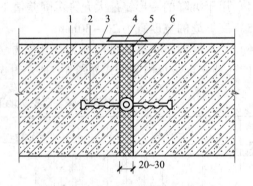

图 6 – 37 中埋式止水带与嵌缝
材料复合使用

1—混凝土结构；2—中埋式止水带；3—防水层；
4—隔离层；5—密封材料；6—填缝材料

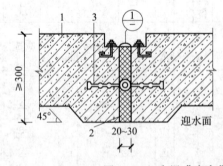

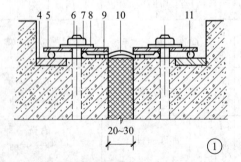

图 6 – 38 中埋式止水带与可卸式止水带复合使用

1—混凝土结构；2—填缝材料；3—中埋式止水带；4—预埋钢板；5—紧固件压板；
6—预埋螺栓；7—螺母；8—垫圈；9—紧固件压块；10—Ω形止水带；11—紧固件圆钢

7）环境温度高于50℃处的变形缝，中埋式止水带可采用金属制作，如图6-39所示。

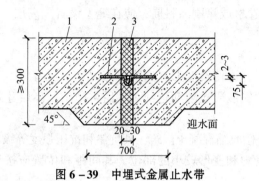

图6-39　中埋式金属止水带

1—混凝土结构；2—金属止水带；3—填缝材料

8）中埋式止水带施工应符合下列规定：

①止水带埋设位置应准确，其中间空心圆环应与变形缝的中心线重合。

②止水带应固定，顶、底板内止水带应成盆状安设。

③中埋式止水带先施工一侧混凝土时，其端模应支撑牢固，并应严防漏浆。

④止水带的接缝宜为一处，应设在边墙较高位置上，不得设在结构转角处，接头宜采用热压焊接。

⑤中埋式止水带在转弯处应做成圆弧形，（钢边）橡胶止水带的转角半径不应小于200mm，转角半径应随止水带的宽度增大而相应加大。

9）安设于结构内侧的可卸式止水带施工时应符合下列规定：

①所需配件应一次配齐。

②转角处应做成45°折角，并应增加紧固件的数量。

10）变形缝与施工缝均用外贴式止水带（中埋式）时，其相交部位宜采用十字配件（图6-40）。变形缝用外贴式止水带的转角部位宜采用直角配件（图6-41）。

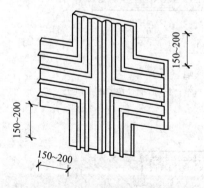
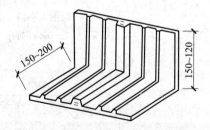

图6-40　外贴式止水带在施工缝与　　　　**图6-41　外贴式止水带在转角处的**
**　　　　变形缝相交处的十字配件**　　　　　　　　**直角配件**

11）密封材料嵌填施工时，应符合下列规定：

①缝内两侧基面应平整干净、干燥，并应刷涂与密封材料相容的基层处理剂。

②嵌缝底部应设置背衬材料。

③嵌填应密实连续、饱满，并应粘结牢固。

12）在缝表面粘贴卷材或涂刷涂料前，应在缝上设置隔离层。

2．后浇带

（1）后浇带的位置。

1）后浇带宜用于不允许留设变形缝的工程部位。

2）后浇带应在其两侧混凝土龄期达到42d后再施工；高层建筑的后浇带施工应按规定时间进行。

3）后浇带应采用补偿收缩混凝土浇筑，其抗渗和抗压强度等级不应低于两侧混凝土。

4）后浇带应设在受力和变形较小的部位，其间距和位置应按结构设计要求确定，宽度宜为700～1000mm。

5）后浇带两侧可做成平直缝或阶梯缝，其防水构造形式宜采用图6－42～图6－44。

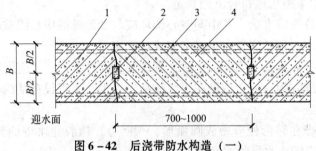

图6－42 后浇带防水构造（一）

1—先浇混凝土；2—遇水膨胀止水条（胶）；3—结构主筋；4—后浇补偿收缩混凝土

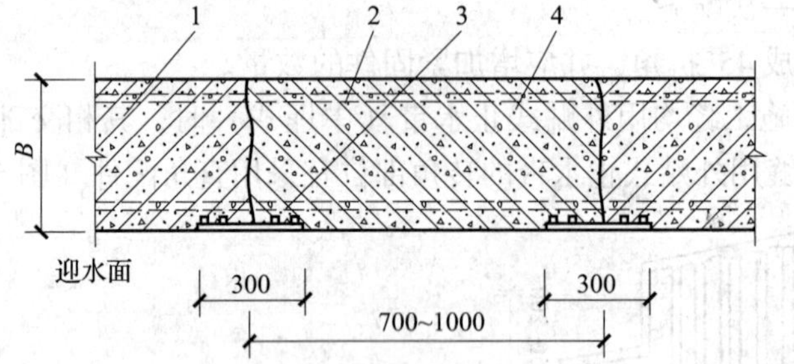

图6－43 后浇带防水构造（二）

1—先浇混凝土；2—结构主筋；3—外贴式止水带；4—后浇补偿收缩混凝土

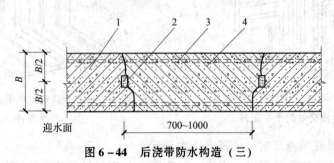

图6－44 后浇带防水构造（三）

1—先浇混凝土；2—遇水膨胀止水条（胶）；3—结构主筋；4—后浇补偿收缩混凝土

6）采用掺膨胀剂的补偿收缩混凝土，水中养护 14d 后的限制膨胀率不应小于 0.015%，膨胀剂的掺量应根据不同部位的限制膨胀率设定值经试验确定。

（2）后浇带的施工。

1）补偿收缩混凝土的配合比应符合下列要求：

①膨胀剂掺量不宜大于 12%。

②膨胀剂掺量应以胶凝材料总量的百分比表示。

2）后浇带混凝土施工前，后浇带部位和外贴式止水带应防止落入杂物和损伤外贴式止水带。

3）采用膨胀剂拌制补偿收缩混凝土时，应按配合比准确计量。

4）后浇带混凝土应一次浇筑，不得留设施工缝；混凝土浇筑后应及时养护，养护时间不得少于 28d。

5）后浇带需超前止水时，后浇带部位的混凝土应局部加厚，并应增设外贴式或中埋式止水带（图 6 – 45）。

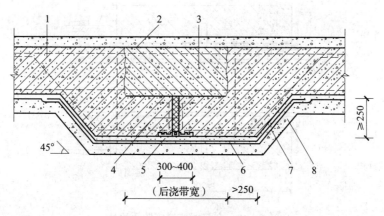

图 6 – 45 后浇带超前止水构造

1—混凝土结构；2—钢丝网片；3—后浇带；4—填缝材料；5—外贴式止水带；
6—细石混凝土保护层；7—卷材防水层；8—垫层混凝土

3. 穿墙管（盒）

1）穿墙管（盒）应在浇筑混凝土前预埋。

2）穿墙管与内墙角、凹凸部位的距离应大于 250mm。

3）结构变形或管道伸缩量较小时，穿墙管可采用主管直接埋入混凝土内的固定式防水法，主管应加焊止水环或环绕遇水膨胀止水圈，并应在迎水面预留凹槽，槽内应采用密封材料嵌填密实。其防水构造形式如图 6 – 46、图 6 – 47 所示。

4）结构变形或管道伸缩量较大或有更换要求时，应采用套管式防水法，套管应加焊止水环，如图 6 – 48 所示。

5）穿墙管防水施工时应符合下列要求：

①金属止水环应与主管或套管满焊密实，采用套管式穿墙防水构造时，翼环与套管应满焊密实，并应在施工前将套管内表面清理干净。

②相邻穿墙管间的间距应大于 300mm。

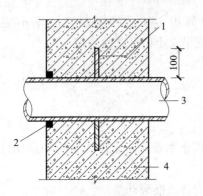

图 6–46　固定式穿墙管防水构造（一）

1—止水环；2—密封材料；
3—主管；4—混凝土结构

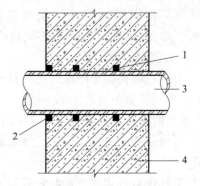

图 6–47　固定式穿墙管防水构造（二）

1—遇水膨胀止水圈；2—密封材料；
3—主管；4—混凝土结构

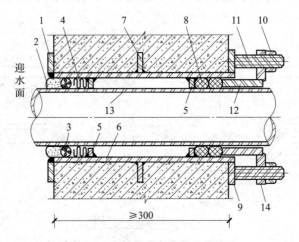

图 6–48　套管式穿墙管防水构造

1—翼环；2—密封材料；3—背衬材料；4—充填材料；5—挡圈；6—套管；7—止水环；
8—橡胶圈；9—翼盘；10—螺母；11—双头螺栓；12—短管；13—主管；14—法兰盘

③采用遇水膨胀止水圈的穿墙管，管径宜小于 50mm，止水圈应采用胶粘剂满粘固定于管上，并应涂缓胀剂或采用缓胀型遇水膨胀止水圈。

6）穿墙管线较多时，宜相对集中，并应采用穿墙盒方法。穿墙盒的封口钢板应与墙上的预埋角钢焊严，并应从钢板上的预留浇注孔注入柔性密封材料或细石混凝土，如图 6–49 所示。

7）当工程有防护要求时，穿墙管除应采取防水措施外，尚应采用满足防护要求的措施。

8）穿墙管伸出外墙的部位，应采取防止回填时将管体损坏的措施。

4. 埋设件

1）结构上的埋设件应采用预埋或预留孔（槽）等。

2）埋设件端部或预留孔（槽）底部的混凝土厚度不得小于 250mm，当厚度小于 250mm 时，应采取局部加厚或其他防水措施，如图 6–50 所示。

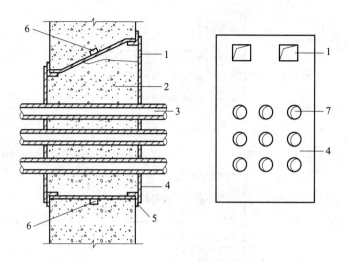

图 6 – 49 穿墙群管防水构造

1—浇注孔；2—柔性材料或细石混凝土；3—穿墙管；

4—封口钢板；5—固定角钢；6—遇水膨胀止水条；7—预留孔

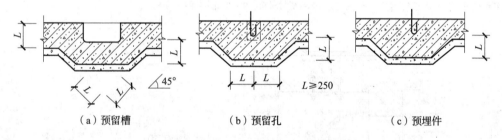

（a）预留槽   （b）预留孔   （c）预埋件

图 6 – 50 预埋件或预留孔（槽）处理示意

3）预留孔（槽）内的防水层，宜与孔（槽）外的结构防水层保持连续。

5. 预留通道接头

1）预留通道接头处的最大沉降差值不得大于 30mm。

2）预留通道接头应采取变形缝防水构造形式，如图 6 – 51、图 6 – 52 所示。

3）预留通道接头的防水施工应符合下列规定：

①预留通道先施工部位的混凝土、中埋式止水带和防水相关的预埋件等应及时保护，并应确保端部表面混凝土和中埋式止水带清洁，埋设件不得锈蚀。

②采用图 6 – 51 的防水构造时，在接头混凝土施工前应将先浇混凝土端部表面凿毛，露出钢筋或预埋的钢筋接驳器钢板，与待浇混凝土部位的钢筋焊接或连接好后再行浇筑。

③当先浇混凝土中未预埋可卸式止水带的预埋螺栓时，可选用金属或尼龙的膨胀螺栓固定可卸式止水带。采用金属膨胀螺栓时，可选用不锈钢材料或用金属涂膜、环氧涂料等涂层进行防锈处理。

6. 桩头

1）桩头防水设计应符合下列规定：

①桩头所用防水材料应具有良好的粘结性、湿固化性。

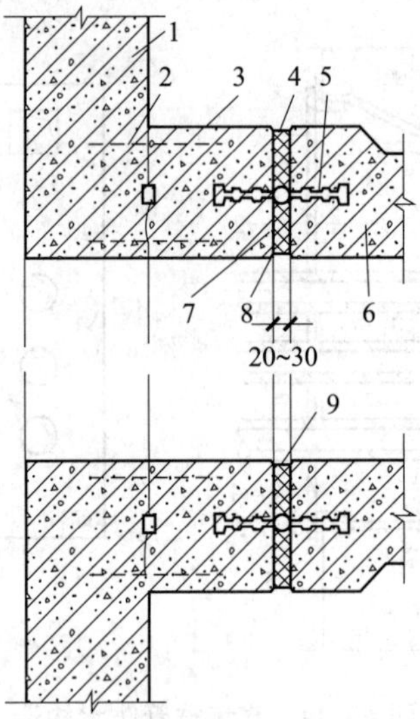

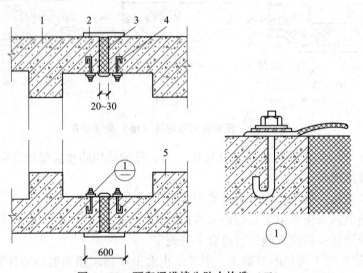

图 6-51　预留通道接头防水构造（一）

1—先浇混凝土结构；2—连接钢筋；3—遇水膨胀止水条（胶）；4—填缝材料；

5—中埋式止水带；6—后浇混凝土结构；7—遇水膨胀橡胶条（胶）；

8—密封材料；9—填充材料

图 6-52　预留通道接头防水构造（二）

1—先浇混凝土结构；2—防水涂料；3—填缝材料；

4—可卸式止水带；5—后浇混凝土结构

②桩头防水材料应与垫层防水层连为一体。

2）桩头防水施工应符合下列规定：

①应按设计要求将桩顶剔凿至混凝土密实处，并应清洗干净。

②破桩后如发现渗漏水，应及时采取堵漏措施。

③涂刷水泥基渗透结晶型防水涂料时，应连续、均匀，不得少涂或漏涂，并应及时进行养护。

④采用其他防水材料时，基面应符合施工要求。

⑤应对遇水膨胀止水条（胶）进行保护。

3）桩头防水构造形式如图6-53、图6-54所示。

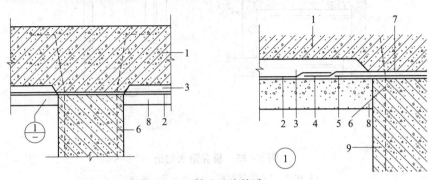

图6-53 桩头防水构造（一）

1—结构底板；2—底板防水层；3—细石混凝土保护层；4—防水层；

5—水泥基渗透结晶型防水涂料；6—桩基受力筋；

7—遇水膨胀止水条（胶）；8—混凝土垫层；9—桩基混凝土

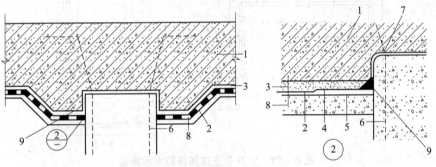

图6-54 桩头防水构造（二）

1—结构底板；2—底板防水层；3—细石混凝土保护层；

4—聚合物水泥防水砂浆；5—水泥基渗透结晶型防水涂料；6—桩基受力筋；

7—遇水膨胀止水条（胶）；8—混凝土垫层；9—密封材料

7. 孔口

1）地下工程通向地面的各种孔口应采取防地面水倒灌的措施。人员出入口高出地面的高度宜为500mm，汽车出入口设置明沟排水时，其高度宜为150mm，并应采取防雨措施。

2）窗井的底部在最高地下水位以上时，窗井的底板和墙应做防水处理，并宜与主体结构断开，如图6-55所示。

3）窗井或窗井的一部分在最高地下水位以下时，窗井应与主体结构连成整体，其防水层也应连成整体，并应在窗井内设置集水井，如图6-56所示。

4）无论地下水位高低，窗台下部的墙体和底板应做防水层。

5）窗井内的底板，应低于窗下缘300mm。窗井墙高出地面不得小于500mm。窗井外地面应做散水，散水与墙面间应采用密封材料嵌填。

6）通风口应与窗井同样处理，竖井窗下缘离室外地面高度不得小于500mm。

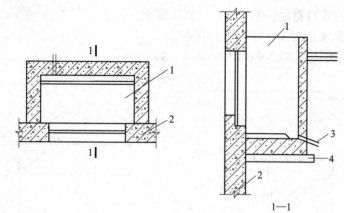

图 6-55　窗井防水构造

1—窗井；2—主体结构；3—排水管；4—垫层

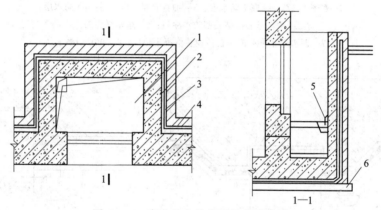

图 6-56　窗井与主体相连防水示意图

1—窗井；2—防水层；3—主体结构；4—防水层保护层；5—集水井；6—垫层

8. 坑、池、储水库

1）坑、池、储水库宜采用防水混凝土整体浇筑，内部应设防水层。受振动作用时应设柔性防水层。

2）底板以下的坑、池，其局部底板应相应降低，并应使防水层保持连续，如图 6-57 所示。

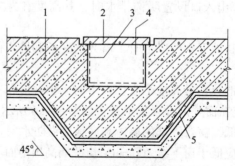

图 6-57　底板下坑、池的防水构造

1—底板；2—盖板；3—坑、池防水层；4—坑、池；5—主体结构防水层

6.2.3 特殊施工法结构防水工程

1. 锚喷支护

1）喷射混凝土施工前，应根据围岩裂隙及渗漏水的情况，预先采用引排或注浆堵水。

采用引排措施时，应采用耐侵蚀、耐久性好的塑料丝盲沟或弹塑性软式导水管等导水材料。

2）锚喷支护用作工程内衬墙时，应符合下列规定：

①宜用于防水等级为三级的工程。

②喷射混凝土宜掺入速凝剂、膨胀剂或复合型外加剂、钢纤维与合成纤维等材料，其品种及掺量应通过试验确定。

③喷射混凝土的厚度应大于80mm，对地下工程变截面及轴线转折点的阳角部位，应增加50mm以上厚度的喷射混凝土。

④喷射混凝土设置预埋件时，应采取防水处理。

⑤喷射混凝土终凝2h后，应喷水养护，养护时间不得少于14d。

3）锚喷支护作为复合式衬砌的一部分时，应符合下列规定：

①宜用于防水等级为一、二级工程的初期支护。

②锚喷支护的施工应符合2）中②～⑤的规定。

4）锚喷支护、塑料防水板、防水混凝土内衬的复合式衬砌，应根据工程情况选用，也可将锚喷支护和离壁式衬砌、衬套结合使用。

2. 地下连续墙

1）地下连续墙应根据工程要求和施工条件划分单元槽段，宜减少槽段数量。墙体幅间接缝应避开拐角部位。

2）地下连续墙用作主体结构时，应符合下列规定：

①单层地下连续墙不应直接用于防水等级为一级的地下工程墙体。单墙用于地下工程墙体时，应使用高分子聚合物泥浆护壁材料。

②墙的厚度宜大于600mm。

③应根据地质条件选择护壁泥浆及配合比，遇有地下水含盐或受化学污染时，泥浆配合比应进行调整。

④单元槽段整修后墙面平整度的允许偏差不宜大于50mm。

⑤浇筑混凝土前，应清槽、置换泥浆和清除沉渣，沉渣厚度不应大于100mm，并应将接缝面的泥皮、杂物清理干净。

⑥钢筋笼浸泡泥浆时间不应超过10h，钢筋保护层厚度不应小于70mm。

⑦幅间接缝应采用工字钢或十字钢板接头，锁口管应能承受混凝土浇筑时的侧压力，浇筑混凝土时不得发生位移和混凝土绕管。

⑧胶凝材料用量不应少于400kg/m³，水胶比应小于0.55，坍落度不得小于180mm，石子粒径不宜大于导管直径的1/8。浇筑导管入混凝土深度宜为1.5～3m，在槽段端部的浇筑导管与端部的距离宜为1～1.5m，混凝土浇筑应连续进行。冬期施工时应采取保温

措施，墙顶混凝土未达到设计强度 50% 时，不得受冻。

⑨支撑的预埋件应设置止水片或遇水膨胀止水条（胶），支撑部位及墙体的裂缝、孔洞等缺陷应采用防水砂浆及时修补；墙体幅间接缝如有渗漏，应采用注浆、嵌填弹性密封材料等进行防水处理，并应采取引排措施。

⑩底板混凝土应达到设计强度后方可停止降水，并应将降水井封堵密实。

⑪墙体与工程顶板、底板、中楼板的连接处均应凿毛，并应清洗干净，同时应设置1~2 道遇水膨胀止水条（胶），接驳器处宜喷涂水泥基渗透结晶型防水涂料或涂抹聚合物水泥防水砂浆。

3）地下连续墙与内衬构成的复合式衬砌，应符合下列规定：

①应用作防水等级为一、二级的工程。

②应根据基坑基础形式、支撑方式内衬构造特点选择防水层。

③墙体施工应符合 2）中③~⑩的规定，并应按设计规定对墙面、墙缝渗漏水进行处理，并应在基面找平满足设计要求后施工防水层及浇筑内衬混凝土。

④内衬墙应采用防水混凝土浇筑，施工缝、变形缝和诱导缝的防水措施应按表 6-6选用，并应与地下连续墙墙缝互相错开。施工要求应符合《地下工程防水技术规范》GB 50108—2008 第4.1 节和第5.1 节的有关规定。

4）地下连续墙作为围护并与内衬墙构成叠合结构时，其抗渗等级要求可比表 6-8规定的抗渗等级降低一级；地下连续墙与内衬墙构成分离式结构时，可不要求地下连续墙的混凝土抗渗等级。

表 6-8　防水混凝土设计抗渗等级

工程埋置深度 H（m）	设计抗渗等级
H < 10	P6
10 ≤ H < 20	P8
20 ≤ H < 30	P10
H ≥ 30	P12

注：1. 本表适用于 Ⅰ、Ⅱ、Ⅲ类围岩（土层及软弱围岩）。

2. 山岭隧道防水混凝土的抗渗等级可按国家现行有关标准执行。

3. 盾构法隧道

1）盾构法施工的隧道，宜采用钢筋混凝土管片、复合管片等装配式衬砌或现浇混凝土衬砌。衬砌管片应采用防水混凝土制作。当隧道处于侵蚀性介质的地层时，应采取相应的耐侵蚀混凝土或外涂耐侵蚀的外防水涂层的措施。当处于严重腐蚀地层时，可同时采取耐侵蚀混凝土和外涂耐侵蚀的外防水涂层措施。

2）不同防水等级盾构隧道衬砌防水措施应符合表 6-9 的要求。

3）钢筋混凝土管片应采用高精度钢模制作，钢模宽度及弧、弦长偏差宜为±0.4mm。

表 6 – 9　不同防水等级盾构隧道的衬砌防水措施

措施选择 防水等级	高精度管片	接缝防水				混凝土内衬或其他内衬	外防水涂料
		密封垫	嵌缝	注入密封剂	螺孔密封圈		
一级	必选	必选	全隧道或部分区段应选	可选	必选	宜选	对混凝土有中等以上腐蚀的地层应选，在非腐蚀地层宜选
二级	必选	必选	部分区段宜选	可选	必选	局部宜选	对混凝土有中等以上腐蚀的地层宜选
三级	应选	必选	部分区段宜选	—	应选	—	对混凝土有中等以上腐蚀的地层宜选
四级	可选	宜选	可选	—	—	—	—

钢筋混凝土管片制作尺寸的允许偏差应符合下列规定：

①宽度应为 ±1mm。

②弧、弦长应为 ±1mm。

③厚度应为 +3mm，–1mm。

4）管片防水混凝土的抗渗等级应符合表 6 – 8 的规定，且不得小于 P8。管片应进行混凝土氯离子扩散系数或混凝土渗透系数的检测，并宜进行管片的单块抗渗检漏。

5）管片应至少设置一道密封垫沟槽。接缝密封垫宜选择具有合理构造形式、良好弹性或遇水膨胀性、耐久性、耐水性的橡胶类材料，其外形应与沟槽相匹配。弹性橡胶密封垫材料、遇水膨胀橡胶密封垫胶料的物理性能应符合表 6 – 10 和表 6 – 11 的规定。

表 6 – 10　弹性橡胶密封垫材料物理性能

项　目	指　标	
	氯丁橡胶	三元乙丙橡胶
硬度（邵尔 A，度）	45 ±5 ~ 60 ±5	55 ±5 ~ 70 ±5
伸长率（%）	≥350	≥330
拉伸强度（MPa）	≥10.5	≥9.5

续表 6 – 10

项　　目		指　　标	
		氯丁橡胶	三元乙丙橡胶
热空气老化 (70℃ ×96h)	硬度变化值（邵尔 A，度）	≤ +8	≤ +6
	拉伸强度变化率（%）	≥ –20	≥ –15
	扯断伸长率变化率（%）	≥ –30	≥ –30
压缩永久变形（70℃ ×24h,%）		≤35	≤28
防霉等级		达到与优于 2 级	达到与优于 2 级

注：以上指标均为成品切片测试的数据，若只能以胶料制成试样测试，则其伸长率、拉伸强度的性能数据应达到本规定的 120%。

表 6 – 11　遇水膨胀橡胶密封垫胶料的主要物理性能

项　　目		指　　标		
		PZ – 150	PZ – 250	PZ – 400
硬度（邵尔 A，度）		42 ±7	42 ±7	45 ±7
拉伸强度（MPa）		≥3.5	≥3.5	≥3.0
扯断伸长率（%）		≥450	≥450	≥350
体积膨胀倍率（%）		≥150	≥250	≥400
反复浸水试验	拉伸强度（MPa）	≥3	≥3	≥2
	扯断伸长率（%）	≥350	≥350	≥250
	体积膨胀倍率（%）	≥150	≥250	≥300
低温弯折（ –20℃ ×2h）		无裂纹		
防霉等级		达到与优于 2 级		

注：1. 成品切片测试应达到本指标的 80%。

　　2. 接头部位的拉伸强度指标不得低于本指标的 50%。

　　3. 体积膨胀倍率是浸泡前后的试样质量的比率。

6）管片接缝密封垫应被完全压入密封垫沟槽内，密封垫沟槽的截面积应大于或等于密封垫的截面积，其关系宜符合下式：

$$A = (1 \sim 1.15) A_0 \qquad (6-1)$$

式中：A——密封垫沟槽截面积；

　　　A_0——密封垫截面积。

管片接缝密封垫应满足在计算的接缝最大张开量和估算的错位量下、埋深水头的 2 ~ 3 倍水压下不渗漏的技术要求；重要工程中选用的接缝密封垫，应进行一字缝或十字缝水密性的试验检测。

7）螺孔防水应符合下列规定：

①管片肋腔的螺孔口应设置锥形倒角的螺孔密封圈沟槽。

②螺孔密封圈的外形应与沟槽相匹配，并应有利于压密止水或膨胀止水。在满足止水的要求下，螺孔密封圈的断面宜小。

螺孔密封圈应为合成橡胶或遇水膨胀橡胶制品，其技术指标要求应符合表6-10和表6-11的规定。

8）嵌缝防水应符合下列规定：

①在管片内侧环纵向边沿设置嵌缝槽，其深度比不应小于2.5，槽深宜为25~55mm，单面槽宽宜为5~10mm；嵌缝槽断面构造形状应符合图6-58的规定。

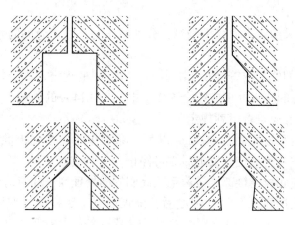

图6-58 管片嵌缝槽断面构造形式

②嵌缝材料应有良好的不透水性、潮湿基面粘结性、耐久性、弹性和抗下坠性。

③应根据隧道使用功能和表6-9中的防水等级要求，确定嵌缝作业区的范围与嵌填嵌缝槽的部位，并采取嵌缝堵水或引排水措施。

④嵌缝防水施工应在盾构千斤顶顶力影响范围外进行。同时，应根据盾构施工方法、隧道的稳定性确定嵌缝作业开始的时间。

⑤嵌缝作业应在接缝堵漏和无明显渗水后进行，嵌缝槽表面混凝土如有缺损，应采用聚合物水泥砂浆或特种水泥修补，强度应达到或超过混凝土本体的强度。嵌缝材料嵌填时，应先刷涂基层处理剂，嵌填应密实、平整。

9）复合式衬砌的内层衬砌混凝土浇筑前，应将外层管片的渗漏水引排或封堵。采用塑料防水板等夹层防水层的复合式衬砌，应根据隧道排水情况选用相应的缓冲层和防水板材料，并应按《地下工程防水技术规范》GB 50108—2008第4.5节和第6.4节的有关规定执行。

10）管片外防水涂料宜采用环氧或改性环氧涂料等封闭型材料、水泥基渗透结晶型或硅氧烷类等渗透自愈型材料，并应符合下列规定：

①耐化学腐蚀性、抗微生物侵蚀性、耐水性、耐磨性应良好，且应无毒或低毒。

②在管片外弧面混凝土裂缝宽度达到0.3mm时，应仍能在最大埋深处水压下不渗漏。

③应具有防杂散电流的功能，体积电阻率应高。

11）竖井与隧道结合处可用刚性接头，但接缝宜采用柔性材料密封处理，并宜加固竖井洞圈周围土体。在软土地层距竖井结合处一定范围内的衬砌段，宜增设变形缝。变形缝环面应贴设垫片，同时应采用适应变形量大的弹性密封垫。

12）盾构隧道的连接通道及其与隧道接缝的防水应符合下列规定：

①采用双层衬砌的连接通道，内衬应采用防水混凝土。衬砌支护与内衬间宜设塑料防水板与土工织物组成的夹层防水层，并宜配以分区注浆系统加强防水。

②当采用内防水层时，内防水层宜为聚合物水泥砂浆等抗裂防渗材料。

③连接通道与盾构隧道接头应选用缓膨胀型遇水膨胀类止水条（胶）、预留注浆管以及接头密封材料。

4. 沉井

1）沉井主体应采用防水混凝土浇筑，分别制作时，施工缝的防水措施应根据其防水等级按表6-6选用。

2）沉井施工缝的施工应符合6.2.1中1.中11）的规定。固定模板的螺栓穿过混凝土井壁时，螺栓部位的防水处理应符合6.2.1中1.中14）的规定。

3）沉井的干封底应符合下列规定：

①下水位应降至底板底高程500mm以下，降水作业应在底板混凝土达到设计强度，且沉井内部结构完成并满足抗浮要求后方可停止。

②封底前井壁与底板连接部位应凿毛或涂刷界面处理剂，并应清洗干净。

③待垫层混凝土达到50%设计强度后，浇筑混凝土底板应一次浇筑，并应分格连续对称进行。

④降水用的集水井应采用微膨胀混凝土填筑密实。

4）沉井水下封底应符合下列规定：

①水下封底宜采用水下不分散混凝土，其坍落度宜为200 ± 20mm。

②封底混凝土应在沉井全部底面积上连续均匀浇筑，浇筑时导管插入混凝土深度不宜小于1.5m。

③封底混凝土应达到设计强度后，方可从井内抽水，并应检查封底质量，对渗漏水部位应进行堵漏处理。

④防水混凝土底板应连续浇筑，不得留设施工缝，底板与井壁接缝处的防水措施应按表6-6选用，施工要求应符合6.2.1中1.中11）的规定。

5）当沉井与位于不透水层内的地下工程连接时，应先封住井壁外侧含水层的渗水通道。

5. 逆筑结构

1）直接采用地下连续墙作围护的逆筑结构，应符合2.中1）和2）的规定。

2）采用地下连续墙和防水混凝土内衬的复合逆筑结构，应符合下列规定：

①可用于防水等级为一、二级的工程。

②地下连续墙的施工应符合2.中2）中③~⑧、⑩的规定。

③顶板、楼板及下部500mm的墙体应同时浇筑，墙体的下部应做成斜坡形；斜坡形下部应预留300~500mm空间，并应待下部先浇混凝土施工14d后再行浇筑；浇筑前所有缝面应凿毛、清理干净，并应设置遇水膨胀止水条（胶）和预埋注浆管。上部施工缝设

置遇水膨胀止水条时，应使用胶粘剂和射钉（或水泥钉）固定牢靠。浇筑混凝土应采用补偿收缩混凝土（图6-59）。

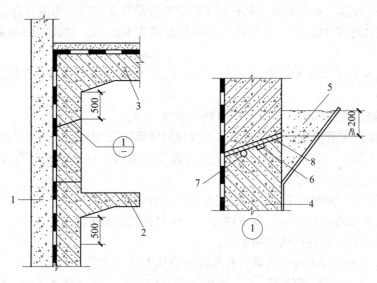

图6-59　逆筑法施工接缝防水构造

1—地下连续墙；2—楼板；3—顶板；4—补偿收缩混凝土；5—应凿去的混凝土；

6—遇水膨胀止水条或预埋注浆管；7—遇水膨胀止水胶；8—粘结剂

④底板应连续浇筑，不宜留设施工缝，底板与桩头相交处的防水处理应符合《地下工程防水技术规范》GB 50108—2008第5.6节的有关规定。

3）采用桩基支护逆筑法施工时，应符合下列规定：

①应用于各防水等级的工程。

②侧墙水平、垂直施工缝，应采取二道防水措施。

③逆筑施工缝、底板、底板与桩头的接触做法应符合2）中③、④的规定。

6.2.4　排水工程

1）纵向盲沟铺设前，应将基坑底铲平，并应按设计要求铺设碎砖（石）混凝土层。

2）集水管应放置在过滤层中间。

3）盲管应采用塑料（无纺布）带、水泥钉等固定在基层上，固定点拱部间距宜为300~500mm，边墙宜为1000~1200mm，在不平处应增加固定点。

4）环向盲管宜整条铺设，需要有接头时，宜采用与盲管相配套的标准接头及标准三通连接。

5）铺设于贴壁式衬砌、复合式衬砌隧道或坑道中的盲沟（管），在浇灌混凝土前，应采用无纺布包裹。

6）无砂混凝土管连接时，可采用套接或插接，连接应牢固，不得扭曲变形和错位。

7）隧道或坑道内的排水明沟及离壁式衬砌夹层内的排水沟断面，应符合设计要求，排水沟表面应平整、光滑。

8）不同沟、槽、管应连接牢固，必要时可外加无纺布包裹。

6.2.5 注浆工程

1）注浆孔数量、布置间距、钻孔深度除应符合设计要求外，尚应符合下列规定：

①注浆孔深小于 10m 时，孔位最大允许偏差应为 100mm，钻孔偏斜率最大允许偏差应为 1%。

②注浆孔深大于 10m 时，孔位最大允许偏差应为 50mm，钻孔偏斜率最大允许偏差应为 0.5%。

2）岩石地层或衬砌内注浆前，应将钻孔冲洗干净。

3）注浆前，应进行测定注浆孔吸水率和地层吸浆速度等参数的压水试验。

4）回填注浆时，对岩石破碎、渗漏水量较大的地段，宜在衬砌与围岩间采用定量、重复注浆法分段设置隔水墙。

5）回填注浆、衬砌后围岩注浆施工顺序，应符合下列规定：

①应沿工程轴线由低到高，由下往上，从少水处到多水处。

②在多水地段，应先两头，后中间。

③对竖井应由上往下分段注浆，在本段内应从下往上注浆。

6）注浆过程中应加强监测，当发生围岩或衬砌变形、堵塞排水系统、窜浆、危及地面建筑物等异常情况时，可采取下列措施：

①降低注浆压力或采用间歇注浆，直到停止注浆。

②改变注浆材料或缩短浆液凝胶时间。

③调整注浆实施方案。

7）单孔注浆结束的条件，应符合下列规定：

①预注浆各孔段均应达到设计要求并应稳定 10min，且进浆速度应为开始进浆速度的 1/4 或注浆量达到设计注浆量的 80%。

②衬砌后回填注浆及围岩注浆应达到设计终压。

③其他各类注浆，应满足设计要求。

8）预注浆和衬砌后围岩注浆结束前，应在分析资料的基础上，采取钻孔取芯法对注浆效果进行检查，必要时应进行压（抽）水试验。当检查孔的吸水量大于 1.0L／（min·m）时，应进行补充注浆。

9）注浆结束后，应将注浆孔及检查孔封填密实。

7 装饰装修工程

7.1 抹灰工程

7.1.1 一般抹灰

1. 一般抹灰的材料要求

1）水泥：水泥必须有出厂合格证，品种性能符合要求，凝结时间和安定性复验应合格。

2）石灰膏应用块状生石灰淋制，淋制时必须用孔径不大于 3mm×3mm 的筛过滤，并储存在沉淀池中。

熟化时间，常温下一般不少于 15d；用于罩面时，不应少于 30d。使用时，石灰膏内不得含有未熟化的颗粒和其他杂质。

在沉淀池中的石灰膏应加以保护，防止其干燥、冻结和污染。

3）抹灰用的石灰膏可用磨细生石灰粉代替，其细度应通过 4900 孔/cm² 筛。

用于罩面时，熟化时间应不小于 3d。

4）抹灰用的砂子应过筛，不得含有杂物。

装饰抹灰用的骨料（石粒、砾石等），应耐光、坚硬，使用前必须冲洗干净。干粘石用的石粒应干燥。

5）抹灰用的膨胀珍珠岩，宜采用中级粗细粒径混合级配，堆积密度宜为 80 ~ 150kg/m³。

6）抹灰用的黏土、炉渣应清洁，不得含有杂物。

黏土应选用粉质黏土，并加水浸透；炉渣应过筛，粒径应不大于 3mm，并加水焖透。

7）抹灰用的纸筋应浸泡、捣烂、清洁；罩面纸筋应宜机碾磨细。稻草、麦秸、麻刀应坚韧、干燥，不含杂物，其长度不大于 30mm。

稻草、麦秸应经石灰浸泡处理。

8）粉煤灰的品质应达到Ⅲ级灰的技术要求。

9）水宜采用生活用水。

10）掺入装饰砂浆的颜料，应用耐碱、耐光的颜料。

11）对砂浆配合比的要求见表 7-1。

表 7-1　一般抹灰的砂浆配合比

材料	配合比（体积比）	应用范围
石灰:砂	1:2 ~ 1:3	用于砖石墙（檐口、勒脚、女儿墙及潮湿房间的墙除外）面层

续表 7 – 1

材　料	配合比（体积比）	应 用 范 围
水泥:石灰:砂	1:0.3:3 ~ 1:1:6	墙面混合砂浆打底
水泥:石灰:砂	1:0.5:2 ~ 1:1:4	混凝土顶棚抹混合砂浆打底
水泥:石灰:砂	1:0.5:4 ~ 1:3:9	板条顶棚抹灰
水泥:石灰:砂	1:0.5:4.5 ~ 1:1:6	用于檐口、勒脚、女儿墙外角以及比较潮湿处墙面抹混合砂浆打底
水泥:砂	1:3 ~ 1:2.5	用于预示、潮湿车间等墙裙、勒脚等或地面基层抹水泥砂浆打底
水泥:砂	1:2 ~ 2:1.5	用于地面、顶棚或墙面面层
水泥:砂	1:0.5 ~ 1:1	用于混凝土地面压光
水泥:石灰:砂:锯末	1:1:3.5	用于吸声粉刷
白灰:麻筋	100:2.5（重量比）	用于木板条顶棚底层
石膏:麻筋	100:1.3（重量比）	用于木板条顶棚底层（或100kg石膏加3.8kg纸筋）
纸筋:白灰膏	灰膏 0.1m³，纸筋 3.6kg	用于较高级墙面或顶棚

2．一般抹灰工程施工

（1）墙面抹灰。墙面一般抹灰操作工序见表 7 – 2。

表 7 – 2　墙面一般抹灰操作工序

工 序 名 称	一般抹灰质量等级		
	普通抹灰	中级抹灰	高级抹灰
基体清理	+	+	+
湿润墙面	+	+	+
阴角找方		+	+
阳角找方			+
涂刷 108 号胶水泥浆	+	+	+
抹踢脚板、墙裙及护角底层灰	+	+	+
抹墙面底层灰 设置标筋	+	+ +	+ +
抹踢脚板、墙裙及护角中层灰	+	+	+
抹墙面中层灰（高级抹灰墙面中层灰应分遍找平）		+	+
检查修整		+	+
抹踢脚板、墙裙面层灰	+	+	+
抹墙面面层灰并修整		+	+
表面压光	+	+	+

注：表中"＋"号表示应进行的工序。

1）基体处理和准备。为了确保抹灰层与基体之间粘结牢固，避免出现裂缝、空鼓和脱落等现象，抹灰前必须针对不同的基体采取相应的处理方法。砖墙因干燥吸水快，所以重点是清除砖面未刮净的干涸砂浆，并浇水润湿墙面；混凝土基体表面光滑不易吸水，预制构件表面油污较多，所以处理的重点是划毛和清除油污；对于两种不同材料基体的结合部，应加钉金属网，防止受温度影响变形不同而产生裂缝，木板条则应用水浇透，防止木板条吸水过快而引起砂浆开裂。表面太光的基体可剔毛，或用1:1水泥浆掺10%108胶抹一薄层。

抹灰前，应检查墙面的平整度和垂直度，墙面的脚手孔洞及安装水暖、通风等各种管线凿剔墙后的孔洞和其他凹凸不平处，应用1:3水泥砂浆堵塞严密，室内墙面、柱面的阳角和门洞口的阳角，宜用1:2水泥砂浆做护角，其高度不应低于2m，每侧宽度不小于50mm。

2）弹线。将房间用角尺规方，小房间可用一面墙为基线，大房间应在地面上弹出十字线。在距墙阴角100mm处用线锤吊直弹出竖线后，再按规方地线及抹灰层厚度向里反弹出墙角抹灰准线，并在准线上下两端钉上铁钉，挂上白线，作为抹灰饼、冲筋的标准。

3）抹灰饼、冲筋。抹灰饼的操作方法：先在距顶棚约200mm处做两个上灰饼，并以此为准吊线做下灰饼，下灰饼一般设在踢脚线上方200~300mm处，然后根据上下灰饼再上下左右拉通线设中间灰饼，灰饼大小一般为40mm×40mm，间距为1.2~1.5m。灰饼收水后，在上下灰饼间填充作冲筋，灰饼和冲筋的砂浆应用与抹灰层相同的砂浆。抹完冲筋后用硬尺通平并检查垂直平整度，误差控制在1mm以内。

4）抹底层灰。底层砂浆厚度为冲筋厚度的2/3，冲筋达到一定的强度（刮尺操作不致损坏为限）后，清理表面并湿润即可进行底灰涂抹，先用铁抹子将砂浆抹上墙面并压实，并用木抹刀修补、压实、搓平、搓粗，底层灰应与基层粘结牢固。

5）抹中层灰。待已抹底层灰达到7~8成干后即可抹中层灰，中层灰厚度以冲筋厚度为准，上满砂浆以后用木刮尺紧贴冲筋将灰刮平，再用木抹子搓平。最后用2m的靠尺检查平整度和垂直度，超过标准者立即修整，直到符合标准为止。

6）抹罩面灰。当中层灰凝结后，可上罩面灰。普通抹灰用麻刀灰罩面，中、高级抹灰应用纸筋灰罩面。面灰用铁抹子抹平，并分两遍连续适时压实收光。

7）墙面阳角抹灰。墙面阳角抹灰时，先将靠尺在墙的一面用线锤找直并固定好，然后在另一面沿靠尺抹上砂浆，压实收光。

室内墙裙、踢脚板，一般要比罩面灰墙面高出3~5mm，因此，应根据高度弹线，把八字尺靠在线上用铁抹子切齐，修边清理，然后再抹墙裙和踢脚板。

（2）顶棚抹灰。混凝土顶棚抹灰的主要工艺流程为：基层处理→弹线→湿润→抹底层灰→抹中层灰→抹罩面灰。

基层处理包括清除板底的浮灰、砂石和松动的混凝土，剔平混凝土的突出部分，油脂类隔离剂先用浓度为10%的火碱溶液清刷干净，再用清水冲洗，预制混凝土楼板的板缝应用1:0.3:3的混合砂浆预先勾板缝至楼板底平。

抹顶棚灰前，根据室内50cm水平线，用杆尺或钢尺向上量出顶棚四周的水平线，此线一般距顶板 10cm，作为顶棚抹灰的水平控制。

抹底层灰的前一天，用水湿润基层，当天再根据情况适当洒水，紧接满刷一遍 108 胶水泥浆作为结合层，随刷随抹底层灰。底子灰要用力压，以便挤入顶棚的细小孔隙中，与顶棚粘结牢固。随后用软刮尺刮抹平顺，再用木抹子搓平搓毛。底层灰通常厚为 3 ~ 5mm。

抹底层灰后（在常温下 12h 后），采用水泥混合砂浆抹中层灰，分层压实。抹完后先用软刮尺顺平，后用木抹子搓平。

待中层灰凝固后，即可用纸筋灰罩面，用铁抹子抹平压实收光。

不同基层一般抹灰的施工要点归纳见表 7 - 3。

表 7 - 3　不同基层一般抹灰的施工要点

名称	分层做法	厚度（mm）	操作要点
普通砖墙抹石灰砂浆	1）1:3 石灰砂浆打底找平 2）纸筋灰、麻刀灰或玻璃丝灰罩面	10 ~ 15 2	1）底子灰先由上往下抹一遍，接着抹第二遍，由下往上刮平，用木抹子搓平 2）底子灰五六成干时抹罩面灰，用铁抹子先竖着刮一遍，再横抹找平，最后压一遍
普通砖墙抹水泥砂浆	1）1:3 水泥砂浆打底找平 2）1:2.5 水泥砂浆罩面	10 ~ 15 5	1）同上1），表面须划痕 2）隔一天罩面，分两遍抹，先用木抹子搓平，再用铁抹子揉实压光，24h 后洒水养护 3）基层为混凝土时，先刷水泥浆一遍
墙面抹混合砂浆	1）1:0.3:3（或 1:1:6）水泥石灰砂浆打底找平 2）1:0.3:3 水泥石灰砂浆罩面	13 5	基层为混凝土时，先洒水湿润，再刷水泥浆一遍，随即抹底子灰
混凝土墙、石墙抹纸筋灰	1）刷水泥浆一遍 2）1:3:9 水泥石灰砂浆打底找平 3）纸筋灰、麻刀灰或玻璃丝灰罩面	13 2	基层为混凝土时，先洒水湿润，再刷水泥浆一遍，随即抹底子灰
加气混凝土墙抹石灰砂浆	1）1:3:9 水泥石灰砂浆打底 2）1:3 石灰砂浆找平 3）纸筋灰、麻刀灰或玻璃丝灰罩面	3 13 2	抹灰前先洒水湿透，再刷水泥浆一遍，随即抹底子灰

续表 7－3

名称	分层做法	厚度 (mm)	操作要点
混凝土顶棚 抹混合砂浆	1) 1:0.5:1（或 1:1:4）水 泥石灰砂浆打底 2) 1:3:9（或 1:0.5:4）水 泥石灰砂浆找平 3) 纸筋灰、麻刀灰或玻璃 丝灰罩面	2 6 2	1) 底子灰垂直模板方向薄抹 2) 随即顺着模板方向抹第二遍，用刮尺顺平，木抹子搓平 3) 第二遍灰六七成干时，抹罩面灰。两遍成活时，待第二遍灰稍干，即顺抹纹压实抹光 4) 当为预制板时，第一遍用 1:2 水泥砂浆勾缝，再用 1:1 水泥砂浆加水泥质量 2% 的乳胶抹 2~3mm 厚，并随手带毛

7.1.2　装饰抹灰

1. 水刷石

水刷石面层宜用 80mm 厚 1:1.5 水泥石子浆（小八厘）或 10mm 厚 1:1.5 水泥石子浆（中八厘）。

待中层灰凝固后，按墙面分格设计，在墙面上弹出分格线。

用水湿润墙面，按分格线将木分格条用稠水泥浆粘在墙面上。木分格条应预先浸水，断面呈梯形，小面贴墙。

将分格条粘牢后，在各个分格墙面内刮抹一道水灰比为 0.37~0.4 的水泥浆（可掺入 3%~5% 水重的 107 胶），随即抹上拌和均匀的水泥石子浆。

待水泥石子浆稍收水后，用铁抹将露出的石子尖棱轻轻拍平，然后用刷子蘸水刷去表面浮浆，拍平压光一遍，再刷再压，不少于 3 遍，使石子大面朝外，表面排列均匀。待水泥石子浆凝结至手指按上去无痕，或刷子刷石不掉粒时，就可以进行水刷。水刷次序应由上而下，边喷水边用刷子刷面层，一般喷水洗刷到石子露出灰浆面 1~2mm 为宜。洗刷时如发现局部石子颗粒不均匀，应用铁抹轻轻拍压。最后用清水由上而下冲洗一遍，使水刷石表面干净。如表面水泥浆已硬结，可使用 5% 的稀盐酸溶液洗刷，然后用清水冲洗。

待水泥石子浆面层硬结后，起出木分格条，用水泥浆（细砂）勾缝，宜勾凹缝。

2. 水磨石

水磨石面层宜采用 10m 厚 1:1.5~1:2.5 水泥石子浆（中、小八厘）。

待中层灰凝固后，按墙面分格设计，在墙面上弹出分格线。

用水湿润墙面，按分格线将分格条用稠水泥浆粘在墙面上；分格条可采用铜条、铝合金条、塑料条等；分格条两边的稠水泥浆应抹成 45°角，坡角上口应低于分格条顶面约 1~2mm。

待分格条粘牢后，在各个分格墙面上刮抹一道水灰比为0.37~0.4的水泥浆（可掺入3%~5%水重的107胶），随即抹上已拌和好的水泥石子浆，并用铁抹拍实抹平，面层加以保护。

水泥石子浆养护到试磨而石子不松动时便可进行磨石。一般开磨时间见表7-4。

表7-4　水磨石的开磨时间

环 境 温 度	机　磨	人 工 磨
20~30℃	约2d后	1d后
10~20℃	约3d后	1.5d后
5~10℃	约5d后	2d后

水磨石分三遍进行磨石。第一遍用粗金刚石（60~80号），边磨边洒水，粗磨至石子外露为准。用水冲洗稍干后，涂擦同色水泥浆养护2d。第二遍用中金刚石（100~150号），边磨边洒水，磨至表面平滑，用水冲洗后养护2d。第三遍用细金刚石（180~240号），边磨边洒水，磨至表面光亮，用水冲洗后涂擦草酸溶液（10%浓度），再用280号油石细磨，磨至出白浆为止，冲洗后晾干。待面层干燥发白后进行打蜡一遍。在水磨石面层上薄薄的涂上一层蜡，稍干后用280号油石进行研磨，磨出光亮后，再涂一遍蜡，再研磨一遍，直到光亮洁净为止。

3. 干粘石

干粘石按其施工方法分为手工干粘石和机喷干粘石。

手工干粘石面层用小八厘色石子略掺石屑，结合层用1mm厚107胶水泥浆（水泥:107胶=1:0.3~1:0.5）。

机喷干粘石面层用中、小八厘色石子，并喷甲基硅醇钠憎水剂，结合层用5mm厚107胶水泥砂浆（水泥:中砂:细砂:107胶=1:1.35:0.65:0.1）。

（1）手工干粘石施工。底层灰凝固后，在墙面上弹出分格线，洒水湿润墙面，按分格线将木分格条用稠水泥浆粘贴在墙面上。

待分格条粘牢后，在各个分格墙面内抹上1:3水泥砂浆（中层灰），紧接着刮抹107胶水泥浆（结合层），随即粘石子，粘石子的方法是：一手拿底钉窗纱的托盘，内装石子，一手拿木拍，铲上石子往结合层上甩，要求甩均匀。

结合层上的石子，应拍入结合层内1/2深，要求拍实拍平，但不得将107胶水泥浆拍出，待有一定强度后洒水养护。

干粘石面层养护完毕，起出分格条，用水泥砂浆勾缝。

（2）机喷干粘石施工。底层灰凝固后，在墙面上弹出分格线，洒水湿润墙面，按分格线将木分格条用稠水泥浆粘贴在墙面上。

待分格条粘牢后，在各个分格墙面上抹上107胶水溶液（中层灰），紧接着抹107胶水泥砂浆（结合层），待其刚收水时，即可喷石子。

喷石子可采用喷枪（机喷干粘石专用），将石子装于料斗内，通入压缩空气便可将石子喷出。喷石子时，喷头要对准墙面，距墙面约300~400mm，气压为0.6~0.8MPa

为宜。

喷石子后，用铁抹子将石子轻轻拍打，或用滚筒滚压一遍，使石子面平整，洒水养护。

待干粘石面层养护完毕后，起出分格条，用水泥砂浆勾缝。

为防止粘石脱落，在干粘石面层宜用甲基硅醇钠憎水剂喷一遍。

4．斩假石

斩假石又称剁斧石，斩假石面层宜用 10mm 厚 1:1.25 水泥石子浆（米粒石内掺 30% 石屑）。

待中层灰凝固后，在墙面上弹出分格线，洒水湿润，按分格线将分格条粘牢后，在各个分格墙面内刮一道水灰比为 0.37 ~ 0.4 的水泥浆（可掺水重 3% ~ 5% 的 107 胶），随即抹上水泥石子浆，并抹平压实，隔 1d 后，洒水养护。

待面层水泥石子浆养护到试剁不掉石屑时，就可开始斩剁。斩剁可以采用各式剁斧，自上而下进行。边角处应斩剁成横向纹或留出窄条不剁，其他中间部位宜斩剁成竖向纹。斩剁的方向应一致，剁纹要均匀，一般要斩剁两遍。已斩剁好的分格周围就可起出分格条。全部斩剁完后，清除表面碎渣。

5．假面砖

假面砖又称仿面砖，其抹灰层由底层灰、中层灰、面层灰组成。底层灰用 1:3 水泥砂浆；中层灰用 1:1 水泥砂浆；面层灰用 5:1:9 水泥石灰砂浆（水泥:石灰膏:细砂），按色彩需要掺入适量颜料，面层灰厚 3 ~ 4mm。

待中层灰凝固后，洒水湿润，抹上水泥石灰砂浆，抹平压实。待面层灰收水后，用铁梳或铁辊顺靠尺由上而下划出竖向纹道，纹深约 1mm。竖向纹道划好后，要按假面砖的尺寸弹出水平线，将靠尺靠在水平线上，用铁刨或铁钩顺着靠尺划出横向沟槽，沟深 3 ~ 4mm。全部划好纹、沟以后，将假面砖的表面清扫干净。

6．拉条灰

拉条灰的面层用料如下。

（1）细条拉条灰。采用 1:0.5:2 水泥石灰砂浆，适量加入细纸筋。

（2）粗条拉条灰。第一层采用 1:0.5:2.5 水泥石灰砂浆，适量加入细纸筋；第二层采用 1:0.5 水泥石灰膏，适量加入细纸筋。

（3）钢筋网拉条灰。第一层采用 1:2.5 石灰砂浆，适量加入纸筋，第二层采用细纸筋石灰。

拉条灰施工应准备木轨道及拉条模具。木轨道用杉木制成，断面尺寸为 60mm × 20mm。模具长 500 ~ 600mm，一侧刻有凹凸状的齿形，齿口包铁皮。

待中层灰凝固后，在墙面上弹出若干竖向线，竖向线的间距等于拉条模具长度。

用稠水泥浆把木轨道沿着竖向线粘贴在墙面上，木轨道需用托线板靠直、接头缝处应平顺，黏结牢固。

木轨道粘牢以后，在中层灰面上洒水湿润，刷一道水灰比为 0.4 的水泥浆，紧跟着分层涂抹面层灰，要抹平整，待其收水以后，用拉条模具靠着木轨道从上而下多次拉动，使面层灰呈竖面条状。

如条状抹灰面有断裂细缝时，可用细纸筋水泥补抹，再用同一拉条模具上下来回拉动，使接缝处顺直光滑。

面层灰拉条完成后，取出木轨道，进行养护。面层灰干燥后，即可喷涂色浆或涂料。

7．拉毛灰

拉毛灰按其面层材料的不同，分为纸筋石灰拉毛、水泥石灰砂浆拉毛、水泥纸筋石灰拉毛等。

纸筋石灰拉毛的底层灰和中层灰均用1:0.5:4水泥石灰砂浆，面层灰用纸筋石灰。施工时，先将中层灰洒水湿润，一人涂抹纸筋石灰，一人紧跟在后用硬毛鬃刷往墙面上垂直拍拉，拉出毛头，拍拉时用力要均匀，使毛头显露均匀、大小一致，拉毛长度一般为4~20mm。

水泥石灰砂浆拉毛的底层灰和中层灰均用1:0.5:4水泥石灰砂浆，面层灰用1:0.5:1水泥石灰砂浆。待中层灰有六七成干时，洒水湿润，刮抹一道水灰比为0.37~0.4的水泥浆，随即抹上面层水泥石灰砂浆进行拉毛。拉毛用白麻绳缠成的圆形麻刷，其直径依拉毛头的大小而定，手持麻刷将面层砂浆一点一带，带出均匀一致的毛头。

水泥纸筋石灰拉毛的底层灰用1:3水泥砂浆，面层灰用水泥石灰、掺加石灰质量3%的纸筋。拉粗毛时水泥石灰膏体积比为1:0.05；拉中等毛时水泥石灰膏体积比为1:0.1~1:0.2；拉细毛时水泥石灰膏体积比为1:0.25~1:0.3。底层灰凝固后洒水湿润，抹上水泥纸筋石灰，随即拉毛。拉粗毛时，面层灰要抹4~5mm厚，用铁抹轻触其表面用力拉回，要做到快慢一致；拉中等毛时，可用铁抹或硬毛鬃刷黏着水泥纸筋石灰拉起；拉细毛时，水泥纸筋石灰中宜掺加适量细砂，用硬毛鬃刷黏着灰浆拉成花纹。

在一个平面上拉毛时，应避免中断留槎，以确保达到色泽一致不露底。

8．洒毛灰

洒毛灰的底层灰用1:3水泥砂浆；中层灰用水泥色浆；面层灰用1:1水泥砂浆（细砂）。

洒毛灰施工时，在中层灰上洒水湿润，用竹丝帚蘸上面层砂浆，把砂浆洒在中层灰面上，然后用铁抹轻轻压平，使洒灰处呈云朵状，大小相称，纵横相间，既不杂乱无章，也不像排队一样整齐。竹丝帚每次蘸的砂浆量、洒向墙面的角度与墙面的距离应保持一致。操作时，自上而下进行，用力要均匀。

9．喷砂

喷砂抹灰由底层灰、中层灰、面层灰组成。底层灰采用1:3水泥砂浆；中层灰采用107胶水泥砂浆，其配合比为1:1.5:0.15（水泥：细砂：107胶），面层灰用彩色瓷粒、花岗岩石屑、大理石屑等。喷砂需要配备喷枪、空气压缩机、橡胶辊等。底层灰凝固后，洒水湿润，刷一层107胶水溶液（107胶：水 = 1:3），紧跟着抹中层灰砂浆，抹完一段后，适时用喷枪进行喷砂，喷枪应从左向右、自下而上喷砂粒。喷嘴应与墙面垂直，距墙面300~500mm，要调节好空气压力及气量，使喷出的砂粒均匀、饱满密实。待中层灰砂浆刚收水时，用橡胶辊从上往下轻轻地将砂粒面滚压一遍，把浮在表面的砂粒压入中层灰内。

喷砂完毕，中层灰砂浆干透后，在砂粒面上喷涂一遍憎水剂。

10. 喷涂

喷涂是利用喷枪（或喷斗）及压缩空气将聚合物水泥砂浆或聚合物水泥石灰砂浆喷涂于外墙面上。

聚合物砂浆常用配合比（质量比）见表7-5。

表7-5 聚合物砂浆配合比（质量比）

饰面做法	水泥	颜料	细骨料	木质素黄酸钠	107胶	石灰膏	砂浆稠度（cm）
波面	100	适量	200	0.3	10~15	—	13~14
波面	100	适量	400	0.3	20	100	13~14
粒状	100	适量	200	0.3	10	—	10~11
粒状	100	适量	400	0.3	20	100	10~11

材料要求：浅色面层用白水泥、深色面层用普通水泥；细骨料用中砂或浅色石屑，含泥量不大于3%，过3mm方孔筛。

聚合物砂浆应用砂浆搅拌机进行拌和。先将水泥、颜料、细骨料干拌均匀，再边搅拌边按顺序加入木质素黄酸钠（先溶于水）、107胶和水，直至全部拌匀为止。如拌和水泥石灰砂浆，应将石灰膏用少量水调稀，再加入到水泥与细骨料的干拌料中。拌好的聚合物砂浆，宜在2h内用完。

喷涂前，应在外墙面的底层灰上涂刷一道107胶水溶液（107胶：水=1:4）。

波面喷涂使用喷枪，第一遍喷至底层灰变色即可，第二遍喷至出浆不流为宜，第三遍喷至全部出浆，表面均匀呈波状，不挂流，颜色一致。喷涂时，枪头应垂直于墙面，相距约30~50cm。其工作压力，采用挤压式灰浆泵时为0.1~0.15MPa，采用空压机时为0.4~0.6MPa。喷涂必须连续进行，不留接搓。

粒状喷涂使用喷斗，第一遍满喷盖住底层灰，收水后开足气门喷布碎点，快速移动喷斗，勿使出浆。第二遍、第三遍应留有适当时间间隔，以表面布满细碎颗粒、颜色均匀不出浆为原则。喷斗应与墙面垂直，相距30~50cm。

喷涂时应注意以下事项。

1）门窗和不做喷涂的部位应预先遮盖，防止污染。

2）底层灰如干燥，在喷涂前应洒水湿润。在底层灰上涂刷107胶水溶液后应随即进行喷涂。

3）喷涂时，环境温度不宜低于-5℃。

4）大面积喷涂，宜在墙面上预先粘贴分格条，分格区内喷涂应连续进行。面层结硬后取出分格条，用水泥砂浆勾缝。

5）喷涂面层的厚度宜控制在3~4mm。面层干燥后应喷涂甲基硅醇钠憎水剂一遍。

11. 滚涂

滚涂是将墙面上涂抹的聚合物水泥砂浆或聚合物水泥石灰砂浆滚压出各式花纹。

聚合物水泥砂浆配合比（质量比）见表7-6。

表7-6　聚合物水泥砂浆配合比（质量比）

面层颜色	白水泥	普通水泥	细骨料	107胶	颜料	木质素黄酸钠	砂浆稠度（cm）
灰色	100	10	100	22	2	0.3	11~12
绿色	100	—	100	20	2	0.3	11~12
白色	100	—	100	20	2	0.3	11~12

聚合物水泥石灰砂浆配合比（质量比）见表7-7。

表7-7　聚合物水泥石灰砂浆配合比（质量比）

面层颜色	白水泥	普通水泥	石灰膏	细骨料	107胶	稀释20倍六偏磷酸钠	颜料
灰色	—	100	115	80	20	0.1	—
彩色	100	—	80	55	20	0.1	适量

材料要求：水泥强度等级不低于32.5MPa；细骨料宜用浅色中砂，含泥量不大于2%，白色面层细骨料用石英砂，砂应过2mm方孔筛。绿色面层颜料为氧化铬绿。

聚合物水泥砂浆应采用砂浆搅拌机进行拌和。先将水泥、颜料、细骨料干拌均匀后，边搅拌边顺序加入107胶和水。如搅拌水泥石灰砂浆，应先将石灰膏用少量水调稀，再加入水泥与细骨料的干拌料中，六偏磷酸钠与水同时加入。

滚涂工具有橡胶辊、多孔聚氨酯辊等。

底层灰凝固后，洒水湿润，涂抹一遍107胶水溶液（107胶：水=1:4），随后涂抹聚合物砂浆面层。

聚合物砂浆涂抹一段时间后，紧跟着进行滚涂，辊子运行要轻缓平稳，直上直下，以保持花纹一致。

滚涂方法分为干滚法和湿滚法两种。干滚法是辊上下一个来回，再向下走一遍，表面均匀拉毛即可，滚涂多遍易产生翻砂现象。湿滚法是用辊子蘸水滚压，一般不会有翻砂现象，但应注意保持整个表面水量一致，否则会造成表面色泽不一致。干滚法花纹较粗，而湿滚法花纹较细。

最后一遍，辊子运行必须自上而下，使滚出的花纹有自然向下坡度，以免日后积尘污染。横向滚涂的花纹容易积尘，不宜采用。

如发生翻砂现象，应抹一薄层聚合物砂浆，重新滚涂，不得事后修补。

在分格区内应连续滚涂，不得任意留设接槎。

12. 弹涂

弹涂是用弹涂器将聚合物水泥浆弹到墙面上，形成色浆点，适用于装饰外墙面。

弹涂聚合物水泥浆配合比见表7-8。

表7-8　弹涂聚合物水泥浆配合比

项目	白水泥	普通水泥	颜料	水	107胶
刷底色浆	—	100	适量	90	20

续表 7 - 8

项目	白水泥	普通水泥	颜料	水	107 胶
刷底色浆	100	—	适量	80	13
弹花点	—	100	适量	55	14
弹花点	100	—	适量	45	10

材料要求：普通水泥强度等级不低于 3205MPa，107 胶的含固量为 10% ~12%，密度为 1.05g/L，pH 值为 6~7，黏度为 3.5~4.0Pa·s，应能与水泥浆均匀混合；色浆稠度以 13~14cm 为宜。

弹涂主要工具可选用手动弹涂器或电动弹涂器。底层灰凝固后，洒水湿润，待收水后刷一道底色浆，要分两遍刷成。第一遍浆应饱满基本盖底，第二遍浆应适当稀一些，刷时不带起头遍浆为宜。

底色浆干后，找一块墙面试弹。试弹时将色浆装入弹涂器中，手摇弹涂器人工摇把或开启电动弹涂器电源，使色浆弹出，观察弹出的色浆点是否合适。如色浆点偏小时，弹涂器应再离墙面近一些；如色浆点偏大时，弹涂器应再离墙面远一些。确定好弹涂器与墙面的距离以后便可进行正式地弹涂。

弹涂应自上而下，自左而右进行。先弹深色浆，后弹浅色浆。一种色浆宜分两遍或三遍弹涂，第一遍基本弹满，第二、第三遍则补缺。深色浆干后，才能弹浅色浆，浅色浆不能盖住深色浆，浅色浆宜弹稀点，使墙面上显出不同颜色色浆点。

如做平花色点，可在弹涂色浆点后，用铁抹将色浆点轻轻压平。

色浆点干燥后，喷一道憎水剂罩面。

13. 仿石

仿石抹灰层由底层灰、结合层及面层灰组成。底层灰用 12mm 厚 1:3 水泥砂浆，结合层用素水泥浆（内掺 3% ~5% 水重的 107 胶），面层灰用 10mm 厚 1:0.5:4 水泥石灰砂浆。

底层灰凝固后，在墙面上弹出分块线，分块线按设计图案而定，使每一分块呈不同尺寸的矩形或多边形。洒水湿润墙面，按照分块线将木分格条用稠水泥浆粘贴在墙面上。

在各分块内涂刷素水泥浆结合层，随即抹上水泥石灰砂浆面层灰，用刮尺沿分格条刮平，再用木抹抹平。

待面层灰收水后，用短直尺紧靠在分格条上，用竹丝帚将面层灰扫出清晰的条纹。各分块之间的条纹应一块横向、一块竖向，横竖交替。如相邻两块条纹方向相同，则其中一块可不扫条纹。

扫好条纹后，应立即起出分格条，用水泥砂浆勾缝，并进行养护。

面层干燥后，扫去浮灰，用乳胶涂刷两遍，分格缝处不刷漆。

7.2　吊 顶 工 程

7.2.1　材料要求

1. 轻钢龙骨吊顶

轻钢龙骨吊顶分为轻型、中型、重型三类。轻型吊顶不能承受上人荷载；中型吊顶能承受偶然上人荷载；重型吊顶能承受上人检修重约80kg的集中活荷载。

轻钢龙骨吊顶有单层、双层之分。大、中龙骨底面在同一水平面上，或不设大龙骨直接挂中龙骨称为单层构造；中、小龙骨紧贴大龙骨底面吊顶（不在同一水平面上）称为双层构造。

U型轻钢吊顶龙骨见图7-1。

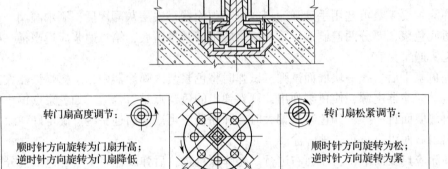

图7-1 U型轻钢吊顶龙骨

T型轻钢吊顶龙骨见图7-2。

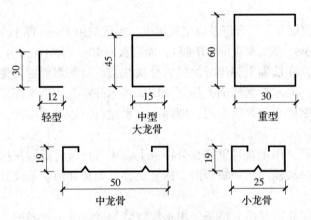

图7-2 T型轻钢吊顶龙骨

龙骨配件：有各种型式，主要有吊挂件、纵向连接件、平面连接件等。

钢筋吊杆、吊钩。

罩面板：品种众多，常用的有纸面石膏板、吸声石棉板、石膏吸声板、聚氯乙烯塑料板、钙塑泡沫吸声板等。

2. 铝合金龙骨吊顶

1）铝合金龙骨材料及配件见图7-3。

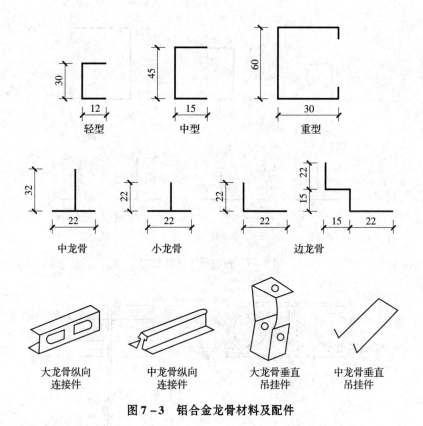

图 7 – 3 铝合金龙骨材料及配件

2）铝合金吊顶板材料见图 7 – 4。

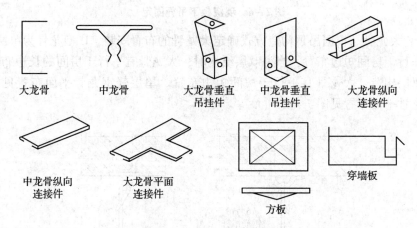

图 7 – 4 铝合金吊顶板材

7.2.2 轻钢龙骨吊顶施工

1）应在墙面、柱面或其他面层施工完成后，以及管道、线路安装完毕后进行施工。

2）根据设计吊顶高度在墙上放线。

3）安装吊杆。预制板下吊杆固定见图 7 – 5；现浇板下吊杆固定见图 7 – 6。

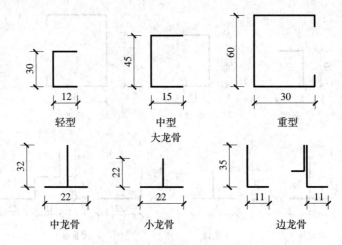

图 7 – 5　预制板下吊杆固定

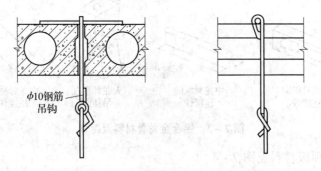

图 7 – 6　现浇板下吊杆固定

4）安装大龙骨。根据吊顶构造方式确定大龙骨的布置安装。U 型龙骨为单层构造时，大龙骨宜平行于房间短边布置；当为双层结构时，大龙骨宜平行于房间的长边布置。T 型龙骨只有双层构造，大龙骨宜平行于房间短边布置。单层轻钢龙骨平面布置见图 7 – 7，双层轻钢龙骨平面布置见图 7 – 8。

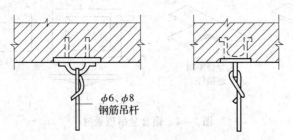

图 7 – 7　单层轻钢龙骨平面布置

将大龙骨垂直吊挂件套在大龙骨上；使顶部吊杆下端穿入大龙骨垂直吊挂件上孔中，用螺母拧住，根据房间吊顶中点起拱高度（一般为房间短向跨度的1/200），计算出大龙骨各吊点起拱值，拧螺母调起拱，调完后，将垂直吊挂件紧固。

5）根据设计选用的罩面板规格弹线，确定中、小龙骨位置。

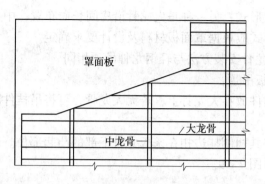

图 7 – 8 双层轻钢龙骨平面布置

6）将中龙骨垂直吊挂件放在大龙骨上，将中龙骨扣住。如中龙骨与横撑相交，则在中龙骨上放平面连接件，横撑扣住中龙骨平面连接件。

7）将小龙骨垂直吊挂件放在大龙骨上，将小龙骨扣住。如小龙骨与横撑相交，则在小龙骨上放平面连接件，横撑扣住小龙骨平面连接件。

安装中、小龙骨时，吊挂件应夹紧，防止松紧不一。

8）罩面板安装。不同面层材料，要求的安装方法也不尽相同，有粘贴法、钉接法、卡接法、粘贴加钉接法等；板材的接缝有并缝、凹缝、压条等。

①纸面石膏板安装：纸面石膏板的长边（包封边）应沿纵向次龙骨铺设；纸面石膏板与龙骨固定时，应从中间向板的四周进行固定，不得多点同时作业；安装时，自攻螺钉与面纸包封的板边以 10 ~ 15mm 为宜，钉距以 150 ~ 170mm 为宜，螺钉头宜略埋入板面，钉眼用石膏腻子抹平；石膏板的接缝，应按设计要求进行板缝处理。

②石膏板安装：用粘结法时，胶结剂应涂抹均匀，粘实粘牢；用钉接法时，螺钉与板边距离不小于 15mm，螺距 150 ~ 170mm，钉头嵌入石膏板深为 0.5 ~ 1.0mm，钉帽涂防锈涂料，用石膏腻子将钉眼抹平。

③矿棉吸音板安装：矿棉吸音板用粘结法安装。用 1:1 水泥石膏粉加适量的 107 胶随调随用。在板背面按团状涂刷胶剂，每团中距不大于 200mm，再将面板按线粘于底层板上。安装时，注意板背面箭头方向和白线方向一致。吸音板应留缝隙，每边缝隙不大于 1mm。

④钙塑板安装：钙塑板可用粘结法。用 401 胶在板背面四周涂刷，胶液稍干，手摸能拉出细丝时，进行粘贴，并及时擦去挤出的胶液。装饰板的交角处，用塑料小花固定时，应用木螺钉，并在小花之间沿板边按等距离加钉固定。用压条固定时，压条应平直，接口应严密。

⑤塑料板安装：安装塑料贴面复合板时，应先钻孔，而后用木螺钉或压条固定。用木螺钉时，螺距为 400 ~ 500mm；用压条时，应先临时固定罩板，然后压条。

⑥金属装饰板安装：条板式板材一般可直接吊挂。方板板材用卡接。

7.2.3 铝合金龙骨吊顶施工

1）铝合金龙骨有两种布置方式：一种是大龙骨沿房间短向布置，中龙骨沿房间长向、小龙骨沿短向布置形式；另一种是大龙骨沿房间长向布置，中龙骨沿短向、小龙骨沿长向布置形式。布置形式应根据罩面板材料及设计要求确定。

2）安装吊杆和大龙骨安装方法与轻钢龙骨吊顶相同。

3）安装铝合金条板吊顶：

①将条板龙骨吊挂件放在大龙骨上，若无大龙骨，可将吊挂件固定于吊杆上。用吊挂件下端扣住条板龙骨。

②安装条板时，将其两侧挂边扣在条板龙骨下部的凸起部位。若用插缝板，则将插缝板嵌入条板拼缝中。见图 7 - 9。

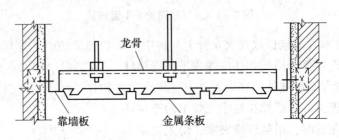

图 7 - 9　条板吊顶安装示意图

③靠墙板安装的先与后应根据构造确定。可钉固于墙内的预埋木砖上，也可钻孔，用胀管木螺钉固定。

4）安装铝合金方板吊顶：

①安装中龙骨，将中龙骨吊挂件放在大龙骨上，用扣件将中龙骨两翼扣住，紧固。

②将方板棱夹在中龙骨内。

③靠墙处用靠墙板嵌入，一边夹在中龙骨内，一边与墙面抹灰层紧贴。

④采用上型龙骨时，方板应用带边沿的，方板边沿放在上型龙骨两翼上。

⑤采用上型龙骨时，靠墙处应将边龙骨钉固于墙内，用纸面石膏板补缺。

7.3　饰　面　工　程

7.3.1　饰面板施工

1. 石材饰面板的安装

（1）各种石材饰面板的安装。

1）天然大理石饰面板。

①基层处理：此过程是防止饰面板安装后产生空鼓、脱落的关键工序之一。

a. 镶贴饰面板的基体或基层，应有足够的稳定性和刚度，且表面应平整粗糙。

b. 光滑的基层或基体表面，镶贴前应进行打毛处理凿毛深度为 5 ~ 15mm，间距不大于 30mm。

c. 基层或基体表面残留的砂浆、尘土和油渍等用钢丝刷刷净，并用清水冲洗。

d. 找平层凝固后分块弹出水平和垂直控制线，板缝宽度应符合表 7 - 9 的规定。

表7-9　饰面板接缝宽度（mm）

项　目		接缝宽度
天然石	光面、镜面	1
	粗磨面、麻面、条纹面	5
	天然石	10
人造石	水磨石	2
	水刷石	10
	大理石、花岗石	1

②抄平放线：柱子镶贴饰面板，应按设计轴线距离，弹出柱中心线和水平标高线。

③饰面板检验和编号：

a. 大理石板拆开包装后，挑选出品种、规格、颜色一致，无缺棱掉角的板料。剩下的破碎、变色、局部污染和缺边掉角的一律另行堆放。

b. 按设计尺寸进行试拼，套方磨边，进行边角垂直测量、平整度检验、裂缝检验和棱角缺陷检验，使尺寸大小符合要求，以便控制镶贴后的实际尺寸，保证宽高尺寸一致。

c. 要求颜色变化自然，一片墙或一个立面色调要和谐，花纹要对好，做到浑然一体，以提高装饰效果。

d. 预拼编号时，对各镶贴部位挑选石材应严，而且要把颜色、纹理最美的大理石板用于主要的部位，以提高建筑装饰美。

④饰面板补修：缝隙用调有颜色的环氧树脂胶粘剂修补好。粘补处应和大理石板的颜色一致，表面平整而无接槎。

⑤施工程序（传统湿法安装施工）：

a. 绑扎钢筋网：按施工大样图要求的横竖距离，焊接或绑扎安装用的钢筋骨架。

b. 预拼编号：为了能使大理石板安装时上下左右颜色花纹一致，纹理通顺接缝严密吻合，因此安装前必须按大样图预拼编号。

c. 钻孔、剔凿、固定不锈钢丝：大理石饰面板预拼排号后，按顺序将板材侧面钻孔打眼，然后穿插和固定不锈钢丝。

d. 安装：安装顺序，一般由下向上每层由中间或一端开始。

e. 临时固定：板材安装后，用纸或熟石膏将两侧缝隙堵严，上下口临时固定。

f. 灌浆：用稠度为80~120mm的1:3水泥砂浆分层灌注。灌注时不要碰动板材，也不要只从一处灌注，同时要检查板材是否因灌浆而外移。

g. 嵌缝：全部大理石饰面板安装完毕后，应将表面清理干净，并按板材颜色调制水泥色浆嵌缝，边嵌边擦干净，颜色一致。安装固定后的板材，如面层光泽受到影响，要重新打蜡上光，并采取临时措施保护棱角。

2）天然花岗石饰面板。

①普通板安装方法：对于边长大于400mm的大规格花岗石板材或高度超过1m时，

通常采用镶贴安装方法。安装时，其接缝宽度：光面、镜面为 1mm；粗磨面、条纹面为 5mm；天然面为 10mm。

②细琢面板安装办法：细琢面花岗石饰面板材有剁斧板、机刨板和粗磨板等种类，其板厚一般为 50mm、76mm、100mm，墙面、柱面多采用板厚 50mm，勒脚饰面多用 76mm、100mm。

细琢面花岗石饰面板安装，一般通过镀锌钢锚件与基体连接锚固，锚固件有扁条锚件、圆形锚件和线型锚件等，因此根据其采用锚固件的不同，所采用的板材开口形式也各不相同。而用镀锌钢锚固件将饰面板与基体锚固后，缝中要分层灌筑 1∶2.5 的水泥砂浆。

3）人造石饰面板。

①镶贴前应进行划线，横竖预排，使接缝均匀。

②胶结面用 1∶3 水泥砂浆打底，找平划毛。

③用清水充分浇湿要施工的基层面。

④用 1∶2 水泥砂浆粘贴。

⑤背面抹一层水泥净浆或水泥砂浆，进行对活，由上往下逐一胶结在基层上。

⑥待水泥砂浆凝固后，板缝或阴角部分用建筑密封膏或用 10∶0.5∶2.6（水泥∶108 胶∶水）的水泥浆掺入与板材颜色相同的颜料进行处理。

（2）饰面板固定的具体做法。饰面板的固定方法比较多，应根据工程性质进行选择，下面介绍几种常见的固定方法。

1）绑扎固定灌浆法。此法是先在基体上焊接或绑扎钢筋网片，然后将石材与网片固定，最后在缝隙内灌水泥砂浆固定。

钢筋网与预埋铁件应连接牢固，预埋铁件可以预先埋好，也可以用冲击电钻在基体上打孔埋入短钢筋，用以绑扎或焊接固定水平钢筋。

其次要对大理石进行修边、钻孔、剔槽，以便穿绑铜丝（或铁丝）与墙面钢筋网片绑牢，固定饰面板。每块板的上下边钻孔数量不少于 2 个，板宽超过 500mm 时，应不少于 3 个。

大理石板材的安装应自下而上进行，首先确定第一层板的位置。方法是根据施工大样图的平面布置，考虑板材的厚度、灌缝宽度、钢筋网所占尺寸等确定距基层的尺寸，再将第一层板的下沿线或踢脚板的标高线确定，同时应弹出若干水平线和垂直线。

开始安装时，按事先找好的水平线和垂直线，在最下一行两头找平，用直尺托板和木楔按基线找平垫牢，拉上横线从中间或两头开始，按编号将板就位，然后将上下口的铜丝与钢筋网绑牢，并用木楔临时垫稳。随后用靠尺调整水平和垂直度，注意上口平直，缝隙均匀一致，调整合格后，应再次系紧铜丝，如图 7-10 所示。

在灌浆前应用石膏进行临时固定，以防松动和错位，板两侧的缝隙可以用纸或石膏糊堵严密。

临时固定的石膏硬固后，用水泥砂浆在板材与基层之间灌浆作最后固定。

灌浆应分层灌入，第一次灌入高度不超过板高的 1/3；均衡灌入后用铁棒轻轻捣实，切忌猛捣猛灌，以免石板错位。第二层灌浆在第一层灌浆 1~2h 后进行，灌至板的 1/2 高度处，第三层灌浆低于板材上口 5~10cm，作为上下层石板灌浆的接缝，以加强上下层板材之间的连接。

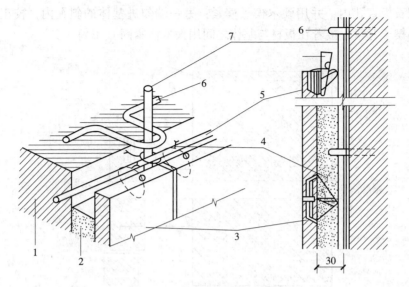

图 7 – 10　饰面板钢筋网片固定

1—墙体；2—水泥砂浆；3—大理石板；4—铜丝或铁丝；5—横筋；6—铁环；7—立筋

　　一层石板安装灌浆完毕后，砂浆初凝时即可清理上口余浆杂物，并用棉纱擦干净。隔天再清理木楔、石膏及杂物，将板材清扫干净后，即可重复上述操作安装另一层石材，反复循环直至安装完毕为止。

　　全部石板安装完毕后，应按板材的颜色调制水泥色浆嵌缝。边嵌边擦干净，使缝隙密实干净，颜色一致。

　　嵌缝完成后，应将板面清理干净，重新打蜡上光，并对棱角采取保护措施。

　　2) 钉固定灌浆法。这种方法不用焊钢筋网，基体处理完之后，在板材上打直孔，在基体上钻斜孔，利用 U 形钉将板材紧固在基体上，然后分层灌浆。

　　板材钻孔要求在板两端 1/4 板宽处，在板厚中心钻直孔，孔径为 6mm，深为 35 ~ 40mm，板宽≤500mm 时打两个孔，板宽 >500mm 时打 3 个孔，板宽 >800mm 时打 4 个孔，并在顶端剔出深 7mm 的槽，或按错口缝做法进行边加工，以便安装 U 形钉，如图7 – 11所示。

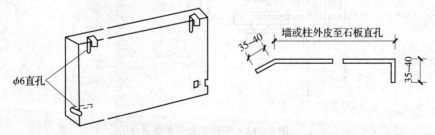

图 7 – 11　大理石钻直孔和 U 形孔

　　基体上要求钻 45°的斜孔，孔径为 6mm，孔深为 40 ~ 50mm。

　　石板的就位、固定如图 7 – 12 所示。首先将板材按大样图就位，然后依板材至基体间的距离，用 45mm 的不锈钢丝制成 U 形钉，U 形钉的尺寸如图 7 – 11 所示。将 U 形钉的一端勾进大理石板直孔内，并用硬木楔子楔紧；另一端勾进基体的斜孔内，校正板的位置后，也用小楔子背紧。接着在板材与基体之间用大木楔紧固 U 形钉。

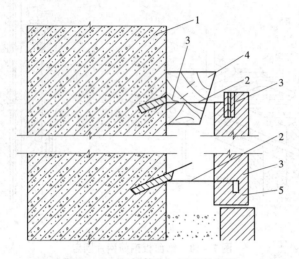

图 7-12　石板就位、固定示意图

1—基体；2—U 形钉；3—硬木小楔；4—大头木楔；5—石板

　　上述工作完成后，即可进行分层灌浆固定，其余工序与上述绑扎灌浆固定法相同。

　　3）钢针式干挂法。上述两种方法存在粘结性能低、抗震性能差的缺点，而且水泥砂浆的潮气易从缝隙中析出，产生水线污染板面，破坏外观装饰效果。钢针式干挂工艺是利用高强螺栓和耐腐蚀、强度高的柔性连接件，将薄型石材饰面干挂在建筑物的外表面，由于连接件具有三维的调节空间，增加了石材安装的灵活性，易于使饰面平整，如图 7-13 所示。

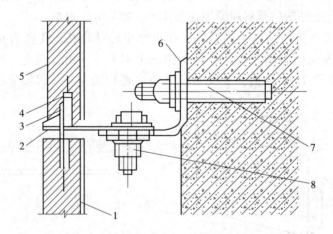

图 7-13　干挂安装示意图

1—玻纤布增强层；2—嵌缝；3—钢针；4—长孔（充填环氧树脂胶粘剂）；

5—石材薄板；6—L 形不锈钢固定件；7—膨胀螺栓；8—紧固螺栓

干挂法安装大理石板的工艺流程如下：

①弹线及挂竖向线。在石材安装前，必须先用经纬仪在结构上找出角上两个面的垂直

线，然后挂线，再根据设计要求弹出石材的位置线。

②石材钻孔。石材须按设计要求预先钻孔，钻孔位置必须准确，孔中的粉末要及时清除，孔的深度应一致，钻孔后立分类编号存放。

③石材背后涂附加层。石材背面刷胶粘剂，贴玻璃纤维网格布，此附加层对石材有保护和增强作用，涂层干燥后方可施工。

④支底层石材托架，放置底层石板，调节并临时固定。用冲击钻在结构上钻孔，插入膨胀螺栓，镶L形不锈钢固定件。

⑤用胶粘剂灌入下层板材上部孔眼，插入连接钢针（ϕ4 不锈钢，长 40mm），使板材与 L 形不锈钢固定件相连陵，并进行校正和固定。

⑥将胶粘剂灌入上层板材下端孔内，再将上层板材对准钢针插入，重复以上操作，直至完成全部板材的安装，最后壤顶层板材。

⑦清理板材饰面，贴防污胶条，嵌缝，刷罩面涂料。

2．金属饰面板的安装

（1）铝合金板幕墙安装。

1）放线。固定骨架，首先要将骨架的位置弹到基层上。只有放线，才能保证骨架施工的准确性。骨架是固定在结构上，放线前要检查结构的质量，如果结构垂直度与平整度误差较大，势必影响骨架的垂直与平衡。放线最好一次放完，如有差错，可随时进行调整。

2）固定骨架连接件。骨架的横竖杆件是通过连接件与结构固定，而连接件与结构之间可以与结构的预埋件焊牢，也可以在墙上打膨胀螺栓，见图 7 - 14。

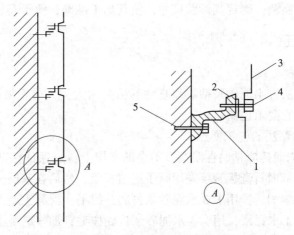

图 7 - 14　铝合金板连接示意图
1—连接件；2—角钢；3—铝合金板；4—螺栓；5—胀管螺栓

3）固定骨架。骨架应预先进行防腐处理。安装骨架位置要准确，结合要牢固。安装后，检查中心线、表面标高等。对多层或高层建筑外墙。为了保证板的安装精度，宜用经纬仪对横竖杆件进行贯通。变形缝、沉降缝、变截处等应妥善处理，使之满足使用要求。

4）安装铝合金板。铝合金板的安装固定既要牢固，同时也要简便易行。

5）收口构造处理。虽然铝合金装饰墙板在加工时，其形状已考虑了防水性能，但若遇到材料弯曲，接缝处高低不平，其形状的防水功能可能失去作用，这种情况在边角部位更加明显，诸如水平部位的压顶、端部的收口、伸缩缝、沉降缝的处理，两种不同材料的交接处理等。这些部位往往是饰面施工的重点，因为它不仅关系到美观问题，同时对功能影响也较大。因此，一般用特制的铝合金成型板进行妥善处理。

（2）彩色压型钢板复合墙板安装。

1）复合板安装是用吊挂件把板材挂在墙身骨架檩条上，再把吊挂件与骨架焊牢，小型板材也可用钩形螺钉固定。

2）板与板之间的连接，水平缝为搭接缝，竖缝为企口缝，所有接缝处，除用超细玻璃棉塞严外，还用自攻螺钉钉牢，钉距为200mm。

3）门窗孔洞，管道穿墙及强面端头处，墙板均为异形板，女儿墙顶部、门窗周围均设防雨泛水板，泛水板与墙板的接缝处，用防水油膏嵌缝；压型板墙转角处，均用槽型转角板进行外包角和内包角，转角板用螺栓固定。

4）安装墙板可用脚手架，或利用檐口挑梁加设临时单轨，操作人员在吊篮上安装和焊接。板的起吊可在墙的顶部设滑轮，然后用小型卷扬机或人力吊装。

5）墙板的安装顺序是从厂房边部竖向第一排下部第一块板开始，自下而上安装。安装完第一排再安装第二排。每安装铺设10排墙板后，吊线锤检查一次，以便及时消除误差。

6）为了保证墙面外观质量，需在螺栓位置划线，按线开孔，采用单面施工的钩形螺栓固定，使螺栓的位置横平竖直。

7）墙板的外、内包角及钢窗周围的泛水板，须在现场加工的异形件，应参考图纸，对安装好的墙面进行实测，确定其形状尺寸，使其加工准确，便于安装。

7.3.2 饰面砖施工

1. 釉面砖的镶贴

釉面砖的镶贴方法有水泥砂浆粘贴和胶粘剂粘贴两大类，前者易产生空鼓脱落现象，后者造价较高，对基底要求也高。

（1）水泥砂浆粘贴法的施工要点。

1）基层处理。饰面砖应粘贴在湿润、干净的基层上，以保证粘贴牢固。不同的基层应分别做以下处理：纸面石膏板基层先用腻子嵌填板缝，然后在基层上粘贴玻璃丝网布形成整体；砖墙应用水湿润后，用1:3水泥砂浆打底并搓毛；混凝土墙面应先凿毛，并用水湿润，刷一道108胶素水泥浆，用1:3水泥砂浆打底搓毛；加气混凝土基层先用水湿润表面后，修补缺棱掉角处，隔天刷108胶素水泥浆，并用1:1:6混合砂浆打底搓毛。

2）釉面砖浸水、预排。釉面砖使用前应套方选砖，大面所用的砖应颜色、大小应一致，使用前放入水中浸泡2h以上，取出阴干备用。预排的目的是保证缝隙均匀，同一墙面的横竖排列不得有一行以上的非整砖。非整砖应排在次要部位或阴角处，接缝宽度可在1~1.5mm调整，砖的排列可采用直线排列和错缝排列两种方式。

3）分格弹线、立皮数杆。根据预排计算出镶贴面积，并求出纵横的皮数，由此划出皮数杆，并根据皮数杆的皮数在墙上的水平和竖直方向用粉线弹出若干控制线，以控制砖在镶贴过程中的水平和垂直度，防止砖在镶贴过程中因自重而下滑，保证缝隙横平竖直。

4）做灰饼。用废釉面砖按粘结层厚度用混合砂浆于四角贴标志块，用托线板上下挂直，横向拉通，补做间距为1.5m的中间标准点，用以控制饰面的平整度和垂直度（见图7-15）。

5）釉面砖的镶贴。釉面砖镶贴时宜从墙的阳角自下往上进行。在底层第一整块砖的下方用木托板（见图7-15）支牢，防止下滑。镶贴一般用1:2（体积比）水泥砂浆（可掺入不大于水泥用量15%的石灰膏）刮满砖的背面（厚为6~8mm），贴于墙面用力按压，并用铲刀木柄轻轻敲击，使砖密贴墙面，再用靠尺按灰饼校正平直。高出标志块可再轻击调平，低于标志块的应取出重贴，不要在砖口处往里塞灰，以免造成空鼓。

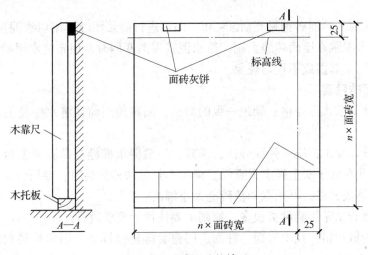

图7-15 釉面砖的镶贴

镶贴完第一行砖以后，按上述步骤往上镶贴，在镶贴过程中要随时调整砖面的平整度和垂直度，砖缝要横平竖直，如因砖尺寸误差较大，应尽量在每块砖的范围内随时调整，避免砖缝的累积误差过大，造成砖缝宽窄不一致。当贴到最上面一行时，要求上口成一直线，上口如无镶边，就应用一面圆的釉面砖，阳角的大面一侧应用圆的釉面砖。

6）勾缝及清洁面层。釉面砖镶贴完毕后，应用清水将砖的表面擦洗干净，砖缝用白水泥浆坐缝，然后用棉纱及时擦净，切不可等砖面上的水泥干后再擦洗。擦洗不及时极易造成砖面污染。全部完工以后，根据砖面的污染情况分别用棉丝、砂纸或稀盐酸处理，并紧接着用清水冲洗干净。

（2）用胶粘剂粘贴的施工要点。下面以SG-8407胶粘剂镶贴釉面砖为例说明其施工要点。

用胶粘剂镶贴釉面砖的基层准备同水泥砂浆粘贴法，但对基层的平整度要求较高，用2m长的靠尺检查，饰面的平整度应在3mm以内。

1）调制粘结浆料。将32.5级以上普通硅酸盐水泥加入SG-8407胶液，拌和至适宜的施工稠度待用。当粘结厚度大于3mm时，应加砂子，水泥:砂子=1:1~1:2。砂子应用φ2.5mm筛子过筛的干净中砂。

2）刮浆粘贴。用钢抹子将粘结浆料横刮在已做好基层准备的墙面上，然后用带齿的铁板在已抹的粘结浆料上，刮出一条条的直棱，以增加砖与墙面的粘结力。在已安置好的木托板上镶贴第一皮釉面砖，并用橡皮槌逐块轻轻敲实。重复上述操作，随后将尼龙绳（直径以不超过釉面砖的厚度为宜）放在已铺贴第一皮釉面砖上方的灰缝位置，紧靠尼龙绳上铺贴第二皮釉面砖。在镶贴过程中，每铺一皮砖用宜尺靠在砖的顶面检查上口水平，再用直尺放在砖的平面上检查平面的平整度，发现不正及时纠正。每铺贴 2～3 皮砖，用直尺或线锤检查一下垂直度，不合要求随时纠正。

反复循环上面的操作，釉面砖自下而上逐层铺贴完，隔 1～2h，即可将灰缝的尼龙绳拉出。大面砖铺到上口，必须平直成一条线，上口应用一面圆的釉面砖粘贴。墙面贴完后，必须整体检查一遍平整度和垂直度，缝宽不均匀者应调整，并将调缝的砖重新敲实，以防空鼓。

3）灌浆擦缝。釉面砖铺贴完后 3～4h，即可进行灌浆擦缝，用白水泥加水调成糊状，用长毛刷蘸白水泥浆在墙面砖缝上刷，待水泥浆逐渐变稠时，用布将水泥擦去，使灰缝填嵌密实饱满，防止漏擦或不均匀现象。

2．外墙面砖贴面

1）按设计要求挑选规格、颜色一致的面砖，面砖使用前在清水中浸泡 2～3h 后阴干备用。

2）根据设计要求，统一弹线分格、排砖，一般要求横缝与贴脸或窗台一平，阳角窗口都是整砖，并在底子灰上弹上垂直线。横向不是整块的面砖时，要用合金钢钻和砂轮切割整齐。如按整块分格，可采取调整砖缝大小解决。

3）外墙面砖粘贴排缝种类很多，原则上要按设计要求进行。

4）用面砖做灰饼，找出墙面、柱面、门窗套等横竖标准，阳角处要双面排直，灰饼间距为 1.6mm。

5）粘贴时，在面砖背后满铺粘结砂浆。粘贴后，用小铲把轻轻敲击，使之与基层粘结牢固。并用靠尺随时找平找正。贴完一皮后，需将砖上口灰刮平，每日下班前应清理干净。

6）在与抹灰交接的门窗套、窗正墙、柱子等处先抹好底子灰，然后粘贴面砖。罩面灰可在面砖粘贴后进行。面砖与抹灰交接处做法可按设计要求处理。

7）分格条在粘贴前应用水充分浸泡，以防胀缩变形。在粘贴面转次日取出，起分格条时要轻巧，避免碰动面砖，不能上下撬动。在面砖粘贴完成一定流水段后，立即用 1：1 水泥砂浆勾第一道缝，再用与面砖同色的彩色水泥砂浆勾凹槽，凹进深度为 3mm。

8）整个工程完工后，应加强养护。同时可用稀盐酸刷洗表面，并随时用水冲洗干净。

3．陶瓷锦砖的镶贴

陶瓷锦砖俗称"马赛克"，是以优质的瓷土烧制成的小块瓷砖，有挂釉和不挂釉两种，可用于门厅、走廊、餐厅、卫生间、浴室等处的地面和墙面装饰。

目前陶瓷锦砖流行的镶贴方法有水泥素浆粘贴和胶粘剂粘贴两类。

（1）水泥素浆粘贴。

1）施工准备。施工准备包括基层处理和准备，排砖、分格，绘制墙面施工大样，放水平和竖直施工控制线，做小样板等，基本与釉面砖的要求相同。

2）镶贴。按已弹好的水平线在墙面底层放直靠尺，并用水平尺校正垫平支牢，由下往上铺贴锦砖，如图7-16所示。

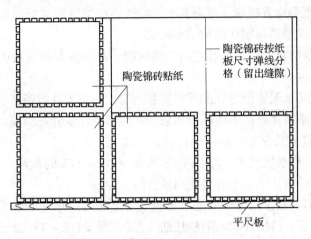

图7-16 陶瓷锦砖的镶贴示意图

铺贴时，先湿润墙面，刮一道素水泥浆后抹上2mm厚的水泥粘结层，将陶瓷锦砖放在如图7-17所示的木垫板上，纸面朝下，锦砖的背面朝上，砖面水刷一遍再刮一道白水泥浆，要求刮至锦砖的缝隙中，然后将刮满浆的锦砖铺贴在墙上，按顺序由下往上铺贴，注意缝对齐，缝格一致。锦砖铺贴到墙面后应用木槌轻击垫板，并将所有砖面轻敲一遍，使其与墙面粘贴密实。

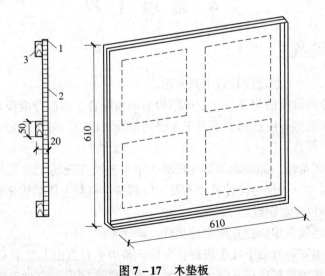

图7-17 木垫板

1—四边包0.5mm厚铁皮；2—三合板面层；3—木垫板底盘架

3）揭纸。一般每铺贴完2~3m²陶瓷锦砖，在结合层砂浆凝固前用软毛刷刷水湿润锦砖的护面纸，刷匀刷透，待护面纸吸水泡开，胶质水解松涨后（15~20min）即开始揭纸。揭纸时先试揭，在感到轻松无粘结时再一起揭去，用力方向应与墙面平行，以免拉掉小瓷粒。揭纸工作应在水泥初凝前完成，以便拨缝工作顺利完成。

揭纸过程中拉掉的个别小瓷粒应及时补上，掉粒过多说明护面纸未泡透，此时应用抹子将其重新压紧，继续刷水湿润，直至揭纸无掉粒为止。

4）调缝。揭纸后检查砖缝，不合要求的缝要在粘结层砂浆凝固前拨正。拨后要用小锤轻轻敲击一遍，以增强与墙面的粘结和密实。

5）擦缝。擦缝的目的是使陶粒之间粘结牢固，并加强陶粒与墙面的粘结，外观平整美观。

方法是用棉纱蘸水泥浆擦缝，注意密实和均匀，并用棉纱清理多余的水泥浆，然后用水冲洗，最后用干净的棉纱擦干砖面，切忌砖面残留水泥浆弄花面层。

（2）AH－05建筑胶粘剂镶贴陶瓷锦砖。

1）施工准备。将基层清理干净，用胶:水泥＝1:2～1:3的灰浆（1mm厚）抹在墙面作粘结层，并按放样图弹出水平分格线和垂直线。

2）镶贴。在墙面最下层已弹好的水平线上支上靠尺，并校正垫平垫牢，将锦砖放在木垫板上，纸面朝下，将搅拌均匀的胶粘剂（胶:水泥＝1:2～3）刮于缝内，并在砖面上留出薄薄的一层胶，将锦砖铺贴在墙面上，一手压住垫板一手用小锤轻轻敲一遍垫板，敲平敲实。

3）揭纸和拨缝。在铺贴完锦砖0.5～1h后，在锦砖的护面纸上均匀刷水湿润泡开，20～30min后开始揭纸并拨缝方法同前。

4）擦缝：方法同前。

7.4　幕　墙　工　程

7.4.1　玻璃幕墙施工

1）玻璃幕墙的施工测量应符合下列要求。

①玻璃幕墙分格轴线的测量应与主体结构的测量配合，其误差应及时调整不得积累。

②对高层建筑的测量应在风力不大于4级的情况下进行，每天应定时对玻璃幕墙的垂直及立柱位置进行校核。

2）对于分件式幕墙，如玻璃围钢化玻璃、中空玻璃等现场无法裁割的玻璃，应事先检查玻璃的实际尺寸，如果与设计尺寸不符，应调整框料与主体结构连接点中心位置，可按框料的实际安装位置定制玻璃。

3）按测定的连接点中心位置固定连接件，确保牢固。

4）板块式幕墙安装宜由下往上进行；分件式幕墙框料宜由上往下安装。

5）当分件式幕墙框料或板式幕墙各单元与连接件连接后，应对整幅幕墙进行检查和纠偏，然后应将连接件与主体结构（包括用膨胀螺栓锚固）的预理件焊接。

6）板式幕墙的间隙用V形或W形或其他形状胶粘密封，嵌缝密实，不得遗漏。

7）分件式幕墙应按设计图纸要求进行玻璃安装。玻璃安装就位后，应及时用橡胶条等嵌填材料与边框固定，不得临时固定或明摆浮搁。

8）玻璃周边各侧的橡胶条应为单根整料，在玻璃角部应断开。橡胶条型号应无误，镶嵌平整。

9）橡胶条外涂敷的密封胶，品种应无误，应密实均匀，不得遗漏，外表平整。

10）板块式幕墙各单元之间的间隙、分件式幕墙的框架料之间的间隙、框架料与玻璃之间的间隙，以及其他所有的间隙，应按设计图纸要求予以留够。

11）板块式幕墙各单元之间的间隙及隐式幕墙各玻璃之间的间隙，应按设计要求安装，保持均匀一致。

12）镀锌连接件施焊后应去掉药皮，镀锌面受损处焊缝表面应刷两道防锈漆。所有与铝合金型材接触的材料及构件措施，应符合设计图纸要求，不得发生接触腐蚀，且不得直接与水泥砂浆等材料接触。

13）应按设计图纸规定的节点构造要求，进行幕墙的防雷接地及所有构造节点和收口节点的安装与施工。

14）清洗幕墙的洗涤剂应经检验，应对铝合金型材镀膜、玻璃及密封胶条无侵蚀作用，并应及时将其冲洗干净。

7.4.2 金属幕墙施工

1. 基本规定

（1）一般规定。

1）安装金属幕墙应在主体工程验收后进行。

2）金属幕墙的构件和附件的材料品种、规格、色泽和性能应符合设计要求。

3）金属幕墙的安装施工应编制施工组织设计，其中应包括以下内容：

①工程进度计划。

②搬运、起重方法。

③测量方法。

④安装方法。

⑤安装顺序。

⑥检查验收。

⑦安全措施。

（2）施工准备。

1）搬运、吊装构件时不得碰撞、损坏和污染构件。

2）构件储存时应依照安装顺序排列放置，放置架应有足够的承载力和刚度。在室外储存时应采取保护措施。

3）构件安装前应检查制造合格证，不合格的构件不得安装。

4）金属幕墙与主体结构连接的预埋件，应在主体结构施工时按设计要求埋设。预埋件应牢固，位置准确，预埋件的位置误差应按设计要求进行复查。当设计无明确要求时，预埋件的标高偏差不应大于 10mm，预埋件位置偏差不应大于 20mm。

（3）幕墙安装基本要求。

1）安装施工测量应与主体结构的测量配合，其误差应及时调整。

2）金属幕墙立柱的安装应符合下列规定。

①立柱安装标高偏差不应大于 3mm，轴线前后偏差不应大于 2mm，左右偏差不应大于 3mm。

②相邻两根立柱安装标高偏差不应大于 3mm，同层立柱的最大标高偏差不应大于 5mm，相邻两根立柱的距离偏差不应大于 2mm。

3）金属幕墙横梁安装应符合下列规定。

①应将横梁两端的连接件及垫片安装在立柱的预定位置，并应安装牢固，其接缝应严密。

②相邻两根横梁的水平标高偏差不应大于 1mm。同层标高偏差：当一幅幕墙宽度小于或等于 35m 时，不应大于 5mm；当一幅幕墙宽度大于 35m 时，不应大于 7mm。

4）金属板安装应符合下列规定。

①应对横竖连接件进行检查、测量、调整。

②金属板安装时，左右、上下的偏差不应大于 1.5mm。

③金属板空缝安装时，必须有防水措施，并应有符合设计要求的排水出口。

④填充硅酮耐候密封胶时。金属板缝的宽度、厚度应根据硅酮耐候密封胶的技术参数，经计算后确定。

5）幕墙钢构件施焊后，其表面应采取有效的防腐措施。

2．铝塑复合板安装

（1）加工机具。铝塑复合板的刨沟有两种机具：数控刨沟机和手提电动刨沟机。手提电动刨沟机如图 7 - 18 所示。数控刨沟机带有机床，将需要刨沟的板材放到机床上，调节好刨刀的距离，即可准确无误地刨沟。手提电动刨沟机要使用平整的工作台，操作人员须熟练掌握刨沟技巧。

（2）铝塑复合板加工与副框的组合。

1）铝塑复合板加工圆弧直角时，须保持铝质面材与夹芯聚乙烯一样的厚度（见图 7 - 19）。

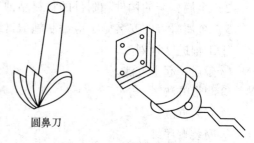

圆鼻刀

图 7 - 18　手提电动刨沟机

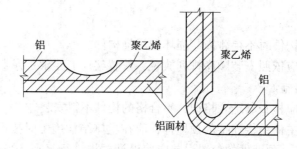

铝　　　聚乙烯　　　聚乙烯

铝

铝面材

图 7 - 19　铝塑复合板圆弧直角加工示意图

2）弯曲时，不可做多次反复弯曲。

3）复合铝塑板边缘弯折以后，即与副框固定成型，同时根据板材的性质及具体分格尺寸的要求，在板材背面适当的位置设计铝合金方管加强肋，其数量根据设计而定（见图7-20）。

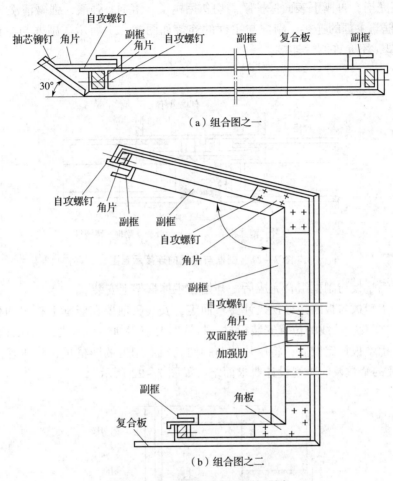

（a）组合图之一

（b）组合图之二

图7-20 铝塑复合板与副框组合

①当板材的长度小于1m时，可设置1根加强肋。

②当板材的长度小于2m时，可设置两根加强肋。

③当板材的长度大于2m时，应按设计要求增加加强肋的数量。

4）副框与板材的侧面可用抽芯铝铆钉紧固，抽芯铝铆钉间距应在200mm左右。紧固时应注意：

①板的正面与副框的接触面间由于不能用铆钉紧固，所以要在副框与板材间用硅酮结构胶粘接。

②转角处要用角片将两根副框连接牢固。

③铝合金方管加强肋与副框间也要用角片连接牢固。加强肋与板材间要用硅酮结构胶粘接。

5）副框有两种形状，组装后，应将每块板的对角接缝用密封胶密封，防止渗水。

6）对于较低建筑的金属板幕墙，复合铝塑板组框中采用双面胶带；对于高层建筑框及加强肋与复合铝塑板正面接触处必须采用硅酮结构胶粘接,不宜采用双面胶带。

7) 安装时,切勿用铁锤等硬物敲击。

8) 安装完毕,再撕下表面保护膜。切勿用刷子、溶剂、强酸、强碱清洗。

(3) 副框与主框的连接。副框与主框的连接如图 7-21 所示,副框与主框接触处应加设一层胶垫,不允许刚性连接。

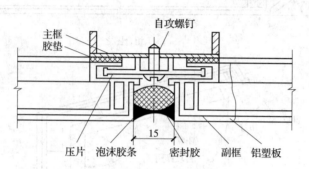

图 7-21 副框与主框的连接示意图

1) 复合铝塑板与副框组合完成后,开始在主体框架上安装。

2) 复合铝塑板与板间接缝视设计要求而定,安装板前要在竖框上拉出两根通线,定好板间接缝的位置,按线的位置安装板材。拉线时要使用弹性小的线,以保证板的整齐。

3) 复合铝塑板材定位后,将压片的两脚插到板上副框的凹槽里,将压片上的螺栓紧固即可。压片的个数及间距视设计要求而定,如图 7-22 所示。

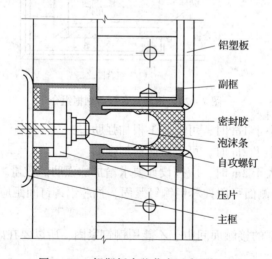

图 7-22 铝塑板安装节点示意图之一

4) 复合铝塑板之间接缝隙一般为 10~20mm,用硅酮密封胶或橡胶条等弹性材料封堵。在垂直接缝内放置衬垫棒。

5) 在节点部位用直角铝型材与角钢骨架用螺钉连接,将饰面板两端加工成圆弧直角,嵌卡在直角铝型材内,缝隙用密封材料嵌填,如图 7-23 所示。

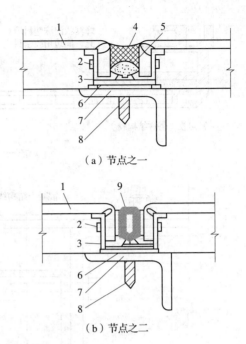

（a）节点之一

（b）节点之二

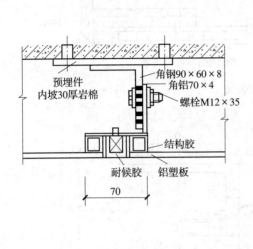

图 7 – 23 铝塑板安装节点示意图之二

1—饰面板；2—铝铆钉；3—直角铝型材；4—密封材料；

5—支撑材料；6—垫片；7—角钢；8—螺钉；9—密封填料

3. 蜂窝铝板幕墙的安装

铝合金蜂窝板是在两块铝板中间加入不同材料制成的各种蜂窝形夹层。两层铝板各不相同，用于墙外侧铝板略厚，一般为 1.0 ~ 1.5mm，这是为了抵抗风压；而内侧板厚为 0.8 ~ 1.0mm。蜂窝板总厚度为 10 ~ 25mm，其间蜂窝夹层材料为：铝箔蜂窝芯、玻璃钢蜂窝芯、混合纸蜂窝芯等。蜂窝形状一般有波纹条形、正六角形、长方形、十字形、双曲线形。夹芯材料要经特殊处理，否则强度低，使用寿命短。

（1）铝合金蜂窝板安装方法之一 用图 7 – 24 所示的连接件，将铝合金蜂窝板与骨架连成整体。

图 7 – 25 所示为铝合金蜂窝板的构造和安装构造示意图。其中图 7 – 25（a），作为内衬墙用于高层建筑窗下墙部位，不仅具有良好的装饰效果，而且还具有保温、隔热、隔声、吸声等功能。

此类连接固定方式构造比较稳妥，在铝合金蜂窝板的四周均用图 7 – 24 所示的连接件与骨架固定，其固定范围不是某一点，而是板的四周。这种周边固定的办法，可以有效地约束板在不同方向的变形。

从图 7 – 25（b）可以看出，幕墙板固定在骨架上，骨架采用方钢管通过角钢连接件与结构连成整体。方钢管的间距根据板的规格来确定，骨架断面尺寸及连接板尺寸应进行计算选定。这种固定办法安全系数大，较适宜在高层建筑及超高层建筑中使用。

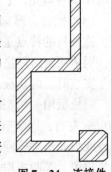

图 7 – 24 连接件

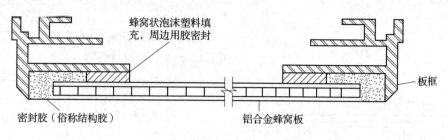

（a）铝合金蜂窝板

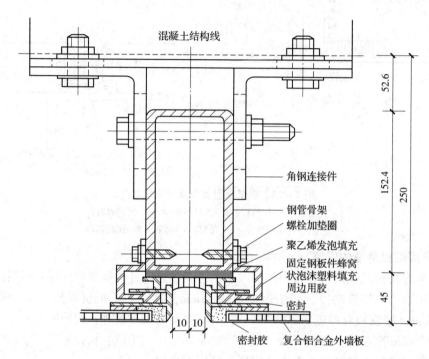

（b）安装构造示意图

图 7 – 25　铝合金蜂窝板及安装构造示意图之一

（2）铝合金蜂窝板安装方法之二。铝合金蜂窝板幕墙安装时，用自攻螺钉将板固定在方管竖框上，板与板之间的缝隙用耐候硅酮密封胶封闭。如果板过厚，缝的下部深处须用泡沫塑料填充，上部仍用密封胶（见图 7 – 26）。

（3）铝合金蜂窝板安装方法之三。图 7 – 27（a）所示为用于金属幕墙的铝合金蜂窝板。这种板的特点是：固定与连接的连接件，在铝合金蜂窝板制造过程中，同板一起完成，周边用封边框进行封堵，同时也是固定板的连接件。

安装时，两块板之间有 20mm 的间隙，用一条挤压成型的橡胶带进行密封处理。

两块板用一块 5mm 的铝合金板压住连接件的两端，然后用螺栓拧紧。螺栓的间距为300mm 左右，固定节点大样如图 7 – 27（b）所示。通常在节点的接触部位易出现上下边不齐或板面不平等问题，故应将一侧板安装，螺栓不拧紧，用横、竖控制线确定另一侧板安装位置，等两板均达到要求后，再依次拧紧螺栓，打入耐候硅酮密封胶。

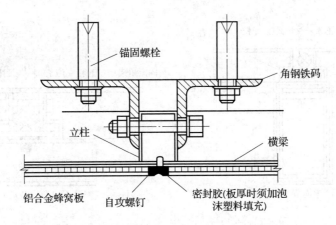

图 7-26 铝合金蜂窝板及安装构造示意图之二

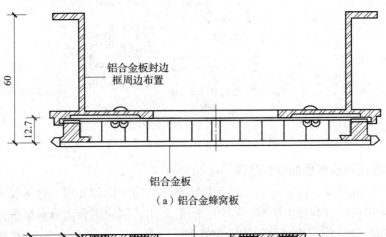

（a）铝合金蜂窝板

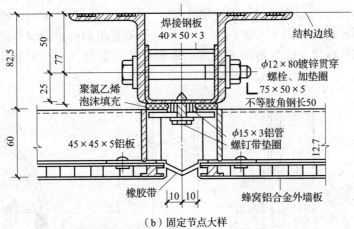

（b）固定节点大样

图 7-27 铝合金蜂窝板及安装构造示意图之三

4. 单层铝合金板（或不锈钢板）幕墙的安装

图 7-28 所示为单层铝合金板幕墙的安装做法，它是采用方形框材（方铝）为骨架，采用异形角铝和压条［单压条和双压条（见图 7-28c）］与竖向和横向框架将板材连接和收口处理。

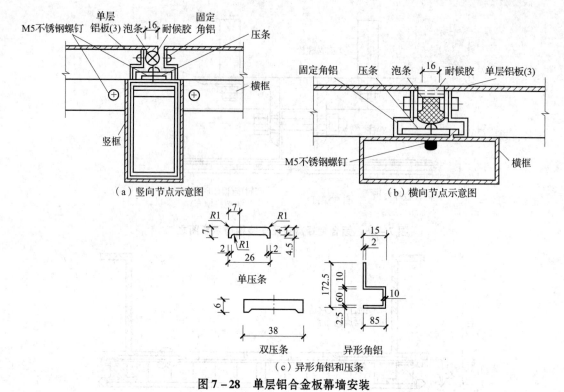

（a）竖向节点示意图　　　　　　　（b）横向节点示意图

（c）异形角铝和压条

图 7-28　单层铝合金板幕墙安装

5. 金属幕墙特殊部位的安装处理

对于边角、沉降缝、伸缩缝和压顶等特殊部位均需做细部处理。它不仅关系到装饰效果，而且对使用功能也有较大影响。因此，一般多用特制的铝合金成形板进行妥善处理。

（1）转角处理。构造比较简单的转角处理，一是以一条厚度 1.5mm 的直角形铝合金板与外墙板用螺栓连接 [图 7-29（a）]。二是以一条直角铝合金板或不锈钢板，与幕墙外墙板直接用螺栓连接，或与角位（直角、圆角）处的竖框（立柱）固定，如图 7-29（b）、（c）所示。

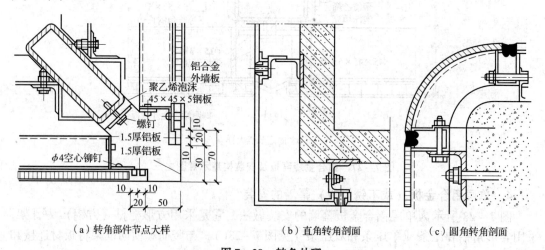

（a）转角部件节点大样　　　（b）直角转角剖面　　　（c）圆角转角剖面

图 7-29　转角处理

（2）顶部处理。女儿墙上部部位均属幕墙顶部水平部位的压顶处理，即用金属板封盖，使之能阻挡风雨浸透。水平盖板（铝合金板）的固定，一般先将盖板固定于基层上，然后再用螺栓将盖板与骨架牢固连接，并适当留缝，打密封胶，如图7-30所示。

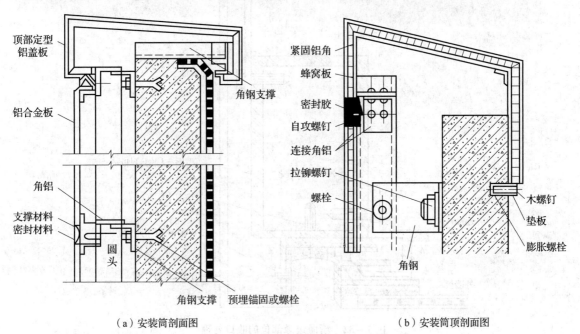

（a）安装简剖面图　　　　　　　　　　　　　　　（b）安装简顶剖面图

图7-30　顶部处理

（3）底部处理。幕墙墙面下端收口处理。通常用一条特制挡水板将下端封住，同时将板与墙之间的缝隙盖住，防止雨水渗入室内，如图7-31所示。

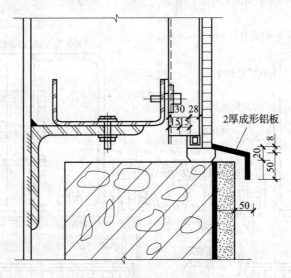

图7-31　幕墙墙面下端收口处理

（4）边缘部位处理。墙面边缘部位的收口处理，是用铝合金成形板将墙板端部及龙骨部封住（见图7-32）。

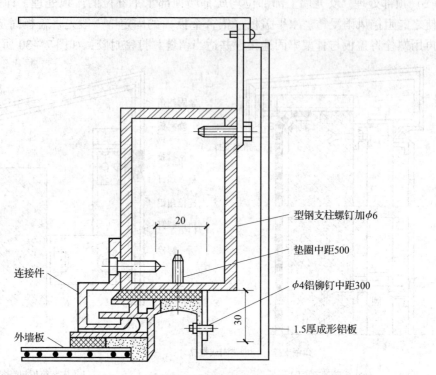

图 7-32　墙面边缘部位的收口处理

（5）伸缩缝、沉降缝的处理。伸缩缝、沉降缝的处理，首先要适应建筑物伸缩、沉降的需要，同时也应考虑装饰效果。另外，此部位也是防水的薄弱环节，其构造节点应周密考虑。一般可用氯丁橡胶带做连接和密封（见图 7-33）。

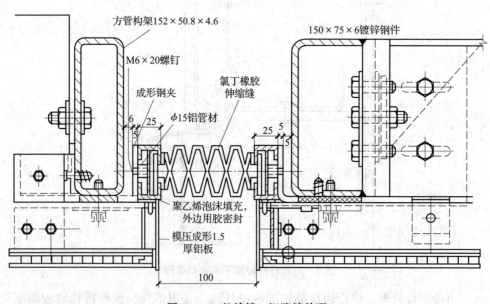

图 7-33　伸缩缝、沉降缝处理

（6）窗口部位处理。窗口的窗台处属水平部位的压顶处理，即用金属板封盖，使之能阻挡风雨浸透（见图 7 - 34）。水平盖板的固定，一般先将骨架固定于基层上，然后再用螺栓将盖板与骨架牢固连接，板与板间并适当留缝，打密封胶处理。

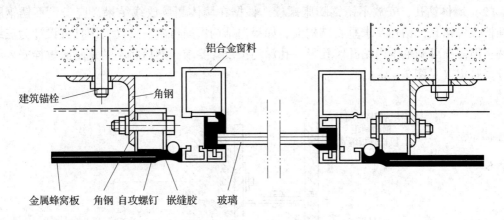

图 7 - 34 窗口部位处理

6. 金属幕墙成品保护、清洗和施工安全要求

（1）幕墙保护和清洗。

1）对幕墙的构件、面板等，应采取保护措施，不得发生变形、变色、污染等现象。

2）幕墙施工中其表面的黏附物应及时清除。

3）幕墙工程安装完成后，应制定清洁方案，清扫时应避免损伤表面。

4）清洗幕墙时，清洁剂应符合要求，不得产生腐蚀和污染。

（2）施工安全要求。

1）幕墙安装施工的安全措施除应符合《建筑施工高处作业安全技术规范》JGJ 80—1991 的规定外，还应遵守施工组织设计确定的各项要求。

2）安装幕墙用的施工机具和吊篮在使用前应进行严格检查，符合规定后方可使用。

3）施工人员作业时必须戴安全帽，系安全带，并配备工具袋。

4）工程的上下部交叉作业时，结构施工层下方应采取可靠的安全防护措施。

5）现场焊接时，在焊接下方应设防火斗。

6）脚手板上的废弃杂物应及时清理，不得在窗台、栏杆上放置施工工具。

7.4.3 石材幕墙施工

1. 直接干挂法石材幕墙安装

（1）施工准备。

1）根据设计意图及实际结构尺寸完善分格设计、节点设计，并作出翻样图。

2）根据翻样图提出加工计划。

3）进行挂件设计，并做成样品进行承载破坏性试验及疲劳破坏性试验。

4）根据挂件设计，组织挂件加工。

5）测量放线。在结构各转角外下吊垂线，用来确定石材的外轮廓尺寸，对结构突出较大的做局部剔凿处理，以轴线及标高线为基线，弹出板材竖向分格控制线，再以各层标高线为基线放出板材横向分格控制线。

6）根据翻样图及挂件形式，确定钻孔位置。

（2）墙体钻孔，安放不锈钢膨胀螺栓。根据在墙体测量放线结果，应安设不锈钢膨胀螺栓位置钻孔，钻孔要求垂直结构面，如果遇结构主筋可左右移动，因挂件设计为三维可调，但需在可调范围内钻孔。孔径、孔深均按设计要求。然后将不锈钢膨胀螺栓安入洞内拧紧胀牢（见图7-35）。

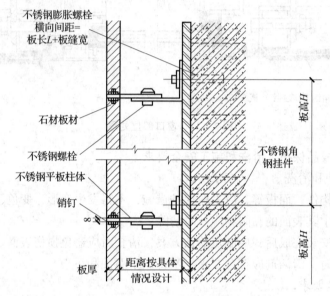

图7-35 直接式干挂石材幕墙示意图

（3）石材饰面板打孔。在饰面石板顶边和底边进行打孔（见图7-36）。

（4）安装不锈钢挂件。将不锈钢角钢挂件［如图7-37（b）所示］临时安装在埋入主体结构的不锈钢膨胀螺栓上（螺栓帽不要拧紧）；再将不锈钢平板挂件［如图7-37（a）所示］用不锈钢螺栓与不锈钢角钢挂件搭接临时固定（螺栓帽不要拧紧）［如图7-37（c）所示］。

（5）安装饰面石板。按已编号对号入座的饰面石板（也可在石材背面刷胶粘剂，贴纤维网格布增强），将它临时就位，并用不锈钢销钉通过平板挂件孔眼穿（插）入石板孔内。利用角钢挂件和平板挂件上的调整孔进行上下、前后、左右三维调整，调整饰面石材的平整度、垂直度，调整准确后，将角钢挂件和平板挂上所有螺栓并全部拧紧。

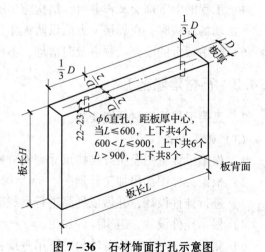

图7-36 石材饰面打孔示意图

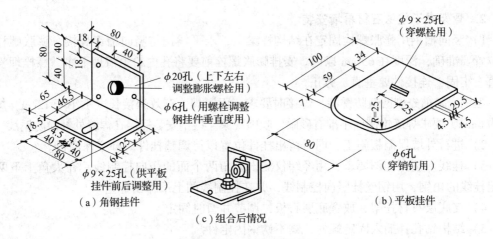

图 7 – 37　不锈钢挂件

（6）清理、嵌缝。饰面石板全部安装完后，进行表面清理，贴防污胶条，随即进行嵌缝（见图 7 – 38）。板缝尺寸应根据吊挂件的厚度决定，一般在 8mm 左右。板缝处理后，对石材表面打蜡上光。

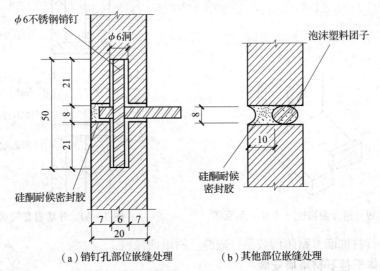

（a）销钉孔部位嵌缝处理　　　（b）其他部位嵌缝处理

图 7 – 38　石材幕墙嵌缝示意图

（7）注意事项。

1）挂板时的缝宽及销钉位置要适当调整，先试挂每块板，用靠尺板找平后再正式挂板，插钢针前先将环氧胶粘剂注入板销孔内，钢针入孔深度不宜小于 20mm，后将环氧胶粘剂清洁干净，不得污染板面，遇结构凹陷过多，超出挂件可调范围时，可采用垫片调整，如还不能解决，可采用型钢加固处理，但垫片及型钢必须做防腐处理。

2）每块板经质检合格后，将挂件与膨胀螺栓连接处点焊或加双螺母加以固定，以防挂件因受力而下滑。

直接干挂法石材幕墙除采用不锈钢销钉外，也可采用铝合金锚栓（卡片），如图 7 – 39 所示。

2. 骨架式干挂法石材幕墙安装

1）竖向槽钢用膨胀螺栓固定在结构柱梁上，水平槽钢与竖向槽钢焊接，膨胀螺栓钻孔位置要准确，深度在65mm以内。安排膨胀螺栓前要将孔内粉尘清理干净，螺栓埋没要垂直、牢固，连接件要垂直、方正。

型钢安装前先刷两遍防锈漆，焊接时要求三面围焊，有效焊接长度不小于12cm，焊接高为6mm，要求焊缝饱满，不准有砂眼、咬肉现象。型钢安装完需在焊缝处补涂防锈漆。

2）进行外墙保温板施工，同时留出挂件位置以待调整挂件后补齐保温板。

3）挂线。按大样图要求，用经纬仪测出大角两个面的竖向控制线，在大角上下两端固定挂线的角钢，用钢丝挂竖向控制线，并在控制线的上下作出标记。

4）支底层石材托架，放置底层石板，调节并暂时固定。

5）结构钻孔，插入固定螺栓，镶不锈钢固定件。

6）用嵌缝膏嵌入下层石材上部孔眼，插连接钢针，嵌上层石材下孔。

7）临时固定上层石材，钻孔，插膨胀螺栓固定件。

重复工序6）和7），直至完成全部石材安装。外墙窗口石材构造如图7-40所示。

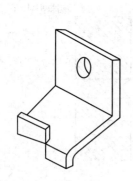

图7-39　铝合金锚栓（卡片）示意图

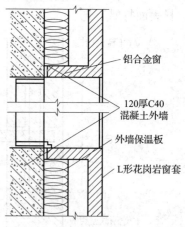

图7-40　外墙窗套构造

（图中标注：铝合金窗；120厚C40混凝土外墙；外墙保温板；L形花岗岩窗套）

8）清理石材饰面，贴防污胶条、嵌缝、刷罩面涂料。

3. 单元体干挂石材幕墙安装

1）单元体中的石材和玻璃的组合，按照确定的分格在工厂进行加工。

2）单元件在采用水平放置的架子时进行运输、堆放，并在楼下作出标记。层外沿搭设卸料平台，采用塔吊将单元体吊上卸料平台，转运进楼层，等待安装。

3）在主体结构施工时，根据设计要求，埋入预埋件。

4）在完成幕墙测量放线和物料编排后，将幕墙单元的铝码托座按照参考线，安装到楼面的预埋件上。首先点焊调节高低的角码，确定位置无误后，对角码施行满焊，焊后涂上防腐防锈油漆，然后安装横料，调整标高。

5）在楼层顶部安置吊重与悬挂支架轨道系统，以便用于安装单元体。

6）幕墙单元体从楼层内运出，并在楼面边缘提升起来，然后安装在对应的外墙位置上。调整好垂直与水平后，紧固螺栓。

7）每层幕墙安装完毕后，必须将幕墙内侧包上透明保护膜，做好成品保护。

8）当单元体安装完毕，按要求完成封口扣板与单元框的连接，并完成窗台板安装及跨越两单元的石材饰面安装工作。

9）安装完毕，必须进行防水检查，以确保幕墙的防水功能。

4. 预制复合板干挂石材幕墙安装

（1）预制复合板的制作工艺。根据结构的情况，考虑饰面做法，事先制作成墙、柱面的复合板，高层建筑多以立面突出柱子的竖线条为主。现以柱面的复合板制作为例，其工艺流程如下。

1）模板支设。按设计规格制作定型的钢塑模板或木模板。支设时，要控制钢塑模板的变形，以保证复合板的几何尺寸准确。

2）石材薄板侧模就位。将石材薄板对号就位，先放底面石板，再安装两侧石板。检查外模（即石材薄板），面层要平直、方整，无翘边，缝隙符合要求。此时石板呈 形，用调色水泥浆勾缝。

3）预制钢筋网及预埋件安装。钢筋网片按设计要求预制，待石板安装就位后放入凹槽内，并将金属夹与钢筋网连接牢固。钢筋骨架就位与绑扎前应检查其几何尺寸及焊接质量，防止运输、搬运中碰动变形，并检查两端预埋铁件位置，逐个绑扎牢固，保证骨架在细石混凝土内的相对距离及保护层厚度。钢筋头、绑丝不得露出混凝土表面，以避免复合板面层出现锈斑，污染石板。

4）浇筑复合板细石混凝土。为保证石板与复合层结合牢固，石板背面提前一天刷洗，以代替洒水湿润。浇灌前在石板背面均匀刷素水泥浆（同级水泥）结合层一道，浇灌厚度高于埋件2mm，以保证混凝土终凝后与埋件平整（与埋件外皮齐）。细石混凝土要严格按试验室配合比配制，坍落度控制在 3~5cm，随用随拌，2h 之内用完。铺细石混凝土后用木杠刮平。为保证混凝土密实，用30mm振捣棒均匀振捣，直至表面泛浆、无气泡为止。再将槽形板内模放入，并与外模固定之后，将侧边细石混凝土灌入并振捣密实，上部抹平。待混凝土达到一定强度时将槽形板内模取出。表面及棱角必须抹压坚实、平整。

5）养护。常温期间养护不少于一周，每天浇水 4~6 次，冬期采用电热养护12h 或蒸汽养护。车间温度应保持在 20℃以上。

6）脱模。脱模采用钢管翻模架，脱模强度不低于 10MPa，不得使用撬棍或铁锤敲打模板。脱模后花岗石复合板应竖起立放，防止摩擦碰撞损坏棱角。

7）复合板运输。采用小车运输，复合板呈 75°斜放，两点支承，端头支托稳定。

（2）花岗石复合板安装工艺（主体结构为混凝土结构）。花岗石复合板的安装工艺流程如图 7-41 所示。

1）定位放线。按立面图定位放线，在室外地面、立墙及女儿墙顶弹出复合板位置线及分块线，柱中及铝合金窗均弹出垂直线和侧边线，每层复合板位置线和标高均设标准轴线及标准点，楼高四大角用钢丝花篮螺栓（M12）拉垂线，标出全楼长、宽、高的控制线。检验复合板，有裂缝等缺陷的应经鉴定并修整后再用。连接件必须符合设计要求。

2）基层处理。检查柱预埋铁位置，混凝土柱面缺棱掉角者用1:2.5 水泥砂浆抹平修齐，缺棱掉角较大时用 C30 细石混凝土补齐抹光并养护。

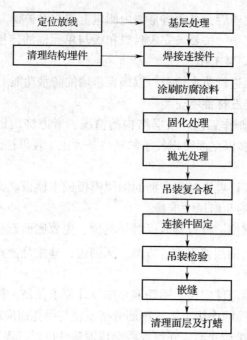

图 7-41 花岗石复合板的安装工艺流程

将预埋件凿出并清除其表面油污及杂物，用手提式砂轮机打磨预埋件表面的锈污。

3）焊接连接件。连接件要在车间做防腐涂层处理，按分块线焊牢连接件。安装点焊时，石材表面及铝合金门窗要用白铁或石棉布遮挡，防止污染饰面。

4）花岗石复合板安装。安装前将板两头弹上中线，在混凝土柱身弹上中线及标高分块线，用钢丝绳外裹水龙带作临时固定复合板卡箍，使复合板上下对准中线，校正垂直及方正（防止累计误差）后即可拧牢连接件螺栓。

5）连接件固定。为防止结构下沉引起的地坪处石板受剪而导致开裂脱落，在混凝土柱、墙下部增设牛腿（见图7-42）。结构下沉时，承托石板的牛腿也随结构下沉，避免石板与结构间产生附加剪力。为防止石板间连接铁及挂筋锈蚀，造成石板开裂脱落，除对连接铁做防锈处理外，需采用连接件（见图7-43）。这种连接件能托能拉，不易锈蚀，节约铜丝。

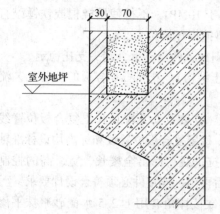

图 7-42 柱、墙下部设牛腿

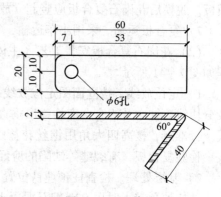

图 7-43 连接件

6）嵌缝。安装复合板后，用棉丝或抹布擦洗干净，2cm 留缝嵌填聚乙烯苯板，嵌填密封材料。

7.5 涂 饰 工 程

7.5.1 材料要求

混凝土表面和抹灰表面可施涂薄涂料、厚涂料和覆层建筑涂料等。

薄涂料可分为水性薄涂料、合成树脂乳液薄涂料、溶剂型（包括油性）薄涂料等。

厚涂料可分为合成树脂乳液厚涂料、合成树脂乳液砂壁状厚涂料、合成树脂乳液轻质厚涂料和无机厚涂料等。其中合成树脂乳液轻质厚涂料又可分为珍珠岩粉厚涂料、聚苯乙烯泡沫塑料粒子厚涂料和蛭石厚涂料等。

覆层建筑涂料可分为合成树脂乳液系覆层涂料、硅溶胶系覆层涂料、水泥系覆层涂料、反应固化型合成树脂乳液系覆层涂料。

木料表面可施涂溶剂型混色涂料和清漆。

金属表面可施涂防锈涂料和溶剂型混色涂料。

涂料工程所用的涂料和半成品（包括施涂现场配制的涂料）均应有品名、种类、颜色、制作时间、储存有效期、使用说明书及产品合格证。

外墙涂料应使用具有耐碱和耐光性能的颜料。

涂料工程所用腻子的塑性和易涂性应满足施工要求层、底涂料和面涂料的性能配套使用。腻子的配方如下。

1．混凝土表面、抹灰表面用腻子

适用于室内的腻子配方：聚醋酸乙烯乳液（即白乳胶）、滑石粉或大白粉、2% 羧甲基纤维素溶液。

适用于外墙、厨房、厕所、浴室的腻子配方：聚醋酸乙烯乳液、水泥、水。

2．木材表面的石膏腻子

木材表面的石膏腻子配方：石膏粉、熟桐油、水。

3．木材表面清漆的润水粉

木材表面清漆的润水粉配方：大白粉、骨胶、工黄或其他颜料。

4．木材表面清漆的润油粉

木材表面清漆的润油粉配方：大白粉、松香水、熟桐油。

5．金属表面的腻子

金属表面的腻子配方：石膏粉、熟桐油、油性腻子或醇酸腻子、底漆、水。

7.5.2 涂饰工程施工

建筑装饰涂料一般适用于混凝土基层、水泥砂浆或混合砂浆抹面、水泥石棉板、加气混凝土、石膏板砖墙等各种基层面。一般采用刷、喷、滚、弹涂施工。

1．基层处理和要求

1）新抹砂浆常温要求 7d 以上，现浇混凝土常温要求 28d 以上，方可涂饰建筑涂料，否则会出现粉化或色泽不均匀等现象。

2）基层要求平整，但又不应太光滑。孔洞和不必要的沟槽应提前进行修补，修补材料可采用 108 胶加水泥和适量水调成的腻子。太光滑的表面对涂料粘结性能又影响；太粗糙的表面，涂料消耗量大。

3）在喷、刷涂料前，一般要先喷、刷一道与涂料体系相适应的冲稀了的乳液，稀释了的乳液透渗能力强，可使基层坚实、干净，粘结性好并节省涂料。如果在旧涂层上刷新涂料，应除去粉化、破碎、生锈、变脆、起鼓等部分，否则刷上的新涂料就不会牢固。

2. 涂饰程序

外墙面涂饰时，不论采取什么工艺，一般均应由上而下、分段分部进行涂饰，分段分片的部位应选择在门、窗、拐角、水落管等处，因为这些部位易于掩盖。内墙面涂饰时，应在顶棚涂饰完毕后进行，由上而下分段涂饰；涂饰分段的宽度要根据刷具的宽度以及涂料稠度决定；快干涂料慢涂宽度为 15~25cm，慢干涂料快涂宽度为 45cm 左右。

3. 刷、喷、滚、弹涂施工要点

（1）刷涂。涂刷时，其涂刷方向和行程长短均应一致。涂刷层次，一般不少于两度，在前一度涂层表干后才能进行后一度涂刷。前后两次涂刷的相隔时间与施工现场的温度、湿度有密切关系，通常不少于 2~4h。

（2）喷涂。

1）在喷涂施工中，涂料稠度、空气压力、喷射距离、喷枪运行中的角度和速度等方面均有一定要求。

2）施工时，应连续作业，一气呵成，争取到分格缝处再停歇。室内喷涂一般先喷顶后喷墙，两遍成活，间隔时间为 2h；外墙喷涂一般为两遍，较好的饰面为三遍。罩面喷涂时，喷离脚手架 10~20cm 处，往下另行再喷。作业段分割线应设在水落管、接缝、雨罩等处。

3）灰浆管道产生堵塞而又不能马上排除故障时，要迅速改用喷斗上料继续喷涂，不留接搓，直到喷完为止，以免影响质量。

4）要注意基层干湿度，尽量使其干湿度一致。

5）颜料一次不要拌得太多，避免变稠再加水。

（3）滚涂施工。

1）施工时在辊子上蘸少量涂料后再在被滚墙面上轻缓平稳地来回滚动，直上直下，避免歪扭蛇行，以保证涂层厚度一致、色泽一致、质感一致。

2）滚涂分为干滚法和湿滚法两种。干滚法辊子上下一个来回，再向下走一遍，表面均匀拉毛即可；湿滚法要求辊子蘸水上墙，或向墙面洒少量的水，滚到花纹均匀为止。

3）横滚的花纹容易积尘污染，不宜采用。

4）如产生翻砂现象，应再薄抹一层砂浆重新滚涂，不得事后修补。

5）因罩面层较薄，因此要求底层顺直平整，避免面层做后产生露底现象。

6）滚涂应按分格缝或分段进行，不得任意甩搓。

（4）弹涂施工（宜用云母片状和细料状涂料）。

1）彩弹饰面施工的全过程都必须根据事先所设计的样板上的色泽和涂层表面形状的

要求进行。

2）在基层表面先刷 1~2 度涂料，作为底色涂层。待底色涂层干燥后，才能进行弹涂。门窗等不必进行弹涂的部位应予遮挡。

3）弹涂时，手提彩弹机，先调整和控制好浆门、浆量和弹棒，然后开动电动机，使机口垂直对准墙面，保持适当距离（一般为 30~50cm），按一定手势和速度，自上而下，自右（左）至左（右），循序渐进，要注意弹点密度均匀适当，上下左右接头不明显。

4）大面积弹涂后，如出现局部弹点不均匀或压花不合要求影响装饰效果时，应进行修补，修补方法有补弹和笔绘两种。修补所用的涂料，应该与刷底或弹涂同一颜色的涂料。

8 施工现场项目管理

8.1 项目管理组织

8.1.1 施工项目管理组织的概念

施工项目管理组织，是指为进行施工项目管理、实现组织职能而进行组织系统的设计与建立、组织运行和组织调整三个方面。组织系统的设计与建立，是指经过筹划、设计，建成一个可以完成施工项目管理任务的组织机构，建立必要的规章制度，划分并明确岗位、层次、部门的责任和权力，建立和形成管理信息系统及责任分担系统，并通过一定岗位和部门内人员的规范化的活动和信息流通实现组织目标。

施工项目管理组织机构与企业管理组织机构是局部与整体的关系。组织机构设置的目的是为了进一步充分发挥项目管理功能，提高项目整体管理效率，以达到项目管理的最终目标。因此，企业在推行项目管理中合理设置项目管理组织机构是一个至关重要的问题。高效率的组织体系和组织机构的建立是施工项目管理成功的组织保证。

8.1.2 施工项目管理组织结构的形式

组织形式亦称组织结构的类型，是指一个组织以什么样的结构方式去处理层次、跨度、部门设置和上下级关系。

施工项目组织的形式与企业的组织形式是不可分割的。加强施工项目管理就必须进行企业管理体制和内部配套改革。通常施工项目的组织形式有以下几种：

1. 工作队式项目组织

（1）特征。

1）项目经理在企业内招聘或抽调职能人员组成管理机构（工作队），由项目经理指挥，独立性大。

2）项目管理班子成员在工程建设期间与原所在部门要断绝领导与被领导关系。原单位负责人员负责业务指导及考察，但不能随意干预其工作或调回人员。

3）项目管理组织与项目同寿命。项目结束后机构撤销，所有人员仍回原所在部门和岗位。

（2）适用范围。这是按照对象原则组织的项目管理机构，可独立地完成任务。企业职能部门处于服从地位，只提供一些服务。这种项目组织类型适用于大型项目、工期要求紧迫的项目、要求多工种多部门密切配合的项目。因此，它要求项目经理素质要高，指挥能力要强，有快速组织队伍及善于指挥来自各方人员的能力。

（3）优点。

1）项目经理从职能部门抽调或招聘的是一批专家，他们在项目管理中相互配合，协同工作，可以取长补短，有利于培养一专多能的人才并充分发挥其作用。

2）各专业人才集中在现场办公，减少了扯皮和等待时间，办事效率高，解决问题快。

3）项目经理权力集中，运权的干扰少，因此决策及时，指挥灵便。

4）由于减少了项目与职能部门的结合部，项目与企业的结合部关系弱化，故易于协调关系，减少了行政干预，使项目经理的工作易于开展。

5）不打乱企业的原建制，传统的直线职能制组织仍可保留。

（4）缺点。

1）各类人员来自不同部门，具有不同的专业背景，互相不熟悉，难免配合不力。

2）各类人员在同一时期内所担负的管理工作任务可能有很大差别，因此很容易产生忙闲不均，可能导致人员浪费。特别是对稀缺专业人才，难以在企业内调剂使用。

3）职工长期离开原单位，即离开了自己熟悉的环境和工作配合对象，容易影响其积极性的发挥。而且由于环境变化，容易产生临时观点和不满情绪。

4）职能部门的优势无法发挥作用。由于同一部门人员分散，交流困难，也难以进行有效的培养、指导，削弱了职能部门的工作。当人才紧缺而同时又有多个项目需要按这一形式组织时，或者对管理效率有很高要求时，不宜采用这种项目组织类型。

2. 部门控制式项目组织

（1）特征。这是按职能原则建立的项目组织。它并不打乱企业现行的建制，把项目委托给企业某一专业部门或委托给某一施工队，由被委托的部门（施工队）领导，在本单位选人组合负责实施项目组织，项目终止后恢复原职。

（2）适用范围。这种形式的项目组织一般适用于小型的、专业性较强、不需涉及众多部门的施工项目。

（3）优点。

1）人才作用发挥较充分。这是因为由熟人组合办熟悉的事，人事关系容易协调。

2）从接受任务到组织运转启动，时间短。

3）职责明确，职能专一，关系简单。

4）项目经理无须专门训练便容易进入状态。

（4）缺点。

1）不能适应大型项目管理需要，而真正需要进行施工项目管理的工程正是大型项目。

2）不利于对计划体系下的组织体制（固定建制）进行调整。

3）不利于精简机构。

3. 矩阵制项目组织

（1）特征。

1）项目组织机构与职能部门的结合部同职能部门数相同。多个项目与职能部门的结合部呈矩阵状。

2）把职能原则和对象原则结合起来，既发挥职能部门的纵向优势，又发挥项目组织的横向优势。

3）专业职能部门是永久性的，项目组织是临时性的。职能部门负责人对参与项目组织的人员有组织调配、业务指导和管理考察的权力。项目经理将参与项目组织的职能人员在横向上有效地组织在一起，为实现项目目标协同工作。

4）矩阵中的每个成员或部门，接受原部门负责人和项目经理的双重领导。但部门的控制力大于项目的控制力。部门负责人有权根据不同项目的需要和忙闲程度，在项目之间调配本部门人员。一个专业人员可能同时为几个项目服务，特殊人才可充分发挥作用，免得人才在一个项目中闲置又在另一个项目中短缺，大大提高人才利用率。

5）项目经理对"借"到本项目经理部来的成员，有权控制和使用。当感到人力不足或某些成员不得力时，他可以向职能部门求援或要求调换，辞退回原部门。

6）项目经理部的工作有多个职能部门支持，项目经理没有人员包袱。但要求在水平方向和垂直方向有良好的信息沟通及良好的协调配合，对整个企业组织和项目组织的管理水平和组织渠道畅通提出了较高的要求。

（2）适用范围。

1）适用于平时承担多个需要进行项目管理工程的企业。在这种情况下，各项目对专业技术人才和管理人员都有需求，加在一起数量较大。采用矩阵制组织可以充分利用有限的人才对多个项目进行管理，特别有利于发挥稀有人才的作用。

2）适用于大型、复杂的施工项目。因大型复杂的施工项目要求多部门、多技术、多工种配合实施，在不同阶段，对不同人员，有不同数量和搭配各异的需求。显然，部门控制式机构难以满足这种项目要求，混合工作队式组织又因人员固定而难以调配，人员使用固化，不能满足多个项目管理的人才需求。

（3）优点。

1）它兼有部门控制式和工作队式两种组织的优点，即解决了传统模式中企业组织和项目组织相互矛盾的状况，把职能原则与对象原则融为一体，求得了企业长期例行性管理和项目一次性管理的一致性。

2）能以尽可能少的人力，实现多个项目管理的高效率。理由是通过职能部门的协调，一些项目上的闲置人才可以及时转移到需要这些人才的项目上去，防止人才短缺，项目组织因此具有弹性和应变力。

3）有利于人才的全面培养。可以便于不同知识背景的人在合作中相互取长补短，在实践中拓宽知识面；发挥了纵向的专业优势，可以使人才成长有深厚的专业训练基础。

（4）缺点。

1）由于人员来自职能部门，且仍受职能部门控制，故凝聚在项目上的力量减弱，往往使项目组织的作用发挥受到影响。

2）管理人员如果身兼多职管理多个项目，便往往难以确定管理项目的优先顺序，有时难免顾此失彼。

3）双重领导。项目组织中的成员既要接受项目经理的领导，又要接受企业中原职能部门的领导。在这种情况下，如果领导双方意见和目标不一致甚至有矛盾时，当事人便无所适从。要防止这一问题产生，必须加强项目经理和部门负责人之间的沟通，还要有严格的规章制度和详细的计划，使工作人员尽可能明确在不同时间内应当干什么工作。

4）矩阵制组织对企业管理水平、项目管理水平、领导者的素质、组织机构的办事效率、信息沟通渠道的畅通均有较高要求，因此要精于组织，分层授权，疏通渠道，理顺关系。由于矩阵制组织的复杂性和结合部多，造成信息沟通量膨胀和沟通渠道复杂化，致使信息梗阻和失真。于是，要求协调组织内部的关系时必须有强有力的组织措施和协调办法以排除难题。为此，层次、职责、权限要明确划分。有意见分歧难以统一时，企业领导要出面及时协调。

4．事业部制项目组织

（1）特征。

1）企业成立事业部，事业部对企业来说是职能部门，对企业来说享有相对独立的经营权，可以是一个独立单位。事业部可以按地区设置，也可以按工程类型或经营内容设置。事业部能较迅速适应环境变化，提高企业的应变能力，调动部门积极性。当企业向大型化、智能化发展并实行作业层和经营管理层分离时，事业部制是一种很受欢迎的选择，它既可以加强经营战略管理，又可以加强项目管理。

2）在事业部（一般为其中的工程部或开发部，对外工程公司为海外部）下边设置项目经理部。项目经理由事业部选派，一般对事业部负责，有的可以直接对业主负责，根据其授权程度决定。

（2）适用范围。事业部制项目组织适用于大型经营性企业的工程承包，特别是适用于远离公司本部的工程承包。需要注意的是，一个地区只有一个项目，没有后续工程时，不宜设立地区事业部，也即它适用于在一个地区内有长期市场或一个企业有多种专业化施工力量时采用。在此情况下，事业部与地区市场同寿命。地区没有项目时，该事业部应予撤销。

（3）优点。事业部制项目组织有利于延伸企业的经营职能，扩大企业的经营业务，便于开拓企业的业务领域，还有利于迅速适应环境变化以加强项目管理。

（4）缺点。按事业部制建立项目组织，企业对项目经理部的约束力减弱，协调指导的机会减少，故有时会造成企业结构松散，必须加强制度约束，加大企业的综合协调能力。

8.1.3 施工项目管理组织机构的作用

1．组织机构是施工项目管理的组织保证

项目经理在启动项目实施之前，首先要做组织准备，建立一个能完成管理任务、令项目经理指挥灵便、运转自如、效率很高的项目组织机构——项目经理部，其目的就是为了提供进行施工项目管理的组织保证。一个好的组织机构可以有效地完成施工项目管理目标，有效地应付环境的变化，有效地供给组织成员生理、心理和社会需要，形成组织力，使组织系统正常运转，产生集体思想和集体意识，完成项目管理任务。

2．形成一定的权力系统以便进行集中统一指挥

权力由法定和拥戴产生。"法定"来自于授权，"拥戴"来自于信赖。法定或拥戴都会产生权力和组织力。组织机构的建立，首先是以法定的形式产生权力。权力是工作的需要，是管理地位形成的前提，是组织活动的反映。没有组织机构，便没有权力，也没有权力的运用。权力取决于组织机构内部是否团结一致，越团结，组织就越有权力、越有组织力，所以施工项目组织机构的建立要伴随着授权，以便权力的使用能够实现施工项目管理的目标。要合理分层，层次多，权力分散；层次少，权力集中。所以要在规章制度中把施工项目管理组织的权力阐述明白，固定下来。

3.形成责任制和信息沟通体系

责任制是施工项目组织中的核心问题。没有责任也就不成其为项目管理机构，也就不存在项目管理。一个项目组织能否有效地运转，取决于是否有健全的岗位责任制。施工项目组织的每个成员都应肩负一定责任，责任是项目组织对每个成员规定的一部分管理活动和生产活动的具体内容。

综上所述可以看出组织机构非常重要，在项目管理中是一个焦点。

8.2 技 术 管 理

8.2.1 施工项目技术管理概述

1.技术管理的概念

施工项目技术管理，是指对所承包的（或者所负责的）工程的各项技术活动与构成施工技术的各项要素进行计划、组织、指挥、协调与控制的总称。它是项目管理的一个重要构成部分。即通过科学管理，正确地贯彻执行国家颁布的相关规范、规程与上级制定的各项管理制度，应用先进的施工技术与切实可行的管理措施，准确地将工程项目设计要求贯穿到施工生产的各个过程，多快好省地生产出合格的建筑产品。

2.技术管理工作的内容

建筑企业技术管理工作的主要内容如图8-1所示。从图中看来，建筑企业技术管理的工作内容包括基础工作与基本工作两个部分。技术管理的基本工作是紧紧围绕技术管理的基本任务展开的，它与技术管理的基础工作之间是相辅相成、相互依赖的关系，技术管理的基础工作是为有效地开展技术管理的基本工作开道。所以，建筑企业只有系统地做好上述技术管理工作，才得以能保证企业生产技术活动正常进行，生产技术装备水平、工程质量、劳动生产率与经济效益不断提高，从而增强企业的技术经济活动力量，使自身不断发展与壮大。

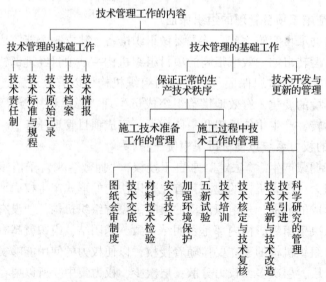

图8-1　建筑企业技术管理工作内容

此外，技术管理工作还应该包括建立健全技术管理机构，编制企业技术发展未来规划，开展技术经济分析工作等相关内容。

应该指出，技术管理的一些工作是与其他有关职能部门协同完成的，如编制与贯彻施工组织设计与施工工艺文件、组织材料技术检验、加强安全技术措施、开展技术培训、质量管理等，应该分别与计划、施工、材料、劳动、设备与质量等职能部门协同进行，相互配合，各负其责。

3．项目经理在技术管理中应注意的重点环节

项目技术管理工作在项目管理中发挥着日益重要的作用，技术管理的内容通常包括技术管理基础性工作、施工过程的技术管理工作、技术开发工作、技术经济分析和评价等。

项目的技术管理工作是在企业管理层与项目经理的组织领导下进行的，项目经理应该注意抓好以下重点环节：

1）充分赞成与支持技术负责人开展技术管理工作，在制定生产计划、组织生产协调与重点生产部位管理等方面，要发挥技术管理职能的作用。

2）依据项目规模设技术负责人，建立项目技术管理体系并且与企业技术管理体系相适应。执行技术政策、接受企业的技术领导和各种技术服务，组织建立并且实施技术管理制度；建立技术管理责任制，明确技术负责人、技术人员以及各岗位人员的技术责任。

3）认真组织图纸会审，主持领导制定施工组织设计，指导并且规范工程洽商的管理。根据工作特点与关键部位情况，考虑施工部署与方法、工序搭接与配合（包括水、电、设备安装以及分包单位的配合）、材料设备的调配，组织技术人员熟悉与审查图纸并且参与讨论，决定关键分项工程的施工方法与工艺措施，对于所出现的施工操作、材料设备或者与施工图纸本身有关的问题，要及时与建设单位以及设计部门进行沟通、办理洽商手续或者设计变更。重视工程洽商的管理工作，规范工程洽商的管理程序和要求。

4）重视技术创新开发活动，决定重要的科学研究、技术改造、技术革新以及新技术试验项目等。

5）定期主持召开生产技术协调会议，协调工序之间的技术矛盾、解决技术难题与布置任务。

6）经常巡视施工现场与重点部位，检查各工序的施工操作、原材料使用、工序搭接、施工质量以及安全生产等各方面的情况。总结出优缺点、经验教训、薄弱环节等，及时提出注意事项与应采取的相关措施。

4．技术管理的组织体系

目前，我国建筑企业一般实行以公司总工程师为首的三级技术管理组织体系，如图8-2所示。

总工程师是企业生产技术的总负责人，其在企业经理的领导下，对施工生产技术工作全面负责。技术职能机构则是同级领导人的工作助手，接受同级技术负责人的领导，并从技术上向同级技术领导人负责。

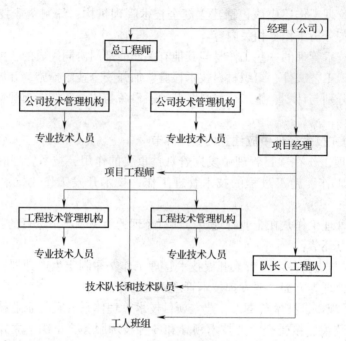

图8-2 三级技术管理组织体系

总工程师、项目工程师、技术队长或者主管技术人员组成了三级技术领导责任制。职能机构的技术责任，专职人员技术责任制及工人技术操作岗位责任制，共同构成施工企业的技术管理体制。

5．技术责任制体系

（1）技术责任制的分类与原则。

1）技术责任制的分类

①技术领导责任制：规定总工程师、主任工程师及技术队长的职责范围。

②技术管理机构责任制：规定公司、工程处及施工队各级技术管理机构的职责范围。

③技术管理人员责任制：规定各级技术管理机构的技术人员的职责范围。

④工人技术责任制。

2）技术责任制的原则。在这四种责任制体系中，按照顺序后一类是前一类的基础。上级技术负责人有权对下级技术人员发布指令，安排各项技术工作，研究技术问题，作出各项技术规定。下级技术负责人应该服从上级技术负责人的领导。

（2）总工程师的主要职责。

1）组织贯彻国家颁发的有关技术政策与技术标准、规范、规程、规定及各项技术管理制度。

2）主持编制与执行企业的技术发展规划与技术组织措施。

3）领导大型建设项目与特殊工程的施工组织总设计，组织审批公司的与工程处上报的施工组织设计、技术文件等。

4）参加大型建设项目与特殊工程设计方案和会审，参与引进项目的技术考察与谈判，处理重大的技术核定工作。

5）主持技术工作会议，发展技术民主，研究施工中的重大技术问题。

6）组织与指导有关工作质量、安全技术等检查与监督工作，负责处理重大质量、安全事故，并且在调查研究基础上提出技术鉴定与处理方案。

7）组织与领导对技术革新和发明创造的审查与鉴定工作，组织领导新技术、新材料、新结构的试验、推广与使用工作。

8）解决处理总分包交叉施工协作配合中的重大技术问题。

9）组织与领导对职工的技术培训工作，负责对所属技术人员的了解、使用、培养工作，参加对技术人员的安排使用、晋级与奖惩问题的审议和决定工作。

10）负责计划、组织与监督检查工作技术档案和资料情报的建设、管理与利用工作。

（3）项目工程师的主要职责（大型项目）。

1）领导组织技术人员学习贯彻执行各项目技术政策、技术规范、技术规程、技术标准与各项技术管理制度。

2）主持编制项目的施工组织设计，审批单位工程施工方案。

3）主持图纸会审与重点工程的技术交底，审批技术文件。

4）组织制订保证工程质量及安全施工的技术措施。

5）主持重要工程的质量，安全检查，处理质量事故等。

6）深入施工现场，指导施工，督促单位工程技术负责人遵守规范、规程与按图施工，发现问题并且及时解决问题。

（4）技术队长（或者小项目技术主管）的主要职责。

1）直接领导施工员、技术员等职能人员的技术工作；领导施工队的技术学习；组织施工队人员熟悉图纸，编制分项工程施工方案与简单工程的施工组织设计且上报审批。并贯彻执行上级下达与审批的施工组织设计和分项工程施工方案。

2）参与会审图纸、单位工程技术交底，且向单位工程技术负责人以及有关人员进行技术交底；负责指导施工队按设计图纸、规范等进行施工；负责组织复查单位工程的测量定位、抄平放线、质量检查工作，参加隐蔽工程验收和分部分项工程的质量评定，发现问题及时处理或向上级报告请示解决。

3）参与重大质量事故的处理。

4）负责组织工程档案中各项技术资料的签证、收集、整理并汇总上报。

8.2.2　施工现场技术管理的基础工作

1. 建立技术管理工作体系

首先，项目经理部必须在企业总工程师和技术管理部门的指导参与下，建立以项目技术负责人为首的技术业务统一领导和分级管理的技术管理工作体系，并配备相应的职能人员。一般应根据项目规模设项目技术负责人（项目总工程师、主任工程师、工程师或技术员，其下设技术部门、工长和班组长），然后按技术职责和业务范围建立各级技术人员的责任制，明确技术管理岗位与职责，建立各项技术管理制度。

2. 建立健全施工项目技术管理制度

项目经理部的技术管理应执行国家技术政策和企业的技术管理制度，同时，项目经理部根据需要可自行制定特殊的技术管理制度，并报企业总工程师批准。施工项目的主要技术管理制度有：技术责任制度、图纸会审制度、施工组织设计管理制度、技术交底制度、材料设备检验制度、工程质量检查验收制度、技术组织措施计划制度、工程施工技术资料管理制度以及工程测量、计量管理办法、环境保护管理办法、工程质量奖罚办法、技术创新和合理化建议管理办法等。

建立健全施工项目技术管理的各项制度，首先，是要求各项制度互相配套协调、形成系统，既互不矛盾，也不留漏洞，还要有针对性和可操作性；其次，是要求项目经理部所属单位、各部门和人员，在施工活动中，都必须遵照所制定的有关技术管理制度中的规定和程序，安排工作和生产，保证施工生产安全顺利地进行。

3. 贯彻落实技术责任制

项目经理部的各级技术人员应根据项目技术管理责任制度完成业务工作，履行职责。

8.2.3　施工现场技术管理的主要内容

1. 贯彻施工组织设计

施工组织设计是指导整个施工过程的纲领性文件，施工组织设计文件或施工设计文件的编制，为指导施工部署，组织施工活动提供了计划和依据。它的贯彻实施具有非常重大的意义。贯彻执行施工组织设计，必须做好以下几方面的工作：

1）严格施工组织设计的编制和审批程序。

2）熟悉施工组织设计内容，了解施工顺序、施工方法、平面布置和技术措施。

3）做好施工组织设计交底。经过批准的施工组织设计文件，应由负责编制该文件的主要负责人，向参与施工的有关部门和有关人员进行交底，说明该施工组织设计的基本方针，分析决策过程、实施要点以及关键性技术问题和组织问题。

4）做好施工现场准备工作。如房屋的定位放线，清除障碍物，四通一平，各种临时设施搭设等。

5）对新技术、新工艺进行技术培训。

6）督促班组按照施工组织设计确定的施工方案、技术措施和施工进度组织施工，并经常进行检查，及时解决问题。

2. 图纸会审

图纸会审的目的是为了使施工单位、监理单位、建设单位及其他相关单位（消防、环保）等进一步了解设计意图和设计要点，通过会审澄清疑点，消除设计缺陷，统一认识，使设计达到经济合理、安全可靠、美观适用。

1）图纸会审主要有建设单位或其委托的监理单位、设计单位和施工单位三方代表参加。

2）由监理单位（或建设单位）主持，先由设计单位介绍设计意图和图纸、设计特点、对施工的要求。然后由施工单位提出图纸中存在的问题和对设计单位的要求，通过三方讨论与协商解决存在的问题，写出会议纪要，交给设计人员，设计人员将纪要中提出的问题通过书面的形式进行解释或提交设计变更通知书。

3）图纸会审的主要内容包括：

①是否是无证设计或越级设计，图纸是否经设计单位正式签署。

②地质勘探资料是否齐全。

③设计图纸与说明是否齐全。

④设计地震烈度是否符合当地要求。

⑤几个单位共同设计的，相互之间有无矛盾；各专业之间，平、立、剖面图之间是否有矛盾；标高是否有遗漏。

⑥总平面与施工图的几何尺寸、平面位置、标高等是否一致。

⑦防火要求是否满足。

⑧建筑结构与各专业图纸本身是否有差错及矛盾；结构图与建筑图的平面尺寸及标高是否一致；建筑图与结构图的表示方法是否清楚，是否符合制图标准；预埋件是否表示清楚；是否有钢筋明细表，钢筋锚固长度与抗震要求等。

⑨施工图中所列各种标准图册施工单位是否具备，如没有，如何取得。

⑩建筑材料来源是否有保证。

⑪地基处理方法是否合理。建筑与结构构造是否存在不能施工，不便于施工，容易导致质量、安全或经费等方面的问题。

⑫工艺管道、电气线路、运输道路与建筑物之间有无矛盾，管线之间的关系是否合理。

⑬施工安全是否有保证。

⑭图纸是否符合监视规划中提出的设计目标。

3. 技术交底

1）技术交底必须满足施工规范、规程、工艺标准、质量验收标准和建设单位的合理要求，整个工程施工、各分部分项工程、特殊和隐蔽工程、易发生质量事故与工伤事故的工程部位均须认真进行技术交底。

2）技术交底必须以书面形式进行，经过检查与审核，有签发人、审核人、接受人的签字，所有技术交底资料，都要列入工程技术档案。

3）由工程项目设计人员向施工项目技术负责人交底的内容：

①设计文件依据：上级批文、规划准备条件、人防要求、建设单位的具体要求及合同。

②建设项目所处规划位置、地形、地貌、气象、水文地质、工程地质、地震烈度。

③施工图设计依据：包括初步设计文件、市政部门要求、规划部门要求、公用部门要求、其他有关部门（如绿化、环卫、环保等要求，主要设计规范，甲方供应及市场上供应的建筑材料情况等）。

④设计意图：包括设计思想，设计方案比较情况，建筑、结构和水、暖、电、卫、煤、气等的设计意图。

⑤施工时应注意事项：包括建筑材料方面的特殊要求、建筑装饰施工要求、广播音响与声学要求、基础施工要求、主体结构设计采用新结构、新工艺对施工提出的要求。

4）施工项目技术负责人向下级技术负责人交底的内容：

①工程概况一般性交底。

②工程特点及设计意图。

③施工方案。

④施工准备要求。

⑤施工注意事项，包括地基处理、主体施工、装饰工程的注意事项及工期、质量、安全等。

5）施工项目技术负责人向工长、班组长进行技术交底。应按工程分部、分项进行交底，内容包括：

①设计图纸具体要求。

②施工方案实施的具体技术措施及施工方法。

③土建与其他专业交叉作业的协作关系及注意事项。

④各工种之间协作与工序交接质量检查。

⑤设计要求、规范、规程、工艺标准。

⑥施工质量标准及检验方法。

⑦隐蔽工程记录、验收时间及标准。

⑧成品保护项目、办法与制度、施工安全技术措施。

6）工长向班组长交底，主要利用下达施工任务书的形式进行分项工程具体操作工艺和要求交底。

4. 技术措施计划

1）依据施工组织设计和施工方案，总公司编制年度技术措施纲要、分公司编制年度和季度技术措施计划，项目经理部编制月度技术措施作业计划，并计算其经济效果。

2）技术措施计划与施工计划同时下达至工长及有关班组执行。

3）项目技术负责人应汇总当月的技术措施计划执行情况上报。

4）技术措施计划的主要内容：

①加快施工进度方面的技术措施。

②保证和提高工程质量的技术措施。

③节约劳动力、原材料、动力、燃料的措施。

④推广新技术、新工艺、新结构、新材料的措施。

⑤提高机械化水平、改进机械设备的管理以提高完好率和利用率的措施。

⑥改进施工工艺和操作技术以提高劳动生产率的措施。

⑦保证安全施工的措施。

5. 监督班组按照施工图、规范和工艺标准施工

施工员是施工现场的组织者，对参加施工作业班组负有监督责任。施工图纸、施工质量验收规范和施工工艺标准是确保施工质量的基本依据。

（1）严格按照施工图纸施工。施工员或作业班组任何人员，无权更改原设计图纸。如果由于图纸差错造成与实际不符，或因施工条件、材料等原因造成施工不能完全符合原设计要求，需要修改设计时，应报上级技术负责人办理设计变更手续。

（2）认真贯彻施工质量验收规范和工艺标准。施工质量验收规范和工艺标准是建设工程中必须遵循的技术法规，施工员必须熟练掌握规范要求和技术标准，以利于施工和工作的开展。

6. **隐蔽工程检查与验收**

1）隐蔽工程是指完工后将被下一道施工作业所掩盖的工程。

2）隐蔽工程项目在隐蔽之前应进行严密检查，做好记录，签署意见。办理验收手续，不得后补。

3）有问题需复验的，须办理复验手续，并由复验人做出结论，填写复验日期。

4）建筑工程隐蔽工程验收项目如下：

①地基验槽。包括土质情况、标高、地基处理。

②基础、主体结构各部件的钢筋均须办理隐检。内容包括：钢筋的品种、规格、数量、位置、锚固或接头位置长度及除锈、代用变更情况，板缝及楼板胡子筋处理情况、保护层情况等。

③现场结构焊接。钢筋焊接包括焊接形式及焊接种类，焊条、焊剂牌号（型号），焊接规格，焊缝长度、厚度及外观清渣等，外墙板的键槽钢筋焊接，大楼盖的连接筋焊接，阳台尾筋焊接。

钢结构焊接包括母材及焊条品种、规格，焊条烘焙记求，焊接工艺要求和必要的试验，焊缝质量检查等级要求，焊缝不合格率统计、分析及保证质量措施、返修措施、返修复查记录。

④高强度螺栓施工检验记录。

⑤屋面、厕浴间防水层下的各层细部做法。地下室施工缝、变形缝、止水带、过墙管做法等，外墙板空腔立缝、平缝、十字接头、阳台雨罩接头等。

7. **整理上报各项技术资料**

工程技术资料是指在施工过程中形成的应当归档保存的各种图纸、表格、文字、音像材料的总称。它是工程施工及竣工验收的必要技术文件，也是对工程进行检查、维护、管理、使用、改建和扩建的依据。施工员在日常施工活动中，应严格按照国家有关法律法规要求，及时、真实、准确、完整地将工程技术资料记录、整理起来并及时上报，不得后补、涂改。

工程技术资料主要包括：设计资料、材料证明、试验报告、隐蔽检查记录、预检记录、质量评定记录、结构验收记录、电气工程资料和施工日志等。

8.3 进 度 管 理

8.3.1 施工项目进度控制的概念

施工项目进度控制是指在编制施工进度计划的基础上，将该计划付诸实施，在实施的过程中经常检查实际进度是否按计划要求进行，如有偏差，则分析产生偏差的原因，采取补救措施或调整、修改原计划，直至工程竣工。进度控制的最终目的是确保项目施工目标的实现，施工进度控制的总目标是建设工期。

工程施工的进度，受许多因素的影响，需要事先对影响进度的各种因素进行调查，预测它们对进度可能产生的影响，编制科学合理的进度计划，指导建设工作按计划进行。然后根据动态控制原理，不断进行检查，将实际情况与计划安排进行对比，找出偏离计划的原因，特别是找出主要原因，采取相应的措施，对进度进行调整或修正，再按新的计划实施，这样不断地计划、执行、检查、分析、调整计划的动态循环过程，就是进度控制。进度控制的主要环节包括进度检查、进度分析和进度调整等。

8.3.2　项目进度管理的目标

进度管理总目标是依据施工总进度计划确定的。对进度管理总目标进行层层分解，便形成实施进度管理、相互制约的目标体系。

工程项目进度目标是从总的方面对项目建设提出的工期要求，但在施工活动中，是通过对最基础的分部分项工程的施工进度管理来保证各单项（位）工程或阶段工程进度管理目标的完成，进而实现工程进度管理总目标的。因而需要将总进度目标进行一系列的从总体到细部、从高层次到基础层次的层层分解，一直分解到在施工现场可以直接调度控制的分部分项工程或作业过程的施工为止。在分解中，每一层次的进度管理目标都限定了下一级层次的进度管理目标，而较低层次的进度管理目标又是较高一级层次进度管理目标得以实现的保证，于是就形成了一个自上而下层层约束，由下而上级级保证，上下一致的多层次的进度管理目标体系。

确定工程项目进度目标应考虑以下几个方面：

1）对于大型建筑工程项目，应根据尽早提供可动用单元的原则，集中力量分期分批建筑，以便尽早投入使用，尽快发挥投资效益。这时，为保证每一动用单元能形成完整的生产能力，就要考虑这些动用单元交付使用时所必需的全部配套项目。因此，要处理好前期动用和后期建筑的关系、每期工程中主体工程与辅助及附属工程之间的关系等。

2）结合本工程的特点，参考同类建筑工程的经验来确定施工进度目标，避免只按主观愿望盲目确定进度目标，从而在实施过程中造成进度失控。

3）考虑工程项目所在地区地形、地质、水文、气象等方面的限制条件。

4）考虑外部协作条件的配合情况。包括施工过程中及项目竣工动用所需的水、电、气、通信、道路及其他社会服务项目的满足程度和满足时间。它们必须与有关项目的进度目标相协调。

5）合理安排土建与设备的综合施工。要按照它们各自的特点，合理安排土建施工与设备基础、设备安装的先后顺序及搭接、交叉或平行作业，明确设备工程对土建工程的要求和土建工程为设备工程提供施工条件的内容及时间。

6）做好资金供应能力、施工力量配备、物资（材料、构配件、设备）供应能力与施工进度的平衡工作，确保满足工程进度目标的要求。

8.3.3　项目进度管理的影响因素

建筑工程项目的施工特点，尤其是较大和复杂的施工项目基期较长，决定了影响进度的因素较多。编制计划和执行控制施工进度计划时必须充分认识和估计这些因素，才能克服其影响，使施工进度尽可能按计划进行。当出现偏差时，应考虑有关影响因素，分析产生的原因。其主要影响因素见表 8-1。

表 8 – 1 影响项目进度的因素

种 类	影 响 因 素	相 应 对 策
项目经理部内部因素	1）施工组织不合理，人力、机械设备调配不当，解决问题不及时 2）施工技术措施不当或发生事故 3）质量不合格引起返工 4）与相关单位关系协调不善等 5）项目经理部管理水平低	项目经理部的活动对施工进度起决定性作用，因而要： 1）提高项目经理部的组织管理水平、技术水平 2）提高施工作业层的素质 3）重视与内外关系的协调
相关单位因素	1）设计图纸供应不及时或有误 2）业主要求设计变更 3）实际工程量增减变化 4）材料供应、运输等不及时或质量、数量、规格不符合要求 5）水电通信等部门、分包单位没有认真履行合同或违约 6）资金没有按时拨付等	相关单位的密切配合与支持，是保证施工项目进度的必要条件，项目经理部应做好： 1）与有关单位以合同形式明确双方协作配合要求，严格履行合同，寻求法律保护，减少和避免损失 2）编制进度计划时，要充分考虑向主管部门和职能部门进行申报、审批所需的时间，留有余地
不可预见因素	1）施工现场水文地质状况比设计合同文件预计的要复杂得多 2）严重自然灾害 3）战争、社会动荡等政治因素等	1）该类因素一旦发生就会造成较大影响，应做好调查分析和预测 2）有些因素可通过参加保险，规避或减少风险

8.3.4 项目进度管理原理

工程项目进度管理是以现代科学管理原理作为其理论基础的，主要包括系统原理、动态控制原理、弹性原理与封闭循环原理、信息反馈原理等。

1. 系统控制原理

工程项目施工进度管理是一个系统工程，它包括项目施工进度计划系统与项目施工进度实施系统两部分内容。项目经理必须依据系统控制原理，强化其控制全过程。

（1）工程项目进度计划系统。为了做好项目施工进度管理工作，必须依据项目施工进度管理目标要求，制订出项目施工进度计划系统。依据需要，计划系统通常包括：施工项目总进度计划，单位工程进度计划，分部、分项工程进度计划与季、月、旬等作业计划。这些计划的编制对象由大至小，内容由粗至细，将进度管理目标逐层分解，保证计划控制目标的落实。在执行项目施工进度计划时，应该以局部计划保证整体计划，最终达至工程项目进度管理目标。

（2）工程项目进度实施组织系统。施工项目实施全过程的各专业队伍均是遵照计划规定的目标去努力完成一个个任务的。施工项目经理与有关劳动调配、材料设备、采购运输等各职能部门均按照施工进度规定的要求进行严格管理、落实与完成各自的任务。施工组织各级负责人，从项目经理、施工队长、班组长到所属全体成员组成了施工项目实施的完整组织系统。

（3）工程项目进度管理的组织系统。为保证施工项目进度实施，还有一个项目进度的检查控制系统。自公司经理、项目经理，到作业班组均设有专门职能部门或者人员负责检查汇报，统计整理实际施工进度的资料，并且与计划进度比较分析与进行调整。当然不同层次人员承担不同进度管理职责，分工协作，形成一个纵横相连的施工项目控制组织系统。事实上有的领导既是计划的实施者又是计划的控制者。实施是计划控制的落实，而控制是计划按期实施的保证。

2．动态控制原理

工程项目进度管理随着施工活动向前推进，依据各方面的变化情况，应该进行适时的动态控制，以保证计划符合变化的情况。同时，这种动态控制又是依照计划、实施、检查、调整这四个不断循环的过程进行控制的。在项目实施的过程中，可分别以整个施工项目、单位工程、分部工程或者分项工程为对象，建立不同层次的循环控制系统，并且使其循环下去。这样每循环一次，其项目管理水平便会提高一步。

3．弹性原理

工程项目进度计划工期长、影响进度的原因很多，其中有的已被人们了解，因此要依据统计经验估计出影响的程度和出现的可能性，并在确定进度目标时，进行实现目标的风险分析。在计划编制者具备了这些知识与实践经验以后，编制施工项目进度计划时便会留有余地，使施工进度计划具有弹性。

4．封闭循环原理

工程项目进度管理是从编制项目施工进度计划开始的，由于影响因素的复杂与不确定性，在计划实施的全过程中，要连续跟踪检查，若运行正常可继续执行原计划；若发生偏差，应该在分析其产生的原因后，采取相应的解决措施与办法，对原进度计划进行调整与修订，然后再进入一个新的计划执行过程。这个由计划、实施、检查、比较、分析、纠偏等环节构成的过程就形成了一个封闭循环回路，见图8-3。

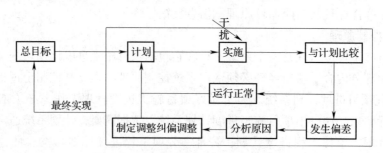

图8-3　工程项目进度管理的封闭循环

5．信息反馈原理

反馈是控制系统把信息输送出去，再把其作用结果返送回来，并且对信息的再输出施加影响，起到控制作用，以此达到预期目的。

工程项目进度管理的过程实质上就是对有关施工活动与进度的信息不断收集、加工、汇总、反馈的过程。施工项目信息管理中心要对搜集的施工进度与相关影响因素的资料进行加工分析，由领导作出决策以后，向下发出指令，指导施工或者对原计划作出新的调整、部署；基层作业组织依据计划与指令安排施工活动，并将实际进度与遇到的问题随时上报。每天均有大量的内外部信息、纵横向信息流进流出，因而必须建立健全工程项目进度管理信息网络，这样才能确保施工项目的顺利实施与如期完成。

8.3.5　项目进度管理的内容

项目进度管理包括两部分内容：项目进度计划的制订与项目进度计划的控制。

1．项目进度计划的制订

（1）项目进度计划的作用。凡事预则立，不预则废。做任何事，均必须有计划，这样才能心中有数，按部就班地实现目标。在项目进度管理上也是如此。项目实施前须先制订出一个切实可行的进度计划，然后再按照计划逐步实施。项目进度计划的作用如图8-4所示。

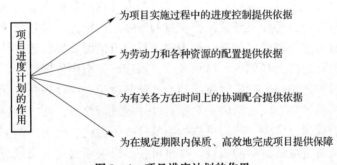

图 8-4　项目进度计划的作用

（2）制订项目进度计划的步骤。为了满足项目进度管理与各个实施阶段项目进度控制的需要，对于同一项目往往要编制各种项目进度计划。例如建设项目便要分别编制工程项目前期工作计划、工程项目建设总进度计划、工程项目年度计划、工程设计进度计划、工程施工进度计划、工程监理进度计划等。这些进度计划的具体内容虽然不同，但是其制定步骤却大致相似。制订项目进度计划通常包括以下四个步骤，如图8-5所示。

图 8-5　制订项目进度计划的步骤

1）信息资料收集。为了保证项目进度计划的科学性与合理性，在编制进度计划之前，必须收集真实、可信的信息资料，作为编制进度计划的依据。这些信息资料具体包括项目背景、项目实施条件、项目实施单位、人员数量与技术水平、项目实施各个阶段的定额规定等。例如建设项目，在编制其工程建设总进度计划之前，一定要掌握项目开工以及投产的日期，项目建设的地点以及规模，设计单位各专业人员的数量、工作效率、对类似工程的设计经历以及质量，现有施工单位资质等级、技术装备、施工能力、对类似工程的施工状况以及国家有关部门颁发的各种有关定额等资料。

2）项目结构分解。即依据项目进度计划的种类、项目完成阶段的分工、项目进度控制精度的要求以及完成项目单位的组织形式等情况，把整个项目分解成为一系列相互关联的基本活动，这些基本活动在进度计划中一般也被称为工作。

3）项目活动时间估算。即在项目分解完毕以后，根据每个基本活动工作量的大小、投入资源的多少以及完成该基本活动的条件限制等因素，估算出完成每个基本活动所需要的时间。

4）项目进度计划编制。即在前面工作的基础上，依据项目各项工作完成的先后顺序要求与组织方式等条件，通过分析计算，把项目完成的时间、各项工作的先后顺序、期限等要素用图表的形式表示出来，这些图表就是项目进度计划。

2. 项目进度计划控制

项目进度计划控制，是指项目进度计划制订之后，在项目实施的过程中，对实施进展情况进行检查、对比、分析、调整，以保证项目进度计划总目标得以实现的活动。

在项目实施过程中，必须要经常检查项目的实际进展情况，并且与项目进度计划进行比较。如果实际进度与计划进度相符，则表明项目完成情况良好，进度计划总目标的实现有保证。若发现实际进度已经偏离了计划进度，则应该分析产生偏差的原因与对后续工作项目进度计划总目标的影响，找出解决问题的办法与避免进度计划总目标受影响的切实可行的措施，并且根据这些办法与措施，对原进度计划进行修改，使之符合实际情况并且保证原进度计划总目标得以实现。然后再进行新的检查、对比、分析、调整，直到项目最终完成，从而确保项目进度总目标的实现。甚至可在不影响项目完成质量与不增加施工成本的前提下，使项目提前完成。

项目进度计划控制的指导思想如图8-6所示。

因此，必须要经常地、定期地针对变化的情况，采取相应的对策，对原有的进度计划进行调整。世界万物都处在不断的运动变化之中，制订项目进度计划时所根据的条件也在不断变化。影响项目按原进度计划进行的因素很多，既有人为的因素，例如实施单位组织不力、协作单位情况有变、实施的技术失误、人员操作不当等；亦有自然因素的影响和突发事件的发生，如地震、洪涝等自然灾害的出现与战争、动乱的发生等。因此，决不能认为制订了一个科学合理的进度计划后就可一劳永逸，便放弃对进度计划实施的控制。当然，也不能因进度计划肯定要变，便对进度计划的制订不重视，忽视进度计划的合理性与科学性。正确的态度应该是：一方面，在确定进度计划

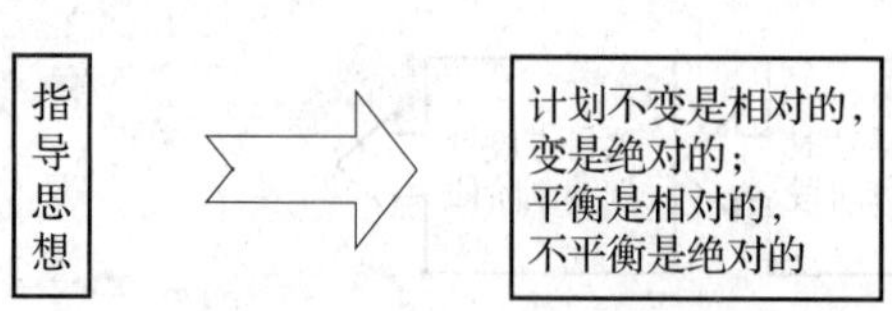

指导思想 ⇒ 计划不变是相对的，变是绝对的；平衡是相对的，不平衡是绝对的

图8-6 项目进度计划控制的指导思想

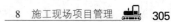

制订的条件时，要具有一定的预见性与前瞻性，使制订出的进度计划尽可能符合变化后的实施条件；另一方面，在项目实施过程中，要根据变化后的情况，在不影响进度计划总目标的前提下，对进度计划及时进行修正与调整，而不能完全拘泥于原进度计划，否则，便会适得其反，使实际进度计划总目标难以实现。即要有动态管理思想。

8.3.6　项目进度管理程序

工程项目经理部应该按照以下程序进行进度管理：

1）依据施工合同的要求确定施工进度目标，明确计划开工日期、计划总工期与计划竣工日期，确定项目分期分批的开竣工日期。

2）编制施工进度计划，具体安排实现计划目标的工艺关系、搭接关系、组织关系、起止时间、劳动力计划、材料计划、机械计划及其他保证性计划。分包人负责依据项目施工进度计划编制分包工程施工进度计划。

3）进行计划交底，落实责任，并且向监理工程师提出开工申请报告，按照监理工程师开工令确定的日期开工。

4）实施施工进度计划。项目经理要通过施工部署、组织协调、生产调度和指挥、改善施工程序与方法的决策等，应用技术、经济与管理手段实现有效的进度管理。项目经理部首先要建立进度实施、控制的科学组织系统与严密的工作制度，然后根据工程项目进度管理目标体系，对施工的全过程进行系统控制。正常情况下，进度实施系统要发挥监测、分析职能并循环运行，即随着施工活动的进行，信息管理系统会不断地把施工实际进度信息，按照信息流动程序反馈给进度管理者，经过统计整理、比较分析以后，确认进度无偏差，则系统继续运行；若发现实际进度与计划进度有偏差，系统将发挥调控职能，分析偏差产生的原因，及对后续施工与总工期的影响。必要时，可对原计划进度作出调整，提出纠正偏差方案与实施技术、经济、合同保证措施，以及取得相关单位支持和配合的协调措施，确认可行后，把调整后的新进度计划输入到进度实施系统，施工活动继续在新的控制下运行。当新的偏差出现以后，再重复上述过程，直至施工项目全部完成。进度管理系统也可处理由于合同变更而需要进行的进度调整。

5）全部任务完成之后，进行进度管理总结并且编写进度管理报告。

项目进度管理的程序见图8-7。

8.3.7　项目进度管理措施

工程项目施工进度控制采取的主要措施包括组织措施、技术措施、合同措施、经济措施与信息管理措施等。

1. 组织措施

组织是目标能否实现的决定性因素，为了实现工程项目施工进度的目标，必须建立健全项目管理的组织体系，在项目组织结构中应该有专门的工作部门与符合进度控制岗位资格的专人负责进度控制工作。应该落实各层次进度控制人员的具体任务和工作职责；按照施工项目的结构、进展的阶段或者合同结构等进行项目分解，确定其进度目标，建立控制目标的体系；确定进度控制工作制度，例如检查时间、方法、协调会议时间、参加人等；对影响进度的因素分析与预测。

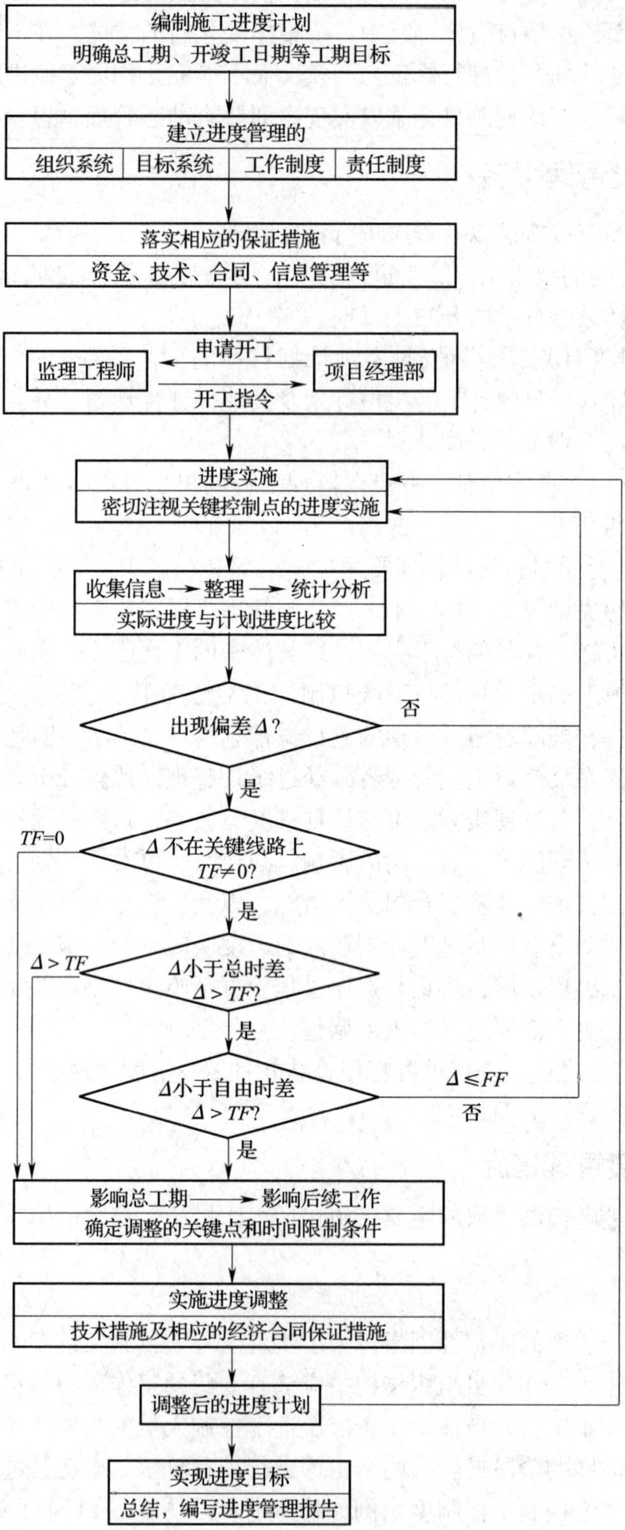

```
┌─────────────────────────────┐
│      编制施工进度计划           │
├─────────────────────────────┤
│ 明确总工期、开竣工日期等工期目标  │
└─────────────────────────────┘
              │
┌─────────────────────────────────────┐
│          建立进度管理的               │
├──────────┬────────┬────────┬─────────┤
│ 组织系统  │ 目标系统 │ 工作制度 │ 责任制度 │
└──────────┴────────┴────────┴─────────┘
              │
┌─────────────────────────────┐
│      落实相应的保证措施         │
├─────────────────────────────┤
│  资金、技术、合同、信息管理等    │
└─────────────────────────────┘
              │
          申请开工
┌─────────┐  ───────►  ┌─────────┐
│ 监理工程师 │  ◄───────  │ 项目经理部 │
└─────────┘   开工指令   └─────────┘
              │
┌─────────────────────────────┐
│        进度实施               │◄────
├─────────────────────────────┤
│  密切注视关键控制点的进度实施    │◄───
└─────────────────────────────┘
              │
┌─────────────────────────────┐
│  收集信息 ─► 整理 ─► 统计分析   │
├─────────────────────────────┤
│    实际进度与计划进度比较       │
└─────────────────────────────┘
              │
         ◇ 出现偏差Δ? ◇ ──否──►
              │是
         ◇ Δ不在关键线路上  ◇ ──TF=0──►
           TF≠0?
              │是
         ◇ Δ小于总时差      ◇ ──Δ>TF──►
           Δ>TF?
              │是
         ◇ Δ小于自由时差    ◇ ──Δ≤FF──►否
           Δ>TF?
              │是
┌─────────────────────────────┐
│  影响总工期 ──► 影响后续工作    │
├─────────────────────────────┤
│  确定调整的关键点和时间限制条件  │
└─────────────────────────────┘
              │
┌─────────────────────────────┐
│        实施进度调整            │
├─────────────────────────────┤
│ 技术措施及相应的经济合同保证措施  │
└─────────────────────────────┘
              │
┌─────────────────────────────┐
│      调整后的进度计划           │
└─────────────────────────────┘
              │
┌─────────────────────────────┐
│        实现进度目标            │
├─────────────────────────────┤
│   总结，编写进度管理报告        │
└─────────────────────────────┘
```

图 8-7　项目进度管理程序示意图

2．技术措施

工程项目施工进度控制的技术措施主要是施工技术方法的选择与使用。施工方案对工程进度有直接的影响，在决策其选用时，不仅要分析技术的先进性与经济合理性，还应该考虑其对进度的影响。在工程进度受阻时，应该分析是否存在施工技术的影响因素，为了实现进度目标，有无改变施工技术、施工方法与施工机械的可能性。

3．合同措施

以合同形式保证工期进度的实现，即：

1）保持总进度管理目标与合同总工期相一致。

2）分包合同的工期与总包合同的工期相一致。

3）供货、供电、运输、构件加工等合同规定的提供服务时间与有关的进度管理目标一致。

4．经济措施

工程项目施工进度控制的经济措施重要是指实现进度计划的资金保证措施。为了确保进度目标的实现，应该编制与进度计划相适应的资金需求计划与其他资源需求计划，分析资金供应条件，制定资金保证措施，并且付诸实施。在工程预算中，应该考虑加快工程进度所需要的资金，其中也包括为实现进度目标将要采取的经济激励措施所需要的费用。

8.4　成　本　管　理

8.4.1　施工成本管理概念

1．成本

成本一般是指为进行某项生产经营活动（如材料采购、产品生产、劳务供应、工程建设等）所发生的全部费用。成本可以分为广义成本和狭义成本两种。广义成本是指企业为实现生产经营目的而取得各种特定资产（固定资产、流动资产、无形资产和制造产品）或劳务所发生的费用支出，它包含了企业生产经营过程中一切对象化的费用支出。狭义成本是指为制造产品而发生的支出。狭义成本的概念强调成本是以企业生产的特定产品为对象来归集和计算的，是为生产一定种类和一定数量的产品所应负担的费用。这里讨论狭义成本的概念，狭义成本即产品成本，它有多种表述形式：

1）产品成本是以货币形式表现的、生产产品的全部耗费或花费在产品上的全部生产费用。

2）产品成本是为生产产品所耗费的资金总和。其中，生产产品需要耗费占用在劳动对象上的资金，如原材料的耗费；需要耗费占用在劳动手段上的资金，如设备的折旧；需要耗费占用在劳动者身上的资金，如生产工人的工资及福利费。

3）产品成本是企业在一定时期内为生产一定数量的合格产品所支出的生产费用。这个定义有时间条件约束和数量条件约束，比较严谨，不同时期发生的费用分属于不同时期的产品，只有在本期间内为生产本产品而发生的费用才能构成该产品成本（即符合配比原则）。企业在一定期间内的生产耗费称为生产费用，生产费用不等于产品成本，只有具体发生在一定数量产品上的生产费用，才能构成该产品的成本，生产费用是计算产品成本的基础。

2．施工成本

施工成本是指建筑业企业以项目作为成本核算对象的施工过程中所耗费的生产资料转移价值和劳动者的必要劳动所创造的价值的货币形式。也是指，某项目在施工中所发生的全部生产费用的总和，包括所消耗的主、辅材料，构配件，周转材料的摊销费或租赁费，施工机械的台班费或租赁费，支付给生产工人的工资、奖金以及项目经理部（或分公司、工程处）一级为组织和管理工程施工所发生的全部费用支出。施工成本不包括劳动者为社会所创造的价值（如税金和计划利润），也不应包括不构成工程项目价值的一切非生产性支出。明确这些，对研究施工成本的构成和进行施工成本管理是非常重要的。

施工成本是建筑业企业的产品成本，一般以项目的单位工程作为成本核算对象，通过各单位工程成本核算的综合来反映工程施工成本。

3．施工成本管理

施工成本管理是企业的一项重要的基础管理，是指施工企业结合本行业的特点，以施工过程中直接耗费为对象，以货币为主要计量单位，对项目从开工到竣工所发生的各项收、支进行全面系统的管理，以实现项目施工成本最优化目的的过程。它包括落实项目施工责任成本，制定成本计划、分解成本指标，进行成本控制、成本核算、成本考核和成本监督的全过程。

8.4.2　施工成本管理的特点

1．事先能动性

施工成本管理不是通常意义上的会计成本核算，后者只是对实际发生成本的记录、归集与计算，表现为对成本结果的事后管理，并成为对下一循环的控制依据。由于施工项目管理具有一次性的特点，这就要求施工成本管理必须是事先的、能动性的、自为的管理。

2．综合优化性

施工成本管理的综合优化是指避免把施工成本管理作为单独的工作加以对待，而是运用事物相互联系、相互作用的观点，把施工成本管理作为项目管理系统中一个有机的子系统来看待，此种特征是由施工成本管理在施工项目管理中的特殊地位决定的。

3．动态跟踪性

所谓动态跟踪，就是指施工成本管理必须对事先所设定的成本目标以及相应措施的实施过程自始至终进行监督、控制与调整、修正。

4．内容适应性

施工成本管理的内容是由施工项目管理对象范围决定的。它与企业成本管理的对象范围既有联系，又有差异。因此对施工成本管理的成本项目、核算台账、核算办法等须进行深入的研究，不能盲目地要求与企业成本核算对口。

8.4.3　施工成本管理的原则

工程施工成本控制是施工成本管理的主要工作，工程施工成本管理应遵循以下原则：

1．领导者推动原则

企业的领导者是企业成本的责任人，必然是工程项目施工成本的责任人。领导者应该制定施工成本管理的方针和目标，组织施工成本管理体系的建立和保持，创造使企业全体员工能充分参与项目施工成本管理、实现企业成本目标的良好内部环境。

2. 以人为本，全员参与原则

施工成本管理的每一项工作、每一个内容都需要相应的人员来完善，抓住本质，全面提高人的积极性和创造性，是搞好施工成本管理的前提。施工成本管理工作是一项系统工程，项目的进度管理、质量管理、安全管理、施工技术管理、物资管理、劳务管理、计划统计、财务管理等一系列管理工作都关联到施工成本，施工成本管理是项目管理的中心工作，必须让企业全体人员共同参与。只有如此，才能保证施工成本管理工作顺利地进行。

3. 目标分解，责任明确原则

施工成本管理的工作业绩最终要转化为定量指标，而这些指标的完成是通过各级各个岗位的工作实现的，为明确各级各岗位的成本目标和责任，就必须进行指标分解。企业确定工程项目责任成本指标和成本降低率指标，是对工程成本进行了一次目标分解。企业的责任是降低企业管理费用和经营费用，组织项目经理部完成施工项目责任成本指标。项目经理部还要对施工项目责任成本指标和成本降低率目标进行二次目标分解，根据岗位不同、管理内容不同，确定每个岗位的成本目标和所承担的责任。把总目标进行层层分解，落实到每一个人，通过每个指标的完成来保证总目标的实现。施工成本管理涉及施工管理的方方面面，而它们之间又相互联系、相互影响。必须要发挥项目管理的集体优势，协同工作，才能完成施工成本管理这一系统工程。

4. 管理层次与管理内容的一致性原则

施工成本管理是企业各项专业管理的一个部分，从管理层次上讲，企业是决策中心、利润中心，项目是企业的生产场地，是企业的生产车间，行业的特点是大部分的成本耗费在此发生，因此它是成本中心，这就必须建立一套适合于企业的管理机制，以保证管理层次与管理内容的一致性，最终实现企业成本管理的目标。

5. 实事求是的原则

施工成本管理应遵循动态性、及时性、准确性原则即实事求是的原则。

施工成本管理是为了实现施工成本目标而进行的一系列管理活动，是对施工成本实际开支的动态管理过程。因而动态性是施工成本管理的属性之一。进行施工成本管理的过程是不断调整施工成本支出与计划目标的偏差，使施工成本支出基本与目标一致。这就需要进行施工成本的动态管理，它决定了施工成本管理不是一次性的工作，而是施工项目全过程每日每时都在进行的工作。施工成本管理需要及时、准确地提供成本核算信息，不断反馈，为上级部门或项目经理进行施工成本管理提供科学的决策依据。如果信息的提供严重滞后，就起不到及时纠偏、亡羊补牢的作用。施工成本管理所编制的各种施工计划、消耗量计划、统计的各项消耗、各项费用支出，必须是实事求是的、准确的。如果计划的编制不准确，各项成本管理就失去了基准；如果各项统计不实事求是、不准确，成本核算就不能真实反映，出现虚盈或虚亏，只能导致决策失误。因此，确保施工成本管理的动态性、及时性、准确性是施工成本管理的灵魂，否则，施工成本管理就只能是纸上谈兵、流于形式而已。

6. 过程控制与系统控制原则

施工成本是由施工过程的各个环节的资源消耗形成的。因此，施工成本的控制必须采用过程控制方法，分析每一个过程影响成本的因素，制订工作程序和控制程序，使之时时处于受控状态。施工成本形成的每一个过程又是与其他过程互相关联的，一个过程成本的降低，可能会引起关联过程成本的提高。因此，施工成本的管理必须遵循系统控制的原则，进行系统分析，制订过程的工作目标必须从全局利益出发，不能为了小团体的利益，损害了集体利益。

8.4.4　施工项目成本管理的内容

施工项目成本管理是一项牵涉施工管理各个方面的系统工作，这一系统的具体工作内容包括：成本预测、成本计划、成本控制、成本核算、成本分析和成本考核等。施工项目经理部在项目施工过程中对所发生的各种成本信息，通过有组织、有系统地进行预测、计划、控制、核算、分析和考核等工作，促使施工项目系统内各种要素按照一定的目标运行，使施工项目的实际成本能够控制在预定的计划成本范围内。

1．成本预测

施工项目成本预测是在施工开始前，通过现有的成本信息和针对项目的具体情况，并运用一定的专门方法，对未来的成本水平及其可能发展趋势作出科学的估计，其实质就是在施工以前对成本进行核算。通过成本预测，可以使项目经理部在制定施工组织计划时，选择成本低、效益好的最佳成本方案，并能够在施工项目成本形成过程中，针对薄弱环节，加强成本控制，克服盲目性，提高预见性。因此，施工项目成本预测是施工项目成本决策与计划的依据。

2．成本计划

施工项目成本计划是施工准备阶段编制的项目经理部对项目施工成本进行计划管理的指导性文件，类似于工程图纸对项目质量的作用。它是以货币形式编制施工项目在计划期内的生产费用、成本水平、成本降低率以及为降低成本所采取的主要措施和规划的书面方案，是建立施工项目成本管理责任制、开展成本控制和核算的基础，也是设立目标成本的依据。一般来说，一个施工项目成本计划应包括从开工到竣工所必需的施工成本。可以说，成本计划是目标成本的一种形式。

3．成本控制

施工项目成本控制是指在施工过程中，对影响施工项目成本的各种因素加强管理，并采取各种有效措施，将施工中实际发生的各种消耗和支出严格控制在成本计划范围内，随时揭示并及时反馈，严格审查各项费用是否符合标准、计算实际成本和计划成本之间的差异并进行分析，消除施工中的损失浪费现象，发现和总结先进经验。通过成本控制，使之最终实现甚至超过预期的成本节约目标。

施工项目成本控制应贯穿在施工项目从招投标阶段开始直到项目竣工验收的全过程，它是企业全面成本管理的重要环节。因此，必须明确各级管理组织和各级人员的责任和权限，这是成本控制的基础之一，必须给予足够的重视。

4．成本核算

施工项目成本核算是在施工过程中对所发生的各种费用所形成的项目成本的核算。它包括两个基本环节：一是按照规定的成本开支范围，分阶段地对施工费用进行归集，计算出施工费用的额定发生额和实际发生额，核算所提供的各种成本信息，是成本计划、成本控制的结果，同时又成为成本分析和成本考核等环节的依据，作为反馈信息指导下一步成本控制；二是根据竣工的成本核算对象，采用适当的方法，计算出该项目的总成本和单位成本。为该项目的总成本分析和成本考核提供依据，为下一轮施工提供借鉴。因此，成本核算工作做得好，做得及时，成本管理就会成为一个动态管理系统，对降低施工项目成本、提高企业的经济效益有积极的作用。

5.成本分析

施工项目成本分析是在成本形成过程中，分阶段地对施工项目成本进行的对比评价和剖析总结工作，它贯穿于施工项目成本管理的全过程，也就是说施工项目成本分析主要利用施工项目的成本核算资料（成本信息），与目标成本（计划成本）、预算成本以及类似的施工项目的实际成本等进行比较，了解成本的变动情况，同时也要分析主要技术经济指标对成本的影响，系统地研究成本变动的因素，检查成本计划的合理性，并通过成本分析，深入揭示成本变动的规律，寻找降低施工项目成本的途径，以便有效地进行成本控制，减少施工中的浪费，促使项目经理部遵守成本开支范围和财务纪律，更好地调动广大职工的积极性，加强施工项目的全员成本管理。

6.成本考核

所谓成本考核，就是施工项目完成后，对施工项目成本形成中的各责任者，按施工项目成本目标责任制的有关规定，将成本的实际指标与计划、定额、预算进行对比和考核，评定施工项目成本计划的完成情况和各责任者的业绩，并以此给予相应的奖励或处罚。通过成本考核，做到有奖有惩，赏罚分明。

总之，施工项目成本管理系统中每一个环节都是相互联系和相互作用的。成本预测是项目决策的前提，成本计划是决策所确定目标的具体化。成本控制则是对成本计划的实施进行监督，保证决策的成本目标实现，而成本核算又是成本计划是否实现的检验，它所提供的成本信息又对下一个施工项目成本预测和决策提供基础资料。成本考核是实现成本目标责任制的保证和实现决策的目标的重要手段。

8.4.5　施工成本管理的具体措施

为了取得施工成本管理的理想成果，应当从多方面采取措施实施管理，通常可以将这些措施归纳为组织措施、技术措施、经济措施、合同措施四个方面。

1.组织措施

组织措施是从施工成本管理的组织方面采取的措施。施工成本控制是全员的活动，如实行项目经理责任制，落实施工成本管理的组织机构和人员，明确各级施工成本管理人员的任务和职能分工、权力和责任。施工成本管理不仅是专业成本管理人员的工作，各级项目管理人员都负有成本控制责任。

组织措施的另一方面是编制施工成本控制工作计划、确定合理详细的工作流程。要做好施工采购规划，通过生产要素的优化配置、合理使用、动态管理、有效控制实际成本；加强施工定额管理和任务单管理，控制活劳动和物化劳动的消耗；加强施工调度，避免因施工计划不周和盲目调度造成窝工损失、机械利用率降低、物料积压等而使施工成本增加；成本控制工作只有建立在科学管理的基础之上，具备合理的管理体制，完善的规章制度，稳定的作业秩序，完整准确的信息传递，才能取得成效。组织措施是其他各类措施的前提和保障，而且一般不需要增加什么费用，运用得当可以收到良好的效果。

2. 技术措施

技术措施不仅对解决施工成本管理过程中的技术问题是不可缺少的，而且对纠正施工成本管理目标偏差也有相当重要的作用。运用技术措施的关键，一是要能提出多个不同的技术方案，二是要对不同的技术方案进行技术经济分析。

施工过程中降低成本的技术措施，包括如进行技术经济分析，确定最佳的施工方案。结合施工方法，进行材料使用的比选，在满足功能要求的前提下，通过迭代、改变配合比、使用添加剂等方法降低材料消耗的费用。确定最合适的施工机械、设备的使用方案。结合项目的施工组织设计及自然地理条件，降低材料的库存成本和运输成本。先进的施工技术的应用，新材料的运用，新开发机械设备的使用等。在实践中，也要避免仅从技术角度选定方案而忽视对其经济效果的分析论证。

3. 经济措施

经济措施是最易为人们所接受和采取的措施。管理人员应编制资金使用计划，确定、分解施工成本管理目标。对施工成本管理目标进行风险分析，并制定防范性对策。对各项支出，应认真做好资金的使用计划，并在施工中严格控制各项开支。及时准确地记录、收集、整理、核算实际发生的成本。对各种变更，及时做好增减账，及时落实业主签证，及时结算工程款。通过偏差分析和未完施工成本预测，可发现一些潜在问题将引起未完工程施工成本的增加，对这些问题应以主动控制为出发点，及时采取预防措施。由此可见，经济措施的运用绝不仅仅是财务人员的事情。

4. 合同措施

采取合同措施控制施工成本，应贯穿整个合同周期，包括从合同谈判开始到合同终止的全过程。首先是选用合适的合同结构，对各种合同结果模式进行分析、比较，在合同谈判时，要争取选用适合于工程规模、性质和特点的合同结构模式。其次，在合同条款中应仔细考虑一切影响成本和效益的因素，特别是潜在的风险因素。通过对引起成本变动的风险因素的识别和分析，采取必要的风险对策，如：通过合理的方式，增加承担风险的个体数量，降低损失发生的比例，并最终使这些策略反映在合同的具体条款中。在合同执行期间，合同管理的措施既要密切关注对方合同执行情况，与寻求合同索赔的机会，同时也要密切关注自己合同履行的情况，以避免被对方索赔。

8.5　质 量 管 理

8.5.1　质量管理的基本概念

1. 质量管理

质量管理是指确定质量方针、目标和职责并在质量体系中通过诸如质量策划、质量控制、质量保证和质量改进使其实施的全部管理职能的所有活动。是为使产品和服务质量能满足不断更新的质量要求而开展的策划、组织、计划、实施、检查、监督审核、改进等所有管理活动的总和。质量管理应由企业的最高管理者负责和推动，同时要求企业的全体人员参与并承担义务。只有每一位员工都参加有关的质量活动并承担义务，才能实现所期望的质量。质量管理包括质量策划、质量控制、质量保证、质量改进等活动。在质量管理活动中要考虑到经济性的因素，有效的质量管理活动可以为企业带来降低成本、提高市场占有率、增加利润等经济效益。

2. 质量方针和质量目标

（1）质量方针。质量方针是由组织的最高管理者正式发布的该组织总的质量宗旨和质量方向。质量方针是企业的质量政策，是企业全体职工必须遵守的准则和行动纲领。它是企业长期或较长时期内质量活动的指导原则，反映了企业领导的质量意识和质量决策。质量方针是企业总方针的组成部分，它由企业的最高管理者批准和正式颁布。

（2）质量目标。质量目标是指与质量有关的、企业所追求的或作为目的的事物。

质量目标建立在企业质量方针的基础之上，质量方针为质量目标提供了框架。质量目标需与质量方针以及质量改进的承诺相一致。由企业的最高管理者确保在企业的相关职能和各个层次上建立质量目标。在作业层次，质量目标应是定量描述的并且应包括满足产品或服务要求所需的内容。

3. 质量体系

质量体系是指实现质量管理所需的组织结构、程序、过程和资源等组成的有机整体。

1）组织结构是一个组织为行使其职能按某种方式建立的职责、权限及其相互关系，通常以组织结构图予以规定。一个组织的组织结构图应能显示其机构设置、岗位设置以及它们之间的相互关系。

2）资源可包括人员、设备、设施、资金、技术和方法，质量体系应提供适宜的各项资源以确保过程和产品的质量。

3）一个组织所建立的质量体系应既满足本组织管理的需要，又满足顾客对本组织的质量体系要求，但主要目的应是满足本组织管理的需要。顾客仅仅评价组织质量体系中与顾客订购产品有关的部分，而不是组织质量体系的全部。

4）质量体系和质量管理的关系是，质量管理需通过质量体系来运作，即建立质量体系并使之有效运行是质量管理的主要任务。

4. 质量策划

质量策划是质量管理中致力于设定质量目标并规定必要的作业过程和相关资源以实现其质量目标的部分。

最高管理者应对实现质量方针、目标和要求所需的各项活动和资源进行质量策划，并且策划的输出应文件化。质量策划是质量管理中的筹划活动，是组织领导和管理部门的质量职责之一。组织要在市场竞争中处于优胜地位，就必须根据市场信息、用户反馈意见、国内外发展动向等因素，对老产品改进和新产品开发进行筹划。就研制什么样的产品，应具有什么样的性能，达到什么样的水平，提出明确的目标和要求，并进一步为如何达到这样的目标和实现这些要求从技术、组织等方面进行策划。

5. 质量控制

质量控制是指为达到质量要求所采取的作业技术和活动。

1）质量控制的对象是过程控制的结果应能使被控制对象达到规定的质量要求。

2）为使控制对象达到规定的质量要求，就必须采取适宜的有效的措施，包括作业技术和方法。

6. 质量保证

质量保证是指为了提供足够的信任，以表明企业能够满足质量要求，而在质量体系中实施并根据需要进行证实的全部有计划和有系统的活动。

1）质量保证定义的关键是"信任"，对达到预期质量要求的能力提供足够的信任。质量保证不是买到不合格产品以后的保修、保换、保退。

2）信任的依据是质量体系的建立和运行。因为这样的质量体系将所有影响质量的因素，包括技术、管理和人员方面的，都采取了有效的方法进行控制，因而具有减少、消除，特别是预防不合格的机制。一言以蔽之，质量保证体系具有持续稳定地满足规定质量要求的能力。

3）供方规定的质量要求，包括产品的、过程的和质量体系的要求，必须完全反映顾客的需求，才能给顾客以足够的信任。

4）质量保证总是在有两方的情况下才存在，由一方向另一方提供信任。由于两方的具体情况不同，质量保证分为内部和外部两种。内部质量保证是为了使企业内部各级管理者确信本企业本部门能够达到并保持预定的质量要求而进行的质量活动；外部质量保证是使顾客确信企业提供的产品或服务能够达到预定的质量要求而进行的质量活动。

7. 质量改进

质量改进是指为了向本企业及其顾客提供增加的效益，在整个企业范围内所采取的旨在提高过程的效率和效益的各种措施。质量改进是通过改进产品或服务的形成过程来实现的。因为纠正过程输出的不良结果只能消除已经发生的质量缺陷，只有改进过程才能从根本上消除产生缺陷的原因，因而可以提高过程的效率和效益。质量改进不仅纠正偶发性事故，而且要改进长期存在的问题。为了有效地实施质量改进，必须对质量改进活动进行组织、策划和度量，并对所有的改进活动进行评审。通常质量改进活动由以下环节构成：组织质量改进小组，确定改进项目，调查可能的原因，确定因果关系，采取预防或纠正措施，确认改进效果，保持改进成果，持续改进。

8. 全面质量管理

全面质量管理是指一个组织以质量为中心，以全员参与为基础，目的在于通过让顾客满意和本组织所有成员及社会受益而达到长期成功的管理途径。

全面质量管理的特点是针对不同企业的生产条件、工作环境及工作状态等多方面因素的变化，把组织管理、数理统计方法以及现代科学技术、社会心理学、行为科学等综合运用于质量管理，建立适用和完善的质量工作体系，对每一个生产环节加以管理，做到全面运行和控制。通过改善和提高工作质量来保证产品质量；通过对产品的形成和使用全过程管理，全面保证产品质量；通过形成生产（服务）企业全员、全企业、全过程的质量工作系统，建立质量体系以保证产品质量始终满足用户需要，使企业用最少的投入获取最佳的效益。

8.5.2　建筑工程质量管理的特点

工程项目建设是一个系统的工程，由于其涉及面广，是一个极其复杂的综合过程，再加上项目位置固定、生产流动、结构类型不同、质量要求不同、施工方法不同、体型大、整体性强、建设周期长、易受自然条件影响等特点，因此，施工项目的质量比一般工业产品的质量难以控制，一般主要表现在以下五个方面：

1. 影响质量因素众多

工程项目质量的影响因素众多。例如决策、设计、材料、机械、地质、地形、水文、气象、施工工序、施工工艺、操作方法、管理制度、技术措施、人员素质、自然条件、施工安全等，均直接或者间接地影响到工程项目的质量。

2. 容易产生质量变异

工程项目建设由于涉及面广、施工工期长、影响其质量的因素众多，因此，系统中任何环节、任何因素出现质量问题，均将会导致系统质量因素的质量变异，造成工程质量事故。因此，要想在施工中严防出现系统性因素的质量变异，就要把质量变异控制在偶然性因素范围内。

3. 质量的波动性很大

由于工程项目施工不像工业产品生产，有固定的自动线与流水线，有规范化的生产工艺与完善的检测技术，有成套的生产设备与稳定的生产环境，有相同系列规格与相同功能的产品。再加上建筑产品自身所具有的固定性、复杂性、多样性与单件性等特点，决定了工程项目质量的波动性大。

4. 容易产生虚假性

工程项目在施工过程中，由于其工序交接多，中间产品多，隐蔽工程多，如不及时检查发现存在的质量问题，事后再看其表面，就可能产生第二判断错误，将不合格产品认为是合格产品；也可能产生第一判断错误，将合格产品认为是不合格产品。以上两种情况均是虚假性，在进行质量检查验收时，应该特别注意。

5. 产品终检的局限性

工程项目建成之后，不可能像某些工业产品那样，可以再拆卸或者解体检查其内在质量，或者重新更换部分零件。即使发现有质量问题，也只能进行维修与改造，不可能像工业产品那样实行"包换"或者"退款"。

8.5.3　影响施工质量的因素

影响施工质量的因素主要有五大方面：人、材料、设备、方法和环境。对这五方面因素的控制，是保证项目质量的关键。

1. 人的因素

人作为控制的对象，是要避免产生失误；人作为控制的动力，是要充分调动积极性，发挥人的主导作用。因此，应提高人的素质，健全岗位责任制，改善劳动条件，公平合理地激励劳动热情；应根据项目特点，从确保质量出发，在人的技术水平、人的生理缺陷、人的心理行为、人的错误行为等方面控制人的使用；更为重要的是提高人的质量意识，形成人人重视质量的项目环境。

2．材料的因素

材料主要包括原材料、成品、半成品、构配件等。对材料的控制主要通过严格检查验收，正确合理地使用，进行收、发、储、运的技术管理，杜绝使用不合格材料等环节来进行控制。

3．设备的因素

设备包括项目使用的机械设备、工具等。对设备的控制，应根据项目的不同特点，合理选择、正确使用、管理和保养。

4．方法的因素

方法包括项目实施方案、工艺、组织设计、技术措施等。对方法的控制，主要通过合理选择、动态管理等环节加以实现。合理选择就是根据项目特点选择技术可行、经济合理、有利于保证项目质量、加快项目进度、降低项目费用的实施方法。动态管理就是在项目进行过程中正确应用，并随着条件的变化不断进行调整。

5．环境控制

影响项目质量的环境因素较多，有项目技术环境，如地质、水文、气象等；项目管理环境，如质量保证体系、质量管理制度等；劳动环境，如劳动组合、作业场所等。根据项目特点和具体条件，采取有效措施对影响质量的环境因素进行控制。

8.5.4　项目质量管理的过程

任何建筑工程项目都是由分项工程、分部工程和单位工程所组成的，而工程项目的建设，则通过一道道工序来完成。因此，工程项目的质量管理是从工序质量到分项工程质量、分部工程质量、单位工程质量的系统控制过程如图 8－8 所示；也是一个由对投入原材料的质量控制开始，直到完成工程质量检验为止的全过程的系统过程如图 8－9 所示。

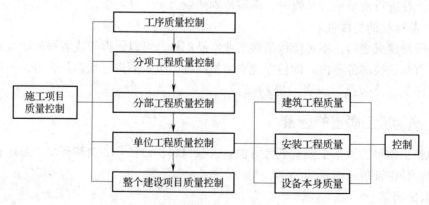

图 8－8　建设工程项目质量控制过程（一）

图 8-9　建设工程项目质量控制过程（二）

　　为了加强项目的质量管理，明确整个质量管理过程中的重点所在，可将建设工程项目质量管理的过程分为三个阶段，即事前控制、事中控制和事后控制，如图 8-10 所示。

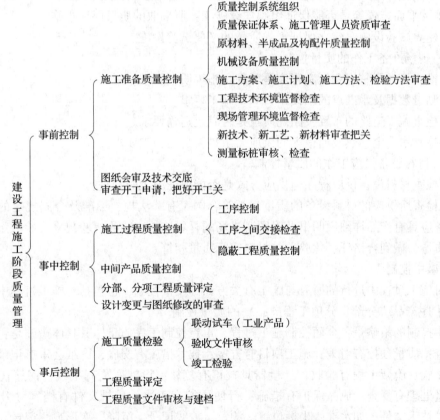

图 8-10　建设工程施工阶段质量管理的阶段

1. 事前控制

　　施工前准备阶段的质量控制，是指在各工程对象正式施工活动前，对各项准备工作及影响质量的各因素和有关方面进行的质量控制，也就是对投入工程项目的资源和条件的控制。

　　质量事前控制有以下几方面的要求：

（1）施工技术准备工作的质量控制。

1）组织施工图纸审核及技术交底。

①应要求勘察设计单位按国家现行的有关规定、标准和合同规定，建立健全质量保证体系，完成符合质量要求的勘察设计工作。

②在图纸审核中，审核图纸资料是否齐全，标准尺寸有无矛盾及错误，供图计划是否满足组织施工的要求及所采取的保证措施是否得当。

③设计采用的有关数据及资料是否与施工条件相适应，能否保证施工质量和施工安全。

④对施工中具体的技术要求及应达到的质量标准进一步明确。

2）核实资料。核实和补充对现场调查及收集的技术资料，应确保可靠性、准确性和完整程度。

3）审查施工组织设计或施工方案。应重点审查：施工方法与机械选择、施工顺序、进度安排及平面布置等是否能保证组织连续施工；所采取的质量保证措施。

4）建立试验设施。建立保证工程质量的必要试验设施。

（2）现场准备工作的质量控制。

1）检查场地平整度和压实程度是否满足施工质量要求。

2）测量数据及水准点的埋设是否满足施工要求。

3）检查施工道路的布置及路况质量是否满足运输要求。

4）检查水、电、热及通信等的供应质量是否满足施工要求。

（3）材料设备供应工作的质量控制。

1）检查材料设备供应程序与供应方式是否能保证施工顺利进行。

2）检查所供应的材料设备的质量是否符合国家有关法规、标准及合同规定的质量要求。设备应具有产品详细说明书及附图；进场的材料应检查验收，验规格、验数量、验品种、验质量，做到合格证、化验单与材料实际质量相符。

2．事中控制

即对施工过程中进行的所有与施工有关方面的质量控制，也包括对施工过程中的中间产品（工序产品或分部、分项工程产品）的质量控制。

事中控制的策略是：全面控制施工过程，重点控制工序质量。其具体措施是：工序交接有检查；质量预控有对策；施工项目有方案；技术措施有交底，图纸会审有记录；配制材料有试验；隐蔽工程有验收；计量器具校正有复核；设计变更有手续；钢筋代换有制度；质量处理有复查；成品保护有措施；行使质控有否决；质量文件有档案（凡是与质量有关的技术文件，如水准、坐标位置，测量、放线记录，沉降、变形观测记录，图纸会审记录，材料合格证明、试验报告，施工记录，隐蔽工程记录，设计变更记录，调试、试压运行记录，试车运转记录，竣工图等都要编目建档）。

3．事后控制

是指对通过施工过程所完成的具有独立功能和使用价值的最终产品（单位工程或整个建设项目）及其有关方面（例如质量文档）的质量进行控制。其具体工作内容有：

1）组织联动试车。

2）准备竣工验收资料，组织自检和初步验收。

3）按规定的质量评定标准和办法，对完成的分项、分部工程，单位工程进行质量评定。

4）组织竣工验收，其标准是：

①按设计文件规定的内容和合同规定的内容完成施工，质量达到国家质量标准，能满足生产和使用的要求。

②主要生产工艺设备已安装配套，联动负荷试车合格，形成设计生产能力。

③交工验收的建筑物要窗明、地净、水通、灯亮、气来、采暖通风设备运转正常。

④交工验收的工程内净外洁，施工中的残余物料运离现场，灰坑填平，临时建（构）筑物拆除，2m 以内地坪整洁。

⑤技术档案资料齐全。

8.5.5　施工准备和施工过程中质量控制的主要内容

1. 施工准备阶段的质量控制

（1）施工承包企业的分类。施工企业按照其承包工程能力，划分为施工总承包、专业承包和劳务分包3个序列。

1）施工总承包企业。施工总承包企业的资质按专业类别共分为12个资质类别，每一个资质类别又分为特级、一级、二级、三级，共4个等级。

2）专业承包企业。专业承包企业资质按专业类别共分为60个资质类别，每一个资质类别又分为一级、二级、三级。常用类别：地基与基础、建筑装饰装修、建筑幕墙、钢结构、机电设备安装、电梯安装、消防设施、建筑防水、防腐保温、园林古建筑、爆破与拆除、电信工程、管道工程等。

3）劳务分包企业（获得劳务分包资质的企业）。劳务承包企业有13个资质类别，如木工作业、砌筑作业，抹灰作业、油漆作业、钢筋作业、混凝土作业、脚手架作业、模板作业、焊接作业、水暖电安装作业等。如同时发生多类作业可划分为结构劳务作业、装修劳务作业、综合劳务作业。有资质类别分成若干级，有的则不分级，如木工、砌筑、钢筋作业劳务分包企业资质分为一级、二级。油漆、架线等作业劳务分包企业则不分级。

（2）对施工企业资质的核查主要内容。

1）招投标阶段核查内容。

①根据工程的类型、规模和特点，确定参与投标企业的资质等级，并取得招投标管理部门的认可。

②核查"营业执照"、"建筑业企业资质证书"以及招标文件要求提供的相关证明文件，并了解其实际的建设业绩、人员素质、管理水平、资金情况、技术装备等。

2）施工单位进场时核查内容。项目经理部的质量管理体系的有关资料，包括组织机构各项制度、管理人员、专职质检员、特种作业人员的资格证、上岗证、工地实验室、分包单位资格。

（3）施工单位在施工准备阶段的质量控制。

1）施工合同签订后，施工单位项目经理部应索取设计图纸和技术资料，指定专人管理并公布有效文件清单。

2）项目经理部应依据设计文件和设计技术交底的工程控制点进行复测，当发现问题时，应与设计人协商处理，并应形成记录。

3）施工单位项目技术负责人应主持对图纸审核，并应形成会审记录。

4）施工单位项目经理应按质量计划中工程分包和物资采购的规定，选择并评价分包人和供应人，并应保存评价记录。

5）施工企业应对全体施工人员进行质量知识培训，并应保存培训记录。

2. 施工阶段的质量控制

建设工程施工项目是由一系列相互关联、相互制约的作业过程（工序）所构成，施工项目的质量控制的过程是从工序质量到分项工程质量、分部工程质量、单位工程质量的系统控制过程；也是一个由投入原材料的质量控制开始，直到完成工程质量检验批为止的全过程的系统过程。控制工程项目施工过程的质量，必须控制全部作业过程，即各道工序的施工质量。

（1）施工阶段的质量控制内容。

1）进行现场施工技术交底。

2）工程测量的控制和成果部分。

3）材料的质量控制。

4）机械设备的质量控制。

5）按规定控制计量器具的使用、保管、维修和检验。

6）施工工序质量的控制。

7）特殊过程的质量控制。

8）工程变更应严格执行工程变更程序，经有关批准后方可实施。

9）采取有效措施妥善保护建筑产品或半成品。

10）施工中发生的质量事故，必须按《建设工程质量管理条例》的有关规定处理。

（2）施工作业过程质量控制的内容。

1）进行作业技术交底，包括作业技术要领、质量标准、施工依据、与前后工序的关系等。

2）检查施工工序、程序的合理性、科学性，防止工序流程错误导致工序质量失控。检查内容包括：施工总体流程和具体施工作业的先后顺序，在正常的情况下，要坚持先准备后施工、先深后浅、先土建后安装、先验收后交工等。

3）检查工序施工条件，即每道工序投入的材料，使用的工具、设备及操作工艺及环境条件等是否符合施工组织设计的要求。

4）检查工序施工中人员操作程序、操作质量是否符合质量规程要求。

5）检查工序施工中间产品的质量，即工序质量、分项工程质量。

6）对工序质量符合要求的中间产品（分项工程）及时进行工序验收或隐蔽工程

验收。

7）质量合格的工序经验收后可进入下道工序施工。未经验收合格的工序，不得进入下道工序施工。

（3）施工工序质量控制的内容。工序质量是施工质量的基础，工序质量也是施工顺利进行的关键。为达到对工序质量控制的效果，在工序质量控制方面应做到以下五点：

1）贯彻预防为主的基本要求，设置工序质量检查点，对材料质量状况、工具设备状况、施工程序、关键操作、安全条件、新材料新工艺应用、常见质量通病，甚至包括操作者的行为等影响因素列为控制点作为重点检查项目进行预控。

2）落实工序操作质量巡查、抽查及重要部位跟踪检查等方法，及时掌握施工质量总体状况。

3）对工序产品、分项工程的检查应按标准要求进行目测、实测及抽样试验的程序，做好原始记录，经数据分析后，及时做出合格或不合格的判断。

4）对合格工序产品应及时提交监理进行隐蔽工程验收。

5）完善管理过程的各项检查记录、检测资料及验收资料，作为工程质量验收的依据，并为工程质量分析提供可追溯的依据。

3. 施工阶段质量控制的检查验证方法

施工阶段质量控制是否持续有效，应经检查验证予以评价。检查验证的方法，主要是核查有关工程技术资料、直接进行现场质量检查或必要的试验等。

1）技术文件、资料进行核查。核查施工质量保证资料（包括施工全过程的技术质量管理资料）是否齐备、正确，是施工阶段对工程质量进行全面控制的重要手段，其中又以原材料、施工检测、测量复核及功能性试验资料为重点检查内容。其具体内容如下：

①有关技术资质、资格证明文件及施工方案、施工组织设计和技术措施等。

②开工报告，并经现场核实。

③有关材料、半成品的质量检验报告及有关安全和功能的检测资料。

④反映工序质量动态的统计资料或控制图表。

⑤设计变更、修改图纸和技术核定书。

⑥有关质量问题和质量事故的处理报告。

⑦有关应用新工艺、新材料、新技术、新结构的技术鉴定书。

⑧有关工序交接检查，分项、分部工程质量检查记录。

⑨施工质量控制资料。

⑩有效签署的现场有关技术签证、文件等。

2）现场质量检查内容：

①分部分项工程内容的抽样检查。

②工程外观质量的检查。

3）现场质量检查时机：

①开工前检查：目的是检查是否具备开工条件，开工后能否连续正常施工，能否保证

工程质量。

②工序交接检查：对于重要的工序或对工程质量有重大影响的工序，在自检、互检的基础上，还要组织专职人员进行工序交接检查。

③隐蔽工程检查：凡是隐蔽工程均应检查签证后方能掩盖。

④巡视检查：应经常深入现场，对施工操作质量进行检查，必要时还应进行跟班或追踪检查。

⑤停工后复工前的检查：因处理质量问题或某种原因停工后需复工时，应经检查认可后方能复工。

⑥分项、分部工程完工后应经检查认可，签署验收记录后，才许可进行下一工程项目施工。

⑦成品保护检查：检查成品有无保护措施，或保护措施是否可靠。

4）现场进行质量检查的方法有目测法、实测法和试验法三种。

①目测法。凭借感官进行检查，也称观感质量检验。其手段可归纳为"看"、"摸"、"敲"、"照"四个字。看，就是根据质量标准要求进行外观检查，例如，清水墙面是否洁净，喷涂的密实度和颜色是否良好、均匀，工人的操作是否正常，混凝土外观是否符合要求等；摸，就是通过触摸手感进行检查、鉴别，例如油漆的光滑度等；敲，就是运用敲击工具进行音感检查，例如，对地面工程、装饰工程中的水磨石、面砖、石材料饰面等，均应进行敲击检查；照，就是通过人工光源或反射光照射，检查难以看到或光线较暗的部位，例如，管道井、电梯井等内的管线、设备安装质量，装饰吊顶内连接及设备安装质量等。

②实测法。就是采用测量工具对完成的施工部位进行检测，通过实测数据与施工规范及质量标准所规定的允许偏差对照，来判别质量是否合格。实测检查法的手段，也可归纳为"靠"、"量"、"吊"、"套"四个字。靠，就是用直尺、塞尺检查诸如墙面、地面等的平整度；量，就是指用测量工具和计量仪表等检查断面尺寸、轴线、标高、湿度、温度等的偏差，例如，大理石板拼缝尺寸与超差数量，混凝土坍落度的检测等；吊，就是利用托线板以及线锤吊线检查垂直度，例如，砌体垂直度检查、门窗的安装等；套，是以方尺套方，辅以塞尺检查，例如，对阴阳角的方正、踢脚线的垂直度、预制构件的方正、门窗口及构件的对角线检查等。

③试验检查。指通过进行现场试验或试验室试验等理化试验手段，取得数据，分析判断质量情况。包括：力学性能试验，如各种力学指标的测定：测定抗拉强度、抗压强度、抗弯强度、抗折强度、冲击韧性、硬度、承载力等；物理性能试验，如测定相对密度、密度、含水量、凝结时间、安定性、抗渗性、耐磨性、耐热性、隔声等；化学性能试验，如材料的化学成分、耐酸性、耐碱性、抗腐蚀等；无损测试，探测结构物或材料、设备内部组织结构或损伤状态，如超声检测、回弹强度检测、电磁检测、射线检测等。它们一般可以在不损伤被探测物的情况下了解被探测物的质量情况。

此外，必要时还可在现场通过诸如对桩或地基的现场静载试验或打试桩，确定其承载力；对混凝土现场取样，通过试验室的抗压强度试验，确定混凝土达到的强度等级；以及通过管道压力试验判断其耐压及渗漏情况等。

5）工程质量不符合要求时，应按规定进行处理。

①经返工或更换设备的工程，应该重新检查验收。

②经有资质的检测单位检测鉴定，能达到设计要求的工程，应予以验收。

③经返修或加固处理的工程，虽局部尺寸等不符合设计要求，但仍然能满足使用要求，可按技术处理方案和协商文件进行验收。

④经返修和加固后仍不能满足使用要求的工程严禁验收。

4．见证取样送检

1）见证取样和送检是指在建设单位或工程监理单位人员的见证下，由施工单位的现场试验人员对工程中涉及结构安全的试块、试件和材料在现场取样，并送至经过省级以上建设行政主管部门对其资质认可和质量技术监督部门对其计量认证的质量检测单位（以下简称"检测单位"）进行检测。

2）下列试块、试件和材料必须实施见证取样和送检。

①用于承重结构的混凝土试块。

②用于承重墙体的砌筑砂浆试块。

③用于承重结构的钢筋及连接接头试件。

④用于承重墙的砖和混凝土小型砌块。

⑤用于拌制混凝土和砌筑砂浆的水泥。

⑥用于承重结构的混凝土中使用的掺加剂。

⑦地下、屋面、厕浴间使用的防水材料。

⑧国家规定必须实行见证取样和送检的其他试块、试件和材料。

3）见证人员应由建设单位或该工程的监理单位具备建筑施工试验知识的专业技术人员担任，并应由建设单位或该工程的监理单位书面通知施工单位、检测单位和负责该项工程的质量监督机构。

4）在施工过程中，见证人员应按照见证取样和送检计划，对施工现场的取样和送检进行见证，取样人员应在试样或其包装上作出标识、封志，标识和封志应标明工程名称、取样部位、取样日期、样品名称和样品数量，并由见证人员和取样人员签字。见证人员应制作见证记录，并将见证记录归入施工技术档案。

见证人员和取样人员应对试样的代表性和真实性负责。

5）见证取样的试块、试件和材料送检时，应由送检单位填写委托单，委托单应有见证人员和送检人员签字。检测单位应检查委托单及试样上的标识和封志，确认无误后方可进行检测。

6）检测单位应严格按照有关管理规定和技术标准进行检测，出具公正、真实、准确的检测报告。见证取样和送检的检测报告必须加盖见证取样检测的专用章。

8.5.6 建筑工程质量验收标准

1．《建筑工程施工质量验收统一标准》GB 50300—2013 主要内容

1）《建筑工程施工质量验收统一标准》GB 50300—2013（以下简称"标准"）确定

了编制统一标准和建筑工程质量验收规范系列标准的宗旨："加强建筑工程质量管理，统一建筑工程施工质量的验收，保证工程质量。"

2）"标准"编制的指导思想："验评分离、强化验收、完善手段、过程控制。"

3）"标准"编制的内容有两部分，适用于建筑工程施工质量的验收，并作为建筑工程各专业验收规范编制的统一准则。

"标准"第一部分规定了建筑工程各专业验收规范编制的统一准则。为了统一房屋工程各专业验收规范的编制，对检验批、分项工程、分部工程、单位工程的划分、质量指标的设置和要求、验收的程序与组织都提出了原则的要求，以指导和协调本系列标准各专业验收规范的编制。

"标准"第二部分规定了单位工程的验收，从单位工程的划分和组成，质量指标的设置，到验收程序都做了具体规定。

4）"标准"编制依据："标准依据现行国家有关工程质量的法律、法规、管理标准和有关技术标准编制。"建筑工程各专业工程施工质量验收规范必须与"标准"配合使用。

"标准"的编制依据，主要是《中华人民共和国建筑法》、《建设工程质量管理条例》、《工程结构可靠度设计统一标准》及其他有关设计、施工技术规范的规定等。同时，"标准"强调本系列各专业验收规范应与本标准配套使用。

5）建筑工程的质量验收的有关规定，主要包括：

①建设行政主管部门发布的有关规章。

②施工技术标准、操作规程、管理标准和有关的企业标准等。

③试验方法标准、检测技术标准等。

④施工质量评价标准等。

6）单位工程应按下列原则划分：

①具备独立施工条件并能形成独立使用功能的建筑物及构筑物为一个单位工程。

②对于规模较大的单位工程，可将其能形成独立使用功能的部分作为一个子单位工程。

7）分部工程应按下列原则划分：

①可按专业性质、工程部位确定。

②当分部工程较大或较复杂时，可按材料种类、施工特点、施工程序、专业系统及类别等将分部工程划分为若干子分部工程。

8）分项工程可按主要工种、材料、施工工艺、设备类别等进行划分。

9）检验批可根据施工、质量控制和专业验收的需要，按工程量、楼层、施工段、变形缝等进行划分。

10）室外工程可根据专业类别和工程规模划分单位工程、分部工程。

11）检验批的质量检验，可根据检验项目的特点在下列抽样方案中选取。

①计量、计数的抽样方案。

②一次、二次或多次抽样方案。

③对重要的检验项目，当有简易快速的检验方法时，选用全数检验方案。

④根据生产连续性和生产控制稳定性情况，采用调整型抽样方案。

⑤经实践证明有效的抽样方案。

2. 《建筑工程施工质量验收统一标准》及相关主要施工质量验收标准

现行建筑工程相关施工验收标准如下：

1）《建筑工程施工质量验收统一标准》GB 50300—2013；

2）《建筑地基基础工程施工质量验收规范》GB 50202—2002；

3）《砌体结构工程施工质量验收规范》GB 50203—2011；

4）《混凝土结构工程施工质量验收规范》GB 50204—2015；

5）《钢结构工程施工质量验收规范》GB 50205—2001；

6）《木结构工程施工质量验收规范》GB 50206—2012；

7）《屋面工程质量验收规范》GB 50207—2012；

8）《屋面工程技术规范》GB 50345—2012；

9）《地下防水工程质量验收规范》GB 50208—2011；

10）《地下工程防水技术规范》GB 50108—2008；

11）《建筑地面工程施工质量验收规范》GB 50209—2010；

12）《建筑装饰工程施工质量验收规范》GB 50210—2001；

13）《建筑给水排水及采暖工程施工质量验收规范》GB 50242—2002；

14）《通风与空调工程施工质量验收规范》GB 50243—2002；

15）《建筑电气工程施工质量验收规范》GB 50303—2002；

16）《电梯工程施工质量验收规范》GB 50310—2002。

3. 工程质量不合格的处理

1）施工现场对工程质量不合格的处理。

①上道工序不合格，不准进入下一道工序施工。

②不合格的材料、构配件、半成品不准进入施工现场且不允许使用。

③已经进场的不合格品应及时作出标志、记录，指定专人看管，避免用错，并限期清除出现场。

④不合格的工序或工程产品，不予计价。

2）建筑工程验收时，当建筑工程质量出现不符合要求的情况，应按规定进行处理。

①返工重做或更换器具、设备的检验批，应重新进行验收。

②经有资质的检测单位检测鉴定能够达到设计要求的检验批，应予以验收。

③经有资质的检测单位检测鉴定达不到设计要求，但经原设计单位核算认可能够满足结构安全和使用功能的检验批，可予以验收。

④经返修或加固处理的分项、分部工程，虽然改变外形尺寸但仍然满足安全使用要求，可按技术处理方案和协商文件进行验收。

⑤通过返修或加固处理仍不能满足安全使用要求的分部工程、单位（子单位）工程，严禁验收。

8.5.7　工程验收的程序

1. 工程质量验收的程序及组织

1）建设工程施工质量验收是对已完工的工程实体的外观质量及内在质量按规定程序检查后，确认其是否符合设计及各项验收标准的要求，可交付使用的一个重要环节。正确地进行工程项目质量的检查评定和验收是保证工程质量的重要手段。

鉴于建设工程施工规模较大、专业分工较多、技术安全要求高等特点，国家相关行政管理部门对各类工程项目的质量验收标准制定了相应的规范，以保证工程验收的质量应严格执行规范的要求和标准。

2）工程质量验收分为过程验收和竣工验收，其验收程序及组织包括下列 5 点：

①施工过程中隐蔽工程在隐蔽前通知建设单位（或工程监理）进行验收，并形成验收文件。

②分项分部工程完成后，应在施工单位自行验收合格后，通知建设单位（或工程监理）验收，重要的分项分部应请设计单位参加验收。

③单位工程完工后，施工单位应自行组织检查、评定，符合验收标准后，向建设单位提交验收申请。

④建设单位收到验收申请后，应组织施工、勘察、设计、监理等单位的相关人员进行单位工程验收，明确验收结果，并形成验收报告。

⑤按国家现行管理制度，房屋建筑工程及市政基础设施工程验收合格后，尚需在规定时间内，将验收文件报政府管理部门备案。

2. 单位工程、分部工程、分项工程和检验批验收的要求及内容

1）检验批质量验收合格应符合下列规定：

①主控项目的质量经抽样检验均应合格。

②一般项目的质量经抽样检验合格。当采用计数抽样时，合格点率应符合有关专业验收规范的规定，且不得存在严重缺陷。对于计数抽样的一般项目，正常检验一次、二次抽样可按表 8 - 2、表 8 - 3 判定。

表 8 - 2　一般项目正常检验一次抽样判定

样本容量	合格判定数	不合格判定数
5	1	2
8	2	3
13	3	4
20	5	6
32	7	8
50	10	11
80	14	15
125	21	22

表 8 – 3　一般项目正常检验二次抽样判定

抽样次数	样本容量	合格判定数	不合格判定数
(1)	3	0	2
(2)	6	1	2
(1)	5	0	3
(2)	10	3	4
(1)	8	1	3
(2)	16	4	5
(1)	13	2	5
(2)	26	6	7
(1)	20	3	6
(2)	40	9	10
(1)	32	5	9
(2)	64	12	13
(1)	50	7	11
(2)	100	18	19
(1)	80	11	16
(2)	160	26	27

注：(1) 和 (2) 表示抽样次数，(2) 对应的样本容量为两次抽样的累计数量。

③具有完整的施工操作依据、质量验收记录。

2）分项工程质量验收合格应符合下列规定：

①所含检验批的质量均应验收合格。

②所含检验批的质量验收记录应完整。

3）分部工程质量验收合格应符合下列规定：

①所含分项工程的质量均应验收合格。

②质量控制资料应完整。

③有关安全、节能、环境保护和主要使用功能的抽样检验结果应符合相应规定。

④观感质量应符合要求。

4）单位工程质量验收合格应符合下列规定：

①所含分部工程的质量均应验收合格。

②质量控制资料应完整。

③所含分部工程中有关安全、节能、环境保护和主要使用功能的检验资料应完整。

④主要使用功能的抽查结果应符合相关专业验收规范的规定。

⑤观感质量应符合要求。

5）建筑工程质量验收记录可按下列规定填写：

①检验批质量验收记录可按表 8 – 4 的规定填写。

表8－4　　_____检验批质量验收记录　　　　　编号：_____

单位（子单位）工程名称			分部（子分部）工程名称			分项工程名称		
施工单位			项目负责人			检验批容量		
分包单位			分包单位项目负责人			检验批部位		
施工依据				验收依据				
主控项目		验收项目	设计要求及规范规定	最小/实际抽样数量	检查记录	检查结果		
	1							
	2							
	3							
	4							
	5							
	6							
	7							
	8							
	9							
	10							
一般项目		验收项目	设计要求及规范规定	最小/实际抽样数量	检查记录	检查结果		
	1							
	2							
	3							
	4							
	5							
施工单位检查结果			专业工长： 项目专业质量检查员： 年　月　日					
监理单位验收结论			专业监理工程师： 年　月　日					

②分项工程质量验收记录可按表 8－5 的规定填写。

表 8－5 _____分项工程质量验收记录   编号：_____

单位（子单位）工程名称			分部（子分部）工程名称				
分项工程数量			检验批数量				
施工单位			项目负责人			项目技术负责人	
分包单位			分包单位项目负责人			分包内容	
序号	检验批名称	检验批容量	部位/区段	施工单位检查结果		监理单位验收结论	
1							
2							
3							
4							
5							
6							
7							
8							
9							
10							
11							
12							
13							
14							
15							
说明：							
施工单位检查结果		项目专业技术负责人： 年 月 日					
监理单位验收结论		专业监理工程师： 年 月 日					

③分部工程质量验收记录可按表 8-6 的规定填写，分部工程观感质量验收记录应按相关专业验收规范的规定填写。

表 8-6 ＿＿＿＿＿分部工程质量验收记录　　　　编号：＿＿＿＿＿

单位（子单位）工程名称		子分部工程数量		分项工程数量	
施工单位		项目负责人		技术（质量）负责人	
分包单位		分包单位负责人		分包内容	
序号	子分部工程名称	分项工程名称	检验批数量	施工单位检查结果	监理单位验收结论
1					
2					
3					
4					
5					
6					
7					
8					
质量控制资料					
安全和功能检验结果					
观感质量检验结果					
综合验收结论					
施工单位项目负责人： 　年　月　日	勘察单位项目负责人： 　年　月　日		设计单位项目负责人： 　年　月　日	监理单位总监理工程师： 　年　月　日	

注：1. 地基与基础分部工程的验收应由施工、勘察、设计单位项目负责人和总监理工程师参加并签字。
　　2. 主体结构、节能分部工程的验收应由施工、设计单位项目负责人和总监理工程师参加并签字。

④单位工程质量竣工验收记录、质量控制资料核查记录、安全和功能检验资料核查记录及观感质量检查记录应按表 8-7～表 8-10 的规定填写。

表 8 - 7   单位工程质量竣工验收记录

工程名称		结构类型		层数/建筑面积	
施工单位		技术负责人		开工日期	
项目负责人		项目技术负责人		完工日期	

序号	项目	验收记录	验收结论
1	分部工程验收	共　　分部，经查符合设计及标准规定　　分部	
2	质量控制资料核查	共　　项，经核查符合规定　　项	
3	安全和使用功能核查及抽查结果	共核查　　项，符合规定　　项， 共抽查　　项，符合规定　　项， 经返工处理符合规定　　项	
4	观感质量验收	共抽查　　项，达到"好"和"一般"的　　项， 经返修处理符合要求　　项	
	综合验收结论		

参加验收单位	建设单位	监理单位	施工单位	设计单位	勘察单位
	（公章） 项目负责人： 年 月 日	（公章） 总监理工程师： 年 月 日	（公章） 项目负责人： 年 月 日	（公章） 项目负责人： 年 月 日	（公章） 项目负责人： 年 月 日

注：单位工程验收时，验收签字人员应由相应单位的法人代表书面授权。

表 8 - 8   单位工程质量控制资料核查记录

工程名称			施工单位					
序号	项目	资料名称		份数	施工单位		监理单位	
					核查意见	核查人	核查意见	核查人
1	建筑与结构	图纸会审记录、设计变更通知单、工程洽谈记录						
2		工程定位测量、放线记录						
3		原材料出厂合格证书及进场检验、试验报告						
4		施工试验报告及见证检测报告						
5		隐蔽工程验收记录						
6		施工记录						
7		地基、基础、主体结构检验及抽样检测资料						
8		分项、分部工程质量验收记录						
9		工程质量事故调查处理资料						
10		新技术论证、备案及施工记录						

续表 8－8

序号	项目	资料名称	份数	施工单位		监理单位	
				核查意见	核查人	核查意见	核查人
1	给水排水与供暖	图纸会审记录、设计变更通知单、工程洽谈记录					
2		原材料出厂合格证书及进场检验、试验报告					
3		管道、设备强度试验、严密性试验记录					
4		隐蔽工程验收记录					
5		系统清洗、灌水、通水、通球试验记录					
6		施工记录					
7		分项、分部工程质量验收记录					
8		新技术论证、备案及施工记录					
1	通风与空调	图纸会审记录、设计变更通知单、工程洽谈记录					
2		原材料出厂合格证书及进场检验、试验报告					
3		制冷、空调、水管道强度试验、严密性试验记录					
4		隐蔽工程验收记录					
5		制冷设备运行调试记录					
6		通风、空调系统调试记录					
7		施工记录					
8		分项、分部工程质量验收记录					
9		新技术论证、备案及施工记录					
1	建筑电气	图纸会审记录、设计变更通知单、工程洽谈记录					
2		原材料出厂合格证书及进场检验、试验报告					
3		设备调试记录					
4		接地、绝缘电阻测试记录					
5		隐蔽工程验收记录					
6		施工记录					
7		分项、分部工程质量验收记录					
8		新技术论证、备案及施工记录					

续表 8 - 8

序号	项目	资料名称	份数	施工单位		监理单位	
				核查意见	核查人	核查意见	核查人
1	智能建筑	图纸会审记录、设计变更通知单、工程洽谈记录					
2		原材料出厂合格证书及进场检验、试验报告					
3		隐蔽工程验收记录					
4		施工记录					
5		系统功能测定及设备调试记录					
6		系统技术、操作和维护手册					
7		系统管理、操作人员培训记录					
8		系统检测报告					
9		分项、分部工程质量验收记录					
10		新技术论证、备案及施工记录					
1	建筑节能	图纸会审记录、设计变更通知单、工程洽谈记录					
2		原材料出厂合格证书及进场检验、试验报告					
3		隐蔽工程验收记录					
4		施工记录					
5		外墙、外窗节能检验报告					
6		设备系统节能检测报告					
7		分项、分部工程质量验收记录					
8		新技术论证、备案及施工记录					
1	电梯	图纸会审记录、设计变更通知单、工程洽谈记录					
2		设备出厂合格证书及开箱检验记录					
3		隐蔽工程验收记录					
4		施工记录					

续表 8－8

序号	项目	资料名称	份数	施工单位		监理单位	
				核查意见	核查人	核查意见	核查人
5	电梯	接地、绝缘电阻试验记录					
6		负荷试验、安全装置检查记录					
7		分项、分部工程质量验收记录					
8		新技术论证、备案及施工记录					

结论：

施工单位项目负责人：　　　　　　　　　　　总监理工程师：

　　　　　　年　月　日　　　　　　　　　　　　　　　年　月　日

表 8－9　单位工程安全和功能检验资料核查及主要功能抽查记录

工程名称				施工单位			
序号	项目	安全和功能检查项目	份数	核查意见	抽查结果	核查（抽查）人	
1	建筑与结构	地基承载力检验报告					
2		桩基承载力检验报告					
3		混凝土强度试验报告					
4		砂浆强度试验报告					
5		主体结构尺寸、位置抽查记录					
6		建筑物垂直度、标高、全高测量记录					
7		屋面淋水或蓄水试验记录					
8		地下室渗漏水检测记录					
9		有防水要求的地面蓄水试验记录					
10		抽气（风）道检查记录					
11		外窗气密性、水密性、耐风压检测报告					

续表 8－9

序号	项目	安全和功能检查项目	份数	核查意见	抽查结果	核查（抽查）人
12	建筑与结构	幕墙气密性、水密性、耐风压检测报告				
13		建筑物沉降观测测量记录				
14		节能、保温测试记录				
15		室内环境检测报告				
16		土壤氡气浓度检测报告				
1	给水排水与供暖	给水管道通水试验记录				
2		暖气管道、散热器压力试验记录				
3		卫生器具满水试验记录				
4		消防管道、燃气管道压力试验记录				
5		排水干管通球试验记录				
6		锅炉试运行、安全阀及报警联动测试记录				
1	通风与空调	通风、空调系统试运行记录				
2		风量、温度测试记录				
3		空气能量回收装置测试记录				
4		洁净室洁净度测试记录				
5		制冷机组试运行调试记录				
1	建筑电气	建筑照明通电试运行记录				
2		灯具固定装置及悬吊装置的载荷强度试验记录				
3		绝缘电阻测试记录				
4		剩余电流动作保护器测试记录				
5		应急电源装置应急持续供电记录				
6		接地电阻测试记录				
7		接地故障回路阻抗测试记录				
1	建筑智能化	系统试运行记录				
2		系统电源及接地检测报告				
3		系统接地检测报告				
1	建筑节能	外墙节能构造检查记录或热工性能检验报告				
2		设备系统节能性能检查记录				

续表 8 – 9

序号	项目	安全和功能检查项目	份数	核查意见	抽查结果	核查（抽查）人
1	电梯	运行记录				
2		安全装置检测报告				

结论：

施工单位项目负责人：　　　　　　　　　　　　总监理工程师：

　　　　　　　年　月　日　　　　　　　　　　　　　　　　年　月　日

注：抽查项目由验收组协商确定。

表 8 – 10　单位工程观感质量检查记录

工程名称									施工单位		
序号		项目				抽查质量状况					质量评价
1	建筑与结构	主体结构外观	共检查	点，好	点，一般	点，差	点			
2		室外墙面	共检查	点，好	点，一般	点，差	点			
3		变形缝、雨水管	共检查	点，好	点，一般	点，差	点			
4		屋面	共检查	点，好	点，一般	点，差	点			
5		室内墙面	共检查	点，好	点，一般	点，差	点			
6		室内顶棚	共检查	点，好	点，一般	点，差	点			
7		室内地面	共检查	点，好	点，一般	点，差	点			
8		楼梯、踏步、护栏	共检查	点，好	点，一般	点，差	点			
9		门窗	共检查	点，好	点，一般	点，差	点			
10		雨罩、台阶、坡道、散水	共检查	点，好	点，一般	点，差	点			
1	给水排水与供暖	管道接口、坡度、支架	共检查	点，好	点，一般	点，差	点			
2		卫生器具、支架、阀门	共检查	点，好	点，一般	点，差	点			
3		检查口、扫除口、地漏	共检查	点，好	点，一般	点，差	点			
4		散热器、支架	共检查	点，好	点，一般	点，差	点			

续表 8 – 10

序号	项目		抽查质量状况								质量评价
1	通风与空调	风管、支架	共检查	点，好	点，一般	点，差	点				
2		风口、风阀	共检查	点，好	点，一般	点，差	点				
3		风机、空调设备	共检查	点，好	点，一般	点，差	点				
4		管道、阀门、支架	共检查	点，好	点，一般	点，差	点				
5		水泵、冷却塔	共检查	点，好	点，一般	点，差	点				
6		绝热	共检查	点，好	点，一般	点，差	点				
1	建筑电气	配电箱、盘、板、接线盒	共检查	点，好	点，一般	点，差	点				
2		设备器具、开关、插座	共检查	点，好	点，一般	点，差	点				
3		防雷、接地、防火	共检查	点，好	点，一般	点，差	点				
1	建筑智能化	机房设备安装及布局	共检查	点，好	点，一般	点，差	点				
2		现场设备安装	共检查	点，好	点，一般	点，差	点				
1	电梯	运行、平层、开关门	共检查	点，好	点，一般	点，差	点				
2		层门、信号系统	共检查	点，好	点，一般	点，差	点				
3		机房	共检查	点，好	点，一般	点，差	点				
	观感质量综合评价										

结论：

施工单位项目负责人：　　　　　　　　　　　　　　　总监理工程师：

年　月　日　　　　　　　　　　　　　　　　　　年　月　日

注：1. 对质量评价为差的项目应进行返修。

　　2. 观感质量现场检查原始记录应作为本表附件。

3. 工程质量验收应具备的条件和基本要求

1）施工现场应具有健全的质量管理体系、相应的施工技术标准、施工质量检验制度和综合施工质量水平评定考核制度。

2）检验批及分项工程应由监理工程师（建设单位项目技术负责人）组织施工单位项目专业质量（技术）负责人等进行验收。验收前，施工单位先填好"检验批和分项工程的质量验收记录"，并由项目专业质量检验员和项目专业技术负责人分别在检验批和分项工程质量检验记录中的相关栏目签字，然后由监理工程师组织，严格按规定程序进行验收。

3）分部工程应由总监理工程（建设单位项目负责人）组织施工单位项目负责人和技术、质量负责人等进行验收；地基与基础、主体结构分部工程的勘察、设计单位工程项目负责人和施工单位技术、质量部门负责人也应参加相关分部工程验收。

4）建筑工程施工质量应按下列要求进行验收：

①工程质量验收均应在施工单位自检合格的基础上进行。

②参加工程施工质量验收的各方人员应具备相应的资格。

③检验批的质量应按主控项目和一般项目验收。

④对涉及结构安全、节能、环境保护和主要使用功能的试块、试件及材料，应在进场时或施工中按规定进行见证检验。

⑤隐蔽工程在隐蔽前应由施工单位通知监理单位进行验收，并应形成验收文件，验收合格后方可继续施工。

⑥对涉及结构安全、节能、环境保护和使用功能的重要分部工程应在验收前按规定进行抽样检验。

⑦工程的观感质量应由验收人员现场检查，并应共同确认。

5）工程符合下列要求方可进行竣工验收：

①完成工程设计和合同约定的各项内容。

②施工单位在工程完工后对工程质量进行了检查，确认工程质量符合有关法律、法规和工程建设强制性标准，符合设计文件及合同要求，并提出工程竣工报告。工程竣工报告应经项目经理和施工单位有关负责人审核签字。

③对于委托监理的工程项目，监理单位对工程进行质量评估，具有完整的监理资料，并提出工程质量评估报告。工程质量评估报告应经总监理工程师和监理单位有关负责人审核签字。

④勘察、设计单位对勘察、设计文件及施工过程中由设计单位签署的设计变更通知书进行检查，并提出质量检查报告。质量检查报告应经该项目勘察、设计负责人和勘察、设计单位有关负责人审核签字。

⑤有完整的技术档案和施工管理资料。

⑥有工程使用的主要建筑材料、建筑构配件和设备的进场试验报告。

⑦建设单位已按合同约定支付工程款。

⑧有施工单位签署的工程质量保修书。

⑨城乡规划行政主管部门对工程是否符合规划设计要求进行检查，并出具认可文件。有公安、消防、环保等部门出具的认可文件或者准许使用文件。

⑩建设行政主管部门及其委托的工程质量监督机构等有关部门责令整改的问题全部整改完毕。

4．单位工程竣工验收的程序及要求

（1）单位工程竣工验收的要求。

1）单位工程完工后，施工单位应自行组织有关人员进行检查评定，并向建设单位提交工程验收报告。验收前，施工单位首先要依据质量标准、设计图纸等组织有关人员进行自检，并对检查结果进行评定，符合要求后向建设单位提交工程验收报告和完整的质量资料，请建设单位组织验收。

2）建设单位收到工程验收报告后，应由建设（项目）负责人组织施工（含分包单位）、设计、监理等单位（项目）负责人进行单位工程验收。

3）单位工程有分包单位施工时，分包单位对所承包的工程按《建筑工程施工质量验收统一标准》GB 50300—2013 规定的程度检查评定，总包单位应派人参加。分包工程完成后，应将工程有关资料交总包单位。建设单位组织单位工程质量验收时，分包单位负责人应参加验收。

4）当参加验收各方对工程质量验收意见不一致时，可请当地建设行政主管部门或工程质量监督机构协调处理。

（2）工程竣工验收的程序。

1）工程完工后，施工单位向建设单位提交工程竣工报告，申请工程竣工验收。实行监理的工程，工程竣工报告须经总监理工程师签署意见。

2）建设单位收到工程竣工报告后，对符合竣工验收要求的工程，组织勘察、设计、施工、监理等单位和其他有关方面的专家组成验收组，制定验收方案。

3）建设单位应当在工程竣工验收 7 个工作日前将验收的时间、地点及验收组名单书面通知负责监督该工程的工程质量监督机构。

4）建设单位组织工程竣工验收。

①建设、勘察、设计、施工、监理单位分别报告工程合同履约情况和在工程建设各个环节执行法律、法规和工程建设强制性标准的情况。

②审查建设、勘察、设计、施工、监理单位的工程档案资料。

③实地查验工程质量。

④对工程勘察、设计、施工、设备安装质量和各管理环节等方面做出全面评价，形成经验收组人员签署的工程竣工验收意见。

⑤参与工程竣工验收的建设、勘察、设计、施工、监理等各方不能形成一致意见时，应当协商提出解决的方法，待意见一致后，重新组织工程竣工验收。

⑥工程竣工验收合格后，建设单位应当及时提出工程竣工验收报告。工程竣工验收报告主要包括工程概况，建设单位执行基本建设程序情况，对工程勘察、设计、施工、监理等方面的评价，工程竣工验收时间、程序、内容和组织形式，工程竣工验收意见等内容。

⑦负责监督该工程的工程质量监督机构应当对工程竣工验收的组织形式、验收程序、执行验收标准等情况进行现场监督，发现有违反建设工程质量管理规定行为的，责令改正，并将对工程竣工验收的监督情况作为工程质量监督报告的重要内容。

5）单位工程质量验收合格后，建设单位应在规定时间内将工程竣工验收报告和有关文件，向工程所在地的县级以上地方人民政府建设行政主管部门备案。否则，不允许投入使用。

5. 隐蔽工程验收

（1）隐蔽工程验收概念。

1）施工工艺顺序过程中，前道工序已施工完成，将被后一道工序所掩盖、包裹而再无法检查其质量情况，前道工序通常被称为隐蔽工程。

2）凡涉及结构安全和主要使用功能的隐蔽工程，在其后一道工序施工之前（即隐蔽工程施工完成隐蔽之前），由有关单位和部门共同进行的质量检查验收，称隐蔽验收。

3）隐蔽工程验收是对一些已完成分项、分部工程质量的最后一道检查，把好隐蔽工程检查验收关，是保证工程质量、防止留有质量隐患的重要措施，它是质量控制的一个关键点。

4）隐蔽工程验收主要内容分为：

①外观质量检查。

②核查有关工程技术资料是否齐备、正确。

（2）隐蔽工程验收程序。

1）隐蔽工程施工完毕，承包单位按有关技术规程、规范、施工图纸先进行自检，自检合格后，填写"报验申请表"，附上相应的"隐蔽工程检查记录"及有关材料证明、试验报告、复试报告等，报送项目监理机构。

2）监理工程师收到报验申请后，首先对质量证明资料进行审查，并进行现场检查（检测或检查），承包单位的项目工程技术负责人、专职质检员及相关施工人员应随同一起到现场。重要或特殊部位（如地基验槽、验桩、地下室或首层钢筋检验等）应邀请建设单位、勘察单位、设计单位和质量监督单位派员参加，共同对隐蔽工程进行检查验收。

3）参加检查人员按隐蔽工程检查表的内容在检查验收后，提出检查意见，如符合质量要求，由施工承包单位质量检查员在"隐蔽单"上填写检查情况，然后交参加检查人员签字。若检查中存在问题需要进行整改时，施工承包单位应在整改后，再次邀请有关各方（或由检查意见中明确的某一方）进行复查，达到要求后，方可办理签证手续。对于隐蔽工程检查中提出的质量问题必须进行认真处理，经复验符合要求后，方可办理签证手续，准予承包单位隐蔽、覆盖，进行下一道工序施工。

4）为履行隐蔽工程检查验收的质量职责，应做好隐蔽工程检查验收记录。隐蔽工程检查验收后，应及时将隐蔽工程检查验收记录进行项目内业归档。

8.6　安　全　管　理

8.6.1　施工项目安全管理的概念

施工项目安全管理，就是施工项目在施工过程中，组织安全生产的全部管理活动。通过对生产因素具体的状态控制，使生产因素不安全的行为和状态减少或消除，不引发为事故，尤其是不引发使人受到伤害的事故。使施工项目效益目标的实现，得到充分保证。

建筑施工企业是以施工生产经营为主业的经济实体。全部生产经营活动，是在特定空间进行人、财、物动态组合的过程，并通过这一过程向社会交付有商品性的建筑产品。在完成建筑产品过程中，人员的频繁流动、生产周期长和产品的一次性，是其显著的生产特点。生产的特点决定了组织安全生产的特殊性。

施工项目对建筑施工企业进行生产经营活动，赢得信誉，实现效益等方面占有重要的位置。每当施工项目的管理过程结束，应该交付一件建筑产品。施工企业的效益性目标，正是通过每个施工项目而落实与实现的。

施工项目要实现以经济效益为中心的工期、成本、质量、安全等的综合目标管理。为此，则需对与实现效益相关的生产因素进行有效的控制。

安全生产是施工项目重要的控制目标之一，也是衡量施工项目管理水平的重要标志。因此，施工项目必须把实现安全生产，当作组织施工活动时的重要任务。

8.6.2　施工项目安全管理原则

1. 管生产必须管安全的原则

"管生产必须管安全"原则是指项目各级领导和全体员工在生产过程中必须坚持在抓生产的同时抓好安全工作。

"管生产必须管安全"原则是施工项目必须坚持的基本原则。国家和企业就是要保护劳动者的安全与健康，保证国家财产和人民生命财产的安全，尽一切努力在生产和其他活动中避免一切可以避免的事故；其次，项目的最优化目标是高产、低耗、优质、安全。忽视安全，片面追求产量、产值，是无法达到最优化目标的。伤亡事故的发生，不仅会给企业，还可能给环境、社会，乃至在国际上造成恶劣影响，造成无法弥补的损失。

"管生产必须管安全"的原则体现了安全和生产的统一，生产和安全是一个有机的整体，两者不能分割更不能对立起来，应将安全寓于生产之中，生产组织者在生产技术实施过程中，应当承担安全生产的责任，把"管生产必须管安全"的原则落实到每个员工的岗位责任制上去，从组织上、制度上固定下来，以保证这一原则的实施。

2. "三同时"原则

"三同时"，指凡是在我国境内新建、改建、扩建的基本建设工程项目、技术改造项目和引进的建设项目，其劳动安全卫生设施必须符合国家规定的标准，必须与主体工程同时设计、同时施工、同时投入生产和使用。

3. "五同时"原则

"五同时"是指企业的领导和主管部门在策划、布置、检查、总结、评价生产经营的时候，应同时策划、布置、检查、总结、评价安全工作。把安全工作落实到每一个生产组织管理环节中去，促使企业在生产工作中把对生产的管理与对安全的管理结合起来，并坚持"管生产必须管安全"的原则。使得企业在管理生产的同时必须贯彻执行我国的安全生产方针及法律法规，建立健全企业的各种安全生产规章制度，包括根据企业自身特点和工作需要设置安全管理专门机构，配备专职人员。

4. "四不放过"原则

"四不放过"是指在调查处理工伤事故时，必须坚持事故原因分析不清不放过，员工及事故责任人受不到教育不放过，事故隐患不整改不放过，事故责任人不处理不放过。

"四不放过"原则的第一层含义是要求在调查处理工伤事故时，首先要把事故原因分析清楚，找出导致事故发生的真正原因，不能敷衍了事，不能在尚未找到事故主要原因时就轻易下结论，也不能把次要原因当成主要原因，未找到真正原因决不轻易放过，直至找到事故发生的真正原因，搞清楚各因素的因果关系才算达到事故分析的目的。

"四不放过"原则的第二层含义是要求在调查处理工伤事故时，不能认为原因分析清楚了，有关责任人员也处理了就算完成任务了，还必须使事故责任者和企业员工了解事故发生的原因及所造成的危害，并深刻认识到搞好安全生产的重要性，大家从事故中吸取教训，在今后工作中更加重视安全工作。

"四不放过"原则的第三层含义是要求在对工伤事故进行调查处理时，必须针对事故发生的原因，制定防止类似事故重复发生的预防措施，并督促事故发生单位组织实施，只有这样，才算达到了事故调查和处理的最终目的。

8.6.3　建筑施工项目安全管理内容

1．安全执法和守法

安全法规是安全管理的标准和依据。施工项目必须学习国家行业和地区安全法规的基础上，制定贯彻上述法规的措施，以及符合自身特点和需要的安全规章制度与管理办法作为施工项目对安全生产进行经常的、动态的制度化和规范化的标准和依据。项目的管理人员及操作应该按照安全法规的规定去做，把安全法规落到实处，变为行动并产生效果。

2．建立安全组织体系及相应的责任体系

安全生产必须有组织保证，因此必须建立各级安全组织机构，设置专职安全管理部门，配备安全人员，制定建立健全生产责任制，贯彻安全生产责任制，通过有效的组织工作，确保施工项目的安全和安全作业顺利地开展。

3．进行安全教育，采取安全技术措施和组织措施

安全教育，主要包括安全生产思想、知识、技术三个方面的教育。安全生产思想教育，包括思想路线和方针政策、劳动纪律教育；安全知识教育包括每年的学时安全培训及安全基本知识教育、施工生产工艺方法等；安全技能教育包括各专业的特点、安全操作、安全防护的基本技术知识并且熟习本工种、岗位安全技能知识、特殊作业人员安全技术培训、考试合格、持证上岗。目的是提高职工的安全意识、安全知识水平和安全操作技能安全，安全技术措施、组织措施。既要科学合理，又要确保其实施改善劳动条件，消除生产中不安全因素进行防护，包括思想重视和措施得当，防患于未然，才能变有害作业为安全作业，确保安全生产。

4．开展安全防护和安全生产的研究

安全防护是劳动保护，劳动保护包括劳动管理、安全技术和劳动卫生技术。安全管理是一门学科，必须进行大量的研究，寻找危险源，确定分析重大危险源因素，制定对策，进行安全技术交底，也就是说项目生产过程发现有损职工身体健康和人身安全的各种因素，开发劳动保护和事故预防的途径，防止突发性事件，制定应急预案措施，使安全生产科学化，不断提高安全生产保障水平。

5．安全检查和考核

安全检查的目的，是通过检查，可以发现施工中不安全的因素，采取对策保障安全生产。检查的内容，是对安全措施的实验情况，安全生产防护中的薄弱环节，安全纪律及规章制度的执行情况，工人劳动安全条件等进行检查。其目的是发现问题加以改进，总结经验加以推广，提高管理水平。同时，检查与考核评比相结合，有利于安全问题的整改和先进经验的推广。

8.6.4　安全生产责任制

1. 项目经理部安全生产职责

1) 项目经理部是安全生产工作的载体，具体组织和实施项目安全生产、文明施工、环境保护工作，对本项目工程的安全生产负全面责任。

2) 贯彻落实各项安全生产的法律、法规、规章、制度，组织实施各项安全管理工作，完成各项考核指标。

3) 建立并完善项目部安全生产责任制和安全考核评价体系，积极开展各项安全活动，监督、控制分包队伍执行安全规定，履行安全职责。

4) 发生伤亡事故及时上报，并保护好事故现场，积极抢救伤员，认真配合事故调查组开展伤亡事故的调查和分析，按照"四不放过"原则，落实整改防范措施，对责任人员进行处理。

2. 项目部各级人员安全生产责任

(1) 工程项目经理。

1) 工程项目经理是项目工程安全生产的第一责任人，对项目工程经营生产全过程中的安全负全面领导责任。

2) 工程项目经理必须经过专门的安全培训考核，取得项目管理人员安全生产资格证书，方可上岗。

3) 贯彻落实各项安全生产规章制度，结合工程项目特点及施工性质，制订有针对性的安全生产管理办法和实施细则，并落实实施。

4) 在组织项目施工、聘用业务人员时，要根据工程特点、施工人数、施工专业等情况，按规定配备一定数量和素质的专职安全员，确定安全管理体系；明确各级人员和分承包方的安全责任和考核指标，并制订考核办法。

5) 健全和完善用工管理手续，录用外协施工队伍必须及时向人事劳务部门、安全部门申报，必须事先审核注册、持证等情况，对工人进行三级安全教育后，方准入场上岗。

6) 负责施工组织设计、施工方案、安全技术措施的组织落实工作，组织并督促工程项目安全技术交底制度、设施设备验收制度的实施。

7) 领导、组织施工现场每旬一次的定期安全生产检查，发现施工中的不安全问题，组织制订整改措施及时解决；对上级提出的安全生产与管理方面的问题，要在限期内定时、定人、定措施予以解决；接到政府部门安全监察指令书和重大安全隐患通知单，应立即停止施工，组织力量进行整改。隐患消除后，必须报请上级部门验收合格，才能恢复施工。

8) 在工程项目施工中，采用新设备、新技术、新工艺、新材料，必须编制科学的施工方案、配备安全可靠的劳动保护装置和劳动防护用品，否则不准施工。

9) 发生因工伤亡事故时，必须做好事故现场保护与伤员的抢救工作，按规定及时上报，不得隐瞒、虚报和故意拖延不报。积极组织配合事故的调查，认真制订并落实防范措施，吸取事故教训，防止发生重复事故。

(2) 工程项目生产副经理。

1) 工程项目生产副经理对工程项目的安全生产负直接领导责任，协助工程项目经理认真贯彻执行国家和企业安全生产各项法规和规章制度，落实工程项目的各项安全生产管理制度。工作质量对项目经理负责。

2）组织实施工程项目总体和施工各阶段安全生产工作规划以及各项安全技术措施、方案的组织实施工作，组织落实工程项目各级人员的安全生产责任制。

3）组织、领导工程项目安全生产的宣传教育工作，并制订工程项目安全培训实施办法，确定安全生产考核指标，制订实施措施和方案，并负责组织实施，负责外协施工队伍各类人员的安全生产教育、培训和考核的组织领导工作。

4）配合工程项目经理组织定期安全生产检查，负责工程项目各种形式的安全生产检查的组织、督促工作和安全生产隐患整改落实的实施工作，及时解决施工中的安全生产问题。

5）负责工程项目安全生产管理机构的领导工作，认真听取、采纳安全生产的合理化建议，支持安全生产管理人员的业务工作，保证工程项目安全生产保证体系的正常运转。

6）工地发生事故时，负责事故现场保护、员工教育、防范措施落实，并协助做好事故调查的具体组织工作。

（3）项目安全总监。

1）项目安全总监在现场经理的直接领导下履行项目安全生产工作的监督管理职责。

2）宣传贯彻安全生产方针政策、规章制度，推动项目安全组织以保证体系的运行。

3）督促实施施工组织设计、安全技术措施；实现安全管理目标；对项目各项安全生产管理制度的贯彻与落实情况进行检查与具体指导。

4）组织分承包商安全专、兼职人员开展安全监督与检查工作。

5）查处违章指挥、违章操作、违反劳动纪律的行为和人员，对重大事故隐患采取有效的控制措施，必要时可采取局部甚至全部停产的非常措施。

6）督促开展周一安全活动和项目安全讲评活动。

7）负责办理与发放各级管理人员的安全资格证书和操作人员安全上岗证。

8）参与事故的调查与处理。

（4）工程项目技术负责人。

1）工程项目技术负责人对工程项目生产经营中的安全生产负技术责任。

2）贯彻落实国家安全生产方针、政策，严格执行安全技术规程、规范、标准；结合工程特点，进行项目整体安全技术交底。

3）参加或组织编制施工组织设计，在编制、审查施工方案时，必须制订相应的安全技术措施，保证其可行性和针对性，并认真监督实施情况，发现问题及时解决。

4）主持制订技术措施计划和季节性施工方案的同时，必须制订相应的安全技术措施并监督执行，及时解决执行中出现的问题。

5）应用新材料、新技术、新工艺，要及时上报，经批准后方可实施，同时必须组织对上岗人员进行安全技术的培训、教育；认真执行相应的安全技术措施与安全操作工艺要求，预防施工中因化学药品引起的火灾、中毒或在新工艺实施中可能造成的事故。

6）主持安全防护设施和设备的验收。严格控制不符合标准要求的防护设备、设施投入使用；使用中的设施、设备，要组织定期检查，发现问题及时处理。

7）参加安全生产定期检查，对施工中存在的事故隐患和不安全因素，从技术上提出整改意见和消除办法。

8）参加或配合工伤及重大未遂事故的调查，从技术上分析事故发生的原因，提出防范措施和整改意见。

（5）工长、施工员。

1）工长、施工员是所管辖区域范围内安全生产的第一责任人，对所管辖范围内的安全生产负直接领导责任。

2）贯彻落实上级有关规定，监督执行安全技术措施及安全操作规程，针对生产任务特点，向班组（外协施工队伍）进行书面安全技术交底，履行签字手续，并对规程、措施、交底要求的执行情况经常检查，随时纠正违章作业。

3）负责组织落实所管辖施工队伍的三级安全教育、常规安全教育、季节转换及针对施工各阶段特点进行的各种形式的安全教育，负责组织落实所管辖施工队伍特种作业人员的安全培训工作和持证上岗的管理工作。

4）经常检查所管辖区域的作业环境、设备和安全防护设施的安全状况，发现问题及时纠正解决。对重点特殊部位施工，必须检查作业人员及各种设备和安全防护设施的技术状况是否符合安全标准要求，认真做好书面安全技术交底，落实安全技术措施，并监督其执行，做到不违章指挥。

5）负责组织落实所管辖班组（外协施工队伍）开展各项安全活动，学习安全操作规程，接受安全管理机构或人员的安全监督检查，及时解决其提出的不安全问题。

6）对工程项目中应用的新材料、新工艺、新技术严格执行申报、审批制度，发现不安全问题，及时停止施工，并上报领导或有关部门。

7）发生因工伤亡及未遂事故必须停止施工，保护现场，立即上报，对重大事故隐患和重大未遂事故，必须查明事故发生原因，落实整改措施，经上级有关部门验收合格后方准恢复施工，不得擅自撤除现场保护设施，强行复工。

（6）外协施工队负责人。

1）外协施工队负责人是本队安全生产的第一责任人，对本单位安全生产负全面领导责任。

2）认真执行安全生产的各项法规、规定、规章制度及安全操作规程，合理安排组织施工班组人员上岗作业，对本队人员在施工生产中的安全和健康负责。

3）严格履行各项劳务用工手续，做到证件齐全，特种作业持证上岗。做好本队人员的岗位安全培训、教育工作，经常组织学习安全操作规程，监督本队人员遵守劳动、安全纪律，做到不违章指挥，制止违章作业。

4）必须保持本队人员的相对稳定，人员变更须事先向用工单位有关部门报批，新进场人员必须按规定办理各种手续，并经入场和上岗安全教育后，方准上岗。

5）组织本队人员开展各项安全生产活动，根据上级的交底向本队各施工班组进行详细的书面安全技术交底，针对当天的施工任务、作业环境等情况，做好班前安全讲话，施工中发现安全问题，应及时解决。

6）定期和不定期组织检查本队施工的作业现场安全生产状况，发现不安全因素，及时整改，发现重大安全事故隐患应立即停止施工，并上报有关领导，严禁冒险蛮干。

7）发生因工伤亡或重大未遂事故，组织保护好事故现场，做好伤者抢救工作和防范措施，并立即上报，不准隐瞒、拖延不报。

（7）班组长。

1）班组长是本班组的安全生产第一责任人，认真执行安全生产规章制度及安全技术操作规程，合理安排班组人员的工作，对班组人员在施工生产中的安全和健康负直接责任。

2）经常组织班组人员开展各项安全生产活动和学习安全技术操作规程，监督班组人员正确使用个人劳动防护用品和安全设施、设备，不断提高安全自保能力。

3）认真落实安全技术交底要求，做好班前交底，严格执行安全防护标准，不违章指挥，不冒险蛮干。

4）经常检查班组作业现场的安全生产状况和工人的安全意识、安全行为，发现问题及时解决，并上报有关领导。

5）发生因工伤亡及重大未遂事故，保护好事故现场，并立即上报有关领导。

（8）工人。

1）工人是本岗位安全生产的第一责任人，在本岗位作业中对自己、对环境、对他人的安全负责。

2）认真学习，严格执行安全操作规程，模范遵守安全生产规章制度。

3）积极参加各项安全生产活动，认真执行安全技术交底要求，不违章作业，不违反劳动纪律，虚心服从安全生产管理人员的监督、指导。

4）发扬团结友爱精神，在安全生产方面做到互相帮助，互相监督，维护一切安全设施、设备，做到正确使用，不准随意拆改，对新工人有传、带、帮的责任。

5）对不安全的作业要求要提出意见，有权拒绝违章指令。

6）发生因工伤亡事故，要保护好事故现场并立即上报。

7）在作业时要严格做到"眼观六面、安全定位；措施得当、安全操作"。

3．项目部各职能部门安全生产责任

（1）安全部。

1）安全部是项目安全生产的责任部门，是项目安全生产领导小组的办公机构，行使项目安全工作的监督检查职权。

2）协助项目经理开展各项安全生产业务活动，监督项目安全生产保证体系的正常运转。

3）定期向项目安全生产领导小组汇报安全情况，通报安全信息，及时传达项目安全决策，并监督实施。

4）组织、指导项目分包安全机构和安全人员开展各项业务工作，定期进行项目安全性测评。

（2）工程管理部。

1）在编制项目总工期控制进度计划及年、季、月计划时，必须树立"安全第一"的思想，综合平衡各生产要素，保证安全工程与生产任务协调一致。

2）对于改善劳动条件、预防伤亡事故项目，要视同生产项目优先安排；对于施工中重要的安全防护设施、设备的施工要纳入正式工序，予以时间保证。

3）在检查生产计划实施情况的同时，检查安全措施项目的执行情况。

4）负责编制项目文明施工计划，并组织具体实施。

5）负责现场环境保护工作的具体组织和落实。

6）负责项目大、中、小型机械设备的日常维护、保养和安全管理。

（3）技术部。

1）负责编制项目施工组织设计中安全技术措施方案，编制特殊、专项安全技术方案。

2）参加项目安全设备、设施的安全验收，从安全技术角度进行把关。

3）检查施工组织设计和施工方案的实施情况的同时，检查安全技术措施的实施情况，对施工中涉及的安全技术问题，提出解决办法。

4）对项目使用的新技术、新工艺、新材料、新设备，制订相应的安全技术措施和安全操作规程，并负责工人的安全技术教育。

（4）物资部。

1）重要劳动防护用品的采购和使用必须符合国家标准和有关规定，执行本系统重要劳动防护用品定点使用管理规定。同时，会同项目安全部门进行验收。

2）加强对在用机具和防护用品的管理，对自有及协力自备的机具和防护用品定期进行检验、鉴定，对不合格品及时报废、更新，确保使用安全。

3）负责施工现场材料堆放和物品储运的安全。

（5）机电部。

1）选择机电分承包方时，要考核其安全资质和安全保证能力。

2）平衡施工进度、交叉作业时，确保各方安全。

3）负责机电安全技术培训和考核工作。

（6）合约部。

1）在分包单位进场前签订总、分包安全管理合同或安全管理责任书。

2）在经济合同中应分清总、分包安全防护费用的划分范围。

3）在每月工程款结算单中扣除由于违章而被处罚的罚款。

（7）办公室。

1）负责项目全体人员安全教育培训的组织工作。

2）负责现场 CI 管理的组织和落实。

3）负责项目安全责任目标的考核。

4）负责现场文明施工与各相关方的沟通。

4. 责任追究制度

1）对因安全责任不落实、安全组织制度不健全、安全管理混乱、安全措施经费不到位、安全防护失控、违章指挥、缺乏对分承包方安全控制力度等主要原因导致因工伤亡事故发生，除对有关人员按照责任状进行经济处罚外，对主要领导责任者给予警告、记过处分；对重要领导责任者给予警告处分。

2）对因上述主要原因导致重大伤亡事故发生，除对有关人员按照责任状进行经济处罚外，对主要领导责任者给予记过、记大过、降级、撤职处分；对重要领导责任者给予警告、记过、记大过处分。

3）构成犯罪的，由司法机关依法追究刑事责任。

8.6.5　施工安全技术措施

建筑安全生产贯穿于工程项目自开工到竣工的施工生产的全过程，因此安全工作存在于每个分部分项工程、每道工序中，也就是说哪里的安全技术措施不落实，哪里就有发生伤亡事故的可能。安全管理人员不仅要监督检查各项安全管理制度的贯彻落实，还应了解建筑施工中主要的安全技术，才能有效地采取措施，预防各类伤亡事故，保证安全生产。

1. 土石方工程安全技术要求

建筑工程施工中土方工程量很大，特别是山区和城市大型、高层建筑深基础的施工。土方工程施工的对象和条件又比较复杂，如土质、地下水、气候、开挖深度、施工场地与设备等，对于不同的工程都不相同。因此，施工安全在土方工程施工中是一个很突出的问题。

（1）施工准备工作。

1）勘查现场，清除地面及地上障碍物。摸清工程实地情况、开挖土层的地质、水文情况、运输道路、邻近建筑、地下埋设物、古墓、旧人防地道、电缆线路、给水排水管道、煤气管道、地面障碍物、水电供应情况等，以便有针对性地采取安全措施，清除施工区域内的地面及地下障碍物。

2）做好施工场地防洪排水工作，全面规划场地，平整各部分的标高，保证施工场地排水通畅不积水，场地周围设置必要的截水沟、排水沟。

3）保护测量基准桩，以保证土方开挖标高位置与尺寸准确无误。

4）备好施工用电、用水、道路及其他设施。

5）需要做挡土桩的深基坑，要先做好挡土桩。

（2）土方开挖注意事项。

1）根据土方工程开挖深度和工程量的大小，选择机械和人工挖土或机械挖土方案。

2）如开挖的基坑（槽）比邻近建筑物基础深时，开挖应保持一定的距离和坡度，以免施工时影响邻近建筑物的稳定，如不能满足要求，应采取边坡支撑加固措施。并在施工中进行沉降和位移观测。

3）弃土应及时运出，如需要临时堆土，或留作回填土，堆土坡脚至坑边距离应按挖土深度、边坡坡度和土的类别确定，在边坡支护设计时应考虑堆土附加侧压力。

4）为防止基坑底的土被扰动，基坑挖好后要尽量减少暴露时间，及时进行下一道工序的施工。如不能立即进行下一道工序，要预留 15～30cm 厚覆盖土层，待基础施工时再挖去。

5）基坑开挖要注意预防基坑被浸泡，引起坍塌和滑坡事故的发生。为此在制定土方施工方案时应注意采取排水措施。

（3）安全措施。

1）在施工组织设计中，要有单项土方工程施工方案，对施工准备、开挖方法、放坡、排水、边坡支护应根据有关规范要求进行设计，边坡支护要有设计计算书。

2）人工挖基坑时，操作人员之间要保持安全距离，一般大于 2.5m；多台机械开挖，挖土机间距应大于 10m，挖土要自上而下，逐层进行，严禁先挖坡脚的危险作业。

3）挖土方前对周围环境要认真检查，不能在危险岩石或建筑物下面进行作业。

4）基坑开挖应严格按要求放坡，操作时应随时注意边坡的稳定情况，发现问题及时加固处理。

5）机械挖土，多台机械同时开挖土方时，应验算边坡的稳定。根据规定和验算确定挖土机离边坡的安全距离。

6）深基坑四周设防护栏杆，人员上下要有专用爬梯。

7）运土道路的坡度、转弯半径要符合有关安全规定。

8）爆破土方要遵守爆破作业安全有关规定。

2．砌筑作业安全技术要求

1）在施工操作前，必须检查操作环境是否符合安全要求，道路是否畅通，施工机具是否完好牢固，安全设施和防护用品是否齐全，符合要求后才能进行施工。

2）在操作地点临时堆放材料时，当放在地面时，要放在平整坚实的地面上，不得放在湿润积水或泥土松软崩裂的地方。当放在楼板面或桥道时，不得超出其设计荷载能力，并应分散堆置，不能过分集中。

3）起重机吊运砖要用砖笼，吊运砂浆时料斗不能装得过满，人不能在吊件回转范围内停留。

4）水平运输车辆运砖、石、砂浆时应注意稳定，不得高速奔跑，前后车距不应少于2m，下坡行车，两车距不应少于10m。禁止超车，所载材料不许超出车厢之上。

5）砌筑高度超过1.2m时，应搭设脚手架，在一层以上或高度超过4m时，采用脚手架砌筑，必须架设安全网。

6）脚手架上材料堆放每平方米不得超过规定荷载，堆砖高度不得超过3皮侧砖，同一脚手架上不得超过两人作业。

7）操作工具应放置在稳妥的地方。斩砖应面向墙面，工作完毕应将脚手架和砖墙上的碎砖、灰浆清理干净，防止掉落伤人。

8）上下脚手架应走斜道。不准站在砖墙上做砌筑、画线、检查大角垂直度和清扫墙面等工作。

9）人工垂直向上或向下传递砌块，不得向上或向下抛掷，架子上和站人板工作面不得小于60cm。

10）不准用不稳固的工具或在脚手架上垫高。

11）已砌好的山墙，应临时用撑杆放置各跨山墙上，使其连接稳定，或采取其他有效的加固措施。

12）已经就位的砌块，必须立即进行竖缝灌浆。

13）大风、大雨、冻冰等气候之后，应对砌体进行检查，看是否有异常情况发生。

14）台风季节应及时进行圈梁施工，加盖楼板，或采取其他稳定措施。

15）冬期施工时，应先将脚手架上的霜雪等清理干净后，才能上架施工。

3．脚手架工程安全技术要求

脚手架是建筑施工中必不可少的临时设施。砖墙的砌筑、墙面的抹灰、装饰和粉刷、结构构件的安装等，都需要在其近旁搭设脚手架，以便在其上进行施工操作、堆放施工用料和必要时的短距离水平运输。脚手架虽然是随着工程进度而搭设，工程完毕就拆除，但它对建筑施工速度、工作效率、工程质量以及工人的人身安全有着直接的影响。如果脚手架搭设不及时，势必会拖延工程进度；脚手架搭设不符合施工需要，工人操作就不方便，质量得不到保证，工效也提不高；脚手架搭设不牢固、不稳定，就容易造成施工中的伤亡事故。因此，脚手架的选型、构造、搭设质量等决不可疏忽大意，轻率处理。

（1）脚手架的基本要求。脚手架是为高空作业创造施工操作条件，脚手架搭设得不牢固、不稳定就会造成施工中的伤亡事故，同时还须符合节约的原则，因此，一般应满足以下的要求：

1）要有足够的牢固性和稳定性，保证在施工期间对所规定的荷载或在气候条件的影响下不变形、不摇晃、不倾斜，能确保作业人员的人身安全。

2）要有足够的面积满足堆料、运输、操作和行走的要求。

3）构造要简单，搭设、拆除和搬运要方便，使用要安全，并能满足多次周转使用。

4）要因地制宜，就地取材，量材施用，尽量节约用料。

（2）脚手架的材质与规格。

1）钢管材质一般使用 Q235 钢，外径为 48.3mm，壁厚为 3.6mm，无严重锈蚀、弯曲、压扁或裂纹的钢管。

2）扣件应采用可锻铸铁或铸钢制作，其质量和性能应符合《钢管脚手架扣件》GB 15831—2006 规定。采用其他材料制作的扣件，应经试验证明其质量符合该标准的规定后方可使用。扣件在螺栓拧紧扭力矩达到 65N·m 时，不得发生破坏。

3）脚手架杆件不得钢木混搭。

4）作业层脚手板应采用钢、木、竹材料制作，单块脚手板质量不宜大于 30kg。

4. 模板作业安全技术要求

目前，各大中城市大量应用的是组合式定型钢模板及钢木模板。由于高层和超高层建筑的蓬勃发展，现浇结构数量越来越大，相应模板工程所产生的事故也有逐渐增加的趋势，如胀凸、爆模、整体倒塌等事故时有发生，所以应根据这一趋势对模板工程加强安全管理。

（1）模板施工前的安全技术准备工作。

1）模板施工前，要认真审查施工组织设计中关于模板的设计资料，要审查下列项目：

①模板结构设计计算书的荷载取值，是否符合工程实际，计算方法是否正确，审核手续是否齐全。

②模板设计主要应包括支撑系统自身及支撑模板的楼、地面承受能力的强度等。

③模板设计图包括结构构件大样及支撑体系、连接件等的设计是否安全合理，图纸是否齐全。

④模板设计中安全措施是否周全。

2）当模板构件进场后，要认真检查构件和材料是否符合设计要求，例如钢模板构件是否有严重锈蚀或变形，构件的焊缝或连接螺栓是否符合要求。木料的材质以及木构件拼接接头是否牢固等。自己加工的模板构件，特别是承重钢构件其检查验收手续是否齐全。

3）要排除模板工程施工中现场的不安全因素，要保证运输道路畅通，做到现场防护设施齐全。地面上的支模场地必须平整夯实。要做好夜间施工照明的准备工作，电动工具的电源线绝缘、漏电保护装置要齐全，并做好模板垂直运输的安全施工准备工作。

4）现场施工负责人在模板施工前要认真向有关人员作安全技术交底，特别是新的模板工艺，必须通过试验，并培训操作人员。

（2）模板安装的一般要求。

1）模板安装必须按模板的施工设计进行，严禁任意变动。

2）整体式的多层房屋和构筑物安装上层模板及其支架时，应符合下列规定：

①下层楼板结构的强度，当达到能承受上层模板、支撑和新浇混凝土的重量时方可在其上面进行支搭。否则下层楼板结构的支撑系统不能拆除，同时上下支柱应在同一垂直线上。

②如采用悬吊模板、吊架支模方法，其支撑结构必须要有足够的强度和刚度。

3）当层间高度大于5m时，若采用多层支架支模，则在两层支架立柱间应铺设垫板，且应平整，上下层文件要垂直，并应在同一垂直线上。

4）模板及其支撑系统在安装过程中，必须设置临时固定设施，严防倾覆。

5）支柱全部安装完毕后，应及时沿横向和纵向加设水平撑和垂直剪刀撑，并与支柱固定牢靠。当支柱高度小于4m时，水平撑应设上下两道，两道水平撑之间，在纵、横向加设剪刀撑。然后支柱每增高2m再增加一道水平撑，水平撑之间还需增加剪刀撑一道。

6）采用分节脱模时，底模的支点应按设计要求设置。

7）承重焊接钢筋骨架和模板一起安装时应符合下列规定：

①模板必须固定在承重焊接钢筋骨架的节点上。

②安装钢筋模板组合体时，应按模板设计的吊点位置起吊。

8）组合钢模板采取预拼装用整体吊装方法时，应注意以下要点：

①拼装完毕的大块模板或整体模板，吊装前应确定吊点位置，先进行试吊，确认无误后，方可正式吊运安装。

②使用吊装机械安装大块整体模板时，必须在模板就位并连接牢固后方可脱钩。

③安装整块柱模板时，不得将其支在柱子钢筋上代替临时支撑。

（3）模板安装注意事项。

1）单片柱模吊装时，应采用卸扣和柱模连接，严禁用钢筋钩代替，以避免柱模翻转时脱钩造成事故，待模板立稳后并拉好支撑，方可摘除吊钩。

2）支模应按工序进行，模板没有固定前，不得进行下道工序。

3）支设4m以上的立柱模板和梁模板时，应搭设工作台，不足4m的，可使用马凳操作，不准站在柱模板上操作和在梁底模上行走，更不允许利用拉杆、支撑攀登上下。

4）墙模板在未装对拉螺栓前，板面要向后倾斜一定角度并撑牢，以防倒塌。安装过程要随时拆换支撑或增加支撑，以保持墙模处于稳定状态。模板未支撑稳固前不得松动吊钩。

5）安装墙模板时，应从内、外墙角开始，向相互垂直的两个方向拼装，连接模板的U形卡要正反交替安装，同一道墙（梁）的两侧模板应同时组合，以便确保模板安装时的稳定。当墙模板采用分层支模时，第一层模板拼装后，应立即将内外钢楞、穿墙螺栓、斜撑等全部安设紧固稳定。当下层模板不能独立安设支承件时，必须采取可靠的临时固定措施，否则严禁进行上一层模板的安装。

6）用钢管和扣件搭设双拼立柱支架支承梁模时，扣件应拧紧，且应抽查扣件螺栓的扭力矩是否符合规定，不够时，可放两个扣件与原扣件挨紧。横杆步距按设计规定，严禁随意增大。

7）平板模板安装就位时，要在支架搭设稳固、板下横楞与支架连接牢固后进行。U形卡要按设计规定安装，以增强整体性，确保模板结构安全。

8）五级以上大风，应停止模板的吊运作业。

（4）模板拆除。

1）拆除时应严格遵守"拆模作业"要点的规定。

2）高处、复杂结构模板的拆除，应有专人指挥和可靠的安全措施，并在下面标出工作区，严禁非操作人员进入作业区。

3）工作前应事先检查所使用的工具是否牢固，扳手等工具必须用绳链系挂在身上，工作时思想要集中，防止钉子扎脚和从空中滑落。

4）遇六级以上大风时，应暂停室外的高处作业。有雨、雪、霜时应先清扫施工现场，不滑时再进行工作。

5）拆除模板一般应采用长撬杠，严禁操作人员站在正拆除的模板上。

6）已拆除的模板、拉杆、支撑等应及时运走或是妥善堆放，严防操作人员因扶空、踏空而坠落。

7）在混凝土墙体、平板上有预留洞时，应在模板拆除后，及时在墙洞上做好安全护栏，或将板的洞口盖严。

8）拆模间歇时，应将已活动的模板、拉杆、支撑等固定牢固，严防突然掉落、倒塌伤人。

5．钢筋作业安全技术要求

（1）钢筋制作安装安全技术要求。

1）钢筋加工机械应保证安全装置齐全有效。

2）钢筋加工场地应由专人看管，各种加工机械在作业人员下班后拉闸断电，非钢筋加工制作人员不得擅自进入钢筋加工场地。

3）冷拉钢筋时，卷扬机前应设置防护挡板，或将卷扬机与冷拉方向呈90°，且应用封闭式的导向滑轮，冷拉场地禁止人员通行或停留，以防被伤害。

4）起吊钢筋骨架时，下方禁止站人，待骨架降落至距安装标高1m以内方准靠近，就位支撑好后，方可摘钩。

5）在高空、深坑绑扎钢筋和安装骨架应搭设脚手架和马道。绑扎3m以上的柱钢筋应搭设操作平台，已绑扎的柱骨架应采用临时支撑拉牢，以防倾倒。绑扎圈梁、挑檐、外墙、边柱钢筋时，应利用外脚手架或悬挑架，并按规定挂好安全网。

（2）钢筋焊接作业安全技术要求。

1）焊机应接地，以保证操作人员安全；对于接焊导线及焊钳接导线处，都应有可靠绝缘。

2）大量焊接时，焊接变压器不得超负荷，变压器升温不得超过60℃，为此，要特别注意遵守焊机暂载率规定，以避免过分发热而损坏。

3）室内电弧焊时，应有排气通风装置。焊工操作地点相互之间应设挡板，以防弧光刺伤眼睛。

4）焊工应穿戴防护用具。电弧焊焊工要戴防护面罩。焊工应站立在干木垫或其他绝缘垫上。

5）焊接过程中，如焊机发生不正常响声，变压器绝缘电阻过小、导线破裂、漏电等，均应立即进行检修。

（3）钢筋施工机械安全防护。

1）钢筋机械：

①安装平稳固定，场地条件满足安全操作要求，切断机有上料架。

②切断机应在机械运转正常后方可送料切断。

③弯曲钢筋时扶料人员应站在弯曲方向反侧。

2）电焊机：

①焊机摆放应平稳，不得靠近边坡或被土掩埋。

②焊机一次侧首端必须使用漏电保护开关控制，一次电源线长不得超过5m，焊机机壳做可靠接零保护。

③焊机一、二次侧接线应使用铜质鼻夹压紧，接线点有防护罩。

④焊机二次侧必须安装同长度焊把线和回路零线，长度不宜超过30m。

⑤禁止利用建筑物钢筋或管道作焊机二次回路零线。

⑥焊钳必须完好绝缘。

⑦焊机二次侧应装防触电装置。

3）气焊用氧气瓶、乙炔瓶：

①气瓶储量应按有关规定加以限制，储存需有专用储存室，由专人管理。

②搬运气瓶到高处作业时应专门制作笼具。

③现场使用压缩气瓶严禁曝晒或油渍污染。

④气焊操作人员应保证瓶距、火源之间距离在10m以上。

⑤为气焊人员提供乙炔瓶防止回火装置，防振胶圈应完整无缺。

⑥为冬季气焊作业提供预防气带子受冻设施，受冻气带子严禁用火烤。

4）机械加工设备：

①械加工设备的传动部位的安全防护罩、盖、板应齐全有效。

②械加工设备的卡具应安装牢固。

③械加工设备的操作人员的劳动防护用品按规定配备齐全，合理使用。

④机械加工设备不许超规定范围使用。

（4）其他安全技术要求。

1）钢筋断料、配料、弯料等工作应在地面进行，不准在高空操作。

2）搬运钢筋要注意附近有无障碍物、架空电线和其他临时电气设备，防止钢筋在回转时碰撞电线或发生触电事故。

3）现场绑扎悬空大梁钢筋时，不得站在模板上操作，应在脚手板上操作；绑扎独立柱头钢筋时，不准站在钢箍上绑扎，也不准将木料、管子、钢模板穿在钢箍内作为立人板。

4）起吊钢筋骨架，下方禁止站人，待骨架降至距模板 1m 以下后才准靠近，就位支撑好，方可摘钩。

5）起吊钢筋时，规格应统一，不得长短参差不一，不准一点吊。

6）切割机使用前，应检查机械运转是否正常，是否漏电；电源线须进漏电开关，切割机后方不准堆放易燃物品。

7）钢筋头应及时清理，成品堆放要整齐，工作台要稳，钢筋工作棚照明灯应加网罩。

8）高处作业时，不得将钢筋集中堆在模板和脚手板上，也不要把工具、钢箍、短钢筋随意放在脚手板上，以免滑下伤人。

9）在雷雨时应暂停露天操作，防雷击钢筋伤人。

10）钢筋骨架不论其固定与否，不得在上行走，禁止从柱子上的钢箍上下。

11）钢筋冷拉时，冷拉线两端必须装置防护设施。冷拉时严禁在冷拉线两端站立或跨越，触动正在冷拉的钢筋。

6. 混凝土现浇作业安全技术要求

（1）一般规定。混凝土浇筑施工，一般都涉及多工种、多机具的交叉配合作业。为实现安全施工和确保工程质量，施工负责人首先应对参与混凝土施工的人员进行合理的劳动组织安排，认真进行安全技术交底，做到统一指挥，落实责任。浇筑混凝土前，必须对施工的每个作业环节进行全面检查，如模板支撑是否牢固，钢筋埋件及隐蔽检验，施工机具、脚手架平台、运输车辆、水电及照明等状况是否良好，经确认后，填发"混凝土浇筑通知书"，才能开始浇筑施工。参加施工的各工种除应遵守有关安全技术规程外，必须坚守职责，随时检查混凝土浇筑过程中的模板、支撑、钢筋、架子平台、电线设备等的工作状态，发现有模板松动、变形、移动、钢筋埋件移位等情况，应立即整改。

（2）混凝土的拌制及操作安全。机械拌制混凝土时，为减少水泥粉尘飞散，保证搅拌质量，宜使用跌落式混凝土搅拌机，其下料程序是：搅拌筒内先加入 1/2 的用水量，再将全部石子及部分砂子倒入下料斗，然后在其上面倒入水泥，再倒入剩余砂子，将水泥覆盖后，卸入滚筒内搅拌，最后往滚筒内加入按规定计量所剩余的 1/2 用水量。混凝土搅拌的最短时间，自全部材料滚入搅拌筒内，到卸料止 2min 最宜。

少量混凝土可采取人工拌和，但要注意避免铁锹伤人。

在各种特种混凝土成分的配料中，均掺有不同量的化工原料或外加剂，如早强剂、缓凝剂、减水剂、速凝剂、加气剂、起泡剂以及抗冻剂等，这些化工原料对人体皮肤有一定刺激和腐蚀性，有些在配制过程中伴随化学反应会产生一定量的有害气体。所以在使用这些材料时，必须注意其适用与禁用范围、限量及掺配工艺，否则有可能导致质量事故或造成人体伤害。对此应严格遵循施工技术规范和做好个人防护工作。

（3）混凝土的浇筑及操作安全。浇筑混凝土预制构件，场地要平整坚实，并应有排水措施。预制构件要用翻转架脱时，多人协同翻架用力要一致。当翻至翻转架与地面垂直时，防止因倾翻力不足而导致模架回弹造成猛烈跳动而影响质量。采用平卧重叠法预制构件时，重叠高度一般不超过 3~4 层，且要待混凝土强度达到 4.9MPa 后，方可继续浇筑上层构件混凝土，并应有隔离措施。预制构件浇筑完毕后，应在其上标注型号及制作日期。对于上下两面难以分辨的构件，可在统一位置上注明"上"字，这一点尤为重要。

　　滑模施工浇筑混凝土，必须要有严密的施工方案，严格的材料计量，严格控制滑升速度，严密测量监视，从严管理和检查。操作平台上的荷载必须按设计规定布置，不得随意改动和增加。操作平台上铺板要密实防滑，操作平台和吊篮周围必须满挂拴牢安全网。平台护身栏杆高度不得低于 1.2m。操作平台应保持整洁，残留的混凝土、拆下的模板和其他材料工具应加强清理，施工人员上下应具有专门提升罐笼装置或专用行人坡道，不准用临时直梯。垂直提升装置必须设高度限位器，载人罐笼还必须有安全把闸。操作平台上，起重卷扬机房、信号控制点和测量观测点等之间的通信指挥信号必须明显可靠。滑模建筑物四周，必须根据建筑高度设定警戒区域并有工人看守。操作平台上要有接地保护，防雷设施不少于 3 处。滑模施工期间应注意了解气象情况，做好预防措施，遇有雷雨大风停止施工。

　　（4）混凝土机具操作安全。

　　1）混凝土搅拌机。操作跌落式混凝土搅拌机，应先检查其传动离合器和制动器是否灵活可靠、钢丝绳有无损坏、轨道滑程是否良好、机器四周有无障碍以及各部件润滑状况，然后进行空载试转，确认可靠后才可正式搅拌。操作人员应站在垫土平台上操作，并佩戴防尘口罩。操作时，起落料斗要平稳。当料斗降至接近地面时，应稍停后放至机底。料斗升起后，严禁在料斗下方站人。搅拌机运转中，严禁将工具、硬物等伸入拌筒内。已搅拌好混凝土在未全部卸出之前，不得再向拌筒内投入生料。在机器转动时人员不得进入机体后面滑道从事清洗或挂钩，防止因操作不慎人体误触动离合器的操纵杆而导致料斗升起造成伤害。拌筒中装满料时不应停转。若遇突然停电，不宜空载满负荷强行再启动，以防启动电流过大烧坏电源，这种情况下应及时将搅拌筒内的混凝土清除。人员进入筒内作业时，外面必须要有人监护并看好电源。检修搅拌机时，必须将料斗用双挂钩固定牢靠并切断电源。每次搅拌完毕，操作人员应将料斗放至地面或挂牢，将全机里外清洗干净并断电锁闸。

　　2）混凝土运输机具。混凝土的水平和垂直运输机具，有机动翻斗车、手推胶轮车、塔吊、提升架。除必须遵循有关车辆及起吊安全技术规程外，使用车辆运输混凝土前，还应加强对车辆的制动、转向机构、轮胎气压进行检查。车斗内的混凝土装入量，一般应低于车沿帮口 5~10cm，以免运输中散落。车辆驶上浇筑平台架子时，必须听从指挥。车辆重量不超过平台架子承重规定，以防架子塌垮。车辆倾倒混凝土时，严禁只图卸料省事、冒险高速前进或后退，造成驶进基坑或压伤操作人员。在车辆卸料处应铺设好钢板，加设车辆限位防护横挡。垂直运输混凝土时，胶轮手推车的手柄不得伸出吊笼或吊盘，车轮前后要挡塞牢固，稳起稳落，停妥后再上人推运。

　　目前，泵送混凝土施工工艺日益增多，泵车能一次同时完成垂直和水平送混凝土到浇筑点。泵送混凝土施工，要求混凝土配合比的设计、骨料检验与泵管内径之比、砂率、最小水泥用量控制及外加剂的使用等，均应符合泵送工艺对混凝土和易性的要求，以保证泵送顺利，防止堵管、爆管等事故。泵送混凝土输送管的各节头连接必须紧固。泵送时，输送管下不得站人，防止因脱扣造成高压喷料伤人。输送管的布置宜直，转弯宜缓，垂直立管要固定牢靠。泵送前应先用水泥（砂）浆将输送管内壁润滑以减少输送阻力。操作人员应严格控制泵送压力，并与下料浇筑振捣人员保持密切联系。混凝土泵送应连续进行，保持受料斗内有足够的混凝土，防止吸入空气形成阻塞。若因停运或停泵时间超过规定时间而发生混凝土初凝、离析等现象时，应停止泵送。若进料的间隔时间较长时，应对泵管进行清洗。发生混凝土管堵时，可在被堵塞管段外侧用木棒敲击疏通，必要时停泵拆卸节头进行处理，但禁止用加大压力的办法来排除故障。泵送过程因故停机时间较长时，应采用人工将泵管内混凝土排除，以防凝结。冬期施工发生管道冻结时，只准用热水加热泵管，禁用火烘烤。

3）混凝土振捣器。常用混凝土振捣器有插入式振动棒、表面平板式振动器等种类。

①插入式振动棒。使用混凝土振动棒前，必须将棒轴与电动机连接紧固，验证旋转方向与标记方向是否一致。进行试转时，不应将振动棒放在模板、脚手架以及未凝固的混凝土表面上振动。冬季因棒体冻结不易振动时，可用微火烘烤棒体，但不得使用烈火或沸水解冻。振捣操作人员应穿胶靴，戴绝缘手套，湿手不要接触电动机开关。作业时应一人持棒振捣，专人配合控制开关并监护电线。振捣混凝土操作应快插慢拔，插入混凝土中应将棒体上下微微抽动以捣制均匀。一般振动棒的作用半径为 30～40cm，捣固混凝土时宜按"333"方法，采用行列式或交错式移棒操作。即每一振点的捣实延续时间约为 30s，至混凝土表面呈现浮浆不再沉落为止，移动振动点间的距离以 30cm 为宜，但不应大于振动棒作用半径的 1.5 倍（捣实轻骨料混凝土时，间距不应大于作用半径的 1 倍），插入深度应保持振动棒外露长度为棒体全长的 1/3。不要将棒的软轴部分沉入混凝土中。振捣操作中软轴的弯曲半径不要小于 50cm。还应防止钢筋卡夹棒体，避免棒体碰触钢筋、模板、埋件、芯管或空心胶囊，一般棒体距离模板不应大于作用半径的 1 倍。连续分层浇筑混凝土时，为使上下层混凝土结合成一个整体，棒端应插入下层 5cm 深。振捣操作中如发现脱轴、漏电时，应停机检修。

②表面平板式振动器。使用表面平板式振动器时，应先检查电动机与振动板连接的螺栓是否紧固，导线是否固定可靠，要保持机壳表面清洁和牵引拉绳绝缘干燥。平板振动器的有效作用深度，在无筋或单层筋板构件中，一般为 20cm，在双层筋板件中约为 12cm。

因此，往模板中浇筑混凝土时必须控制一次浇筑厚度，两人操作应密切配合，在每一位置上连续振动时间一般为 25～40s，以混凝土表面均匀出现浆液为止。移动平板时，应成排顺序前进，前后位置和排间应互相挤压，压接长度应有 3～5cm，移动转向时，不要用脚蹬踩电动机。振至构件边沿时，要防止坠机砸人。

7. 预应力工程安全技术要求

（1）张拉设备安全技术措施。

1）张拉设备应由专人使用和管理，并且要求定期和准确地进行维护检验和测定。

2）张拉设备的测定期限不宜超过半年，当出现以下情况之一时，应对张拉设备重新测定：

①千斤顶久置后重新使用。

②千斤顶经过拆卸与修理。

③压力表更换。

④压力表受过碰撞或失灵。

⑤张拉过程中预应力筋伸长值误差较大或预应力筋被拉断等。

3）千斤顶与压力表配套测定，以减少误差。

4）张拉设备的选用应根据预应力筋的种类及其张拉锚固工艺等情况确定。

5）严禁在张拉设备负荷时拆换压力表或油管。

6）张拉设备的使用应根据产品说明书的要求进行，预应力筋的张拉力不应大于张拉设备的额定张拉力，预应力筋的一次张拉伸长值不应超过张拉设备的最大张拉行程。若一次张拉不足时，可采用分段张拉的方法，并选用适应重复张拉的锚具和夹具。

7）张拉设备必须有可靠的接地保护，经检查绝缘可靠后，才可试运转。

8）测定张拉设备用的仪器设备的精度应满足以下要求：试验机或测力计不低于±2%，压力表不宜低于1.5级。此外，压力表的最大量程不宜小于张拉设备额定张拉力的1.3倍。

（2）锚具与夹具安全技术措施。

1）除螺丝端杆锚具外，所有锚具的锚固能力不得低于预应力筋标准抗拉强度的锚固时预应力筋的内缩量，不得超过锚具设计要求的数值。

2）锚具应有出厂质量合格证明书。锚具经过类型、外观尺寸、硬度和锚固能力检验合格后，方可使用。

3）夹具应有出厂质量合格证书。

（3）先张法施工安全技术措施。

1）张拉时，张拉机具与预应力筋应在同一条直线上。

2）顶紧锚塞时，用力不要过猛，以防钢丝折断；拧紧螺母时，应注意压力表读数一定要保持所需的张拉力。

3）预应力筋放张前，应拆除侧模，使构件在放张时能自由伸缩。

4）预应力筋放张应分阶段、对称、交错和缓慢地进行。

5）对配筋多的结构件，所有的钢丝应同时放松，严禁采用逐根放松的方法。

6）构件混凝土达到设计要求或不低于设计强度的70%后，预应力筋才能放张。

7）台座两端应设有防护设施。

8）张拉预应力筋时，沿台座方向每隔4~5m设置一个防护架。

9）轴心受压的构件（如拉杆等）所有预应力筋应同时放张。

10）偏心受压的构件（如梁等）应先同时放张预压力较小区域的预应力筋，然后同时放张预压力较大区域的预应力筋。

11）钢丝的回缩值为：冷拔低碳钢丝≤0.6mm，碳素钢丝≤1.2mm，实测数据不得超过以上数值的20%。

（4）后张法施工安全技术措施。

1）粗钢筋的孔道直径应比预应力筋直径、钢筋对焊接头处外径以及需穿过孔道的铺具或连接器外径大 10～15mm。

2）钢丝或钢绞线的孔道直径应比预应力钢丝束或钢绞线束外径以及锚具外径大 5～10mm，孔道面积应大于预应力筋面积的两倍。

3）孔道之间的净距不应小于 25mm。

4）孔道至构件边缘的净距不应小于 25mm，且不应小于孔道直径的一半。

5）凡需起拱的构件，预留孔道宜与构件同时起拱。

6）在构件两端及跨中应设置灌浆孔，其孔距不应大于 12m。

7）曲线预应力筋和长度大于 24m 的直线预应力筋，应在两端张拉。长度小于等于 24m 的直线预应力筋，可在一端张拉，但张拉端宜分别设置在构件两端。

8）张拉平卧重叠构件时，应逐层增加张拉力。

9）预应力张拉完成后，应立即进行灌浆。

10）张拉预应力筋时，构件两端严禁站人，且在千斤顶的后面应设置防护装置。

11）张拉预应力筋前，构件强度应满足设计要求或不低于设计强度的 70%。

12）张拉千斤顶、孔道和锚环应对中，以便张拉工作顺利进行。

（5）无粘结预应力施工安全技术措施。

1）预应力钢丝和钢绞线的力学性能经检验合格后，方可制作成无粘结预应力筋。

2）无粘结预应力筋的外观检查应逐盘进行，油脂应饱满均匀，无漏涂，护套应圆整光滑，松紧恰当。

3）无粘结预应力筋出厂时，每盘上都应挂有产品标牌，并附产品质量合格证明书。

4）无粘结预应力筋运输时，应采用麻袋片包装，吊点处采用尼龙绳扎牢，不得使用钢丝绳等坚硬物与无粘结预应力筋的护套直接接触。

5）无粘结预应力筋应轻装轻卸，严禁摔掷或拖拉。

6）无粘结预应力筋在露天堆放时，应采取覆盖措施，并不能与地面直接接触；堆放期间严禁受到碰撞挤压。

7）不同规格和品种的无粘结预应力筋应分别堆放并做好标识。

8）无粘结预应力筋铺束前，必须将无粘结束的破损处用塑料胶带妥善包缠，不得进水。

9）张拉端在张拉后切去多余外露钢丝束钢绞线（要留 25～30mm），用塑料封端罩填油脂后封盖锚具，再用细石混凝土或砂浆封端。

10）对于固定端锚具，若使用挤压锚，必须在挤压锚固头的根部用塑料胶带包缠；若使用夹片锚，则在锚具的前后部位均应用填油脂和加塑料罩的办法妥善处理，尚应注意夹片受力能继续楔紧的运动要求。

8. 井字架、龙门架安全技术要求

龙门架、井字架等升降机都是用作施工中的物料垂直运输。龙门架、井字架的是随架体的外形结构而得名。龙门架由天梁及两立柱组成，形如门框；井字架由四边的杆件组成，形如"井"字的截面架体，提升货物的吊篮花架体中间上下运行。

（1）构造。升降机架体的主要构件有立柱、天梁、上料吊篮、导轨及底盘。架体的固定方法可采用在架体上挂缆风绳，其另一端固定在地锚处；或沿架体每隔一定高度，设一道附墙杆件，与建筑物的结构部位连接牢固，从而保特架体的稳定。

1）立柱。立柱制作材料中选用型钢或钢管焊成格构式标准节，其断面可组合呈三角形，其具体尺寸经计算选定。井架的架体也可制作成杆件，在施工现场进行组装，高度较低的井架，其架体也可参照钢管扣件脚手架的材料要求和搭设方法，在施工现场按规定进行选材搭设。

2）天梁。天梁是安装在架体顶部的横梁，是主要受力部件，以承受吊篮及其中物料重量，断面经计算选定，载荷 1t 时，天梁可选用 2 根 14 号槽钢，背对背焊接，中间装有滑轮及固定钢丝绳尾端的销轴。

3）吊篮（吊笼）。吊篮是装载物料沿升降机导轨作上下运行的部件，由型钢及连接板焊成吊篮杠架，其底板铺 5cm 厚木板（当采用钢板时应焊防滑条），吊篮两侧应有高度不低于 1m 的安全挡板或挡网，上料口与卸料口应装防护门，防止上下运行中物料或小车落下，此防护门对卸料人员在高处作业时，是可靠的临边防护。高架升降机（高度 30m 以上）使用的吊篮应有防护顶板形成吊笼。

4）导轨。导轨可选用工字钢或钢管。龙门架的导轨可做成单滑道或双滑道与架体焊在一起，双滑道可减少吊篮运行中的晃动；井字架的导轨也可设在架体内的四角，在吊篮的四角装置滚轮沿导轨运行，有较好的稳定作用。

5）底盘。架体的最下部装有底盘，用于架体与基础连接。

6）滑轮。装在天梁上的滑轮习惯称天轮，装在架体最底部的滑轮称地轮。钢丝绳通过天轮、地轮及吊篮上的滑轮穿绕后，一端固定在天梁的销轴上，另一端与卷扬机卷筒锚固。滑轮应按钢丝绳的直径选用，钢丝绳直径与滑轮直径的比值越大，钢丝绳产生的弯曲应力也就越小，当其比值符合有关规定时，对钢丝绳的受力，基本上可不考虑弯曲的影响。

7）卷扬机。卷扬机宜选用正反转卷扬机，即吊篮的上下运行都依靠卷扬机的动力。当前，一些施工单位使用的卷扬机没有反转，吊篮上升时靠卷扬机动力，当吊篮下降时卷筒脱开离合器，靠吊篮自重和物料的重力作自由降落，虽然司机用手刹车控制，但往往因只图速度快使架体晃动，加大了吊篮与导轨的间隙，不但容易发生吊篮脱轨，同时也加大了钢丝绳的磨损。高架升降机不能使用这种卷扬机。

8）摇臂把杆。摇臂把杆为解决一些过长材料的运输，可在架体的一侧安装一根起重臂杆，用另一台卷扬机为动力，控制吊钩上下，臂杆的转向由人工拉缆风绳操作。臂杆可选用无缝管或用型钢焊成格构断面。增加摇臂把杆后，应对架体进行核算和加强。

（2）安全防护装置。

1）安全停靠装置。必须在吊篮到位时有一种安全装置，使吊篮稳定停靠，人员进入吊篮内作业时有安全感。目前各地区停靠装置形式不一，有自动型和手动型，即吊篮到位后，由弹簧控制或由人工搬动，使支承杠伸到架体的承托架上，其荷载全部由停靠装置承担，此时钢丝绳不受力，只起保险作用。

2）断绳保护装置。当钢丝绳突然断开时，此装置即弹出，两端将吊篮卡在架体上，使吊篮不坠落，保护吊篮内作业人员不受伤害。

3）吊篮安全门。安全门在吊篮运行中起防护作用，最好制成自动开启型，即当吊篮落地时，安全门自动开启，吊篮上升时，安全门自行关闭，这样可避免因操作人员忘记关闭，安全门失效。

4）楼层口停靠栏杆。升降机与各层进料口的结合处搭设了运料通道以运送材料，当吊篮上下运行时，各通道口处于危险的边缘，卸料人员在此等候运料应给予封闭，以防发生高处坠落事故。此护栏（或门）应呈封闭状，待吊篮运行到位停靠时，方可开启。

5）上料口防护棚。升降机地面进料口是运料人员经常出入和停留的地方，易发生落物伤人。为此要在距离地面一定高度处搭设防护棚，其材料需能承受一定的冲击荷载。尤其当建筑物较高时，其尺寸不能小于坠落半径的规定。

6）超高限位装置。当司机因误操作或机械电气故障而引起的吊篮失控时，为防止吊篮上升与天梁碰撞事故的发生而安装超高限位装置，需按提升高度进行调试。

7）下限位装置。主要用于高架升降机，为防止吊笼下行时不停机，压迫缓冲装置造成事故。安装时将下限位调试到碰撞缓冲器之前，可自动切断电源保证安全运行。

8）超载限位器。为防止装料过多以及司机对散状各类重物难以估计重量，造成的超载运行而设置的。当吊笼内载荷达额定载荷90%，即发出信号，达到100%切断起升电源。

9）通信装置。它是在使用高架升降机时或利用建筑物内通道升降运行的升降机时，因司机视线障碍不能清楚地看到各楼层，而增加的设施。司机与各层运料人员靠通信装置及信号装置进行联系来确定吊篮实际运行的情况。

（3）安全技术要求。

1）井字架、龙门架的支撑应符合规程要求。高度在10～15m的应设一组缆风绳，每增高10m加设一组，每组4根，缆风绳用直径不小于12.5mm的钢丝绳，并按规定埋设地锚，严禁捆绑在树木、电线杆等物体上。钢丝绳花篮螺栓调节松紧，严禁用别杠调节钢丝绳长度。缆风绳的固定应不少于3个卡扣，并且卡扣的弯曲部分一律在钢丝绳的短头部分。

2）钢管井字架立杆采用对接扣件连接，不得错开搭接，立杆、大横杆间距均不大于1m，四角应设双排立杆。天轮架必须绑两根天轮木，架顶打八字戗。

3）井字架、龙门架首层进料口一侧应搭设长度不小于2m的防护棚，另三个侧面必须采取封闭的措施，主体高度在24m以上的建筑物进出料防护棚应搭设双层防护棚。

4）井字架、龙门架首层进料口应采用联动防护门，吊盘定位采用自动联锁装置，应保证灵敏有效、安全可靠。

5）井字架、龙门架的导向滑轮应单独设置牢固地铺，不得捆绑在脚手架上，井字架、龙门架的导向滑轮至卷扬机卷筒的钢丝绳，凡经过通道处应予以遮护。

6）井字架、龙门架的天轮与最高一层上料平台的垂直距离应不小于6m，并设置超高限位装置，使吊笼上升最高位置与大轮间的垂直距离不小于2m。

7）工作完毕或暂停工作时，吊盘应落到地面，因故障吊盘暂停悬吊时，司机不准离开卷扬机。

8）严禁施工人员乘坐吊盘上下。

9）井字架、龙门架吊笼出入口应设安全门，两侧应附安全防护措施。

10）井字架、龙门架楼层进出料口应设安全门，两侧应绑两道护身栏杆，并设挡脚板。

11）井字架、龙门架非工作状态的楼层进出料口安全门必须予以关闭。

12）井字架、龙门架应设上下联络信号。

9. 现场料具存放安全技术要求

1）严格按有关安全规程进行操作，所有材料码放都要整齐稳固。

2）大模板存放应将地脚螺栓拧上去，下部应垫通长木方，使自稳角呈 70°～80°，面对面堆放。长期存放的大模板应用拉杆连续绑牢。没有支撑或自稳角不足的大模板，存放在专用的堆放架内。

3）大外墙板、内墙板应存放在型钢制作或用钢管搭设的专用堆放架内。

4）小钢模码放高度不超过 1.5m，加气块码放高度不超过 1.8m，脚手架上放砖的高度不准超过三层侧砖。

5）存放水泥、砂石料等严禁靠墙堆放，易燃、易爆材料必须存放在专用库房内，不得与其他材料混存。

6）化学危险物品必须储存在专用仓库、专用场地或专用储存室（柜）内，并由专人管理。

7）各种气瓶在存放和使用时，应距离明火 10m 以上，并避免曝晒和碰撞。

10. 现场施工用电安全技术要求

2005 年，建设部颁发了部颁标准《施工现场临时用电安全技术规范》JGJ 46—2005，自 2005 年 7 月 1 日起实施，原《施工现场临时用电安全技术规范》JGJ 46—88 同时废止。按照新规范的规定临时用电应遵守的主要原则为：

1）建筑施工现场临时用电工程中的中性点直接接地的 220/380V 三相四线制低压电力系统，必须符合下列规定：

①采用三级配电系统。

②采用 TN－S 接零保护系统。

③采用二级漏电保护系统。

2）施工现场的用电设备在 5 台及 5 台以上或设备总容量在 50kW 及 50kW 以上者，应编制临时用电施工组织设计，它是临时用电方面的基础性技术、安全资料。包括的内容有：

①现场勘测。

②确定电源进线、变电所或配电室、配电装置、用电设备位置及线路走向。

③进行负荷计算。

④选择变压器。

⑤设计配电系统：

a. 设计配电线路，选择导线或电缆。

b. 设计配电装置，选择电器。

c. 设计接地装置。

d. 绘制临时用电工程图纸，主要包括用电工程总平面图、配电装置布置图、配电系统接线图、接地装置设计图。

　　e. 设计防雷装置。

　　f. 确定防护措施。

　　g. 制定安全用电措施和电气防火措施。

　　3）临时用电工程图纸应单独绘制，临时用电工程应按图施上。

　　4）临时用电组织设计变更时，必须履行"编制、审核、批准"程序，由电气工程技术人员组织编制，经相关部门审核及具有法人资格企业的技术负责人批准后实施。变配电组织设计时应补充有关图纸资料。

　　5）临时用电工程必须经编制、审核、批准部门和使用单位共同验收，合格后方可投入使用。

　　6）施工现场临时用电必须建立安全技术档案。安全技术档案应由主管该现场的电气技术人员负责建立与管理。临时用电工程应定期检查。定期检查时，应复查接地电阻值和绝缘电阻值。临时用电工程定期检查应按分部、分项工程进行，对安全隐患必须及时处理，并应履行复查验收于续。

　　7）在建工程不得在外电架空线路正下方施工、搭设作业棚、建造生活设施或堆放构件、架具、材料及其他杂物等。在建工程（含脚手架）的周边与外电架空线路的边线之间的最小安全操作距离应符合表 8 – 11 的规定。

表 8 – 11　在建工程（含脚手架）的周边与外电架空线路的边线之间的最小安全操作距离

外电线路电压	1kV 以下	1 ~ 10kV	35 ~ 110kV	154 ~ 220kV	330 ~ 500kV
最小安全操作距离（m）	1	6	8	10	15

　　注：上、下脚手架的斜道不宜设在有外电线路的一侧。

　　8）施工现场的机动车道与外电架空线路交叉时，架空线路的最低点与路面的最小垂直距离应符合表 8 – 12 的规定。

表 8 – 12　施工现场的机动车道与外电架空线路交叉时的最小垂直距离

外电线路电压	1kV 以下	1 ~ 10kV	35kV
最小垂直距离（m）	6	7	7

　　9）起重机严禁越过无防护设施的外电架空线路作业。

　　10）施工现场开挖沟槽边缘与外电埋地电缆沟槽边缘之间的距离不得小于 0.5m。

　　11）当达不到规范规定时，必须采取绝缘隔离防护措施，并应悬挂醒目的警告标志。架设防护设施时，必须经有关部门批准，采用线路暂时停电或其他可靠的安全技术措施，并应有电气工程技术人员和专职安全人员监护。

　　12）电气设备现场周围不得存放易燃易爆物、污染源和腐蚀介质，否则应予清除或做好防护处置，其防护等级必须与环境条件相适应。电气设备设置场所应能避免物体打击和机械损伤，否则应做好防护处置。

　　13）在施工现场专用变压器的供电的 TN – S 接零保护系统中，电气设备的金属外壳必须与保护零线连接。施工现场的临时用电电力系统严禁利用大地作相线或零线。

14）配电系统应设置配电柜或总配电箱、分配电箱、开关箱，实行三级配电。

15）施工现场临时用电工程应采用放射型与树干型相结合的分级配电形式。第一级为配电室的配电屏（盘）或总配电箱，第二级为分配电箱，第三级为开关箱，开关箱以下就是用电设备，并且实行"一机一闸"制。

16）施工现场的漏电保护系统至少应按两级设置，并应具备分级分段漏电保护功能。

17）在坑、洞、井内作业、夜间施工或厂房、道路、仓库、办公室、食堂、宿舍、料具堆放场及自然采光差等场所，应设一般照明、局部照明或混合照明。在一个工作场所内，不得只设局部照明。停电后，操作人员需及时撤离施工现场，必须装设自备电源的应急照明。无自然采光的地下大空间施工场所，应编制单项照明用电方案。

18）照明器具和器材的质量应符合国家现行有关强制性标准的规定，不得使用绝缘老化或破损的器具和器材。灯具的安装高度既要符合施工现场实际，又要符合安装要求。

以上列举了施工现场临时用电的一些基本安全要求，各方面详细的内容及有关规定参见《施工现场临时用电安全技术规范》JGJ 46—2005。

11. 临边、洞口作业安全防护

（1）临边作业安全防护。

1）尚未安装栏杆或栏板的阳台周边、无外架防护的屋面周边、框架结构楼层周边、雨篷与挑檐边、水箱与水塔周边、斜道两侧边、卸料平台外侧边，应设置1.2m高的两道护身栏杆，并设置固定的高度不低于180mm的挡脚板或搭设固定的立网防护。

2）护栏除经设计计算外，横杆长度大于2m时，必须加设栏杆柱，栏杆柱的固定及其与横杆的连接，其整体构造应在任何一处能经受任何方向的1000N的外力。

3）当临边的外侧面临街道时，除防护栏杆外，敞口立面应采取满挂小眼安全网或其他可行措施作出全封闭处理。

4）分层施工的楼梯口、梯段边及休息平台处必须装临时护栏。顶层楼梯口应随工程结构进度安装正式防护栏杆。回转式楼梯间应支设首层水平安全网，每隔4层设一道水平安全网。

5）阳台栏板应随工程结构进度及时进行安装。

（2）洞口作业安全防护。

1）尺寸边长（直径）为5～25cm的洞口，应设坚实盖板并能防止挪动移位。

2）25cm×25cm～50cm×50cm的洞口，应设置固定盖板，保持四周搁置均衡，并有固定其位置的措施。

3）50cm×50cm～150cm×150cm的洞口，应预埋通长钢筋网片，纵横钢筋间距不得大于15cm；或满铺脚手板，脚手板应绑扎固定，未经许可不得随意移动。

4）1.5m×1.5m以上的洞口，四周必须搭设围护架，并设双道防护栏杆，洞口中间支挂水平安全网，网的四周拴挂牢固、严密。

5）位于车辆行驶道路旁的洞口、深沟、管道、坑、槽等，所加盖板应能承受卡车后轮的有效承载力 2 倍的荷载。

6）墙面等处的竖向洞口，凡落地的洞口应设置防护门或绑防护栏杆，下设挡脚板。低于 80cm 的竖向洞口，应加设 1.2m 高的临时护栏。

7）电梯井口必须设不低于 1.2m 的金属防护门，井内首层和首层以下每隔 10m 设一道水平安全网，安全网应封闭严密。未经上级主管技术部门批准，电梯井内不得做垂直运输通道和垃圾通道。

8）洞口应按规定设置照明装置的安全标识。

12. 高处作业安全防护

（1）攀登作业。

1）使用移动式梯子时，应对梯子进行质量检查，梯脚底部应坚实并有防滑措施，不能垫高使用。

2）梯子的角度不能过大，以 75°为宜，踏板上下间距不大于 30cm，不能有缺档。如梯子要接长使用，应对连接处进行检查，强度不能低于原梯子的强度，且接头不能超过一处。

3）人字折梯使用时，其夹角不能过大，以 35°~45°为宜，上部铰链要牢固，下部两单梯之间应有可靠的拉撑措施。

4）使用直爬梯进行攀登作业时，攀登高度以 5m 为宜，超过 2m，宜加设护笼，超过 8m，必须设置梯间平台。

5）作业人员应从规定的通道上下，不得在阳台之间等非规定通道进行攀登，上下梯子时，必须面向梯子，且不得手持器物。

（2）悬空作业。

1）悬空作业所用设备，均须经过技术鉴定或验证后方可使用。

2）吊装中的大模板、预制构件以及石棉水泥板等屋面板上，严禁站人和行走。

3）严禁在同一垂直面上装、拆模板。支设高度在 3m 以上的柱模板四周应设斜撑，并设立操作平台。

4）高处绑扎钢筋和安装钢筋骨架时，必须搭设平台和挂安全网。不得站在钢筋骨架上或攀登骨架上下。

5）浇筑离地 2m 以上框架、过梁、雨篷和小平台混凝土时，应搭设操作平台，不得直接站在模板或支撑件上操作。

6）悬空进行门窗作业时，严禁操作人员站在凳子、阳台栏板上操作，操作人员的重心应位于室内，不得在窗台上站立。

（3）操作平台。

1）移动式操作平台的面积不应超过 $10m^2$，高度不应超过 5m。

2）装设轮子的移动式操作平台，轮子与平台的结合处应牢固可靠，立柱底端离地面超出 80mm。

3）操作平台台面满铺脚手板，四周应设置防护栏杆，并设置上下扶梯。

4）悬挑式钢平台应按现行规范进行设计及安装，其方案应编入施工组织设计。

5）操作平台上应标明容许荷载值，严禁超过设计荷载。

（4）高处作业。

1）无外脚手架或采用单排外脚手架和工具式脚手架时，凡高度在4m以上的建筑物首层四周必须支搭3m宽的水平安全网，网底距地不小于3m。高层建筑支搭6m宽双层网，网底距地不小于5m，高层建筑每隔10m，还应固定一道3m宽的水平网，凡无法支搭水平网的，必须逐层设立安全网封闭。

2）建筑物出入口应搭设长3~6m且宽于出入通道两侧各1m的防护棚，棚顶满铺不小于5cm厚的脚手板，非出入口和通道两侧必须封严。

3）对人或物构成威胁的地方，必须支搭防护棚，保证人、物安全。

4）高处作业使用的铁凳、木凳应牢固，两凳距离不得大于2m，且凳上脚手板至少铺两块以上，凳上只许一人操作。

5）高处作业人员必须穿戴好个人防护用品，严禁投掷物料。

13．安全网的架设和拆除

（1）架设。

1）选网。立网不能代替平网使用。根据负载高度选择平网的架设宽度。新网必须有产品检验合格证；旧网应在外观检查合格的情况下，进行抽样检验，符合要求时方准使用。

2）支撑。支撑物应有足够的强度和刚度，同时系网处无尖锐边缘。

3）平网架设：

①平网架设：架设平网应外高里低，与平面呈15°角，网片不要绷紧（便于能量吸收），网片之间应将系绳连接牢固不留空隙。

②首层网：当砌墙高度达3.2m时应架首层网。首层网架设的宽度，视建筑的防护高度而定。对高层建筑，首层网应采用双层网，首层网在建筑工程主体及装修和整修施工期间不能拆除。

③随层网：随施工作业逐层上升搭设的安全网称为随层网，外脚手架施工的作业层脚手板下必须再搭设一层脚手板作为防护层。当大型工具不足时，也可在脚手板下架设一道随层平网，作为防护层。

④层间网：在首层网及随层网之间搭设的固定安全网称为层间网。自首层开始，每隔四层建筑架设一道层间网。

4）立网架设。立网应架设在防护栏杆上，上部高出作业面不小于1.2m。立网距作业面边缘处，最大间隙不得超过10cm。立网的下部应封闭牢靠，扎结点间距不大于50cm。

小眼立网和密目安全网都属于立网，视不同要求采用。

（2）拆除。

1）拆除安全网时，必须待所防护区域内无坠落可能的作业时，方可进行。

2）拆除安全网应自上而下依次进行。拆除过程中要由专人监护。作业人员系好安全带，同时应注意网内杂物的清理。

（3）检查与保管。

1）施工过程中，对安全网及支撑系统，应定期进行检查、整理、维修。检查支撑系统杆件、间距、结点以及封挂安全网用的钢丝绳的松紧度，检查安全网片之间的连接、网内杂物、网绳磨损以及电焊作业等损伤情况。

2）对施工期较长的工程，安全网应每隔 3 个月按批号对其试验绳进行强力试验一次；每年抽检安全网，做一次冲击试验。

3）拆除下来的安全网，由专人作全面检查，确认合格的产品，签发合格使用证书方准入库。

4）安全网要存放在干燥通风无化学物品腐蚀的仓库中，存放应分类编号，定期检验。

14．冬、雨期施工安全技术要求

（1）冬期施工。冬期施工主要应做好防火、防寒、防毒、防滑、防爆等安全工作。

1）冬期施工作业层和运输通道应加设防滑设施，及时清除冰，并按需要设置挡风设施。

2）易燃材料应注意经常清理，不得随意生火取暖，保证消防器材和水源的供应，并保证消防道路的畅通。

3）要防止一氧化碳中毒、亚硝酸钠和食盐混放误食中毒。保证蒸汽锅炉的使用安全。

（2）雨期施工。雨期施工时经常发生基础冲刷塌方、塔机刮倒等现象，特别是近年来箱形基础施工采用内包法油毡保护墙砌好后，尚未浇筑混凝土而被雨水冲倒现象时有发生。在机电设备方面接地装置不好，易发生漏电事故。

1）雨期施工基础放坡，除按规定要求外，必须做好补强护坡。

2）塔式超重机每天作业完毕，须将轨钳卡牢，防止遭大雨时滑走。

3）雨期施工应有相应的防滑措施。若遇大雨、雷电或六级以上强风时，应禁止高处、起重等内容的作业，且过后重新作业之前应先检查各项安全设施，确认安全后方可继续作业。

4）露天使用电气设备，要有可靠防漏电措施。做好机电设备的接地和接零保护。有关机具设备和设施按规定设置避雷装置。

5）箱形基础施工砌保护墙贴油毡后，墙体须加临时支撑，增加其稳定性，防止被大雨冲倒。

6）雷雨时，工人不要在高墙旁或大树下避雨，不要走近电杆、铁塔、架空电线和避雷针的接地导线周围 10m 以内区域。人若遭受雷击触电后，应立即采用人工呼吸急救并请医生采取抢救措施。

8.6.6　安全管理相关要求

1．建筑行业"五大伤害"

1）高处坠落。

2）触电事故。

3）物体打击。

4）机械伤害。

5）坍塌事故。

2．安全施工要杜绝的"三违"

1）违章指挥。

2）违章作业。

3）违反劳动纪律。

3．安全生产"六大纪律"

1）进入现场必须戴好安全帽，扣好帽带并正确使用个人劳动防护用品。

2）2m以上的高处、悬空作业，无安全设施的，必须戴好安全带、扣好保险钩。

3）高处作业时，不准往下或向上乱抛掷材料和工具等物件。

4）各种电动机械设备必须有可靠有效的安全接地和防雷装置等一系列施工安全措施，方能开动使用。

5）不懂电气和机械的人员，严禁使用和玩弄机电设备。

6）吊装区域非操作人员严禁入内，吊装机械必须完好，爬杆垂直下方不准站人。

4．起重机械"十不吊"

1）起重臂和吊起的重物下面有人停留或行走不准吊。

2）起重指挥应由技术培训合格的专职人员担任，无指挥或信号不清不准吊。

3）钢筋、型钢、管材等细长和多根物件应捆扎牢靠，支点起吊。捆扎不牢不准吊。

4）多孔板、积灰斗、手推翻斗车不用四点吊或大模板外挂板不用卸甲不准吊。预制钢筋混凝土楼板不准双拼吊。

5）吊砌块应使用安全可靠的砌块夹具，吊砖应使用砖笼，并堆放整齐。木砖、预埋件等零星物件要用盛器堆放稳妥，叠放不齐不准吊。

6）楼板、大梁等吊物上站人不准吊。

7）埋入地下的板桩、井点管等以及粘连、附着的物件不准吊。

8）多机作业，应保证所吊重物距离不小于3m，在同一轨道上多机作业，无安全措施不准吊。

9）六级以上强风不准吊。

10）斜拉重物或超过机械允许荷载不准吊。

5．登高作业"十不登"

1）患有心脏病、高血压、深度近视等症的不登高。

2）迷雾、大雪、雷雨或六级以上大风不登高。

3）没有安全帽、安全带的不登高。

4）夜间没有足够照明的不登高。

5）饮酒精神不振或经医院证明不宜登高的不登高。

6）脚手架、脚手板、梯子没有防滑或不牢固的不登高。

7）穿了厚底皮鞋或携带笨重工具的不登高。

8）高楼顶部没有固定防滑措施的不登高。

9）设备和构筑件之间没有安全跳板、高压电线旁没有遮拦的不登高。

10）石棉瓦、油毡屋面上无脚手架的不登高。

6．现场施工"十不准"

1）不戴安全帽，不准进入施工现场。

2）酒后和带小孩不准进入施工现场。

3）井架等垂直运输不准乘人。

4）不准穿拖鞋、高跟鞋及硬底鞋上班。

5）模板及易腐材料不准作脚手板使用，作业时不准打闹。

6）电源开关不准一闸多用，未经训练的职工不准操作机械。

7）无防护措施不准高空作业。

8）吊装设备未经检查（或试吊）不准吊装，下面不准站人。

9）木工场地和防火禁区不准吸烟。

10）施工现场的各种材料应分类对方整齐，做到文明施工。

7．安全生产"十项措施"

1）按规定使用安全"三宝"。

2）机械设备防护装置一定要齐全有效。

3）塔吊等起重设备必须有限位保险装置，不准"带病"运转，不准超负荷作业，不准在运转中维修保养。

4）架设电线线路必须符合当地电力局规定，电气设备必须全部接零接地。

5）电动机械和电动手持工具要装置漏电掉闸装置。

6）脚手架材料及脚手架的搭设必须符合规程要求。

7）各种缆风绳及其设置必须符合规程要求。

8）在建工程的楼梯口、电梯井口、预留洞口、通道口必须有防护措施。

9）严禁赤脚或穿高跟鞋、拖鞋进入施工现场，高处作业不准穿硬底或带钉易滑的鞋靴。

10）施工现场的悬崖、陡坡等危险地区应有警戒标志，夜间要设红灯示警。

8．大型施工机械的装、拆的主要要求

1）必须由具有装、拆资质的专业施工队员进行作业。

2）装、拆前要制定方案，方案须经上级审批通过。

3）对装、拆人员要进行方案和安全技术交底。

4）装、拆人员持证上岗，并派监护人员和设置装、拆的警戒区域。

5）安装完毕后，企业应进行验收。经行业指定的检测机构检测合格后方能投入使用。

9．起重机械的主要安全装置

（1）塔机。起重量限制器、起重力矩限制器、起升高度限制器、幅度限制器、行走限制器、吊钩保险装置、防钢丝绳跳槽装置。

（2）施工升降机。安全器、限位开关、防松绳开关及门联锁装置等安全保险装置。

10．施工用电中的开关箱的要求

开关箱应做到每台机械有专用的开关箱，即"一机、一闸、一漏、一箱"的要求。

一机就是一个独立的用电设备，如塔吊、混凝土搅拌机、钢筋切断机等等。

一闸就是有明显断开点的电器设备，如断路器。

一漏就是漏电保护器，但是漏电电流不能大于30mA，潮湿的地方和容器内漏电电流不能大于15mA。

一箱就是独立的配电箱。

11．施工机具使用前的要求

各类施工机具使用前，必须做到进场机具都已经过维护、检测并通过安全防护装置验收合作以后才能使用。

12．高层建筑施工安全防护规定

1）高层建筑施工组织设计中必须针对工程特点即施工方法、机械及动力设备配置、防护要求等现场情况，编制安全技术措施并经审批后执行。

2）单位工程技术负责人必须熟悉本规定。施工前应逐级做好安全技术交底，检查安全防护措施并对所使用的现场脚手架、机械设备和电气设施等进行检查，确认其符合要求后方可使用。

3）高层施工主体交叉作业时，不得在同一垂直方向上下操作，如必须上下同时进行工作时应设专用的防护援助或隔离措施。

4）高层建筑施工时，迎街面的人行道和人员进出口通道等处，均应用竹篱笆搭设双层安全棚，两层间隔以1m为宜并悬挂明显标志，必要时应派专人监护。

5）高处作业的走道、通道板和登高用具应随时清扫干净，废料与涂料应集中，并及时清除，不得随意乱放或向下丢弃。

6）高层建筑施工中应设测风仪，遇有6级以上强风时应停止室外高处作业，必须进行高处作业时应采取可靠的安全技术措施消除异常。

7）遇有冰雪及台风暴雨后，应及时清除冰雪和加设防滑条措施，并对安全设施逐一检查，发现异常情况时立即采取措施消除异常。

8）高层建筑施工现场临时用电和"洞口"、"临边"的防护措施按有关规定执行。

8.7 资料管理

8.7.1 工程资料管理基本要求

1．工程施工资料管理的原则

施工资料是工程质量的一部分，是施工质量和施工过程管理情况的综合反映，也是建筑管理水平的反映，更为重要的是，施工资料是工程施工过程的原始记录，也是工程施工质量可追溯的依据。而施工资料管理，是一项复杂而又细致的工作，涉及专业项目和内外纵横相关部门很多，资料发生和收集整理的环节错综复杂，有一个环节错位，即可造成资料拖延或遗漏不全。因此。必须依照部门业务职责分工，建立严格的岗位责任制，并设专人依据各专业规范、规程和有关技术资料管理规定负责收集整理和管理工作；同时施工资料具有否决权，施工资料的验收应与工程竣工验收同步进行，施工资料不符合要求，不得进行工程竣工验收。

1）施工资料的填写应以施工及验收规范、工程合同与设计文件、工程质量验收标准等为依据。

2）施工资料应随工程进度及时收集、整理，并应按专业归类，认真书写，字迹清楚，项目齐全、准确、真实，无未了事项。

3）工程资料进行分级管理，各单位技术负责人负责本单位工程资料的全过程管理工作，工程资料的收集、整理和审核工作由各单位专（兼）职资料管理人员负责。

4）对工程资料进行涂改、伪造、随意抽撤或损毁、丢失等，应按有关规定予以处罚，情节严重的，应依法追究法律责任。

5）施工资料的管理工作，实行技术负责人负责制，建立健全施工资料管理岗位责任制，并配备专职施工资料管理员，负责施工资料的管理工作。工程项目的施工资料应设专人负责收集和整理。

6）总承包单位负责汇总归档各分承包单位编制的全部施工资料，分承包单位应各自负责对分承包范围内的施工资料的收集和整理，各分承包单位应对其施工资料的真实性和完整性负责。

7）对于接受建设单位的委托进行工程档案的组织编制工作的单位，要求在竣工前将施工资料整理汇总完毕并移交建设单位进行工程竣工验收。

8）负责编制的施工资料不得少于两套，其中移交建设单位一套，自行保存一套，保存期自竣工验收之日起5年。如建设单位对施工资料的编制套数有特殊要求的，可另行约定。

2．施工资料收集整理的原则

1）工程项目的资料管理人员要了解施工进度中应发生的文件资料，及时跟踪收集催办，不得造成资料拖延、不齐等现象。施工资料要随工程施工进度随发生、随整理，按分部、分项工程，分专业项目、类别及其发生的时间归类整理，按序排列，每一份资料都要有目录，从一开始就放入空白目录，并增加一份盒内总目录（当盒内有不同内容资料时），来一份材料，分目录增加一条，并标明页码（临时页码可用铅笔在页脚轻微标注）。资料目录应清晰，所附文件资料层次清楚有序，分类装订整洁，立卷存档保管，每填写完一页便打印一页替换手写目录，以便查阅。

2）施工技术资料是工程施工全过程进行组织管理和质量控制及反映分部、分项工程质量状况的原始记录，是工程档案的重要资料，是可追溯的原始依据。因此，施工技术资料不仅按照有关档案资料管理要求做到文件资料齐全，更重要的是资料的来源和内容、数据必须真实、准确、可靠。

3）为实现技术资料填写规范、及时、完整，收集、整理完善，项目必须在工程施工之初制订详尽的技术资料管理方案，明确各种表格的填写要求、各部门的职责分工、资料检查和收集整理责任人等。使工程档案的管理做到"凡事有人负责、凡事有人监督"，使规范化的管理自始至终贯穿于整个工程的施工管理全过程。

3．施工资料流程时限性的把握

1）为保证工程资料的时效性、准确性、完整性，工程相关各方宜在合同中约定资料（报审、报验资料等）的提交时间与提交格式以及审批时间；并应约定有关责任方应承担的责任。

2）应明确时限的资料包括：物资选样送审、技术送审（包括方案送审和深化设计送审）、物资进场报验、分项工程报验、分部工程报验和竣工报验等。

3）项目经理部设专职资料员负责施工资料的管理，并定期对所收集的施工资料进行整理、交卷。

4）施工资料应随工程进度及时收集、整理，并应按专业归类，认真填写，字迹清楚，项目齐全、准确、真实，无未了事项。表格应统一采用规定表格。

5）凡涉及施工资料的各部门及配属队伍均应提供一式三份原件资料，交资料员进行归档。施工资料必须使用原件，内容填写清晰准确、无涂改，如有特殊原因不能使用原件的，应在复印件上加盖公章并注明原件存放处。

4．施工资料的编号原则

（1）分部工程划分及代号规定。

1）分部工程代号规定是参考《建筑工程施工质量验收统一标准》（GB 50300—2013）的分部工程划分原则与国家质量验收推荐表格编码要求，并结合施工资料类别编号特点制定。

2）建筑工程共分为十个分部工程（地基与基础、主体结构、建筑装饰装修、屋面工程、建筑给水排水及供暖、通风与空调、建筑电气、建筑智能化、建筑节能、电梯）。

（2）施工资料编号的组成。

1）施工资料编号应填入右上角的编号栏。

2）通常情况下，资料编号应为7位编号，由以下三部分组成：

①分部工程代号（2位），应根据资料所属的分部工程规定的代号填写。

②资料类别编号（2位），应根据资料所属类别规定的类别编号填写。

③顺序号（3位），应根据相同表格、相同检查项目，按时间自然形成的先后顺序号填写。

三部分每部之间用横线隔开。编号形式如下：

$$\underset{①}{\times\times}———\underset{②}{\times\times}———\underset{③}{\times\times}\longrightarrow 共7位编号$$

3）应单独组卷的子分部（分项）工程，资料编号应为9位编号，由以下四部分组成：

①分部工程代号（2位），应根据资料所属的分部工程规定的代号填写。

②子分部（分项）工程代号（2位），应根据资料所属的子分部（分项）工程规定的代号填写。

③资料的类别编号（2位），应根据资料所属类别规定的类别编号填写。

④顺序号（3位），应根据相同表格、相同检查项目，按时间自然形成的先后顺序号填写。

四部分每部之间用横线隔开。编号形式如下：

$$\underset{①}{\times\times}———\underset{②}{\times\times}———\underset{③}{\times\times}———\underset{④}{\times\times}\longrightarrow 共9位编号$$

（3）顺序号填写原则。对于施工专用表格，顺序号应按时间先后顺序，用阿拉伯数字001开始连续标注。

对于同一施工表格（如隐蔽工程检查记录、预检记录等）涉及多个（子）分部工程时，顺序号应根据（子）分部工程的不同，按（子）分部工程的各检查项目分别从001开始连续标注。

无统一表格或外部提供的施工资料，应在资料的右上角注明编号。

（4）监理资料编号。

1）监理资料编号应填入右上角的编号栏。

2）对于相同的表格或相同的文件材料，应分别按时间自然形成的先后顺序从001开始，连续标注。

3）监理资料中的施工测量放线报验表（A2监）、工程物资进场报验表（A4监）应根据报验内容编号，对于同类报验内容的报验表，应分别按时间自然形成的先后顺序从001开始，连续标注。

5. 施工资料编目的原则

遵循自然形成的规律，按照时间先后和施工工序特性进行排列、编目，本着合理、完整、易察、易找的原则，每卷（盒）资料有总、分目录和封面，每卷（盒）资料的位置在分目录中标明，分目录在总目录中的位置也要标明，每卷（盒）资料的封面要标明其名称、资料代表的日期段、该卷的排列号等，做到易找、易查。

施工资料总目录见表8–13；卷内目录见表8–14；分目录见表8–15。

表8–13　施工资料总目录

工程名称：

类别	类别名称	编号	名称	主要内容
C1	施工管理资料		工程概况表	工程概况表
		4	施工日志	施工日志
		8	见证记录	见证记录
…	…			

表 8 – 14 卷内目录

序号	责任者	文件编号	文件材料题名	日期	页次	备注

表8-15　单位工程技术资料分目录

单位工程名称：　　　　　　　　　　分目录名称：

序号	编号	日期	部位	页数	备注

　　在施工过程中为便于资料的查找、交圈检查、分类汇总，钢筋原材、混凝土小票、混凝土试块试压报告应按分目录形式归档，见表 8-16～表 8-18。

表 8-16 钢筋原材分目录

序号	施工部位	规格	牌号	产地	代表数量(t)	试件编号	试验日期	试验编号	材质编号	抗震要求		含碳量差值(%)	含锰量差值(%)	页次	备注
										强屈比≥1.25	屈标比≥1.3				

表 8 –17 混凝土小票分目录

混凝土小票现场统计							编号		
工程名称及浇筑部位							浇筑日期		
混凝土强度等级			设计坍落度（mm）		混凝土搅拌站		浇筑方量（m³）		
序号	车号	方量（m³）	出站时刻	开浇时刻	浇完时刻	总用时间	验证初凝时间	实测坍落度	备注

表 8－18　混凝土试块试压报告分目录

序号	试验编号	制作日期	施工部位	混凝土强度等级	配合比编号	水泥厂家、品种及强度	掺合料	外加剂	28d 混凝土强度等级（N/mm²）	达到设计强度（%）	页数	备注

6. 施工编目、组卷的要求

案卷采用统一规格尺寸的纸张和装具，装具采用硬壳卷（盒），保证资料在整个过程中保持平整，对于小于统一规格的资料要粘贴托纸。卷（盒）的封面和背脊应标明案卷编号、资料名称、资料分类名称等。

7. 施工资料组成

1）工程管理预验收资料。

2）施工管理资料。

3）施工技术资料。

4）施工测量记录。

5）施工物资资料。

6）施工记录。

7）施工试验记录。

8）施工验收资料。

8. 工程管理预验收资料内容

（1）工程概况表。工程概况表是对工程基本情况的简要描述，应包括单位工程的一般情况、构造特征、机电系统等。

1）一般情况：工程名称、建筑用途、建筑地点、建设单位、监理单位、施工单位、建筑面积、结构类型和建筑层数等。

2）构造特征：地基与基础；柱、内外墙、梁、板、楼盖、内外墙装饰；楼地面装饰、屋面构造、防火设备等。

3）机电系统名称：工程所含的机电各系统名称。

4）其他：指特殊需要说明的内容。

（2）工程质量事故报告。凡工程发生重大质量事故应进行记载。其中发生事故时间应记载年、月、日、时、分；估计造成损失，指因质量事故导致的返工、加固等费用，包括人工费、材料费和管理费；事故情况，包括倒塌情况（整体倒塌或局部倒塌的部位）、损失情况（伤亡人数、损失程度、倒塌面积等）；事故原因，包括设计原因（计算错误、构造不合理等）、施工原因（施工粗制滥造、材料、构配件或设备质量低劣等）、设计与施工的共同问题、不可抗力等；处理意见，包括现场处理情况、设计和施工的技术措施、主要责任者及处理结果。

（3）单位（子单位）工程质量竣工验收记录。

1）单位工程完工，施工单位组织自检合格后，应报请监理单位进行工程预验收，通过后向建设单位提交工程竣工报告并填报《单位（子单位）工程质量竣工验收记录》。建设单位应组织设计单位、监理单位、施工单位等进行工程质量竣工验收并记录，验收记录上各单位必须签字并加盖公章。

2）凡列入报送城建档案馆的工程档案，应在单位工程验收前由城建档案馆对工程档案资料进行预验收，并由城建档案管理部门出具《建设工程竣工档案预验收意见》。

3）《单位（子单位）工程质量竣工验收记录》应由施工单位填写，验收结论由监理单位填写，综合验收结论应由参加验收各方共同商定，并由建设单位填写，主要对工程质量是否符合设计和规范要求及总体质量水平做出评价。

4）进行单位（子单位）工程质量竣工验收时，施工单位应同时填报《单位（子单位）工程质量控制资料核查记录》、《单位（子单位）工程安全和功能检查资料核查及主要功能抽查记录》、《单位（子单位）工程观感质量检查记录》，作为《单位（子单位）工程质量竣工验收记录》的附表。

（4）室内环境检测报告。

1）民用建筑工程及室内装修工程应按照现行国家规范要求，在工程完工至少7d以后，工程交付使用前对室内环境进行质量验收。

2）室内环境检测应由建设单位委托经有关部门认可的检测机构进行，并出具室内环境污染物浓度检测报告。

（5）施工总结。施工总结是反映建筑工程施工的阶段性、综合性或专题性文字材料。应由项目经理负责，可包括以下方面：

1）管理方面：根据工程特点与难点，进行项目质量、现场、合同、成本和综合控制等方面的管理总结。

2）技术方面：工程采用的新技术、新产品、新工艺、新材料总结。

3）经验方面：施工过程中各种经验与教训总结。

（6）工程竣工报告。单位工程完工后，由施工单位编写工程竣工报告，内容包括：

1）工程概况及实际完成情况。

2）企业自评的工程实体质量情况。

3）企业自评施工资料完成情况。

4）主要建筑设备、系统调试情况。

5）安全和功能检测、主要功能抽查情况。

8.7.2 工程管理资料的主要内容

1. 施工管理资料内容

施工管理资料是在施工过程中形成的反映工程组织、协调和监督等情况的资料统称。

（1）施工现场质量管理检查记录。建筑工程项目经理部应建立质量责任制度及现场管理制度；健全质量管理体系；具备施工技术标准；审查资质证书、施工图、地质勘查资料和施工技术文件等。施工单位应按规定填写《施工现场质量管理检查记录》，报项目总监理工程师（或建设单位项目负责人）检查，并做出检查结论。

（2）企业资质证书及相关专业人员岗位证书。在正式施工前应审查分包单位资质及专业工种操作人员的岗位证书，填写《分包单位资质报审表》，报监理单位审核。

（3）有见证取样和送检管理资料。

1）施工试验计划。

①单位工程施工前，施工单位应编制施工试验计划，报送监理单位。

②施工试验计划的编制应科学、合理，保证取样的连续性和均匀性。计划的实施和落实应由项目技术负责人负责。

2）见证记录。

①施工过程中，应由施工单位取样人员在现场进行原材料取样和试件制作，并在《见证记录》上签字。见证记录应分类收集、汇总整理。

②有见证取样和送检的各项目，凡未按规定送检或送检次数达不到要求的，其工程质量应由有相应资质等级的检测单位进行检测确定。

③有见证试验汇总表。有见证试验完成，各试验项目的试验报告齐全后，应填写《有见证试验汇总表》。

（4）施工日志。施工日志应以单位工程为记载对象，从工程开工起至工程竣工止，按专业指定专人负责逐日记载，并保证内容真实、连续和完整。

2．施工技术资料内容

施工技术资料是在施工过程中形成的，用以指导正确、规范、科学施工的文件，以及反映工程变更情况的正式文件。

（1）工程技术文件报审表。

1）根据合同约定或监理单位要求，施工单位应在正式施工前将需要监理单位审批的施工组织设计、施工方案等技术文件，填写《工程技术文件报审表》报监理单位审批。

2）工程技术文件报审应有时限规定，施工和监理单位均应按照施工合同或约定的时限要求完成各自的报送和审批工作。

3）当涉及主体和承重结构改动或增加荷载时，必须将有关设计文件报原结构设计单位或具备相应资质的设计单位核查确认，并取得认可文件后方可正式施工。

（2）施工组织设计、施工方案。

1）工程施工组织设计应在正式施工前编制完成，并经施工企业单位的技术负责人审批。

2）规模较大、工艺复杂的工程、群体工程或分期出图工程，可分阶段编制、报批施工组织设计。

3）工程主要分部（分项）工程、工程重点部位、技术复杂或采用新技术的关键工序应编制专项施工方案。冬期、雨期施工应编制季节性施工方案。

4）施工组织设计及施工方案编制内容应齐全，施工单位应首先进行内部审核，并填写《工程技术文件报审表》报监理单位批复后实施。发生较大的施工措施和工艺变更时，应有变更审批手续，并进行交底。

（3）技术交底记录。

1）技术交底记录应包括施工组织设计交底、专项施工方案技术交底、分项工程施工技术交底、"四新"（新材料、新产品、新技术、新工艺）技术交底和设计变更技术交底。各项交底应有文字记录，交底双方签认应齐全。

2）重点和大型工程施工组织设计交底应由施工企业的技术负责人把主要设计要求、施工措施以及重要事项对项目主要管理人员进行交底。其他工程施工组织设计交底应由项目技术负责人进行交底。

3）专项施工方案技术交底应由项目技术部门负责，根据专项施工方案对专业工长进行交底。

4）分项工程施工技术交底应由专业工长对专业施工班组（或专业分包）进行交底。

5）"四新"技术交底应由项目技术部门组织有关专业人员编制。

6）设计变更技术交底应由项目技术部门根据变更要求，并结合具体施工步骤、措施及注意事项等，对专业工长进行交底。

（4）设计变更文件。

1）图纸会审记录。

①监理、施工单位应将各自提出的图纸问题及意见，按专业整理、汇总后报建设单位，由建设单位提交设计单位做交底准备。

②图纸会审应由建设单位组织设计、监理和施工单位技术负责人及有关人员参加。设计单位对各专业问题进行交底，施工单位负责将设计交底内容按专业汇总、整理，形成图纸会审记录。

③图纸会审记录应由建设、设计、监理和施工单位的项目相关负责人签认、形成正式图纸会审记录。不得擅自在会审记录上涂改或变更其内容。

2）设计变更通知单。设计单位应及时下达设计变更通知单，内容翔实，必要时应附图，并逐条注明应修改图纸的图号。设计变更通知单应由设计专业负责人以及建设（监理）和施工单位相关负责人签认。

3）工程洽商记录。

①工程洽商记录应分专业办理，内容翔实，必要时应附图，逐条注明应修改图纸的图号。工程洽商记录应由设计专业负责人及建设、监理和施工单位的相关负责人签认。

②设计单位如委托建设（监理）单位办理签认，应办理委托手续。

3．施工测量记录内容

施工测量记录是在施工过程中形成的，确保建筑工程定位、尺寸、标高、位置和沉降量等满足设计要求和规范规定的资料的统称。

（1）施工测量放线报验表。施工单位应在完成施工测量方案、红线桩校核成果、水准点引测成果及施工过程中各种测量记录后，填写《施工测量放线报验表》报监理单位审核。

（2）工程定位测量记录。

1）测绘部门根据建设工程规划许可证（附件）批准的建筑工程位置及标高依据，测定出建筑的红线桩。

2）施工测量单位应依据测绘部门提供的放线成果、红线桩及场地控制网（或建筑物控制网），测定建筑物位置、主控轴线及尺寸、建筑物 ±0.000 绝对高程，并填写《工程定位测量记录》报监理单位审核。

3）工程定位测量完成后，应由建设单位报请具有相应资质的测绘部门验线。

（3）基槽验线记录。施工测量单位应根据主控轴线和基底平面图，检验建筑物基底轮廓线、集水坑、电梯井坑、垫层标高（高程）、基槽断面尺寸和坡度等，填写《基槽验线记录》报监理单位审核。

（4）楼层平面放线记录。楼层平面放线内容包括轴线竖向投测控制线、各层墙柱轴线、柱边线、门窗洞口位置线、垂直度偏差等，施工单位应在完成楼层平面放线后，填写《楼层平面放线记录》报监理单位审核。

（5）楼层标高抄测记录。楼层标高抄测内容包括楼层 +0.5m（或 +1.0m）水平控制线、皮数杆等。施工单位应在完成楼层标高抄测后，填写《楼层标高抄测记录》报监理单位审核。

（6）建筑物垂直度、标高测量记录。

1）施工单位应在结构工程完成和工程竣工时，对建筑物垂直度和全高进行实测并记录，填写《建筑物垂直度、标高测量记录》报监理单位审核。

2）超过允许偏差且影响结构性能的部位，应由施工单位提出技术处理方案，并经建设（监理）单位认可后进行处理。

（7）沉降观测记录

1）根据设计要求和规范规定，凡须进行沉降观测的工程，应由建设单位委托有资质的测量单位进行施工过程中及竣工后的沉降观测工作。

2）测量单位应按设计要求和规范规定，或监理单位批准的观测方案，设置沉降观测点，绘制沉降观测点布置图，定期进行沉降观测记录，并应附沉降观测点的沉降量与时间、荷载关系曲线图和沉降观测技术报告。

4. 施工物资资料内容

（1）施工物资资料的基本要求。施工物资资料是反映工程所用物资质量和性能指标等的各种证明文件和相关配套文件（如使用说明书、安装维修文件等的统称）。

1）工程物资主要包括建筑材料、成品、半成品、构配件、器具、设备等，建筑工程所使用的工程物资均应有出厂质量证明文件（包括产品合格证、质量合格证、检验报告、试验报告、产品生产许可证和质量保证书等）。质量证明文件应反映工程物资的品种、规格、数量、性能指标等，并与实际进场物资相符。

2）质量证明文件的复印件应与原件内容一致，加盖原件存放单位公章，注明原件存放处，并有经办人签字和时间。

3）建筑工程采用的主要材料、半成品、成品、构配件、器具、设备应进行现场验收，有进场检验记录；涉及安全、功能的有关物资应按工程施工质量验收规范及相关规定进行复试或有见证取样送检，有相应试（检）验报告。

4）涉及结构安全和使用功能的材料需要代换且改变了设计要求时，应有设计单位签署的认可文件。

5）涉及安全、卫生、环保的物资应有有相应资质等级检测单位的检测报告，如压力容器、消防设备、生活供水设备、卫生洁具等。

6）凡使用的新材料、新产品，应由具备鉴定资格的单位或部门出具鉴定证书，同时具有产品质量标准和试验要求，使用前应按其质量标准和试验要求进行试验或检验。新材料、新产品还应提供安装、维修、使用和工艺标准等相关技术文件。

7）进口材料和设备等应有商检证明（国家认证委员会公布的强制性认证［CCC］产品除外）、中文版的质量证明文件、性能检测报告以及中文版的安装、维修、使用、试验要求等技术文件。

8）建筑电气产品中被列入《第一批实施强制性产品认证的产品目录》（2001 年第 33 号公告）的，必须经过"中国国家认证认可监督管理委员会"认证，认证标志为"中国强制认证（CCC）"，并在认证有效期内，符合认证要求方可使用。

（2）施工物资资料分级管理。工程物资资料应实行分级管理。供应单位或加工单位负责收集、整理和保存所供物资原材料的质量证明文件，施工单位则需收集、整理和保存供应单位或加工单位提供的质量证明文件和进场后的试（检）验报告。各单位应对各自范围内工程资料的汇集、整理结果负责，并保证工程资料的可追溯性。

1）钢筋资料的分级管理。钢筋采用场外委托加工形式时，加工单位应保存钢筋的原材出厂质量证明、复试报告、接头连接试验报告等资料，并保证资料的可追溯性；加工单位必须向施工单位提供《半成品钢筋出厂合格证》，半成品钢筋进场后施工单位还应进行外观质量检查，如对质量产生怀疑或有其他约定时，可进行力学性能和工艺性能的抽样复试。

2）混凝土资料的分级管理。

①预拌混凝土供应单位必须向施工单位提供以下资料：配合比通知单；预拌混凝土运输单；预拌混凝土出厂合格证（32天内提供）；混凝土氯化物和碱总量计算书。

②预拌混凝土供应单位除向施工单位提供上述资料外，还应保证以下资料的可追溯性。试配记录、水泥出厂合格证和试（检）验报告、砂和碎（卵）石试验报告、轻骨料试（检）验报告、外加剂和掺和料产品合格证和试（检）验报告、开盘鉴定、混凝土抗压强度报告（出厂检验混凝土强度值应填入预拌混凝土出厂合格证）、抗渗试验报告（试验结果应填入预拌混凝土出厂合格证）、混凝土坍落度测试记录（搅拌站测试记录）和原材料有害物含量检测报告。

③施工单位应形成以下资料：混凝土浇灌申请书；混凝土抗压强度报告（现场检验）；抗渗试验报告（现场检验）；混凝土试块强度统计、评定记录（现场）。

④采用现场搅拌混凝土方式的，施工单位应收集、整理上述资料中除预拌混凝土出厂合格证、预拌混凝土运输单之外的所有资料。

3）预制构件资料的分级管理。施工单位使用预制构件时，预制构件加工单位应保存各种原材料（如钢筋、钢材、钢丝、预应力筋、木材、混凝土组成材料）的质量合格证明、复试报告等资料以及混凝土、钢构件、木构件的性能试验报告和有害物含量检测报告等资料，并应保证各种资料的可追溯性；施工单位必须保存加工单位提供的《预制混凝土构件出厂合格证》、《钢构件出厂合格证》、其他构件合格证和进场后的试（检）验报告。

（3）工程物资进场报验表。

1）工程物资进场后，施工单位应进行检查（外观、数量及质量证明件等），自检合格后填写《工程物资进场报验表》，报请监理单位验收。

2）施工单位和监理单位应约定涉及结构安全、使用功能、建筑外观、环保要求的主要物资的进场报验范围和要求。

3）物资进场报验须附资料应根据具体情况（合同、规范、施工方案等要求）由施工单位和物资供应单位预先协商确定。

4）工程物资进场报验应有时限要求，施工单位和监理单位均须按照施工合同的约定完成各自的报送和审批工作。

（4）材料、构配件进场检验记录。

1）材料、构配件进场后，应由建设、监理单位汇同施工单位对进场物资进行检查验收，填写《材料、构配件进场检验记录》。主要检验内容包括：

①物资出厂质量证明文件及检测报告是否齐全。

②实际进场物资数量、规格和型号等是否满足设计和施工计划要求。

③物资外观质量是否满足设计要求或规范规定。

④按规定须抽检的材料、构配件是否及时抽检等。

2）按规定应进场复试的工程物资，必须在进场检查验收合格后取样复试。

（5）主要物资。

1）钢筋。材质证明上必须有原件存放处、经办人、进场日期、进场数量、注明所使用的炉批号，并要有钢筋料牌复印件，且与现场复试报告相吻合。每批钢材不得超过60t。混合批钢材，炉批号不受限制，混合批含碳量两炉之差不得超过0.02%，含锰量之差不得超过0.15%，这两项最高值不得超过规范要求（含碳量、含锰量如超过以上限值要多一组复试）。对一、二级抗震设防的框架结构检验所得的强度实测值应符合：钢筋的抗拉强度实测值与屈服强度实测值的比值不应小于1.25，钢筋的屈服强度实测值与强度标准值的比值不应大于1.3。

钢筋原材资料日常收集时应认真检查其炉批号与试验报告是否交圈；微量元素是否超标；强屈比、屈标比是否满足抗震要求；资料是否清晰；签字是否齐全等，并及时填写分目表，对其中的缺项漏项及时追补。

下列情况之一者，还必须做化学成分检验：

①进口钢筋。

②在加工过程中，发生脆断、焊接性能不良和力学性能显著不正常的。

③有特殊要求的，还应进行相应专项试验。

④工厂和施工现场集中加工的钢筋，应有由加工单位出具的出厂证明、钢筋出厂合格证和钢筋试验报告。

⑤不同等级、不同国家生产的钢筋进行焊接时，应有可焊性检测报告。

如工程所用的是半成品钢筋，那么有关资料应依次随每次现场进料由项目物资部钉成小本汇总。资料包括钢筋的部位、规格、产地、材质编号、原材复试编号、焊接试验编号、抗震等级、主要微量元素的数值，附注栏中注明是否为有见证试验。

现场钢筋焊接试验报告及上岗证（如焊工合格证）应放在一起，归到施工试验记录中。钢筋焊接资料应标明其部位、规格、日期、断裂部位及特征、闪光对焊的冷弯试验、焊工合格证编号、合格证级别、合格证有效期；附注栏中注明是否为有见证试验。这样就使焊接报告的主要试验指标与合格证的核对工作更加明确。钢筋焊接试验报告和焊工合格证日常收集时应随时填写分目表，对其中的缺项漏项及时追补。

冷挤压、直螺纹（机械连接）均要有厂家提供的型式检验报告。进场后要做工艺试验，套筒要有合格证等。

2）预拌混凝土。混凝土搅拌单位必须向施工单位提供质量合格的混凝土并随车提供预拌混凝土运输单，于45天之内提供预拌混凝土出厂合格证。

3）防水材料。防水材料主要包括防水涂料、防水卷材、粘结剂、止水带、膨胀胶条、密封膏、密封胶、水泥基渗透结晶性防水材料等。防水材料必须有出厂质量合格证、有相应资质等级检测部门出具的检测报告、产品性能和使用说明书。新型防水材料，应有相关部门、单位的鉴定文件，并有专门的施工工艺操作规程和有代表性的抽样试验记录。按照《地下防水工程质量验收规范》GB 50208—2011 和《屋面工程质量验收规范》GB 50207—2012 的要求做防水材料的外观质量检验和物理性能检验。防水卷材出厂质量证明书内容包括品种、标号等各项技术指标，并应有抽样检验报告，必试项目内容为拉伸强度、不透水性、耐热度、断裂延伸率、低温柔性等。各种接缝密封，粘结材料，应具有质量证明文件，使用前应按规定作外观检查（见表 8 – 19）和抽样复验，具有试验报告。使用沥青玛碲脂作为粘结材料，应有配合比通知单和试验报告。

表 8 – 19　防水卷材外观检查记录

防水卷材外观检查记录		编号	T5 – 1		
			× – ×× （检查卷数）		
工程名称	××××	检查日期	年　　月　　日		
卷材类型	SBS 沥青防水卷材（3mm）	进场批量	500 卷		
生产厂家		进场时间	年　　月　　日		
检查项目	检查结果				
孔洞、缺边、裂口					
胎体露白、未浸透					
撒布材料颗粒、颜色					
每卷卷材的接头					
随机抽取第×卷					
点数 ＼ 规格	厚度（mm）	宽度（mm）	每卷长度（m）	边缘不整齐（mm）	
1					
2					
3					
4					
5					
6					
7					
8					
9					
10					
技术负责人			检验人		

防水资料收集与编目：防水材料进场后由项目的物资部和试验员组织复试，待复试合格资料齐全后按顺序装订成册，归至原材料、成品、半成品卷中。目录中注明卷材种类、进场卷数、试验编号、操作人、证件、证件有效期；附注栏中注明是否为有见证试验，日常收集时应随时填写分目表，对其中的缺项漏项在目录上作好临时标记，及时追补并消项，从而保证防水资料的完整性。

4）水泥。水泥必须有质量证明文件。水泥生产单位应在水泥出厂7d内提供28d强度以外的各项试验结果，28d强度结果应在水泥发出日起32d内补报。

①用于承重结构的水泥；使用部位有强度等级要求的水泥；水泥出厂超过三个月（快硬硅酸盐水泥为一个月）和进口水泥在使用前必须进行复试，并有试验报告。混凝土和砌筑砂浆用水泥应实行有见证取样和送检。

②用于钢筋混凝土结构、预应力混凝土结构中的水泥，检测报告应有有害物含量检测内容。

5）钢结构用钢材、连接件及涂料。

①钢结构工程物资主要包括钢材、钢构件、焊接材料、连接用紧固件及配件、防火防腐涂料、焊接（螺栓）球、封板、锥头、套筒和金属板等。

②主要物资应有质量证明文件，包括出厂合格证、检测报告和中文标志等。

③按规定应复试的钢材必须有复试报告，并按规定实行有见证取样和送检。

④重要钢结构采用的焊接材料应有复试报告，并按规定实行有见证取样和送检。

⑤高强度大六角头螺栓连接副和扭剪型高强度螺栓连接副应有扭矩系数和紧固轴力（预拉力）检验报告，并按规定做进场复试，实行有见证取样和送检。

⑥防火涂料应有有相应资质等级检测机构出具的检测报告。

6）焊条、焊剂和焊药。焊条、焊剂和焊药有出厂质量证明书，并应符合设计要求。按规定须进行烘焙的还应有烘焙记录。

7）砖和砌块。砖与砌块必须有质量证明文件。用于承重结构或出厂试验项目不齐全的砖与砌块应做取样复试，有复试报告。承重墙用砖和砌块应实行有见证取样和送检。

8）砂、石。砂、石使用前应按规定取样进行必试项目试验：

①砂的试验项目有：颗粒级配、含泥量、泥块含量等。

②石的试验项目有：颗粒级配、含泥量、泥块含量、针片状颗粒含量、压碎指标值等。

按规定应预防碱骨料反应的工程或结构部位所使用的砂、石，供应单位应提供砂、石的碱活性检验报告。

9）轻骨料。

①轻骨料应按品种、密度等级分批取样，使用前应进行试验。

②轻骨料的必试项目有：粗细骨料筛分析试验、堆集密度试验；粗骨料筒压强度试验、吸水率试验。

10）外加剂。外加剂主要包括减水剂、早强剂、缓凝剂、泵送剂、防水剂、防冻剂、膨胀剂、引气剂和速凝剂等。

外加剂必须有质量证明书或合格证、有相应资质等级检测部门出具的检测报告、产品性能和使用说明书等。内容包括厂名、品种、包装、质量（重量）、出厂日期、有关性能和使用说明。使用前，应进行性能试验并出具掺量配合比试配单。

外加剂应按规定取样复试，具有复试报告。承重结构混凝土使用的外加剂应实行有见证取样和送检。

钢筋混凝土结构所使用的外加剂应有有害物含量检测报告。当含有氯化物时，应做混凝土氯化物总含量检测，其总含量应符合国家现行标准要求。

用于结构工程的外加剂应符合地方准用规定；防冻剂还应进行钢筋的锈蚀试验和抗压强度比试验。

11）掺合料。掺合料主要包括粉煤灰、粒化高炉矿渣粉、沸石粉、硅灰和复合掺合料等。

掺合料必须有出厂质量证明文件。用于结构工程的掺合料应按规定取样复试，有复试报告。使用粉煤灰、蛭石粉、沸石粉等掺合料应有质量证明书和试验报告。

12）预应力工程物资。预应力工程物资主要包括预应力筋、锚（夹）具和连接器、水泥和预应力筋用螺旋管等。主要物资应有质量证明文件，包括出厂合格证、检测报告等。预应力筋、锚（夹）具和连接器等应有进场复试报告。涂包层和套管、孔道灌浆用水泥及外加剂应按照规定取样复试，有复试报告。预应力混凝土结构所使用的外加剂的检测报告应有氯化物含量检测内容，严禁使用含氯化物的外加剂。

5．施工记录内容

（1）隐蔽工程检查记录。隐蔽工程检查记录为通用施工记录，适用于各专业。按规范规定须进行隐检的项目，施工单位应填报《隐蔽工程检查记录》。

1）地基验槽：内容包括土质情况、高程、地基处理。详细内容为说明土质与勘探报告是否一致，是何土层，写明地基持力层的绝对标高，地基处理应注明轴线位置、直径范围、深度。例如：土质是卵石、砂石还是黏土，能否满足设计持力层要求；高程：写地基持力层的绝对标高；地基处理：写具体，假如有一枯井，在什么轴线部位、多深、直径范围等；地基验槽处理：应填写地基处理记录内容，包含地基处理方式、处理前的状态，处理过程及结果，并应进行干土质量密度或贯入度试验。

2）基础和主体结构钢筋工程：内容包括钢筋的品种、规格、数量、位置、锚固和接头位置、搭接长度、保护层厚度和除锈除污情况、钢筋代用变更及胡子筋处理等。钢筋连接及焊接应填写在特殊工艺内，以数字形式注明连接位置、相互错开的比率和长度等。

3）预应力结构：内容包括预应力筋的下料长度、切断方法，锚具、夹具、连接点的组装，预留孔道尺寸、位置，端部的预埋钢板，预应力筋曲线的控制方式等。

4）施工现场结构构件、钢筋焊（连）接：内容包括焊（连）接形式、焊（连）接种类、接头位置、数量及焊条、焊剂、焊口形式、焊缝长度、厚度及表面清渣和连接质量等，大楼板的连接焊接，阳台尾筋和楼梯、阳台楼板等焊接。可能危及人身安全与结构连接的装饰件、连接节点。

5）屋面、厕浴间防水层及各层做法、构造节点、地下室施工缝、变形缝、止水带、过墙管（套管）做法等。

防水工程的找平、找坡、保温、防水附加层及防水各层均需要分别单独作隐蔽记录。

而且填写内容要详细具体。例如防水基层，填写平整顺直，不起砂，不裂缝，干燥程度为含水率不大于9%。又如防水层：

①有冷底子油（品名）刷均匀。

②附加层的宽度。

③卷材长边搭接100mm，短边搭接150mm。

④如果有两层还应错开三分之一等。

建筑屋面隐检：检查基层、找平层、保温层、防水层、隔离层材料的品种、规格、厚度、铺贴方式、搭接宽度、接缝处理、粘结情况；附加层、天沟、檐沟、泛水和变形缝细部做法、隔离层设置、密封处理部位等。

6）外墙保温构造节点做法。

7）幕墙工程：预埋件安装；构件与主体结构的连接节点的安装；幕墙四周、幕墙表面与主体结构之间间隙节点的安装；幕墙伸缩缝、沉降缝、防震缝及墙面转角节点的安装；幕墙防雷接地节点的安装；幕墙防火构造等。

8）植埋于地下或结构中，暗敷设于沟槽管井、设备层及不能进入的吊顶内，以及有保温、隔热（冷）要求的管道和设备。隐蔽工程检查内容有：管道及附件安装的位置、高程、坡度；各种管道间的水平、垂直净距；管道安排和套管尺寸；管道与相邻电缆间距；接头做法及质量；管径和变径位置；附件使用、支架固定、基底处理；防腐做法；保温的质量以及试水方式、结果等。

9）埋在结构内的各种电线导管；利用结构钢筋做的避雷引下线；接地极埋设与接地带连接处的焊接；均压环、金属门窗与接地引下处的焊接或铝合金窗的连接；不能进入吊顶内的电线导管及线槽、桥架等的敷设；直埋电缆。隐蔽工程检查内容包括：品种、规格、位置、高程、弯度、连接、跨接地线、防腐、需焊接部位的焊接质量、管盒固定、管口处理、敷设情况、保护层及与其他管线的位置关系等。

10）敷设于暗井道和被其他工程（如设备外砌砖墙、管道及部件外保温隔热等）所掩盖的项目、空气洁净系统、制冷管道系统及部件等。隐蔽工程检查内容包括：接头（缝）有无开脱、风管及配件严密程度，附件设置是否正确；被掩盖项目的坡度情况；支、托、吊架的位置、固定情况；设备的位置、方向、节点处理、保温及防结露处理、防渗漏功能、互相连接情况、防腐处理的情况及效果等。

11）施工缝（地下部分施工缝按隐检）：要求写明留置方法、位置和接缝处理。

（2）施工检查记录。施工检查记录是对施工重要工序进行的质量控制检查记录，为通用施工记录，适用于各专业，检查项目及内容如下：

1）模板：内容包括几何尺寸、轴线、高程、预埋件及预留孔位置、模板牢固性、清扫口留置、模内清理、脱模剂涂刷、止水要求等。节点做法，放样检查。模板工程预检内容要变成具体数字化，例如要求起拱高度等。

2）预制构件吊装：内容包括构件型号、外观检查、楼板堵孔、清理、锚固、构件支点的搁置长度、高程、垂直偏差等。

3）设备基础：包括设备基础位置、高程、几何尺寸、预留孔、预埋件等。

4）混凝土工程结构施工缝留置方法、位置和接槎的处理等。

5）管道、设备：内容包括位置、高程、坡度、材质、防腐，支架形式、规格及安装方法，孔洞位置，预埋件规格、形式和尺寸、位置。

6）机电明配管线（包括能进入吊顶内管线）：内容包括品种、规格、位置、高程、固定、防腐、保温、外观处理等。

7）变配电装置：内容包括位置、高低压电源进出口方向、电缆位置、高程等。

8）机电表面器具（包括开关、插座、灯具、风口、卫生器具等）：内容包括位置、高程等。

9）工程测量定位：建筑物位置线，现场标准水准点，坐标点。要画平面详图，工程位置有两个坐标点就算定位了，坐标点要 X 坐标和 Y 坐标的具体数据（根据勘察设计给的坐标点导测过来的）。如果表格内详图画不下，用其他纸画也可以，但必须有编号，或在平面图上签字，有时间才有效。

10）楼层放线记录：包括各楼层墙柱轴线、边线、门窗洞口位置线等。

11）楼层 50 线：楼层 0.5m（或 1m）水平控制线。

12）钢筋：包括定位卡具、梯子筋、马凳、保护层垫块、顶模棍尺寸。

（3）交接检查记录。不同施工单位之间工程交接，应进行交接检查，填写《交接检查记录》。移交单位、接收单位和见证单位共同对移交工程进行验收，并对质量情况、遗留问题、工序要求、注意事项、成品保护等进行记录。

（4）地基验槽检查记录。建筑物应进行施工验槽，检查内容包括基坑位置、平面尺寸、持力层核查、基底绝对高程和相对标高、基坑土质及地下水位等，有桩支护或桩基的工程还应进行桩的检查。地基验槽检查记录应由建设、勘察、设计、监理、施工单位共同验收签认。地基需处理时，应由勘察、设计单位提出处理意见。

（5）地基处理记录。施工单位应依据勘察、设计单位提出的处理意见进行地基处理，完工后填写《地基处理记录》报请勘察、设计、监理单位复查。

（6）地基钎探记录。钎探记录用于检验浅层土（如基槽）的均匀性，确定地基的容许承载力及检验填土的质量。钎探前应绘制钎探点平面布置图，确定钎探点布置及顺序编号。相关人员按照钎探图及有关规定进行钎探并记录。

（7）混凝土浇灌申请书。正式浇筑混凝土前，施工单位应检查各项准备工作（如钢筋工程、模板工程检查；水电预埋检查；材料、设备及其他准备等），自检合格填写《混凝土浇灌申请书》报请监理单位确定后方可浇筑混凝土。

（8）预拌混凝土运输单。预拌混凝土供应单位应随车向施工单位提供预拌混凝土运输单，内容包括工程名称、使用部位、供应方量、配合比、坍落度、出站时间、到场时间和施工单位测定的现场实测坍落度等。

（9）混凝土开盘鉴定。

1）采用预拌混凝土的，应对首次使用的混凝土配合比在混凝土出厂前，由混凝土供应单位自行组织相关人员进行开盘鉴定。

2）采用现场搅拌混凝土的，应由施工单位组织监理单位、搅拌机组、混凝土试配单位进行开盘鉴定工作，共同认定试验室签发的混凝土配合比确定的组成材料是否与现场施工所用材料相符，以及混凝土拌和物性能是否满足设计要求和施工需要。

（10）混凝土拆模申请单。在拆除现浇混凝土结构板、梁、悬臂构件等底模和柱墙侧模前，应填写混凝土拆模申请单，并附同条件混凝土强度报告，报项目技术负责人审批，通过后方可拆模。

（11）混凝土搅拌、养护测温记录。冬期混凝土施工时，应进行搅拌和养护测温记录。混凝土冬施搅拌测温记录应包括大气温度、原材料温度、出罐温度、入模温度等。混凝土冬施养护测温应先绘制测温点布置图，包括测温点的部位、深度等。测温记录应包括大气温度、各测温孔的实测温度、同一时间测得的各测温孔的平均温度和间隔时间等。

（12）大体积混凝土养护测温记录。大体积混凝土施工应对入模时大气温度、各测温孔温度、内外温差和裂缝进行检查和记录。大体积混凝土养护测温应附测温点布置图，包括测温点的布置、深度等。

（13）构件吊装记录。预制混凝土构件、大型钢构件、木构件吊装应有《构件吊装记录》，吊装记录内容包括构件名称、安装位置、搁置与搭接长度、接头处理、固定方法、标高等。

（14）焊接材料烘焙记录。按照规范和工艺文件等规定须烘焙的焊接材料应进行烘焙，并填写烘焙记录。烘焙记录内容包括烘焙方法、烘干温度、要求烘干时间、实际烘焙时间和保温要求等。

（15）地下工程防水效果检查记录。地下工程验收时，应对地下工程有无渗漏现象进行检查，填写《地下工程防水效果检查记录》，检查内容应包括裂缝、渗漏部位、大小、渗漏情况、处理意见等。发现渗漏现象应制作《背水内表面结构工程展开图》。

（16）防水工程试水检查记录。凡有防水要求的房间应有防水层及装修后的蓄水检查记录。检查内容包括蓄水方式、蓄水时间、蓄水深度、水落口及边缘的封堵情况和有无渗漏现象等。屋面工程完工后，应对细部构造（屋面天沟、檐沟、檐口、泛水、水落口、变形缝、伸出屋面管道等）、接缝处和保护层进行雨期观察或淋水、蓄水检查。淋水试验持续时间不得少于2h；做蓄水检查的屋面，蓄水时间不得少于24h。

（17）通风（烟）道、垃圾道检查记录。建筑通风道（烟道）应全数做通（抽）风和漏风、串风试验，并做检查记录。垃圾道应全数检查畅通情况，并做检查记录。

（18）支护与桩（地）基工程施工记录。桩基包括各种预制桩和现制桩，如钢筋混凝土预制桩、板桩、钢管桩、钢筋混凝土灌注桩、CFG素混凝土桩（泥浆护壁成孔、干作业成孔、套管成孔、爆破成孔等）。

1）基坑支护变形监测记录：在基坑开挖和支护结构使用期间，应以设计指标及要求为依据进行过程监测，如设计无要求，应按规范规定对支护结构进行监测，并做变形监测记录。

2）桩施工记录：桩位测量放线记录，并应有放线依据；桩位平面图，图上注明方向、轴线、柱编号、位置、标高、深度，如在施工桩过程中出现了问题的桩要在记录中注明情况，标出具体位置，用箭头指出施工桩顺序，要有施工负责人签字、制图人、记录人签字。

试桩和试验记录：桩基打桩前应做试桩的动载、静载试验，试验时应有建设（监理）、设计、监督单位参加，做好试桩记录及桩的深度记录。预制桩、板桩、钢管桩还应记录打入各上层的锤击数、贯入度等。预制桩构件出厂证明、桩的节点处理记录。

补桩记录：打桩如出现断桩、偏位，应进行补桩的，要有补桩记录和补桩平面示意图。

桩的隐蔽检查验收记录：其中灌注桩钢筋笼隐蔽记录应写清楚桩编号、钢筋规格、灌注桩基底深度、土质情况等。

灌注桩、CFG 桩试验资料：桩所使用原材料质量证明书及复试报告；混凝土配合比、混凝土试块抗压强度报告（直径 800mm 以上大直径桩应每桩有一组报告）。

桩位竣工图：桩位竣工图要标注清楚桩施工完的准确位置，桩的试验位置、桩的编号、深度桩与各轴线的变更情况及处理方法等。

3）桩施工记录应由有相应资质的专业施工单位负责提供。

（19）预应力工程施工记录。

1）预应力筋张拉记录。预应力筋张拉记录（一）包括预应力施工部位、预应力筋规格、平面示意图、张拉程序、应力记录、伸长量等。

预应力筋张拉记录（二）对每根预应力筋的张拉实测值进行记录。

后张法预应力张拉施工应实行见证管理，按规定做见证张拉记录。

2）有粘结预应力结构灌浆记录。后张法有粘结预应力筋张拉后应灌浆，并做灌浆记录，记录内容包括灌浆孔状况、水泥浆配比状况、灌浆压力、灌浆量，并有灌浆点简图和编号等。

3）预应力张拉原始施工记录应归档保存。

4）预应力工程施工记录应由有相应资质的专业施工单位负责提供。

（20）钢结构工程施工记录。

1）构件吊装记录。钢结构吊装应有《构件吊装记录》，吊装记录内容包括构件名称、安装位置、搁置与搭接长度、接头处理、固定方法、标高等。

2）烘焙记录。焊接材料在使用前，应按规定进行烘焙，有烘焙记录。

3）钢结构安装施工记录。钢结构主要受力构件安装应检查垂直度、侧向弯曲等安装偏差，并做施工记录。

钢结构主体结构在形成空间刚度单元并连接固定后，应检查整体垂直度和整体平面弯曲度的安装偏差，并做施工记录。

4）钢网架结构总拼完成后及屋面工程完成后，应检查挠度值和其他安装偏差，并做施工记录。

5）钢结构安装施工记录应由有相应资质的专业施工单位负责提供。

（21）木结构工程施工记录。应检查木桁架、梁和柱等构件的制作、安装、屋架安装允许偏差和屋盖横向支撑的完整性等，并做施工记录。

木结构工程施工记录应由有相应资质的专业施工单位负责提供。

（22）幕墙工程施工记录。

1）幕墙注胶检查记录。幕墙注胶应做施工检查记录，检查内容包括宽度、厚度、连续性、均匀性、密实度和饱满度等。

2）幕墙淋水检查记录。幕墙工程施工完成后，应在易渗漏部位进行淋水检查，并做淋水检查记录，填写《防水工程试水检查记录》。

幕墙工程施工记录应由有相应资质的专业施工单位负责提供。

（23）电梯工程施工记录。

1）电梯机房、井道的土建施工应满足《电梯主参数及轿厢、井道、机房的型式与尺寸》GB/T 7025—2008 的相关规定；自动扶梯、自动人行道的土建施工应满足机房尺寸、提升高度、倾斜角、名义宽度、支承及畅通区尺寸的要求，并应符合《自动扶梯和自动人行道的制造与安装安全规范》GB 16899—2011 的有关规定。

2）施工记录应符合国家规范、标准的有关规定，并满足电梯生产厂家的要求。电梯工程中的安装样板放线、导轨安装、层门安装、驱动主机安装、轿厢组装、悬挂装置安装、对重（平衡重）及补偿装置安装、限速器、缓冲器安装、随行电缆安装等施工记录，应按照相应的国家规范、标准、行业标准及企业标准的有关规定填写相应的表格。

3）液压电梯安装工程应参照《液压电梯》JG 5071—1996 和企业标准的相关要求填写。

6. 施工试验记录内容

施工试验记录是根据设计要求和规范规定进行试验，记录原始数据和计算结果，并得出试验结论的资料统称。

（1）施工试验记录（通用）。

1）按照设计要求和规范规定应做施工试验，且规程无相应施工试验表格的，应填写《施工试验记录（通用)》。

2）采用新技术、新工艺及特殊工艺时，对施工试验方法和试验数据进行记录，应填写《施工试验记录（通用)》。

（2）回填土。

1）土方工程应测定土的最大干密度和最优含水量，确定最小干密度控制值，由试验单位出具《土工击实试验报告》。

2）应按规范要求绘制回填土取点平面示意图，按时间段整理签发，标高连续、取样点连续，应有分层、分段、分步的干密度数据及取样平面布置图和剖面图，做《回填土试验报告》。

（3）钢筋连接。电渣压力焊接在施工开始前及施工过程中，进行焊接性能试验，并有焊条、焊剂和焊药的出厂合格证，焊药要做烘焙记录。钢筋滚压直螺纹连接应进行工艺检验，并要有厂家提供的型式检验报告和套筒的合格证等。施工过程中进行焊（连）接接头试验，应附有操作工人的上岗证，结构受力钢筋接头按规定实行有见证取样和送检的管理。

1）用于焊接、机械连接钢筋的力学性能和工艺性能应符合现行国家标准。

2）正式焊（连）接工程开始前及施工过程中，应对每批进场钢筋，在现场条件下进行工艺检验。工艺检验合格后方可进行焊接或机械连接的施工。

3）钢筋焊接接头或焊接制品、机械连接接头应按焊（连）接类型和验收批的划分进行质量验收并现场取样复试，钢筋连接验收批的划分及取样数量和必试项目符合规范规定。

4）承重结构工程中的钢筋连接接头应按规定实行有见证取样和送检的管理。

5）采用机械连接接头形式施工时，技术提供单位应提交由有相应资质等级的检测机构出具的型式检验报告。

6）焊（连）接工人必须具有有效的岗位证书。

（4）砌筑砂浆。应有配合比申请单和试验室签发的配合比通知单。应有按规定留置的龄期为28d标养试块的抗压强度试验报告。承重结构的砌筑砂浆试块应按规定实行有见证取样和送检。砂浆试块的留置数量及必试项目按规范进行。应有单位工程《砌筑砂浆试块抗压强度统计、评定记录》按同一类型、同一强度等级砂浆为一验收批统计、评定方法及合格标准：

1）同一验收批砂浆试块抗压强度平均值必须大于或等于设计强度等级所对应的立方体抗压强度。

2）同一验收批砂浆试块抗压强度的最小一组平均值必须大于或等于设计强度等级所对应的立方体抗压强度的0.75倍。

（5）混凝土。

1）现场搅拌混凝土应有配合比申请单和配合比通知单。预拌混凝土应有试验室签发的配合比通知单。

2）应有按规定留置龄期为28d标养试块和相应数量同条件养护试块的抗压强度试验报告。冬施还应有受冻临界强度试块和转常温试块的抗压强度试验报告。

混凝土抗压强度试块留置原则：

①每拌制100盘且不超过100m³的时，取样不得少于一次。

②每工作班拌制不足100盘时，取样不得少于一次。

③连续浇筑超过1000m³时，每200m³取样不得少于一次。

④每一楼层取样不得少于一次。

⑤冬期施工还应留置转常温试块和临界强度试块。

⑥对预拌混凝土，当连续供应相同配合比的混凝土量大于1000m³时，其交货检验的试样，每200m³混凝土取样不得少于一次。

⑦建筑地面的混凝土，以同一配合比，同一强度等级，每一层或每1000m²为一检验批，不足1000m²也按一批计，每批应至少留置一组试块。

取样方法及数量：

①用于检查结构构件混凝土质量的试件，应在混凝土浇筑地点随机取样制作，每组试件所用的拌和物应从同一盘搅拌混凝土或同一车运送的混凝土中取出，对于预拌混凝土还应在卸料过程中卸料量的1/4～3/4之间取样，每个试样量应满足混凝土质量检验项目所需用量的1.5倍，但不少于0.2m³。

②每次取样应至少留置一组标准养护试件，同条件养护试件的留置组数应根据实际需要确定。

3）抗渗混凝土、特种混凝土除应具备上述资料外还应有专项试验报告。

试块留置要求如下：

①同一混凝土强度等级、抗渗等级、同一配合比，生产工艺基本相同，每单位工程不

得少于两组抗渗试块（每组 6 个试块）。

②连续浇筑混凝土每 500m³ 应留置一组抗渗试件（一组为 6 个抗渗试件），且每项工程不得少于 2 组。采用预拌混凝土的抗渗试块留置组数应视结构的规模和要求而定。

③留置抗渗试件的同时需留置抗压强度试件并应取自同一盘混凝土拌和物中。

④试块应在浇筑地点制作。

4）应有单位工程《混凝土试块抗压强度统计、评定记录》。

5）抗压强度试块、抗渗性能试块的留置数量及必试项目按规范进行。

6）承重结构的混凝土抗压强度试块，应按规定实行有见证取样和送检。

7）结构由有不合格批混凝土组成的，或未按规定留置试块的，应有结构处理的相关资料；需要检测的，应有有相应资质检测机构检测报告，并有设计单位出具的认可文件。

8）潮湿环境、直接与水接触的混凝土工程和外部有供碱环境并处于潮湿环境的混凝土工程，应预防混凝土碱骨料反应，并按有关规定执行，有相关检测报告。

（6）建筑装饰装修工程施工试验记录。地面回填应有《土工击实试验报告》和《回填土试验报告》。装饰装修工程使用的砂浆和混凝土应有配合比通知单和强度试验报告；有抗渗要求的还应有《抗渗试验报告》。外墙饰面砖粘贴前和施工过程中，应在相同基层上做样板件，对样板件的饰面砖粘结强度进行检验，有《饰面砖粘结强度检验报告》，检验方法和结果判定应符合相关标准规定。后置埋件应有现场拉拔试验报告。

（7）支护工程施工试验记录。锚杆应按设计要求进行现场抽样试验，有锁定力（抗拔力）试验报告。支护工程使用的混凝土，应有混凝土配合比通知单和混凝土强度试验报告；有抗渗要求的还应有抗渗试验报告。支护工程使用的砂浆，应有砂浆配合比通知单和砂浆强度试验报告。

（8）桩基（地基）工程施工试验记录。地基应按设计要求进行承载力检验，有承载力检验报告。桩基应按照设计要求和相关规范、标准规定进行承载力和桩体质量检测，由有相应资质等级检测单位出具检测报告。桩基（地基）工程使用的混凝土，应有混凝土配合比通知单和混凝土强度试验报告；有抗渗要求的还应有抗渗试验报告。

（9）预应力工程施工试验记录。预应力工程用混凝土应按规范要求留置标养、同条件试块，有相应抗压强度试验报告。后张法有粘结预应力工程灌浆用水泥浆应有性能试验报告。

（10）钢结构工程施工试验记录。高强度螺栓连接应有摩擦面抗滑移系数检验报告及复试报告，并实行有见证取样和送检。施工首次使用的钢材、焊接材料、焊接方法、焊后热处理等应进行焊接工艺评定，有焊接工艺评定报告。设计要求的一、二级焊缝应做缺陷检验，由有相应资质等级检测单位出具超声波探伤报告、射线探伤检验报告或磁粉探伤报告。建筑安全等级为一级、跨度 40m 及以上的公共建筑钢网架结构，且设计有要求的，应对其焊接（螺栓）球节点进行节点承载力试验，并实行有见证取样和送检。钢结构工程所使用的防腐、防火涂料应做涂层厚度检测，其中防火涂层应有有相应资质的检测单位出具的检测报告。焊（连）接工人必须持有效的岗位证书。

（11）木结构工程施工试验记录。胶合木工程的层板胶缝应有脱胶试验报告、胶缝抗剪试验报告和层板接长弯曲强度试验报告。轻型木结构工程的木基结构板材应有力学性能试验报告。木构件防护剂应有保持量和透入度试验报告。

（12）幕墙工程施工试验记录。幕墙用双组分硅酮结构胶应有混匀性及拉断试验报告。后置埋件应有现场拉拔试验报告。

（13）设备单机试运转记录。给水系统设备、热水系统设备、机械排水系统设备、消防系统设备、采暖系统设备、水处理系统设备，以及通风与空调系统的各类水泵、风机、冷水机组、冷却塔、空调机组、新风机组等设备在安装完毕后，应进行单机试运转，并做记录。

（14）系统试运转调试记录。采暖系统、水处理系统、通风系统、制冷系统、净化空调系统等应进行系统试运转及调试，并做记录。

（15）灌（满）水试验记录。非承压管道系统和设备，包括开式水箱、卫生洁具、安装在室内的雨水管道等，在系统和设备安装完毕后，以及暗装、埋地、有绝热层的室内外排水管道进行隐蔽前，应进行灌（满）水试验，并做记录。

（16）强度严密性试验记录。室内外输送各种介质的承压管道、设备在安装完毕后，进行隐蔽之前，应进行强度严密性试验，并做记录。

（17）通水试验记录。室内外给水（冷、热）、中水及游泳池水系统、卫生洁具、地漏及地面清扫口、室内外排水系统，应分系统（区、段）进行通水试验，并做记录。

（18）吹（冲）洗（脱脂）试验记录。室内外给水（冷、热）、中水及游泳池水系统，采暖、空调、消防管道及设计有要求的管道，应在使用前做冲洗试验；介质为气体的管道系统，应按有关设计要求及规范规定做吹洗试验。设计有要求时还应做脱脂处理。

（19）通球试验记录。室内排水水平干管、主立管应按有关规定进行通球试验，并做记录。

（20）补偿器安装记录。各类补偿器安装时应按要求进行补偿器安装记录。

（21）消火栓试射记录。室内消火栓系统在安装完成后，应按设计要求及规范规定进行消火栓试射试验，并做记录。

（22）安全附件安装检查记录。锅炉的高、低水位报警器，超温、超压报警器及联锁保护装置，必须按设计要求安装齐全，并进行启动、联动试验，并做记录。

（23）锅炉封闭及烘炉（烘干）记录。锅炉安装完成后，在试运行前，应进行烘炉试验，并做记录。

（24）锅炉煮炉试验记录。锅炉安装完成后，在试运行前，应进行煮炉试验，并做记录。

（25）锅炉试运行记录。锅炉在烘炉、煮炉合格后，应进行48h的带负荷连续试运行，同时应进行安全阀的热状态定压检验和调整，并做记录。

（26）安全阀调试记录。锅炉安全阀在投入运行前，应由有资质的试验单位按设计要求进行调试，并出具安全阀调试记录。表格由试验单位提供。

（27）电气接地电阻测试记录。接地电阻测试主要包括设备、系统的防雷接地、保护接地、工作接地、防静电接地以及设计有要求的接地电阻测试，并应附《电气防雷接地装置隐检与平面示意图》说明。电气接地电阻的检测仪器应在检定有效期内。

（28）电气绝缘电阻测试记录。绝缘电阻测试主要包括电气设备和动力、照明线路及其他必须摇测绝缘电阻的测试，配管及管内穿线分项质量验收前和单位工程质量竣工验收前，应分别按系统回路进行测试，不得遗漏。电气绝缘电阻的检测仪器应在检定有效期内。

（29）电气器具通电安全检查记录。电气器具安装完成后，按层、按部位（户）进行通电检查，并进行记录。内容包括接线情况、电气器具开关情况等。电气器具应全数进行通电安全检查，合格后在记录表中打钩（√）。

（30）电气设备空载试运行记录。成套配电（控制）柜、台、箱、盘的运行电压、电流应正常，各种仪表指示应正常。

电动机应试通电，检查转向和机械转动有无异常情况；可空载试运行的电动机，时间一般为2h，记录空载电流，且检查机身和轴承的温升。

交流电动机空载试运行的可启动次数及间隔时间应符合产品技术条件的要求；无要求时，连续启动2次的时间间隔不应少于5min，再次启动应在电动机冷却至常温下。空载状态运行，应记录电流、电压、温度、运行时间等有关数据，且应符合建筑设备或工艺装置的空载状态运行的要求。

电动执行机构的动作方向及指示应与工艺装置的设计要求保持一致。

（31）建筑物照明通电试运行记录。公用建筑照明系统通电连续试运行时间为24h，民用住宅照明系统通电连续试运行时间为8h。所有照明灯具均应开启，且每2h记录运行状态1次，连续试运行时间内无故障。

（32）大型照明灯具承载试验记录。大型灯具（设计要求做承载试验的）在预埋螺栓、吊钩、吊杆或吊顶上嵌入式安装专用骨架等物件上安装时，应全数按2倍于灯具的重量做承载试验。

（33）高压部分试验记录。应由有相应资格的单位进行试验并记录，表格自行设计。

（34）漏电开关模拟试验记录。动力和照明工程的漏电保护装置应全数做模拟动作试验，并符合设计要求的额定值。

（35）电度表检定记录。电度表在安装前应送有相应检定资格的单位全数检定，应有记录，表格由检定单位提供。

（36）大容量电气线路节点测温记录。大容量（630A及以上）导线、母线连接处或开关，在设计计算负荷运行情况下，应做温度抽测记录，温升值稳定且不大于设计值。

（37）避雷带支架拉力测试记录。避雷带的每个支持件应做垂直拉力试验，支持件的承受垂直拉力应大于49N（5kg）。

（38）风管漏光检测记录。风管系统安装完成后，应按设计要求及规范规定进行风管漏光测试，并做记录。

（39）风管漏风检测记录。风管系统安装完成后，应按设计要求及规范规定进行风管漏风测试，并做记录。

（40）现场组装除尘器、空调机漏风检测记录。现场组装的除尘器壳体、组合式空气调节机组应做漏风量的检测，并做记录。

（41）各房间室内风量、温度测量记录。通风与空调工程无生产负荷联合试运转时，应分系统的，将同一系统内的各房间内风量、室内房间温度进行测量调整，并做记录。

（42）管网风量平衡记录。通风与空调工程进行无生产负荷联合试运转时，应分系统的，将同一系统内的各测点的风压、风速、风量进行测试和调整，并做记录。

（43）空调系统试运转调试记录。通风与空调工程进行无生产负荷联合试运转及调试时，应对空调系统总风量进行测量调整，并做记录。

（44）空调水系统试运转调试记录。通风与空调工程进行无生产负荷联合试运转及调试时，应对空调冷（热）水、冷却水总流量、供回水温度进行测量、调整，并做记录。

（45）制冷系统气密性试验。应对制冷系统的工作性能进行试验，并做记录。

（46）净化空调系统测试记录。净化空调系统无生产负荷试运转时，应对系统中的高效过滤器进行泄漏测试，并对室内洁净度进行测定，并做记录。

（47）防排烟系统联合试运行记录。在防排烟系统联合试运行和调试过程中，应对测试楼层及其上下两层的排烟系统中的排烟风口、正压送风系统的送风口进行联动调试，并对各风口的风速、风量进行测量调整，对正压送风口的风压进行测量调整，并做记录。

（48）智能建筑工程测试记录。智能建筑工程中通信网络系统、办公自动化系统、建筑设备监控系统、火灾报警及消防联动系统、安全防范系统、综合布线系统、智能化集成系统、电源与接地、环境、住宅（小区）智能化系统等各子分部工程的施工试验记录，按现行相关国家、行业规范及标准执行；其表格由专业施工单位自行设计。

（49）建筑节能、保温测试记录。建筑工程应按照现行建筑节能标准，对建筑物所使用的材料、构配件、设备、采暖、通风空调、照明等涉及节能、保温的项目进行检测，并做记录。

节能、保温测试应委托有相应资质的检测单位检测，并出具检测报告。

（50）电梯测试记录。

1）电梯具备运行条件时，应对电梯轿厢的运行平层准确度进行测量，并填写《轿厢平层准确度测量记录》。

2）电梯层门安装完成后，应对每一扇层门的安全装置进行检查确认，并填写《电梯层门安全装置检验记录》。

3）电梯安装完毕，应进行电梯《电气接地电阻测试记录》和电梯《电气绝缘电阻测试记录》；调试运行时，由安装单位对电梯的电气安全装置进行检查确认，并填写《电梯电气安全装置检验记录》。

4）电梯调试结束后，在交付使用前，由安装单位对电梯的整机运行性能进行检查试验，并填写《电梯整机功能检验记录》。

5）电梯调试结束后，在交付使用前，由安装单位对电梯的主要功能进行检查确认，并填写《电梯主要功能检验记录》。

6）电梯调试时，由安装单位对电梯的运行负荷和试验曲线、平衡系数进行检查试验，并填写《电梯负荷运行试验记录》、《电梯负荷运行试验曲线图》。

7）电梯具备运行条件时，应对电梯轿厢内、机房、轿厢门、层站门的运行噪声进行测试，并填写《电梯噪声测试记录》。

8）自动扶梯、自动人行道安装完毕后，安装单位应对其安全装置、运行速度、噪声、制动器等功能进行测试，并填《自动扶梯、自动人行道安全装置检验记录》、《自动扶梯、自动人行道、整机性能、运行试验记录》。

7. 施工验收资料内容

施工质量验收记录是参与工程建设的有关单位根据相关标准、规范对工程质量是否达到合格做出的确认文件的统称。

（1）结构实体检验。涉及混凝土结构安全的重要部位应进行结构实体检验，并实行有见证取样和送检，结构实体检验的内容包括同条件混凝土强度、钢筋保护层厚度，以及工程合同约定的项目，必要时可检验其他项目。结构实体检验报告应由有相应资质等级的试验（检测）单位提供。

（2）质量验收记录。

1）检验批施工完成，施工单位自检合格后，应由项目专业质量检查员填报《＿＿＿＿＿检验批质量验收记录表》。

2）检验批质量验收应由监理工程师（建设单位项目专业技术负责人）组织项目专业质量检查员等进行验收并签认。

3）分项工程质量验收记录。分项工程完成（即分项工程所包含的检验批均已完工），施工单位自检合格后，应填报《分项工程质量验收记录表》和《＿＿＿＿＿分项/分部工程施工报验表》。分项工程质量验收应由监理工程师（建设单位项目专业技术负责人）组织项目专业技术负责人等进行验收并签认。

4）分部（子分部）工程质量验收记录。分部（子分部）工程完成，施工单位自检合格后，应填报《＿＿＿＿＿分部（子分部）工程质量验收记录表》和《＿＿＿＿＿分项/分部工程施工报验表》。分部（子分部）工程应由总监理工程师（建设单位项目负责人）组织有关设计单位及施工单位项目负责人和技术、质量负责人等共同验收并签认。地基与基础、主体结构分部工程完工，施工项目部应先行组织自检，合格后填写《＿＿＿＿＿分部（子分部）工程质量验收记录表》，报请施工企业的技术、质量部门验收并签认后，由建设、监理、勘察、设计和施工单位进行分部工程验收，并报送建设工程质量监督机构。

5）单位（子单位）工程质量竣工验收记录表。单位（子单位）工程由建设单位（项目）负责人组织施工（含分包单位）、设计单位、监理等单位（项目）负责人进行验收。单位（子单位）工程验收表由参加验收单位盖公章，并由负责人签字。

8.7.3　工程管理资料填写要求

1. 施工现场质量管理检查记录表的填写

一般一个标段或一个单位（子单位）工程检查一次，在开工前检查，由施工单位现场负责人填写，由监理单位的总监理工程师（建设单位项目负责人）验收。下面分三个部分来说明填表要求和填写方法。

（1）表头部分。

1）填写参与工程建设各方责任主体的概况。由施工单位的现场负责人填写。

2）工程名称栏应填写工程名称的全称，与合同或招投标文件中的工程名称一致。

3）施工许可证（开工证），填写当地建设行政主管部门批准核发的施工许可证（开工证）的编号。

　　4）建设单位栏填写合同文件中的甲方单位名称，单位名称也应写全称，与合同签章上的单位名称相同。建设单位项目负责人栏，应填合同书上签字人或签字人以文字形式委托的代表工程的项目负责人。工程完工后竣工验收备案表中的单位项目负责人应与此一致。

　　5）设计单位栏填写设计合同中签章单位的名称。其全称应与印章上的名称一致。设计单位的项目负责人栏，应是设计合同书签字人或签字人以文字形式委托的项目负责人，工程完工后竣工验收备案表中的单位项目负责人也应与此一致。

　　6）监理单位栏填写单位全称，应与合同或协议书中的名称一致。总监理工程师栏应是合同或协议书中明确的项目监理负责人，也可以是监理单位以文件形式明确的项目监理负责人，必须有监理工程师任职资格证书，专业要对口。

　　7）施工单位栏填写施工合同中签章单位的全称，应与签章上的名称一致。项目经理栏、项目技术负责人栏与合同中明确的项目经理、项目技术负责人一致。

　　8）表头部分可统一填写，不需具体人员签名，只是明确了负责人的地位。

　　（2）检查项目部分。

　　1）填写各项检查项目文件的名称或编号，并将文件（复印件或原件）附在表的后面供检查，检查后应将文件归还。

　　2）现场质量管理制度。主要是图纸会审、设计交底、技术交底、施工组织要求处罚办法，以及质量例会制度及质量问题处理制度等。

　　3）质量责任制栏。质量负责人的分工，各项质量责任的落实规定，定期检查及有关人员奖罚制度等。

　　4）专业工种操作上岗证书栏。测量工，起重、塔式起重机等垂直运输司机，钢筋工，混凝土工，机械工，焊接工，瓦工，防水工等建筑结构工种。电工、管道工等安装工种的上岗证，以当地建设行政主管部门的规定为准。

　　5）分包方资质与对分包单位的管理制度栏。专业承包单位的资质应在其承包业务的范围内承建工程，超出范围的应办理特许证书，否则不能承包工程。在有分包的情况下，总承包单位应有管理分包单位的制度，主要是质量、技术的管理制度等。

　　6）施工图审查情况栏。重点是看建设行政主管部门出具的施工图审查批准书及审查机构出具的审查报告。如果图纸是分批交出的话，施工图审查可分段进行。

　　7）地质勘查资料栏。有勘查资质的单位出具的正式地质勘察报告，地下部分施工方案制定和施工组织总平面图编制时参考等。

　　8）施工组织设计、施工方案及审批栏。检查编写内容、有针对性的具体措施，编制程序，内容，有编制单位、审核单位、批准单位，并有贯彻执行的措施。

　　9）施工技术标准栏。是操作的依据和保证工程质量的基础，承建企业应编制不低于国家质量验收规范的操作规程等企业标准。要有批准程序，由企业的总工程师、技术委员会负责人审查批准，有批准日期、执行日期、企业标准编号及标准名称。企业应建立技术标准档案。施工现场应有完备的施工技术标准。施工技术标准可作培训工人、技术交底和施工操作的主要依据，也是质量检查验收的标准。

　　10）工程质量检验制度栏。包括三个方面的检验：一是原材料、设备进场检验制度；

二是施工过程的试验报告；三是竣工后的抽查检测，应专门制订抽测项目、抽测时间、抽测单位等计划，使监理、建设单位等都做到心中有数。可以单独搞一个计划，也可在施工组织设计中作为一项内容。

11）搅拌站及计量设置栏。主要是说明设置在工地搅拌站的计量设施的精确度、管理制度等内容。预拌混凝土或安装专业就没有这项内容。

12）现场材料、设备存放与管理栏。这是为保持材料、设备质量必须有的措施。要根据材料、设备性能制定管理制度，建立相应的库房等。

（3）检查项目填写内容

1）直接填写有关资料的名称，资料较多时，也可将有关资料进行编号，填写编号，注明份数。

2）填表时间应在开工之前，监理单位的总监理工程师（建设单位项目负责人）应对施工现场进行检查，这是保证开工后施工顺利和保证工程质量的基础，目的是做好施工前的准备。

3）填写由施工单位负责人填写，填写之后，将有关文件的原件或复印件附在后边，请总监理工程师（建设单位项目负责人）验收核查，验收核查后，返还施工单位，并签字认可。

通常情况下一个工程的一个标段或一个单位工程只查一次，如分段施工、人员更换，或管理工作不到位时，可再次检查。

如总监理工程师或建设单位项目负责人检查验收不合格，施工单位必须限期改正；否则不许开工。

2. 检验批质量验收记录表的填写

（1）表的名称及编号。

1）检验批由监理工程师或建设单位项目技术负责人组织项目专业质量检查员等进行验收，表的名称应在制订专用表格时就印好，前边印上分项工程的名称。表的名称下边注上质量验收规范的编号。

2）检验批表的编号按全部施工质量验收规范系列的分部工程、子分部工程统一为9位数的数码编号，写在表的右上角，前6位数字均印在表上，后留三个□，检查验收时填写检验批的顺序号。其编号规则为：

前边两个数字是分部工程的代码，01～10。地基与基础为01，主体结构为02，建筑装饰装修为03，屋面工程为04，建筑给水排水及供暖为05，通风与空调为06，建筑电气为07，建筑智能化为08，建筑节能为09，电梯为10。

第3、4位数字是子分部工程的代码。

第5、6位数字是分项工程的代码。

第7、8、9位数字是各分项工程检验批验收的顺序号。由于在大体量高层或超高层建筑中，同一个分项工程的检验批的数量会多，故留了3位数的空位置。

如地基与基础分部工程，无支护土方子分部工程，土方开挖分项工程，其检验批表的编号为010101□□□，第一个检验批编号为：010101001。

还需说明的是，有些子分部工程中有些项目可能在两个分部工程中出现，这就要在同一个表上编 2 个分部工程及相应子分部工程的编号；如砖砌体分项工程在地基与基础和主体结构中都有，砖砌体分项工程检验批的表编号为：

010701□□□

020301□□□

有些分项工程可能在几个子分部工程中出现，这就应在同一个检验批表上编几个子分部工程及子分部工程的编号。如建筑电气的接地装置安装，在室外电气、变配电室、备用和不间断电源安装及防雷接地安装等子分部工程中都有，建筑电气接地装置安装检验批的编号为：

070109□□□

070206□□□

070608□□□

070701□□□

4 行编号中的第 5、6 位数字分别是第一行 09，是室外电气子分部工程的第 9 个分项工程，第二行的 06 是变配电室子分部工程的第 6 个分项工程，其余类推。

另外，有些规范的分项工程，在验收时也将其划分为几个不同的检验批来验收。如混凝土结构子分部工程的混凝土分项工程，分为原材料、配合比设计、混凝土施工 3 个检验批来验收。又如建筑装饰装修分部工程建筑地面子分部工程中的基层分项工程，其中有几种不同的检验批。故在其表名下加标罗马数字（Ⅰ）、（Ⅱ）、（Ⅲ）……

（2）表头部分的填写。

1）检验批表编号的填写，在 3 个方框内填写检验批序号。如为第 11 个检验批则填为 011。

2）单位（子单位）工程名称，按合同文件上的单位工程名称填写，子单位工程标出该部分的位置。分部（子分部）工程名称，按验收规范划定的分部（子分部）名称填写。验收部位是指一个分项工程中验收的那个检验批的抽样范围，要标注清楚，如二层①～⑥轴线砖砌体。

3）施工单位、分包单位名称填写单位的全称，与合同上公章名称相一致。项目经理填写合同中指定的项目负责人。在装饰、安装分部工程施工中，有分包单位时，也应填写分包单位全称，分包单位的项目经理也应是合同指定的项目负责人。这些人员均由填表人填写，不要本人签字，只是标明他是项目负责人。

4）施工执行标准名称及编号，这是验收规范编制的一个基本思路，由于验收规范只列出验收的质量指标，其工艺等只提出一个原则要求，具体的操作工艺就靠企业标准了。只有按照不低于国家质量验收规范的企业标准来操作，才能保证国家验收规范的实施。如果没有具体的操作工艺，保证工程质量就是一句空话。企业必须制订企业标准（操作工艺、工艺标准、工法等），来培训工人，进行技术交底，来规范工人班组的操作。为了能成为企业标准体系的重要组成部分，企业标准应有编制人、批准人、批准时间、执行时间、标准名称及编号。填写表时只要将标准名称及编号填写上，就能在企业的标准系列中查到其详细情况，并在施工现场要配备这项标准，工人要执行这项标准。

（3）主控项目、一般项目的质量验收规范的规定。质量验收规范的规定填写具体的质量要求，在制表时就已填写好验收规范中主控项目、一般项目的全部内容。但由于表格的地方小，多数指标不能将全部内容填写下，只将质量指标归纳、简化描述或题目及条文号填写上，作为检查内容提示，也便于查对验收规范的原文；对计数检验的项目，将数据直接写出来。这些项目的主要要求用注的形式放在表的背面。如果是将验收规范的主控、一般项目的内容全摘录在表的背面，这样方便查对验收条文的内容。根据以往的经验，这样做会引起只看表格，不看验收规范的后果。规范上还有基本规定、一般规定等内容，它们虽然不是主控项目和一般项目的条文，但这些内容也是验收主控项目和一般项目的依据。所以验收规范的质量指标不宜全抄过来，故只将其主要要求及如何判定注明。这些在制表时就印上去了。

（4）主控项目、一般项目施工单位检查评定记录。填写方法分以下几种情况，判定验收、不验收均按施工质量验收规定进行判定。

1）对定量项目直接填写检查的数据。

2）对定性项目，当符合规范规定时，采用打"√"的方法标注；当不符合规范规定时，采用打"×"的方法标注。

3）混凝土、砂浆强度等级的检验批，按规定制取试件后，可填写试件编号，待试件试验报告出来后，对检验批进行判定，并在分项工程验收时进一步进行强度评定验收。

4）对既有定性又有定量的项目，各个子项目质量均符合规范规定时，采用打"√"来标注；否则采用打"×"来标注。无此项内容的打"／"来标注。

5）对一般项目合格点有要求的项目，应是其中带有数据的定量项目、定性项目必须基本达到。定量项目中每个项目都必须有80%以上（混凝土保护层为90%以上）检测点的实测数值达到规范规定。其余20%检测点按各专业施工质量验收规范规定，不能大于150%（钢结构为120%）；就是说有数据的项目，除必须达到规定的数值外，其余可放宽的，最大放宽到150%。

6）"施工单位检查评定记录"栏的填写，有数据的项目，将实际测量的数值填入格内，超过企业标准的数字，而没有超过国家验收规范的用"○"将其圈住；对超过国家验收规范的用"△"圈住。

（5）监理（建设）单位验收记录。通常监理人员应进行平行、旁站或巡回的方法进行监理，在施工过程中，对施工质量进行察看和测量，并参加施工单位的重要项目的检测。对新开工程或首件产品进行全面检查，以了解质量水平和控制措施的有效性及执行情况，在整个过程中，随时可以测量等。在检验批验收时，对主控项目、一般项目应逐项进行验收，对符合验收规范规定的项目，填写"合格"或"符合要求"，对不符合验收规范规定的项目，暂不填写，待处理后再验收，但应做标记。

（6）施工单位检查评定结果。施工单位自行检查评定合格后，应注明"主控项目全部合格，一般项目满足规范规定要求"。

专业工长（施工员）和施工班、组长栏目由本人签字，以示承担责任。专业质量检查员代表企业逐项检查评定合格，将表填写并写清楚结果，签字后，交监理工程师或建设单位项目专业技术负责人验收。

（7）监理（建设）单位验收结论。主控项目、一般项目验收合格，混凝土、砂浆试件强度待试验报告出来后判定，其余项目已全部验收合格，注明"同意验收"。专业监理工程师（建设单位的专业技术负责人）签字。

3. 分项工程质量验收记录表的填写

1）分项工程验收由监理工程师组织项目专业技术负责人等进行验收。分项工程是在检验批验收合格的基础上进行，通常起一个归纳整理的作用，是一个统计表，没有实质性验收内容。只要注意三点就可以了：一是检查检验批是否将整个工程覆盖了，有没有漏掉的部位；二是检查有混凝土、砂浆强度要求的检验批，到龄期后能否达到规范规定；三是将检验批的资料统一，依次进行登记整理，方便管理。

2）表的填写：表名填上所验收分项工程的名称，表头及检验批部位、区段，施工单位检查评定结果，由施工单位项目专业质量检查员填写，由施工单位的项目专业技术负责人检查后给出评价并签字，交监理单位或建设单位验收。

3）监理单位的专业监理工程师（或建设单位的专业负责人），应逐项审查，同意项填写"合格"或"符合要求"，不同意项暂不填写，待处理后再验收，但应做标记。注明验收和不验收的意见，如同意验收并签字确认，不同意验收请指出存在问题，明确处理意见和完成时间。

4. 分部（子分部）工程验收记录表的填写

分部（子分部）工程的验收是质量控制的一个重点。由于单位工程体量的增大，复杂程度的增加，专业施工单位的增多，为了分清责任，及时整修等，分部（子分部）工程的验收就显得较重要，以往一些到单位工程才验收的内容，移到分部（子分部）工程来验收，除了分项工程的核查外，还有质量控制资料核查；安全、功能项目的检测；观感质量的验收等。

分部（子分部）工程应由施工单位将自行检查评定合格的表填写好后，由项目经理交监理单位或建设单位验收。由总监理工程师组织项目经理及有关勘察（地基与基础部分）、设计（地基与基础及主体结构等）单位项目负责人进行验收，并按表的要求进行记录。

（1）表名及表头部分。

1）表名：分部（子分部）工程的名称填写要具体，写在分部（子分部）工程的前边，并分别划掉分部或子分部。

2）表头部分的工程名称填写工程全称，与检验批、分项工程、单位工程验收表的工程名称一致。

3）结构类型填写按设计文件提供的结构类型。层数应分别注明地下和地上的层数。

4）施工单位填写单位全称。与检验批、分项工程、单位工程验收表填写的名称一致。

5）技术部门负责人及质量部门负责人多数情况下填写项目的技术及质量负责人，只有地基与基础、主体结构及重要安装分部（子分部）工程，应填写施工单位的技术部门及质量部门负责人签字。

6）分包单位的填写，有分包单位时才填，没有时就不填写，主体结构不应进行分包。分包单位名称要写全称，与合同或图章上的名称一致。分包单位负责人及分包单位技术负责人，填写项目的项目负责人及项目技术负责人。

（2）验收内容。按分项工程施工先后的顺序，将分项工程名称填写上，在第二格栏内分别填写各分项工程实际的检验批数量，即分项工程验收表上的检验批数量，并将各分项工程验收表按顺序附在表后。

1）施工单位检查评定栏，填写施工单位自行检查评定的结果。核查各分项工程是否都通过验收。有关有龄期试件的合格评定是否达到要求；有全高垂直度或总标高的检验项目的应进行检查验收。自检符合要求的可打"√"标注，否则打"×"标注。有"×"的项目不能报监理单位或建设单位验收，应进行返修达到合格后再提交验收。监理单位或建设单位由总监理工程师或建设单位项目专业技术负责人组织审查，在符合要求后，在验收意见栏内签注"同意验收"意见。

2）质量控制资料。应按单位（子单位）工程质量控制资料核查记录中的相关内容来确定所验收的分部（子分部）工程的质量控制资料项目，按资料核查的要求，逐项进行核查。能基本反映工程质量情况，达到保证结构安全和使用功能的要求，即可通过验收。全部项目都通过，即可在施工单位检查评定栏内打"√"标注检查合格。并送监理单位或建设单位验收，监理单位总监理工程师或建设单位项目技术负责人组织审查，在符合要求后，在验收意见栏内签注"同意验收"意见。

有些工程可按子分部工程进行资料验收，有些工程可按分部工程进行资料验收，由于工程不同，不强求统一。

3）安全和功能检验（检测）报告。这个项目是指竣工抽样检测的项目，能在分部（子分部）工程中检测的，尽量放在分部（子分部）工程中检测。检测内容按单位（子单位）工程安全和功能检验资料核查及主要功能抽查记录中相关内容确定核查和抽查项目。在核查时则要注意，在开工之前确定的项目是否都进行了检测；逐一检查每个检测报告，核查每个检测项目的检测方法、程序是否符合有关标准规定；检测结果是否达到规范的要求；检测报告的审批程序签字是否完整。在每个报告上标注审查同意；每个检测项目都通过审查，即可在施工单位检查评定栏内打"√"标注检查合格。由项目经理送监理单位或建设单位验收，监理单位总监理工程师或建设单位项目专业负责人组织审查，在符合要求后，在验收意见栏内签注"同意验收"意见。

4）观感质量验收。实际不单单是外观质量，还有能启动或运转的要启动或试运转，能打开看的打开看。有代表性的房间、部位都应走到，并由施工单位项目经理组织进行现场检查，经检查合格后，将施工单位填写的内容填写好后，由项目经理签字后交监理单位或建设单位验收。由总监理工程师或建设单位项目专业负责人组织验收，在听取参加检查人员意见的基础上，以总监理工程师或建设单位项目专业负责人为主导共同确定质量评价，好、一般、差。由施工单位的项目经理和总监理工程师或建设单位项目专业负责人共同签认。如评价观感质量差的项目，能修理的尽量修理，如果确难修理时，只要不影响结构安全和使用功能的，可采用协商解决的方法进行验收，并在验收表上注明，然后将验收评价结论填写在分部（子分部）工程观感质量验收意见栏内。

（3）验收单位签字认可。按表列参与工程建设责任单位的有关人员应亲自签名，以示负责，以便追查质量责任。

1）勘察单位可只签认地基基础分部（子分部）工程，由项目负责人亲自签认；设计单位可只签认地基基础、主体结构及重要安装分部（子分部）工程，由项目负责人亲自签认。

2）施工单位的总承包单位必须签认，由项目经理亲自签认；有分包单位的分包单位也必须签认其分包的分部（子分部）工程，由分包项目经理亲自签认。

3）监理单位作为验收方，由总监理工程师亲自签认验收。如果按规定不委托监理单位的工程，可由建设单位项目专业负责人亲自签认验收。

5. 单位（子单位）工程质量竣工验收记录表的填写

单位（子单位）工程质量验收由五部分内容组成，每一项内容都有自己的专门验收记录表，而单位（子单位）工程质量竣工验收记录表是一个综合性的表，是各项目验收合格后填写的。

（1）表名及表头的填写。将单位工程或子单位工程的名称（项目批准的工程名称）填写在表名的前边，并将子单位或单位工程的名称划掉。

表头部分，按分部（子分部）表的表头要求填写。

（2）验收内容之一是"分部工程"，对所含分部工程逐项检查。

1）首先由施工单位的项目经理组织有关人员逐个分部（子分部）进行检查评定。所含分部（子分部）工程检查合格后，由项目经理提交验收。

2）经验收组成员验收后，由施工单位填写"验收记录"栏。注明共验收几个分部，经验收符合标准及设计要求的几个分部。

3）审查验收的分部工程全部符合要求，由监理单位在验收结论栏内，写上"同意验收"的结论。

（3）验收内容之二是"质量控制资料核查"。

1）这项内容有专门的验收表格，也是先由施工单位检查合格，再提交监理单位验收。其全部内容在分部（子分部）工程中已经审查。

2）通常单位（子单位）工程质量控制资料核查，也是按分部（子分部）工程逐项检查和审查，一个分部工程只有一个子分部工程时，子分部工程就是分部工程，多个子分部工程时，可一个一个地检查和审查，也可按分部工程检查和审查。

3）每个子分部、分部工程检查审查后，也不必再整理分部工程的质量控制资料，只将其依次装订起来，前边的封面写上分部工程的名称，并将所含子分部工程的名称依次填写在下边就行了。然后将各子分部工程审查的资料逐项进行统计，填入验收记录栏内，通常共有多少项资料，经审查也都应符合要求。如果出现有核定的项目时，应查明情况，只要是协商验收的内容，填在验收结论栏内，通常严禁验收的事件，不会留在单位工程来处理。

4）这项也是先施工单位自行检查评定合格后，提交验收，由总监理工程师或建设单位项目负责人组织审查符合要求后，在验收记录栏内填写项数。在验收结论栏内写上"同意验收"的意见。同时要在单位（子单位）工程质量竣工验收记录表中的序号 2 栏内的验收结论栏内填"同意验收"。

（4）验收内容之三是安全和主要使用功能核查及抽查结果。

1）这个项目包括两个方面的内容：

一是在分部（子分部）进行了安全和功能检测的项目，要核查其检测报告结论是否符合设计要求。

二是在单位工程进行的安全和功能抽测项目，要核查其项目是否与设计内容一致，抽测的程序、方法是否符合有关规定，抽测报告的结论是否达到设计要求及规范规定。

2）这个项目也是由施工单位检查评定合格后，再提交验收，由总监理工程师或建设单位项目负责人组织审查，程序内容基本是一致的，按项目逐个进行核查验收。然后统计核查的项数和抽查的项数，填入验收记录栏，并分别统计符合要求的项数，也分别填入验收记录栏相应的空档内。

3）通常两个项数是一致的，如果个别项目的抽测结果达不到设计要求，则可以进行返工处理达到符合要求。然后由总监理工程师或建设单位项目负责人在验收结论栏内填写"同意验收"的结论。

4）如果返工处理后仍达不到设计要求，就要按不合格处理程序进行处理。

（5）验收内容之四是观感质量验收。

1）观感质量检查的方法同分部（子分部）工程，单位工程观感质量检查验收不同的是项目比较多，是一个综合性验收。实际是复查各分部（子分部）工程验收后，到单位工程竣工的质量变化，成品保护以及分部（子分部）工程验收时，还没有形成部分的观感质量等。

2）这个项目也是先由施工单位检查评定合格后，再提交验收，由总监理工程师或建设单位项目负责人组织审查，程序和内容基本是一致的，按核查的项目数及符合要求的项目数填写在验收记录栏内，如果没有影响结构安全和使用功能的项目，由总监理工程师或建设单位项目负责人为主导意见，评价好、一般、差，不论评价为好、一般、差的项目，都可作为符合要求的项目。

3）由总监理工程师或建设单位项目负责人在验收结论栏内填写"同意验收"的结论。如果有不符合要求的项目，要按不合格处理程序进行处理。

（6）验收内容之五是综合验收结论。

1）施工单位应在工程完工后，由项目经理组织有关人员对验收内容逐项进行查对，并将表格中应填写的内容进行填写，自检评定符合要求后，在验收记录栏内填写各有关项数，交建设单位组织验收。

2）综合验收是指在前五项内容均验收符合要求后进行的验收，即按单位（子单位）工程质量竣工验收记录表进行验收。验收时，在建设单位组织下，由建设单位相关专业人员及监理单位专业监理工程师和设计单位、施工单位相关人员分别核查验收有关项目，并由总监理工程师组织进行现场观感质量检查。

3）经各项目审查符合要求时，由监理单位或建设单位在"验收结论"栏内填写"同意验收"的意见。各栏均同意验收且经各参加检验方共同商定同意后，由建设单位填写"综合验收结论"。

（7）参加验收单位签名。勘察单位、设计单位、施工单位、监理单位、建设单位都同意验收时，各单位的单位项目负责人要亲自签字，以示对工程质量的负责，并加盖单位公章，注明签字验收的年、月、日。

参 考 文 献

[1] 国家人民防空办公室. GB 50108—2008 地下工程防水技术规范 [S]. 北京：中国计划出版社，2009.

[2] 上海市建设和管理委员会. GB 50202—2002 建筑地基基础工程施工质量验收规范 [S]. 北京：中国计划出版社，2002.

[3] 陕西省住房和城乡建设厅. GB 50203—2011 砌体结构工程施工质量验收规范 [S]. 北京：中国建筑工业出版社，2012.

[4] 中国建筑科学研究院. GB 50204—2015 混凝土结构工程施工质量验收规范 [S]. 北京：中国建筑工业出版社，2015.

[5] 山西省住房和城乡建设厅. GB 50207—2012 屋面工程质量验收规范 [S]. 北京：中国建筑工业出版社，2012.

[6] 山西省住房和城乡建设厅. GB 50208—2011 地下防水工程质量验收规范 [S]. 北京：中国建筑工业出版社，2012.

[7] 中华人民共和国建设部. GB 50210—2001 建筑装饰装修工程质量验收规范 [S]. 北京：中国建筑工业出版社，2001.

[8] 山西省住房和城乡建设厅. GB 50345—2012 屋面工程技术规范 [S]. 北京：中国建筑工业出版社，2012.

[9] 中华人民共和国住房和城乡建设部. GB 50666—2011 混凝土结构工程施工规范 [S]. 北京：中国建筑工业出版社，2011.

[10] 中华人民共和国住房和城乡建设部. GB 50755—2012 钢结构工程施工规范 [S]. 北京：中国建筑工业出版社，2012.

[11] 中华人民共和国住房和城乡建设部. JGJ 18—2012 钢筋焊接及验收规程 [S]. 北京：中国建筑工业出版社，2012.

[12] 中华人民共和国住房和城乡建设部. JGJ 55—2011 普通混凝土配合比设计规程 [S]. 北京：中国建筑工业出版社，2011.

[13] 中国建筑科学研究院. JGJ 94—2008 建筑桩基技术规范 [S]. 北京：中国建筑工业出版社，2008.

[14] 中华人民共和国住房和城乡建设部. JGJ 107—2010 钢筋机械连接技术规程 [S]. 北京：中国建筑工业出版社，2010.

[15] 中华人民共和国住房和城乡建设部. JGJ/T 250—2011 建筑与市政工程施工现场专业人员职业标准 [S]. 北京：中国建筑工业出版社，2012.

[16] 周天华. 施工员 [M]. 北京：中国建筑工业出版社，2014.

[17] 石海均，马哲. 土木工程施工技术 [M]. 北京：北京大学出版社，2009.